高等学校建筑环境与能源应用工程专业规划教材

课程设计·毕业设计指南

（第三版）

Design Guides for HVAC Courses

陈　超

蔺　洁　李俊梅　简毅文　编著

毕月虹　尚春鸽　孙育英

吴德绳　付祥钊　潘云钢　主审

中国建筑工业出版社

图书在版编目（CIP）数据

课程设计·毕业设计指南/陈超等编著. —3 版.
北京：中国建筑工业出版社，2018.7（2024.6 重印）
高等学校建筑环境与能源应用工程专业规划教材
ISBN 978-7-112-22090-8

Ⅰ. ①课… Ⅱ. ①陈… Ⅲ. ①建筑工程-课程设
计-高等学校-教材②建筑工程-毕业实践-高等学校-教
材 Ⅳ. ①TU-43

中国版本图书馆 CIP 数据核字（2018）第 076644 号

责任编辑：齐庆梅　姚荣华　张文胜
责任校对：党　蕾

为了更好地支持相应课程的教学，我们向采用本书作为教材的教师提供课件，
有需要者可与出版社联系。
建工书院：http://edu.cabplink.com
邮箱：jckj@cabp.com.cn　电话：(010) 58337285

高等学校建筑环境与能源应用工程专业规划教材
课程设计·毕业设计指南
（第三版）
Design Guides for HVAC Courses
陈　超
蔺　洁　李俊梅　简毅文　编著
毕月虹　尚春鸽　孙育英

吴德绳　付祥钊　潘云钢　主审
*
中国建筑工业出版社出版、发行（北京海淀三里河路 9 号）
各地新华书店、建筑书店经销
霸州市顺浩图文科技发展有限公司制版
建工社（河北）印刷有限公司印刷
*
开本：787×1092 毫米　1/16　印张：23　字数：571 千字
2018 年 8 月第三版　2024 年 6 月第九次印刷
定价：**55.00** 元（赠教师课件）
ISBN 978-7-112-22090-8
（42599）

版权所有　翻印必究
如有印装质量问题，可寄本社退换
（邮政编码 100037）

序 一

建筑环境与能源应用工程专业创办 50 多年来，名称一改再改，业内和社会对此颇多议论。尽管名称在不断变化，但专业的本性——"工程"未变，人才培养的基本目标——"工程师"稳定不变。

国家在有了科学院之后，又设立工程院。在所有院士中，能够当选两院院士的不多。这最能表明从事科学或工程所要求的素质和才能有重大差别。高校内讲学术，有完整的学术体系。在研究学术的过程中，孕育学术人才、诞生科学家是顺理成章的事。工程在高校外进行，校内没有完整的工程体系，如何培养工程师？

科学家的根本工作是认识世界，发现客观规律；工程师的任务是改变物质现状，创造新事物，提供人类生存发展必需的使用功能。工程需要理论指导，培养工程人才要夯实理论基础，但不能停留在理论圈子内纸上谈兵，工程专业教学必须走向工程实践。本科人才培养方案中的实践教学环节是引导学生从理论到实践的桥梁。课程设计、毕业设计是在教师指导下的工程演习。很多博士一直浸润在高校的学术环境里成长，以优异的学术成就被高校青睐，聘为建筑环境与能源应用工程的专业教师，指导课程设计和毕业设计是他们的基本工作任务之一。不管理论学得多好的人，初次面对工程实践都难免茫然。这些缺少工程实践的老师在指导工程演习时，更需要指导。《课程设计·毕业设计指南》（以下简称《指南》）对他们具有指导作用。

工程不容失败，而造成工程失败的因素又多又复杂，失败的风险性很大。面对这种态势，不但工程师个人的学识和经验显得非常有限，即或一个团队也难保证工程万无一失。解决的办法就是集整个工程界的经验与智慧，编制工程规范和标准，遵照规范和标准进行每一项工程。明白工程规范和标准的法规性质，并在工程实践中自觉地遵照，这是工程师的基本素质。学术讲自由，工程守规范。从学术环境进入工程实践，由讲学术自由到遵守工程规范，是根本性的重大转变。《指南》十分重视在整个设计指导过程中培养遵守工程标准规范的意识，指导老师和学生正确掌握标准规范的具体适用条件，依据适用条文开展设计。《指南》在各案例中将适用的标准规范单独作为设计依据列出，纠正了教学中将标准规范和教科书、论文、设计手册混为一谈作为参考资料的普遍性错误，让学习设计者更加明确标准规范在设计中的法规地位。

一项工程主要由立项、建设、使用三大过程组成。课程设计、毕业设计主要演习的是工程建设过程中的方案设计和技术设计。《指南》首先引导老师、学生理解立项（或任务书）确定的设计要求，认清设计对象和资源条件、约束条件等，并将其表达为工程的设计参数和计算参数，让老师和学生明白设计怎样入手，计算条件如何确定。

方案制定、分析和比选，是重要的工程能力。但是方案阶段面临的复杂交错的情况，相互冲突的要求，多种可能性、不确定性，非唯一的结论等，对学生们在理论学习中形成的条理性思维定式进行着猛烈的冲击。方案设计是课程设计、毕业设计的核心和关键，此时是指导老师提出方案"替学生解难"，还是坚持指导学生自己思考方案？不同的指导方法所形成的工程能力是大不一样的。《指南》引导师生重视依据任务书理解设计对象的需求，分析使用特性、资源情况和约束条件，把握负荷变化规律，制定可行的技术方案，使学生们将基础课、专业基础课和专业课中分门别类学到的知识都调动起来、组织起来、融会贯通起来，努力做到"把恰当的技术，恰当地应用在恰当部位，并把它们恰当地综合好。"《指南》帮助他们感受工程设计的思维特点，由简单到复杂地逐步理解和掌握工程思维，完成思维模式的转变。这是从理论思维上升到工程思维的凤凰涅槃。《指南》引导学生把主要的力量聚焦在方案上面，负荷计算、水力计算及设备选型计算都紧紧围绕方案制定与比选进行。实际上，课程设计、毕业设计的整个过程中随处都有大大小小的方案问题需要确定。通过这些工程演习，有助于学生们工程决策能力的形成。

用图纸表达设计意图是工程师的基本功，这也是课程设计、毕业设计要学生进行演练的。《指南》注意到了课程设计、毕业设计中，绘图在教学上的特定功能，不完全等同于实际工程中的图纸工作。从制图基本功训练出发将图纸分类，让学生绘制有典型性或代表性的图纸，避免以量取胜，避免重复绘制同类图纸，是恰当的。

《指南》是陈超教授及其团队长期实践教学的成果，已经惠及了许多学生和老师。我们谨此向他们表示敬意。

《指南》也是陈超老师获得2017年度海润教育奖的代表性成果之一。我们期待更多的建筑环境与能源应用工程专业本科教学成果。

付祥钊

2017 年 12 月

序 二

工科大学本科专业教学，其实质是通过知识和技能的传授，提高学生的思维素质和再学习的能力。

"建筑环境与能源应用工程专业"本身最重视科技的逻辑性和知识、技能的系统性。为此，在教学计划中设置的课程设计和毕业设计两个实践教学环节非常重要。无论学生的就业愿望为何，本科学习中的这两个设计环节同样不可轻视。学过了专业的各种具体的知识和技能，再通过这两个设计的作业，在思维的逻辑性和知识技能的系统性方面，必有极大的提高。

在学校进行这两个设计环节时，因有指导教师的引导，学生所考虑问题会比较单纯，难以判断的复杂问题多不引入，这与实际工作是很不同的。学生阶段，思路和习惯其实是一种"特定模式"。毕业生就业初期，都需要经历一段磨合适应期，而课程设计和毕业设计环节正是这种磨合的初步体验。

学生的专业学习和工程师的实际工作，从思维特质上说，是有根本区别的。做个类比解释，大学生在专业学习阶段，就像研究和配制药品的药师；而工程师则像诊病开方的医师；前者关心的是药品细节和性能，后者关心的是患者的症状和对症的用药。那么我们专业的大学生，学成毕业后去做工程设计师，就应主动做好这个转变。要从研究专业技术转向研究建筑的需求，选择合适的技术，满足不同建筑的不同需求，从而完成工程设计。

这种主动地自觉转身，还应包括思维定式的转变。研究专项技术是沿一条路线追求最好效果的过程；而工程设计应是多种方案的对比，选用符合全局要求，且合理可行方案的过程。学习工程设计者的思维规律，也是大学两个设计环节的重点。

工程设计的本质，就是"把恰当的技术，恰当地应用在恰当部位，并且把它们恰当地综合好"。

大学生在两个设计环节中还应接触更多的实际知识。比如要符合设计规范，要贯彻业主的意图，要有经济概念，要特别关注建筑以后的使用者和管理者的特点等。这些含有人文因素的内容，也应向老师或老工程师细心学习体会，相信会受益终生的。

本书的作者陈超教授及其团队，对上述两个设计环节很关注，并将经验和知识收录本书。足见他们对实践教学环节对专业教学和育人的重要性感触颇深。这本指南，对学生今后成为优秀的专业人员一定会产生积极的影响。

从专业的学习，到课程设计、毕业设计都是在快乐学习路上的进程。愿学生在完成设计的过程中更能体会到这种实践的快乐，陈超教授及其团队编纂此书的苦心回报可算更大。

预祝同学们在课程设计、毕业设计中体验执业的快乐！收获逻辑思维水平和再学习能力的提升。

吴德绳
2013 年 4 月于北京

第三版前言

最近，"新工科"成为中国高校本科专业教育的热点。建筑环境与能源应用工程专业也是"新工科"中的一员。"工科"顾名思义，主要是解决社会发展中的工程实际的理论支撑和技术途径问题。伴随着能源环境的严峻局面，以大数据、人工智能、互联网等为特征，人类社会由工业文明开创了信息文明。社会治理、组织模式、产业以及商业体系框架正在发生根本性的变化。社会对工程提出了新的需求，呈现了新的资源，更形成了新的约束。面对工程领域这些新挑战和新机遇，高校传统的工科专业中，一批培养目标新、科技知识新、教育理念新的专业，在信息文明的春风雨露中破土而出。这些"新工科"专业，强调工程创新思维、工程实践能力以及工匠精神的培养。课程设计和毕业设计，一直是专业教学计划中不可或缺的重要教学内容，是培养本科生综合运用专业知识，解决实际工程问题能力的两个最为重要的实践教学环节，是六十多年教育实践的精髓。登上"新工科"台阶的建筑环境与能源应用工程专业传承了这两个实践教学环节，并予以发展。本书是这两个实践教学环节的指导老师们在传承与发展中形成的初步成果。

课程设计、毕业设计过程，一方面是面对实际工程对象的综合需求，综合运用专业知识的过程；同时也是熟悉与理解相关标准和规程规范的过程。本书自2013年出版第二版并重印以来，得到许多大学教师和工程界专家的热情支持和富有建设性的修改意见。本次再版站在新工科的高度，吸收工程界和教育界的智慧，将相关章节进行重新编写和增补。主要有，作为设计总则的第1章，重点在工程概念、建筑法规、设计方法与内容要点、对指导教师的基本要求等方面，进行了大幅度的补充修改；第2章，重点在设计方案比选、设计计算方法以及设计实例等方面，进行了补充完善；第3章，对空调系统比选原则与方法、新风量确定、空调水系统选择、空调水系统的定压方式、空调系统分区等内容进行了补充修改，并重点对空调系统设计实例部分进行了较大幅度的补充完善；第4章，重点对相关环境标准、常用通风系统设计、机械防烟系统设计、自然排烟系统等进行了修改完善；第5章，设计目的与任务、空气洁净度等级的确定、空气净化系统的选择、空气净化系统设计实例等内容进行了补充完善；第6章，设计目的与任务等进行了补充完善，并重点对冷源系统设计实例进行了较大幅度的补充完善；增加了"第7章 暖通空调监控系统设计"，重点对暖通空调的监控系统构成及其设计选型原则进行了介绍；将原来"第7章模拟技术简介"改为现在的"第8章模拟技术简介"，并增加了CFD软件Airpak模拟室内通风案例分析。

本次修订将作为第三版出版。本次修订得以顺利完成，特别感谢薛鹏副教授、姬颖博士、张晓静博士、潘嵩副教授的辛勤付出；同时，特别感谢李印、杨枫光、吴玉琴、李亚茹、王陆瑶、孙超、姜理星等研究生同学的努力付出。

需要特别说明的是，本次修订的起因，得益于重庆大学付祥钊教授、中国建筑设计研究院潘云钢总工程师的鼓励、支持。在历时10个月的修订过程中，两位老师先后以会审、函审的形式多次对本教材提出修改意见，以使修订后的教材更满足"新工科"工程实践教学的要求，在此向两位老师表示由衷的敬佩和感谢。

最后，特别感谢由海润节能股份独家出资成立的海润教育奖委员会将非常宝贵的一年一度的"海润教育奖"颁发给了本教材，感谢海润节能股份对我国教育事业、工程技术人才培养的高度关注和支持。

由于受教材的开本限制，书中一些图的细节可能看不清，读者可下载电子版查看，方法为：登录中国建筑工业出版社官网 www.cabp.com.cn→输入书名或征订号（31961）查询→点选图书→点击配套资源即可下载。（重要提示：下载配套资源需注册网站用户并登录）

陈　超

2018 年 3 月

第二版前言

构建绿色建筑，提高建筑供暖、通风与空气调节系统的能源利用效率，是建筑环境与能源应用工程专业的重要使命。在大学教学计划中，课程设计和毕业设计是工科专业学生必须经历的、两个最为重要的实践教学环节，旨在培养和提高学生综合运用专业知识、解决实际工程问题的实践能力和创新思维方式。

不同于其他的专业课程教学，由于课程设计、毕业设计面对实际工程对象的综合需求，强调专业知识的融合贯通、国家相关设计规范和标准的熟悉与理解，以及对实际工程问题的综合理解（例如，专业技术、社会与人文、经济等方面），涉及的内容比较宽且具有多面性，难以教科书的形式较为全面地归纳其专业特点。学生通常是根据指导教师推荐的一些设计资料、设计手册以及相关设计规范或标准完成设计过程。

然而，对于习惯了有教材引路的学生，在开始课程设计或毕业设计的最初一段时期，大多处于不知所措的状态，往往容易陷入枝节问题、忽视重要环节的境地，学习效率较低。为此，2006 年我们试着编写了第一部针对建筑环境与设备工程专业（建筑环境与能源应用工程专业的原用名）本科生应用的指导教材《课程设计·毕业设计指南》。根据这些年的教学指导应用效果以及学生和教师们的反馈意见，决定对原教材内容进行再版修订，弥补第一版教材存在的不足。再版后的教材重点在以下几方面进行了增补：1）针对第 2～6 章的五个常见系统——供暖系统、空调系统、通风及防排烟系统、空气净化系统以及冷热源的设计与运行特点，介绍了各重要环节的设计要点、计算方法和主要设计参数；2）将 2012 年最新颁布并实施的国家规范《民用建筑供暖通风与空气调节设计规范》GB 50736—2012 中的重要条款和重要设计思想分别融合到上述五个系统的设计方法和设计要点中，以强调国家规范对专业设计的重要指导作用；3）针对第 2～6 章的五个系统的设计特点，在相应章节后都给出了一个设计实例，包括主要的计算过程及其计算结果。

本教材由陈超教授组织撰写，第 1 章、第 3 章以及附录由陈超教授执笔，第 2 章由蔺洁副教授执笔，第 4 章由李俊梅副教授执笔，第 5 章由简毅文副教授执笔，第 6 章由毕月虹副教授和尚春鸽副教授执笔，第 7 章由李俊梅副教授和简毅文副教授执笔。北京建筑设计研究院有限公司老院长吴德绳教授级高工主审。

本教材撰写过程中，北京建筑设计研究院有限公司老院长吴德绳教授级高工、清华大学朱颖心教授、同济大学于航教授、广东工业大学秦红博士给予了极大的支持和重要修改意见；同时，燕山大学、北方工业大学、兰州交通大学、青岛农业大学以及华北科技学院的同行们也提出了宝贵的意见，在此一并表示衷心的感谢。

陈　超

2013 年 4 月

目　　录

主要符号表
第1章　设计总则……………………………………………………………… 1
　1.1　课程设计、毕业设计 ………………………………………………… 1
　1.2　方案设计、初步设计、施工图设计的任务和要求 ………………… 2
　1.3　相关规范及通用图集 ……………………………………………… 11
　1.4　图纸构成与要求 …………………………………………………… 13
　1.5　与其他专业的配合 ………………………………………………… 18
　本章标准规范 …………………………………………………………… 19
　本章参考文献 …………………………………………………………… 19
第2章　供热系统 ……………………………………………………………… 20
　2.1　室内供暖系统设计热负荷计算 …………………………………… 21
　2.2　常见室内供暖系统的特点、设计方法及比较 …………………… 26
　2.3　主要散热设备性能及设计计算 …………………………………… 35
　2.4　室内供暖系统管路设计 …………………………………………… 41
　2.5　热力管网系统设计 ………………………………………………… 44
　2.6　供暖系统的热力入口 ……………………………………………… 49
　2.7　供暖系统与热力管网系统的节能设计 …………………………… 52
　2.8　供暖系统设计实例 ………………………………………………… 54
　2.9　施工图构成 ………………………………………………………… 66
　本章标准规范 …………………………………………………………… 68
　本章参考文献 …………………………………………………………… 68
第3章　空调系统设计 ………………………………………………………… 69
　3.1　空调热、湿负荷计算 ……………………………………………… 70
　3.2　常用空调系统的特点、设计方法及比较 ………………………… 75
　3.3　送风量与气流组织 ………………………………………………… 87
　3.4　空调水、风系统的设计原则及其计算 …………………………… 91
　3.5　主要空调设备性能及设计选型 …………………………………… 102
　3.6　空调设备及管道的保冷与保温、消声与隔振 …………………… 106
　3.7　空调系统的节能 …………………………………………………… 108
　3.8　空调系统设计实例 ………………………………………………… 112
　3.9　施工图构成 ………………………………………………………… 135
　本章标准规范 …………………………………………………………… 141
　本章参考文献 …………………………………………………………… 141

第4章　通风及防排烟系统设计 ·························· 142

4.1　通风系统设计概述 ····················· 142

4.2　环境标准、卫生标准与排放标准 ················· 144

4.3　常用通风系统设计 ····················· 148

4.4　防排烟系统设计 ······················ 173

4.5　通风及防排烟系统主要设备选型 ················ 192

4.6　通风及防排烟系统设计实例 ················· 196

4.7　施工图构成 ························· 205

本章标准规范 ··························· 208

本章参考文献 ··························· 208

第5章　空气净化设计 ······················· 209

5.1　空气净化系统概述 ····················· 209

5.2　空气洁净度等级的确定 ··················· 209

5.3　大气含尘浓度及室内发尘量 ················· 211

5.4　空气净化系统形式的确定及构成 ··············· 212

5.5　气流组织设计及风量计算 ·················· 217

5.6　过滤器的选用 ······················· 219

5.7　空气洁净度计算 ······················ 222

5.8　空气净化系统设计实例 ··················· 224

本章标准规范 ··························· 233

本章参考文献 ··························· 233

第6章　冷、热源系统设计 ····················· 234

6.1　冷、热源系统设计的目的与任务，方法与流程，设计成果要求 ····· 234

6.2　常见冷源系统的特点、设计方法及比较 ············ 235

6.3　常见供热系统的特点、设计方法及比较 ············ 241

6.4　冷、热源一体化设备 ···················· 246

6.5　冷、热源机房辅助设备 ··················· 260

6.6　冷、热源机房布置 ····················· 266

6.7　换热站 ··························· 271

6.8　蓄冷系统 ·························· 272

6.9　冷源系统设计实例 ····················· 274

6.10　施工图构成 ······················· 280

本章标准规范 ··························· 289

本章参考文献 ··························· 289

第7章　暖通空调监控系统设计 ··················· 290

7.1　暖通空调的监控内容 ···················· 290

7.2　监控系统的设计选型原则 ·················· 292

7.3　监控设计实例 ······················· 296

本章标准规范 ··························· 304

　　本章参考文献···304

第 8 章　模拟技术简介···305
　8.1　计算流体动力学（CFD）简介　·······305
　8.2　建筑能耗模拟简介　·································319
　　本章参考文献···324
附录···325
　附录 1　相关节能设计标准限值·····················325
　附录 2　设计实例基本设计资料·····················329
　附录 3　设计说明范本·······························338
　附录 4　施工说明范本·······························345

主要符号表

符号	符号意义，单位	符号	符号意义，单位
A	面积，m^2	C_w	风压系数
a	围护结构温差修正系数	C_{zm}	照明修正系数
B	排气罩罩口距灶面的距离，m	c	空气中有害物浓度，g/m^3
b	门窗缝隙渗风指数	c_p	比热，$kJ/(kg \cdot {}^\circ C)$
COP	性能系数	D	热惰性指标；被控粒径，mm
C_M	建筑物某一朝向窗墙比	D_{Jmax}	夏季日射得热因数最大值
C_N	内遮阳修正系数	DN	管道内径，m
CL_C	透过玻璃窗进入的太阳辐射得热形成的逐时冷负荷，W	d	计算管道的公称直径，mm；空气的含湿量，$g/kg_{干空气}$
CL_E	外墙、屋顶或外窗形成的逐时冷负荷，W	ER	水泵输送能效比
CL_{rt}	人体散热形成的逐时冷负荷，W	F	传热面积，m^2
CL_{sb}	设备散热形成的逐时冷负荷，W	F_C	窗玻璃净面积，m^2
CL_{zm}	照明散热形成的逐时冷负荷，W	F_m	外门的面积，m^2
C_Z	外窗综合遮挡系数	F_s	供暖房间所需散热器的散热面积，m^2
C_W	外遮阳修正系数	F_g	管道外表面积，m^2
C_{clC}	透过无遮阳标准玻璃太阳辐射冷负荷系数	f	每片或每米长散热器的散热面积，m^2
$C_{cl\,rt}$	人体冷负荷系数	G	管段的流量，kg/h；通风量，kg/s；单位容积总发尘量，$PC/(min \cdot m^3)$
$C_{cl\,sb}$	设备冷负荷系数	G_H	风机盘管风量，m^3/h
$C_{cl\,zm}$	照明冷负荷系数	G_L	水流量，m^3/h
C_h	高度修正系数	g	一名成年男子小时散湿量，g/h
C_n	大于及等于被控粒径的粒子最大允许浓度，粒子数/m^3	H	建筑层高，m
C_f	流量系数	H_0	房间净高，m
C_r	热压系数	h	焓，kJ/kg
C_s	玻璃修正系数	I	国际单位的洁净度等级
C_{sb}	设备修正系数	J_p	围护结构所在朝向太阳总辐射照度的日平均值，W/m^2
		K	传热系数，$W/(m^2 \cdot K)$

符号	符号意义,单位	符号	符号意义,单位
k	换气次数,次/h;送风口常数	Q_s	散热器单位(每片或每米长)散热量, W/片或 W/m
K_m	外门的传热系数,W/(m² · K)	Q_{sb}	设备散热量,W
K_1	热力管网损耗系数	Q_{zm}	照明散热量,W
K_2	热力管网同时使用系数	Q_1	围护结构耗热量,W
K_s	散热器的传热系数,W/(m² · ℃)	Q_{1j}	围护结构基本耗热量,W
K_g	管道传热系数,W/(m² · ℃),	Q_{1x}	围护结构附加耗热量(亦称修正耗热量),W
L	渗透冷空气量,m³/h;散流器服务区边长,m;体积通风量,m³/s	Q_2	冷风渗透耗热量,W
l	管道长度,m	Q_3	冷风侵入耗热量,W
l_1	外门、窗缝隙长度,m	Q'	房间供暖设计热负荷,W
M	污染物发生量,g/s;国际单位的空气洁净度等级	Q_{1jm}	外门基本耗热量,W
		$Q'_{散热器}$	散热器供暖设计热负荷,W
m	门、窗冷风渗透压差综合修正系数;电机容量安全系数	$Q'_{辐射}$	地面辐射供暖设计热负荷,W
N	功率,kW	q	辐射地面单位地面面积散热量,W/m²
N_C	英制单位的空气洁净度等级	q_d	单位地面面积对流传热量,W/m²
N_n	室内空气含尘浓度,PC/L	q_f	单位地面面积辐射传热量,W/m²
N_p	大气含尘浓度,PC/L	q_h	供暖面积热指标,W/m²
N_z	住宅总层数,层	q_v	供暖体积热指标,W/m³
n	渗风量的朝向修正系数;换气次数,次/h	q_x	单位地面面积所需散热量,W/m²
		q'	辐射地面有效散热量,W/m²
n_f	通风机转速,r/min	R_k	封闭空气间层热阻,m² · ℃/W
n_{f0}	标准状况下风机的转速,r/min	R_m	单位长度摩擦压力损失,Pa/m
n_s	散热器片数(或长度),片或米;比转数	R_n	围护结构内表面传热阻,m² · ℃/W
n_τ	计算时刻空调区内总人数,人	R_s	风管水力半径,m
P	周长,m	$R_{0,min}$	围护结构最小传热阻,m² · ℃/W
p	压力,Pa	R_i	各层材料的传热阻,m² · ℃/W
p_1、p_2	阀门前、后的压力,Pa	r	时间,min
Q	散热量,W	s	建筑物体形系数,m²/m³;空调净化系统中回风量与送风量之比
Q_{max}	最大耗热量,kW		
Q_{rt}	人体散热量,W	S_i	各层材料蓄热系数,W/(m² · ℃)

符号	符号意义,单位	符号	符号意义,单位
S_u、S_v、S_w	动量方程的广义源项	V_{st}	总送风量(系统中所有房间送风量之和),m^3/h
$S_总$	建筑物与室外大气接触的外表面积(不包括地面和不采暖楼梯间隔墙和户门的面积),m^2	v	管道内流体流速,m/s
$S_窗$	某一朝向的外窗总面积,m^2	v_0	冬季室外最多风向下的平均风速,m/s;散流器颈部风速,m/s
$S_墙$	同朝向墙面总面积(建筑层高与开间定位线围成的面积,包含同朝向外窗总面积),m^2	v_s	散流器出口风速,m/s
		W	室内余湿,g/s
T	绝对温度,K	X	未修正的系统新风量在送风量中的比例
t	管道内热媒温度,℃		
t	温度波动周期,s	x	自散流器中心为起点的射流水平距离,m
t_{bpj}	地面表面平均温度,℃	x_0	平送射流原点与散流器中心的距离,m
t_n	供暖室内设计温度,℃	x_{ch}	朝向修正率,%
t_{wn}	供暖室外计算温度,℃	x_f	风力附加率,%
t_{pj}	散热器内热媒平均温度,℃	x_g	高度修正率,%
t_{sg}	散热器进口水的温度,℃	Y	修正后的系统新风量在送风量中的比例
t_{sh}	散热器出口水的温度,℃		
t_{fj}	室内非加热表面的面积加权平均温度,℃	Z	需求最大的房间的新风比
t'_g、t'_h	系统的设计供、回水温度,℃	ΔC_f	风压差系数
t'_1、t'_2	热力管网的设计供、回水温度,℃	ΔP	总压力损失,Pa
t_{w1}	外墙、屋顶或外窗的逐时冷负荷计算温度,℃	ΔP_j	局部压力损失,Pa
		ΔP_m	摩擦压力损失,Pa
		$\Delta q_损$	辐射地面热损失,W/m^2
t_{zp}	夏季空调室外计算日平均综合温度,℃	Δt_y	供暖室内计算温度与围护结构内表面温度的允许温差,℃
t_{wp}	夏季空调室外计算日平均温度,℃	α_w	围护结构外表面换热系数,$W/(m^2 \cdot ℃)$
u	直角坐标系下 x 方向的流速,m/s		
V	体积,m^3	α_n	围护结构内表面换热系数,$W/(m^2 \cdot ℃)$
V_{oc}	需求最大的房间的新风量,m^3/h		
V_{on}	系统中所有房间的新风量之和,m^3/h	α_λ	材料导热系数修正系数
V_{ot}	修正后的总新风量,m^3/h	α_1	外门、窗缝隙渗风系数,$m^3/(m \cdot h \cdot Pa)$
V_{sc}	需求最大的房间的送风量,m^3/h		

符号	符号意义,单位	符号	符号意义,单位
β_1	散热器组装片数修正系数	ρ_{wn}	供暖室外计算温度下的空气密度, kg/m^3
β_2	散热器支管连接方式修正系数		
β_3	散热器安装形式修正系数	ρ	流体的密度, kg/m^3
β_4	进入散热器流量修正系数	ρ	围护结构外表面的太阳辐射热吸收系数
δ	围护结构各层材料的厚度,m		
ε	热湿比	τ	时间,s
η	效率	Φ	耗散系数
λ_t	导热系数,W/(m·℃)	Ψ	不均匀系数
λ	摩擦阻力系数	ϕ	群集系数
ζ	局部阻力系数		

第 1 章　设 计 总 则

设计是一种社会文化活动。设计既是创造性的、类似于艺术的活动；同时，它又是理性的、类似于条理性科学的活动。设计是人们为满足一定的需要、精心寻找和选择满意的被选方案的活动，这种活动在很大程度上是一种心智活动、问题求解活动、创新和发明活动。许多设计活动是在一定的组织环境中进行的，而这种设计活动的设计方法则是要运用各种组织起来的知识，其中包括科学知识、工艺技巧知识以及组织管理能力等。

在大学实践教学计划中，设置了课程设计和毕业设计（论文）两个教学环节，一个很重要的目的是，希望通过这两个教学环节的学习，从对设计哲理、设计技能、设计任务、设计过程、设计方法的认识和理解，以及对实际设计领域中遇到的问题的解决，全面提高学生的问题求解能力、创新能力以及组织与协调能力。

1.1　课 程 设 计 、 毕 业 设 计

1.1.1　课程设计

目的与任务：了解工程设计的内容、方法和步骤；初步学习设计方案的选择与确定方法，重点掌握建筑设备系统的构成；初步训练计算机绘制工程图的能力、培养设计计算与编写设计说明书的能力；学习收集技术资料、增长理论联系实际的能力；初步训练在工程设计中协调各专业和工种的组织能力。

内容：涉及空调、通风、供暖、锅炉房、制冷机房、室内给水与排水、燃气输配、建筑电气、建筑设备弱电等。

要求：在指导老师的指导下，独立完成方案设计、负荷计算、系统设计与计算、设备选型与计算、绘制工程图、编写说明书等工作。

1.1.2　毕业设计

1.1.2.1　目的

毕业设计是实现人才培养目标的重要教学环节，是本科教学计划中最后一个重要的综合性实践教学环节，也是本科学生在学完教学计划规定的全部课程后所必须进行的工程实践教学中最重要的实践教学环节。其目的是通过毕业设计中的工程设计和专题研究，实现教学、科研、社会实践的有机结合，培养学生综合运用及深化所学基础理论、专业知识和基本技能的能力；培养学生独立分析和解决工程实际问题的能力；培养学生的创新精神和团队合作意识，提高对未来工作的适应能力。毕业设计在培养大学生探求真理、强化社会意识、进行科学研究基本训练、提高综合实践能力与素质等方面，具有不可替代的作用，是教育与生产劳动和社会实践相结合的重要体现，是培养大学生的创新能力、实践能力和创业精神的重要实践环节。

1.1.2.2　要求

毕业设计的质量是衡量学生所在专业教学水平是否达到培养目标、学生在校期间学习

效果及其毕业与学位资格认证的重要依据。毕业设计应对本专业国家工程教育认证或行业评估以及其他教学评估要求提供支撑。

在知识要求方面，应综合运用多学科的知识与技能，分析并解决实际问题，使得理论认识深化、知识领域扩展、专业技能延伸。

在能力培养方面，应学会依据课题任务进行资料的调研、收集、加工与整理，正确使用工具书，掌握从事科学研究的基本方法和撰写专业文件的能力，掌握实验及测试或社会调查的基本方法，提高分析和解决复杂问题的能力。

在综合素质要求方面，培养学生严肃认真的科学态度和严谨求实的工作作风，树立正确的工程观点、生产观点、经济观点和全局观点。

1.1.2.3 毕业设计选题范围与要求

毕业设计所包括的专业内容大致有以下几方面：

(1) 工业与民用建筑的供暖、通风与空气调节系统工程设计；

(2) 厂（矿）区及城市集中供热系统工程设计；

(3) 中、小型供热锅炉房、热力站工艺部分工程设计；

(4) 空调用制冷系统、中、小型冷库制冷系统工程设计；

(5) 室内给水与排水、燃气工程和一般工厂废气治理等工程设计；

(6) 楼宇自动化系统工程设计；

(7) 与上述内容相关的、关于系统设计的研究与开发、系统中的处理装置的研究与开发、应用机理的研究等；

(8) 与上述 (1)～(6) 内容相关的、系统的运行管理和施工管理的应用研究。

要求：

原则上每个学生应独立完成一个题目，学生在指导教师和工程师的指导下独立完成供热（含供暖）、通风（含除尘、防排烟）、空调（含净化）、制冷（含中、小型冷库）、中小型供热锅炉房（含热力站）工艺、小区给排水（含建筑消防）等建筑设备系统的工程设计，并要与其他专业（建筑、结构、电气、工艺等）密切配合，本着适用、经济和美观的设计原则，尽可能采用可行的新技术、新设备，按时高质量地完成毕业设计。鼓励并提倡学生发挥主动性，提出自己的设想，在教师指导下，共同商定课题。1) 设计题目必须符合培养目标和教学基本要求，体现本专业基本教学内容，使学生受到本专业全面综合训练。课题名称应与内容相符，不能大题目小内容；2) 毕业设计题目尽可能结合生产、科研任务或社会热点问题，真题真做；3) 课题的难度和工作量要合适，应在教学计划规定的时间内，使学生在教师的指导下，经过努力能够完成；4) 每个学生应独立完成一个毕业设计课题，多名学生共同参加一个课题时，各自课题的名称与内容必须有所区别。要明确每个学生需独立完成且能满足教学基本要求、使其受到全面综合训练的工作任务。

1.2 方案设计、初步设计、施工图设计的任务和要求[1]

在实际民用建筑工程设计中，通常把设计过程分为三个阶段：方案设计、初步设计、施工图设计。对于不同阶段，所要求的设计深度也是不一样的。如果把上述课程设计和毕业设计的要求与通常工程设计的三个阶段类比的话，课程设计的深度近同于初步设计的深度；而毕业设计的深度则近同于施工图设计的深度。但需要指出的是，实际工程设计除了要考虑系统设计方案的技术性和经济性，还需站在业主的角度综合考虑技术以外的一些因素，甚至包括政治、人文、历史、社会等方面的，其复杂程度远大于大学阶段的课程设计和毕业设计。

方案设计，重点是针对工程项目的共性需求和可能的个性特点，提出满足室内需求的暖通空调整体方案和解决方式；初步设计，结合工程项目更详细的工艺资料、设计条件和工程需求，对前期设计方案进行优化，从技术上确保优化后的方案具有可实施性，把所有经初步设计落实的技术和系统等，以详细的建造用图纸表达出来，确保施工建造过程的完整性、准确性和可实施性。

需要特别指出的是，工程项目设计过程中，正确合理的负荷计算、系统方案的比选优化以及高效率供暖通风与空气调节设备的选用，对设计高效节能的系统是至关重要的环节。为了确保设计建筑及其设备系统的绿色低碳和高效节能，国家正在逐步制定或修订相关的绿色建筑评价标准，以重点评价设计建筑是否绿色低碳，并给出了相应的评分标准和评价等级（例如，一星级、二星级和三星级节能建筑）。涉及本专业的评价内容有：节能与能源利用、室内环境质量、施工管理、运行管理等。

1.2.1 方案设计

1.2.1.1 设计内容及设计要点

1) 根据工程项目需求，提出相应的解决方案。针对工程项目的共性需求和可能的个性特点，提出满足室内需求的暖通空调整体方案和解决方式，例如：是仅仅设置供暖，还是供暖与供冷，还是仅仅通风；供暖的热媒和末端形式；供冷的系统形式（集中、分散，等）。

2) 能源供应侧解决方案：热源、冷源及能源形式。

3) 拟订节能环保的相关措施。

主要是提供本专业的设计说明书和投资估算书。方案设计文件应满足编制初步设计文件的需要。设计说明书应包括设计依据、设计要求及主要技术经济指标。

1.2.1.2 基本设计步骤

第1步：熟悉设计建筑物的原始设计资料。包括：建设方提供的文件、建筑用途及其工艺要求、设计任务书、建筑作业图等。

第2步：资料调研。包括：查阅相关设计资料（手册、规范（标准）、措施等）、收集相关设备与材料的产品样本。

第3步：确定室内外设计条件及其他工艺设计条件。

第4步：空调、供暖或其他负荷计算。对整个建筑的冷、热负荷估算，根据不同类型建筑冷、热指标进行估算。

第5步：系统方案比较，确定系统最佳设计方案。通过技术经济比较，选择并确定适合所设计建筑物或工艺的系统最佳设计方案（详见第2~6章）。

第6步：整理设计与计算说明书。

1.2.1.3 方案设计说明内容构成

1. 供暖通风与空气调节专业

（1）工程概况及供暖通风和空气调节设计范围；（2）供暖、空气调节的室内外设计参数及设计标准；（3）冷、热负荷的估算数据；（4）供暖热源的选择及其参数；（5）空气调节的冷源、热源选择及其参数；（6）供暖、空气调节的系统形式，简述控制方式；（7）通风系统简述；（8）防排烟系统及暖通空调系统的防火措施简述；（9）节能设计要点；（10）当项目按绿色建筑要求建设时，说明绿色建筑设计目标，采用的绿色建筑技术和措施；（11）当项目为装配式建筑要求建设时，供暖通风与空气调节设计说明应有装配式设计专门内容；（12）废气排放处理和降噪、减振等环保措施；（13）需要说明的其他问题。

2. 热能动力专业

（1）供热

1）简述热源概况及供热范围；2）供热方式及供热参数；3）供热负荷；4）锅炉房及场区面积，区域供热时的换热站的面积；5）热力管道的布置及敷设方式；6）水源、水质、水压要求。

（2）燃料供应

1）燃料来源、种类及性能要求；2）燃料供应范围；3）燃料消耗量；4）燃料供应方式；5）废气排放、灰渣储存及运输方式。

（3）其他动力站房

1）站房内容、性质；2）站房的面积及位置；3）简述工艺系统形式；4）用量。

（4）节能、环保、消防及安全措施

（5）当项目按绿色建筑要求建设时，说明绿色建筑设计目标，采用的主要绿色建筑技术和措施。

1.2.1.4　投资估算

投资估算一般根据国家有关建设和造价管理的法律、法规和相关建筑工程的概、预算定额编制。

1.2.2　初步设计

1.2.2.1　设计内容及设计要点

结合工程项目更详细的工艺资料、设计条件和工程需求，对前期设计方案进行优化，从技术上确保优化后的方案具有可实施性。

在初步设计阶段，供暖通风与空气调节设计文件应有设计说明书，除小型、简单工程外，初步设计文件还应包括设计图纸、设备表及计算书。

1.2.2.2　基本设计步骤

第 1 步：在方案设计的基础上，进一步搜集和熟悉设计资料，包括：与本专业有关的批准文件和建设方要求，设计工程采用的主要法规和标准，其他专业提供的与设计工程相关的设计资料等。

第 2 步：空调、供暖或其他负荷计算

对每个房间的暖通空调负荷进行估算，可根据具体功能房间的冷热指标进行估算。对于通风空调系统，还需要对系统的风量等参数进行估算。

第 3 步：系统方案比较，确定系统最佳设计方案

通过技术经济比较，选择并确定适合所设计建筑物或工艺的系统最佳设计方案（详见第 2～6 章）。

第4步：主要设备选型计算

详见第2~6章。提供主要设备表，列出主要设备的名称、性能参数、数量等（参见表1-1）。

设备表　　　　　　　　　　　　　　　　　　　　　　表 1-1

设备编号	名称	性能参数	单位	数量	安装位置	服务区域	备注

注：1. 性能参数栏应注明主要技术数据，并注明锅炉的额定热效率、冷热源机组能效比或性能系数、多联式空调
　　　（热泵）机组制冷综合性能系数、风机效率、水泵在设计工作点的效率、热回收设备的热回收效率及主要
　　　设备噪声值等；
　　2. 安装位置栏注明主要设备的安装位置，设备数量较少的工程可不设此栏。

第5步：工程图纸绘制

采暖通风与空气调节初步设计图纸，一般包括图例、系统流程图、主要平面图等。除较复杂的空调机房外，各种管道可绘单线图。

锅炉房及较大热交换站需提供设备平面布置图和热力系统图，其他动力站房可不提供图纸。室外动力管道根据需要绘制平面走向图。

第6步：整理设计与计算说明书

初步设计计算说明书主要是供内部使用。对于供暖通风与空调工程专业，设计计算说明书内容包括：热负荷、冷负荷、电负荷、风量、空调冷热水量、冷却水量、管径、主要风道尺寸等内容；对于热能动力专业，设计计算说明书内容包括：负荷计算、主要设备选型计算、水电和燃料消耗量计算、主要管道水力计算等内容。

第7步：编写工程概算书

设计概算是初步设计文件的重要组成部分。设计概算文件必须完整地反映工程项目初步设计的内容，严格执行国家有关方针、政策和制度，按有关的依据性资料进行编制。

1.2.2.3　初步设计说明内容构成[1]

1. 供暖通风与空气调节专业

（1）设计依据

1）摘述设计任务书和其他依据性资料中与供暖通风与空气调节专业有关的主要内容；

2）与本专业有关的批准文件和建设单位提出的符合有关法规、标准的要求；

3）本专业设计所执行的主要法规和所采用的主要标准（包括标准的名称、编号、年号和版本号）；

4）其他专业提供的设计资料等。

（2）简述工程建设地点、建筑面积、规模、建筑防火类别、使用功能、层数、建筑高度等。

（3）设计范围

根据设计任务书和有关设计资料，说明本专业设计的内容、范围以及与有关专业的设计分工。

（4）设计计算参数

1）室外空气计算参数；2）室内设计参数（参见表1-2）。

室内设计参数   表 1-2

房间名称	夏季		冬季		风速 (m/s)	新风量标准 (m³/(h·人))	噪声标准 (dB(A))
	相对湿度(%)	温度(℃)	相对湿度(%)	温度(℃)			

注：温度、相对湿度采用基准值，如有设计精度要求时，按±℃、±％表示幅度。

（5）供暖

1）供暖热负荷；2）叙述热源状况、热媒参数、热源系统工作压力、室外管线及系统补水定压方式；3）供暖系统形式及管道敷设方式；4）供暖热计量及室温控制，系统平衡、调节手段；5）供暖设备、散热器类型、管道材料及保温材料的选择。

（6）空调

1）空调冷、热负荷；2）空调系统冷源及冷媒选择，冷水、冷却水参数；3）空调系统热源供给方式及参数；4）各空调区域的空调方式，空调风系统简述，必要的气流组织说明；5）空调水系统设备配置形式和水系统制式，系统平衡、调节手段；6）洁净空调注明净化级别；7）监测与控制简述；8）管道、风道材料及保温材料的选择。

（7）通风

1）设置通风的区域及通风系统形式；2）通风量或换气次数；3）通风系统设备选择和风量平衡。

（8）防排烟

1）简述设置防排烟的区域及其方式；2）防排烟系统风量确定；3）防排烟系统及其设施配置；4）控制方式简述；5）暖通空调系统的防火措施；6）空调通风系统的防火、防爆措施。

（9）节能设计

节能设计采用的各项措施、技术指标，包括有关节能设计标准中涉及的强制性条文的要求。

（10）绿色建筑设计

当项目按绿色建筑要求建设时，说明绿色建筑设计目标，采用的主要绿色建筑技术和措施。

（11）装配式建筑设计

当项目按装配式建筑要求建设时，说明装配式建筑设计目标，采用的主要装配式建筑技术和措施（如采用装配式时，管材材质及接口方式，预留孔洞、沟槽做法要求，预埋套管、管道安装方式和原则等）。

（12）废气排放处理和降噪、减振等环保措施。

（13）需提清在设计审批时解决或确定的主要问题。

2. 热能动力专业

（1）设计依据

1）本专业设计所执行的主要法规和所采用的主要标准（包括标准的名称、编号、年号和版本号）；2）与本专业设计有关的批准文件和依据性资料（水质分析、地质情况、地下水位、冻土深度、燃料种类等）；3）其他专业提供的设计资料（如：总平面布置图、供热分区、热负荷及介质参数、发展要求等）。

（2）设计范围

1）根据设计任务书和有关设计资料，说明本专业承担的设计范围和分工（当有其他单位共同设计时）；2）对今后发展或扩建的预留；3）改建、扩建工程，应说明对原有建筑、结构、设备等的利用情况。

（3）锅炉房

1）热负荷的确定及锅炉形式的选择：确定计算热负荷，列出各热用户的热负荷表；确定供热介质及参数；确定锅炉形式、规格、台数，并说明备用情况及冬、夏季运行台数；

2）热力系统：应说明热力系统，包括热水循环系统、蒸汽及凝结水系统、水处理系统、给水系统、定压补水方式、排污系统、供热调节方式、各种水泵的台数及备用情况等；

3）燃料系统：说明燃料种类、燃料低位发热量、燃料来源，烟气排放量；当燃料为煤时，说明煤的种类、煤的储存场地及储存时间，确定煤的处理设备、计量设备及输送设备，确定烟囱的高度、出口直径、材质及位置，鼓、引风设备的选择，确定烟气的除尘、脱硫设备，确定除渣设备；当燃料为油时，说明油的种类，简介燃油系统，说明油罐位置、大小、数量、油的储存时间和运输方式；当燃料为燃气时，说明燃气种类、燃气压力、燃气计量要求，确定调压站位置；

4）技术指标：列出建筑面积、供热量、供汽量、燃料消耗量、灰渣排放量、软化水消耗量、自来水消耗量及电容量等。

（4）其他动力站房

1）热交换站：说明加热、被加热介质及其参数，确定供热负荷，简述热水循环系统，确定热水循环系统的耗电输热比，简述蒸汽及凝结水系统、水处理系统，定压补水方式等，确定换热器及其他配套辅助设备；

2）柴油发电机房：确定柴油发电机容量，说明燃气系统、油耗及储油量，说明进风、排风、排烟方式；

3）燃气调压站：确定调压站位置，确定燃气用气量，简述调压站流程，确定调压器前后参数，选择调压器；

4）气体站房：说明各种气体的用途、用量和参数，简述供气系统，选择主要设备；

5）气体瓶组站：确定气体用途、用量，简述调压和供气方式，简述瓶组站流程，确定调压器前后参数，确定瓶组容量及数量；

6）室内管道：确定各种介质负荷及其参数，说明管道及附件的选择，说明管道敷设方式，选择管道的保温及保护材料；

7）室外管网：确定各种介质负荷及其参数，说明管道走向及敷设方式，选择管材及附件，说明防腐方式，选择管道的保温及保护材料。

（5）节能、环保、消防、安全措施等

（6）绿色建筑设计

当项目设计为绿色建筑时，说明绿色建筑设计目标，采用的主要绿色建筑技术和措施。

(7) 需提请设计审批时解决或确定的主要问题

1.2.3　施工图设计

1.2.3.1　施工图设计内容及设计要点

把所有经初步设计落实的技术和系统等，以详细的建造用图纸表达出来，确保施工建造过程的完整性、准确性和实施性。

施工图设计阶段的设计文件应包括：图纸目录、设计与施工说明、设备表、设计图纸、计算书以及工程预算书。其中，图纸目录先列新绘图纸，后列选用的标准图、通用图或重复利用图。

1.2.3.2　基本设计步骤

第 1 步：空调、采暖或其他负荷计算，详见第 2～5 章。

第 2 步：管道系统水力计算，详见第 2～6 章。

第 3 步：主要设备选型计算，详见第 2～6 章。

第 4 步：冷、热源机房或其他动力机房设计，详见第 6 章。

第 5 步：热力设备及其管道的保冷与保温、消声与隔振设计，详见第 2、3 章。

第 6 步：工程图纸绘制

对于供暖通风与空气调节专业，应提供平面图，通风、空调剖面图，通风、空调、制冷机房平面图，系统图，立管图，详图等；热能动力专业，锅炉房需绘出热力系统图、设备平面布置图，绘出汽、水、风、烟等管道布置平面图等；其他动力站房需绘出管道系统图（或透视图）、设备管道平面图和剖面图；室内管道需绘出管道平面布置图、管道系统图（或透视图）、安装详图（或局部放大图）；室外管道需绘出管道平面布置图、管道纵断面图、管道横断面图以及节点详图等。

对于热能动力专业，锅炉房需绘出热力系统图、设备平面布置图、绘出汽、水、风、烟等管道布置平面图等；其他动力站房需绘出管道系统图（或透视图）、设备管道平面图和剖面图；室内管道需绘出管道平面布置图、管道系统图（或透视图）、安装详图（或局部放大图）；室外管道需绘出管道平面布置图、管道纵断面图、管道横断面图以及节点详图等。

第 7 步：整理设计与计算说明书

1.2.3.3　施工图设计说明内容构成

1. 供暖通风与空气调节专业

(1) 设计说明

1) 设计依据

① 摘述设计任务书和其他依据性资料中与供暖通风与空气调节专业有关的主要内容；

② 与本专业有关的批准文件和建设单位提出的符合有关法规、标准的要求；

③ 本专业设计所执行的主要法规和采用的主要标准等（包括标准的名称、编号、年号和版本号）；

④ 其他专业提供的设计资料等。

2) 工程概况

简述工程建设地点、建筑面积、规模、建筑防火类别、使用功能、层数、建筑高度等。

3）设计内容和范围

根据设计任务书和有关设计资料，说明本专业设计的内容、范围以及与相关专业的设计分工。当本专业的设计内容分别由两个或两个以上的单位承担时，应明确交接配合的设计分工范围。

4）室内外设计参数（同初步设计）

5）供暖

① 供暖热负荷、折合耗热量指标；② 热源设置情况，热媒参数、热源系统工作压力及供暖系统总阻力；③ 供暖系统水处理方式、补水定压方式、定压值（气压罐定压时，注明工作压力值）等（注：气压罐定压时，工作压力值指补水泵启泵压力、补水泵停泵压力、电磁阀开启压力和安全阀开启压力）；④ 设置供暖的房间及供暖系统形式、管道敷设方式；⑤ 供暖热计量及室温控制，供暖系统平衡、调节手段；⑥ 供暖设备、散热器类型等。

6）空调

① 空调冷、热负荷，折合耗冷、耗热量指标；② 空调冷、热源设置情况，热媒、冷媒及冷却水参数，系统工作压力等；③ 空调系统水处理方式、补水定压方式、定压值（气压罐定压时，注明工作压力值）等；④ 各空调区域的空调方式，空调风系统简述等；⑤ 空调水系统设备配置形式和水系统制式，水系统平衡、调节手段等；⑥ 洁净空调净化级别及空调送风方式。

7）通风

① 设置通风的区域及通风系统形式；② 通风量或换气次数；③ 通风系统设备选择和风量平衡。

8）监测与控制要求

有自动监控时，确定各系统自动监控原则（就地或集中监控），说明系统的使用操作要点等。

9）防排烟

① 简述设置防排烟的区域及其方式；② 防排烟系统风量确定；③ 防排烟系统及其设施配置；④ 控制方式简述；⑤ 暖通空调系统的防火措施。

10）空调通风系统的防火、防爆措施

11）节能设计。节能设计采用的各项措施、技术指标，包括有关节能设计标准中涉及的强制性条文的要求。

12）绿色建筑设计。当项目按绿色建筑要求建设时，说明绿色建筑设计目标，采用的主要绿色建筑技术和措施。

13）废气排放处理措施。

14）设备降噪、减振要求，管道和风道减振做法要求等。

15）需专项设计及二次深化设计的内容应提出设计要求。

设计说明范本参见附录3。

（2）施工说明

施工说明应包括以下内容：

1）设计中使用的管道、风道、保温材料等材料选型及做法；2）设备表和图例没有列出或没有标明性能参数的仪表、管道附件等的选型；3）系统工作压力和试压要求；4）图中尺寸、标高的标注方法；5）施工安装要求及注意事项，大型设备安装要求及预留进、出运输通道；6）施工及验收依据。

施工说明范本参见附录4。

2. 热能动力专业

（1）设计说明

1）列出设计依据。当施工图设计与初步设计（或方案设计）有较大变化时，应说明原因及调整内容。

2）概述系统设计，列出技术指标。技术指标包括，各类供热负荷及各种气体用量、设计容量、运行介质参数、热水循环系统的耗电输热比、燃料消耗量、灰渣量、水电用量等。说明系统运行的特殊要求及维护管理需要特别注意的事项。

3）设计所采用的图例符号。

4）节能设计：在节能设计条款中阐述设计采用的节能措施，包括有关节能标准、规范中强制性条文和以"必须"、"应"等规范用语规定的非强制性条文提出的要求。

5）绿色建筑设计所要求的各项措施（当项目设计按绿色建筑设计时）。

6）环保、消防及安全措施：应明确排烟、除尘、除渣、排污、减噪等方面的各项环保措施；明确有关锅炉房、可燃气体站房及可燃气、液体的安全措施，如：防火、防爆、泄压、消防等措施。当设计条款中涉及法规、技术标准提出的强制性条文内容时，应以"必须"、"应"等规范用语表示其内容。

（2）施工说明

1）设计工程采用的施工及验收依据；

2）设备安装：设备安装应与土建施工配合，设备基础应与到货设备核对尺寸要求；设备安装时，应避免设备或材料集中在楼板上，以防楼板超载；利用梁、柱起吊设备时，必须复核梁、柱的强度要求；

3）安装较大型设备时，需要预留安装通道的要求；

4）管道安装：工艺管道、风、烟管道的管材及附件的选用，管道的连接方式，管道的安装坡度及坡向，管道弯头的选用，管道的支吊架要求，管道的滑动支吊架间距表，管道的补偿器和建筑物入口装置等，管道施工应与土建配合预留埋件、预留孔洞、预留套管等要求；

5）系统的工作压力和试压要求；

6）防腐、保温、保护、涂色：设备、管道的防腐措施，保温材料种类，设备、管道的保护及涂色要求；

7）图中尺寸、标高的标注方法。

1.2.3.4　计算书

主要供内部使用。计算书的内容根据工程繁简程度，按国家有关规定、规范要求以及单位技术措施进行详细计算。

1. 供暖通风与空气调节专业

（1）采用计算程序计算时，计算书应注明软件名称、版本及鉴定情况，打印出相应的简图、输入数据和计算结果。

（2）以下计算内容应形成计算书：

1）供暖房间耗热量计算及建筑物供暖总耗热量计算，热源设备选择计算；

2）空调房间冷热负荷计算（冷负荷按逐项逐时计算），并应有各项输入值及计算汇总表；建筑物供暖、供冷总负荷计算，冷热源设备选择计算；

3）供暖系统的管径及水力计算，循环水泵选型计算；

4）空调冷热水系统最不利环路管径及水力计算，循环水泵选型计算。

（3）以下内容应进行计算：

1）供暖系统设备、附件等选型计算，如：散热器、膨胀水箱或定压补水装置、伸缩器、疏水器等；

2）空调系统设备、附件等选型计算，如：空气处理机组、新风机组、风机盘管、多联式空调系统设备、变风量末端装置、空气热回收装置、消声器、膨胀水箱或定压补水装置、冷却塔等；

3）空调、通风、防排烟系统风量计算，系统阻力计算，通风、防排烟系统设备选型计算；

4）空调系统必要的气流组织设计与计算。

（4）必须有满足工程所在省、市有关部门要求的节能设计、绿色建筑设计等计算内容。

2.热能动力专业

（1）锅炉房的计算包括以下内容：

1）热负荷计算；2）主要设备选型计算；3）管道的管径及水力计算；4）管道固定支架的推力计算；5）汽、水、电、燃料的消耗量计算；6）炉渣量的计算；7）煤、渣、油等的场地计算。

注：小型锅炉房可简化计算。

（2）其他动力站房计算包括以下内容：

1）各种介质的负荷计算；2）设备选型计算；3）管道的管径及水力计算。

（3）室内管道计算包括以下内容：

1）绘计算草图，并做管径及水力计算；2）附件选型计算；3）高温介质管道固定支架的推力计算。（注：当系统较简单时，可在计算草图上注明计算数据不另做计算书。）

（4）室外管网计算包括以下内容：

1）绘计算草图，并做管径及水力计算；2）根据水力计算绘制水压图；3）调压装置的选型计算；4）架空敷设及地沟敷设管道的不平衡支架的受力计算；5）应包括工程所在省、市有关部门要求的节能设计、绿色建筑设计、安全、环保等计算内容；6）直埋敷设时，管道对固定墩的推力计算；7）管道的热膨胀计算和补偿器的选型计算；8）直埋供热管道若做预处理时，预拉伸、预热等计算。（注：管网简单时可简化计算。）

1.3　相关规范及通用图集

工程建设标准（规范）是工程设计的重要法律依据，有国家标准（GB）、行业标准（JGJ）、地方标准（DB）、协会及企业标准之分。为了适应国家经济建设和社会发展的需要，标准（规范）将不定期地进行内容修订；一些整体内容陈旧落后、不适应工程建设需要、制约科技创新与生产力发展的标准（规范），甚至被废除。因此，在进行工程设计时，一定要注意采用最新版本的规范标准。

1.3.1 暖通空调设计类

（1）民用建筑供暖通风与空气调节设计规范，GB 50736. 中国建筑工业出版社。

（2）工业建筑供暖通风与空气调节设计规范，GB 50019. 中国计划出版社。

（3）环境空气质量标准，GB 3095. 中国建筑工业出版社。

（4）民用建筑热工设计规范，GB 50176. 中国标准出版社。

（5）地面辐射供暖技术规程，JGJ 142，J365. 中国建筑工业出版社。

（6）住宅设计规范，GB 50096. 中国计划出版社。

（7）住宅厨房、卫生间排气道，JG/T 194. 中国标准出版社供热计量技术规程，JGJ 173. 中国建筑工业出版社。

（8）民用建筑隔声设计规范，GB 50118. 中国建筑工业出版社。

（9）城镇供热管网设计规范，CJJ 34. 中国建筑工业出版社，2010。

（10）锅炉房设计规范，GB 50041. 中国计划出版社。

（11）城镇燃气设计规范，GB 50028. 中国建筑工业出版。

（12）输气管道工程设计规范，GB 50251. 中国建筑工业出版。

（13）建筑设计防火规范，GB 50016. 中国计划出版社。

（14）高层民用建筑设计防火规范，GB 50045. 中国计划出版社。

（15）汽车库、修车库、停车场设计防火规范，GB 50067. 中国标准出版社。

（16）人民防空工程设计防火规范，GB 50098. 中国计划出版社。

（17）洁净厂房设计规范，GB 50073. 中国计划出版社。

（18）医院洁净手术部建筑技术规范，GB 5033. 中国计划出版社。

（19）设备及管道绝热设计导则，GB/T 8175. 中国标准出版社。

（20）洁净室施工及验收规范，GB 50591. 中国建筑工业出版社。

（21）供暖通风与空气调节术语标准，GB 50155. 中国标准出版社。

（22）城镇燃气工程基本术语标准，GB/T 50680. 中国标准出版社。

（23）暖通空调制图标准，GB/T 50114. 中国建筑工业出版社。

1.3.2 建筑节能类

（1）公共建筑节能设计标准，GB 50189. 中国建筑工业出版社。

（2）夏热冬冷地区居住建筑节能设计标准，JGJ 134. 中国建筑工业出版社。

（3）夏热冬暖地区居住建筑节能设计标准，JGJ 75. 中国建筑工业出版社。

（4）严寒和寒冷地区居住建筑节能设计标准，JGJ 26. 中国建筑工业出版社。

（5）民用建筑节能设计标准（采暖居住建筑部分），JGJ 26. 中国建筑工业出版社。

1.3.3 给水排水设计类

（1）建筑给水排水设计规范，GB 50015. 中国计划出版社。

（2）泵站设计规范，GB/T 50265. 中国计划出版社。

（3）给水排水工程管道结构设计规范，GB 50332. 中国建筑工业出版社。

（4）给水排水工程构筑物结构设计规范，GB 50069. 中国建筑工业出版社。

（5）建筑灭火器配置设计规范，GB 50140. 中国计划出版社。

1.3.4　施工类

（1）通风与空调工程施工质量验收规范，GB 50243. 中国建筑工业出版社。

（2）建筑给水排水与采暖工程施工质量验收规范，GB 50242. 中国建筑工业出版社。

（3）给水排水管道工程施工及验收规范，GB 50268. 中国建筑工业出版社。

（4）建筑给水排水工程规范，ZBBZH/GJ 15. 中国建筑工业出版社。

（5）室外排水工程规范，ZBBZH/GJ 14. 中国建筑工业出版社。

（6）建筑排水硬聚氯乙烯管道工程技术规程，CJJ/T 29—2010. 中国建筑工业出版社。

1.3.5　其他

（1）火灾自动报警系统设计规范，GB 50116. 中国标准出版社。

（2）智能建筑设计标准，GB/T 50314. 中国计划出版社。

（3）建筑采光设计标准，GB/T 50033. 中国建筑工业出版社。

1.4　图纸构成与要求

1.4.1　方案设计阶段

可不提供设计图纸。

1.4.2　初步设计阶段

1. 供暖通风与空气调节专业

（1）供暖通风与空气调节初步设计图纸一般包括：图例、系统流程图、主要平面图。各种风道可绘单线图。

（2）系统流程图包括：冷热源系统、供暖系统、空调水系统、通风及空调风路系统、防排烟等系统的流程，应表示系统服务区域名称、设备和主要管道、风道所在区域及楼层，标注设备编号、主要风道尺寸和水管干管管径，表示系统主要附件、建筑楼层编号及标高。（注：当通风及空调风路系统、防排烟等系统跨越楼层不多、系统简单，且在平面图中可较完整地表示系统时，可只绘制平面图，不绘制系统流程图。简单的供暖系统可不绘制流程图。）

（3）供暖平面图：绘出散热器位置、供暖干管的入口及系统编号。

（4）通风、空调、防排烟平面图

1）绘出设备位置、管道和风道走向、风口位置，大型复杂工程还应注出主要干管控制标高和管径，管道交叉复杂处需绘制局部剖面；

2）多联式空调系统应绘制平面图，表示出冷媒管和冷凝水管走向。

（5）冷热源机房平面图：绘出主要设备位置、管道走向，标注设备编号等。

2. 热能动力专业

（1）热力系统图

表示出热水循环系统、蒸汽及凝结水系统、水处理系统、给水系统、定压补水方式、排污系统等内容；标明图例符号、主要管径、介质流向及设备编号（应与设备表中编号一致）；标明就地安装测量仪表位置等。

（2）锅炉房平面图

绘制锅炉房、辅助间及烟囱等的平面图，注明建筑轴线编号、尺寸、标高和房间名称；布置主要设备，注明定位尺寸及设备编号（应与设备表中编号一致）。对于较大型锅炉房，根据情况绘制表示锅炉房及相关构筑物尺寸及相对位置的区域布置图。

（3）其他动力站房：其他动力站房绘制平面布置图及系统原理图。

（4）室内外动力管道：室外动力管道根据需要绘制平面走向图。

1.4.3 施工图设计阶段

1. 供暖通风与空气调节专业

（1）平面图

1）绘出建筑轮廓、主要轴线号、轴线尺寸、室内外地面标高、房间名称，底层平面图上绘出指北针。

2）供暖平面绘出散热器位置，注明片数或长度；绘出供暖干管及立管位置、编号，管道的阀门、放气、泄水、固定支架、伸缩器、入口装置、管沟及检查孔位置，注明管道管径及标高。

3）通风、空调、防排烟平面用双线绘出风道，复杂的平面应标出气流方向。标注风道尺寸（圆形风道注管径，矩形风道注宽×高），主要风道定位尺寸、标高及风口尺寸，各种设备及风口安装的定位尺寸和编号，消声器、调节阀、防火阀等各种部件位置，标注风口设计风量（当区域内各风口设计风量相同时，也可按区域标注设计风量）。

4）风道平面应表示出防火分区，排烟风道平面还应表示出防烟分区。

5）空调管道平面单线绘出空调冷热水、冷媒、冷凝水等管道，绘出立管位置和编号，绘出管道的阀门、放气、泄水、固定支架、伸缩器等，注明管道管径、标高及主要定位尺寸。

6）多联式空调系统应绘制冷媒管和冷凝水管。

7）需另做二次装修的房间或区域，可按常规进行设计，宜按房间或区域标出设计风量。风道可绘制单线图，不标注详细定位尺寸，并注明按配合装修设计图施工。

8）与通风空调系统设计相关的工艺或局部建筑使用功能未确定时，设计可预留通风空调系统设置的必要条件，如：土建机房、井道及配电等。在工艺或局部建筑使用功能确定后，再进行相应的系统设计。

（2）通风、空调、制冷机房平面图和剖面图

1）机房图应根据需要增大比例，绘出通风、空调、制冷设备（如：冷水机组、新风机组、空调器、冷热水泵、冷却水泵、通风机、消声器、水箱等）的轮廓位置及编号，注明设备外形尺寸和基础距离墙或轴线的尺寸。

2）绘出连接设备的风道、管道及走向，注明尺寸和定位尺寸、管径、标高，并绘制管道附件（各种仪表、阀门、柔性短管、过滤器等）。

3）当平面图不能表达复杂管道、风道相对关系及竖向位置时，应绘制剖面图。

4）剖面图应绘出对应于机房平面图的设备、设备基础、管道和附件，注明设备和附件的编号以及详图索引编号，标注竖向尺寸和标高。当平面图设备、风道、管道等尺寸和定位尺寸标注不清时，应在剖面图标注。

（3）系统图、立管或竖风道图

1）分户热计量的户内供暖系统或小型供暖系统，当平面图不能表示清楚时，应绘制系统透视图，比例宜与平面图一致，按 45°或 30°轴侧投影绘制；多层、高层建筑的集中供暖系统应

绘制供暖立管图，并编号。上述图纸应注明管径、坡度、标高、散热器型号和数量。

2）冷热源系统、空调水系统及复杂的或平面表达不清的风系统应绘制系统流程图。系统流程图应绘出设备、阀门、计量和现场观测仪表、配件，标注介质流向、管径及设备编号。流程图可不按比例绘制，但管路分支及与设备连接顺序应与平面图相符。

3）空调冷热水分支水路采用竖向输送时，应绘制立管图并编号，注明管径、标高及所接设备编号。

4）供暖、空调冷热水立管图应标注伸缩器、固定支架的位置。

5）空调、通风、制冷系统有自动监控要求时，宜绘制控制原理图。图中以图例绘出设备、传感器及执行器位置，说明控制要求和必要的控制参数。

6）对于层数较多、分段加压、分段排烟或中途竖井转换的防排烟系统，或平面表达不清竖向关系的风系统，应绘制系统示意图或竖向风道图。

（4）通风、空调剖面图和详图

1）风道或管道与设备连接交叉复杂的部位，应绘剖面图或局部剖面。

2）绘出风道、管道、风口、设备等与建筑梁、板、柱及地面的尺寸关系。

3）注明风道、管道、风口等的尺寸和标高，气流方向及详图索引编号。

4）供暖、通风、空调、制冷系统的各种设备及零部件施工安装，应注明采用的标准图、通用图的图名、图号。凡无现成图纸可选，且需要交代设计意图的，均需绘制详图。简单的详图，可就图引出，绘制局部详图。

2．热能动力专业

（1）锅炉房图

1）热力系统图。表示出热水循环系统、蒸汽及凝结水系统、水处理系统、给水系统、定压补水方式、排污系统等内容；标明图例符号（也可以在设计说明中加）、管径、介质流向及设备编号（应与设备表中编号一致）；标明就地安装测量仪表位置等。

2）设备平面布置图。绘制锅炉房、辅助间的平面图，注明建筑轴线编号、尺寸、标高和房间名称；绘出设备布置图，注明设备定位尺寸及设备编号（应与设备表中编号一致）。对于较大型锅炉房，根据情况绘制表示锅炉房、煤、渣、灰场（池）、室外油罐等的区域布置图。

3）管道布置图。绘制工艺管道及风、烟等管道平面图，注明阀门、补偿器、固定支架的安装位置及就地安装一次测量仪表位置，注明各种管道尺寸。当管道系统不太复杂时，管道布置图可与设备平面布置图绘在一起。

4）剖面图。绘制工艺管道、风、烟等管道布置及设备剖面图，注明阀门、补偿器、固定支架的安装位置及就地安装一次测量仪表位置，注明各种管道管径尺寸及安装标高、坡度及坡向，注明设备定位尺寸及设备编号（应与设备表中编号一致）。

5）其他图纸。根据工程具体情况绘制机械化运输平、剖面布置图，设备安装详图，水箱及油箱开孔图，非标准设备制作图等。

（2）其他动力站房图

1）管道系统图（或透视图）。对热交换站、气体站房、柴油发电机房等应绘制系统图，图纸内容和深度参照锅炉房部分；对燃气调压站和瓶组站绘制系统图，并注明标高。

2）设备及管道平面图、剖面图。绘制设备及管道平面图，当管道系统较复杂时，还应绘制设备及管道布置剖面图，图纸内容和深度参照锅炉房部分。

（3）室内管道图

1）管道系统图（或透视图）。应绘制管道系统图（或透视图），包括各种附件、就地测量仪表，注明管径、坡度及管道标高（透视图中）。

2）平面图。绘制建筑物平面图，标出轴线编号、尺寸、标高和房间名称；绘制有关用气（汽）设备外形轮廓尺寸及编号；绘制动力管道、入口装置及各种附件，注明管道管径，若有补偿器、固定支架，应绘制其安装位置及定位尺寸。

3）安装详图（或局部放大图）。当管道安装采用标准图或通用图时，可以不绘制管道安装详图，但应在图纸目录中列出标准图、通用图图册名称及索引的图名、图号，其他情况应绘制安装详图。

（4）室外管网图

1）平面图。绘制建筑红线范围内的总图平面，包括：建筑物、构筑物、道路、坎坡、水系等，并标注名称、定位尺寸或坐标，标注指北针，标注设计建筑物室内±0.00m 绝对标高和室外地面主要区域的绝对标高，标注各单体建筑物的热（冷）负荷、阻力及入口调压装置的相关参数。绘制管道布置图，图中包括：补偿器、固定支架、阀门、检查井、排水井等，标注管道、设备、设施的定位尺寸或坐标，标注管段编号（或节点编号）、管道规格、管线长度及管道介质代号，标注补偿器类型、补偿器的补偿量（方形补偿器时其尺寸）、固定支架编号等。

2）纵断面图（比例：纵向为 1∶500 或 1∶1000，竖向为 1∶50）。

地形较复杂的地区应绘制管道纵断面展开图。

当地沟敷设时，所要标出内容为：管段编号（或节点编号）、设计地面标高、沟顶标高、沟底标高、管道标高、地沟断面尺寸、管段平面长度、坡度及坡向。当架空敷设时，所要标出内容为：管段编号（或节点编号）、设计地面标高、柱顶标高、管道标高、管段平面长度、坡度及坡向。

当直埋敷设时，所要标出内容为：管段编号（或节点编号）、设计地面标高、管道标高、填砂沟底标高、管段平面长度、坡度及坡向。

管道纵断面图中还应表示出关断阀、放气阀、泄水阀、疏水装置和就地安装测量仪表等。

简单项目及地势平坦处，可不绘制管道纵断面图，而在管道平面图主要控制点直接标注或列表说明上述各种数据。

3）横断面图。当地沟敷设时，管道横断面图应表示出管道直径、保温层厚度、地沟断面尺寸、管中心间距、管子与沟壁及沟底距离、支座尺寸及覆土深度等；当架空敷设时，管道横断面图应表示出管道直径、保温层厚度、管中心间距、支座尺寸等。

当直埋敷设时，管道横断面图应表示出管道直径、保温层厚度、填砂沟槽尺寸、管中心间距、填砂层厚度及埋深等。

采用标准图、通用图时可不绘制管道横断面图，但应注明标准图、通用图名称及索引的图名、图号。

4）节点详图。必要时应绘制检查井、分支节点、管道及附件的节点详图。

供暖、空调与通风系统的图纸图例，图纸目录，使用标准图目录，以及主要设备、材料表等的范例参见图 1-1 和表 1-3。

图纸目录

序号	图号	图纸名称	图幅	备注
1	设施-1	图纸目录,图例	A1	
2	设施-2	设计及施工说明及设备表	A1	
3	设施-3	采暖立管图	A1	
4	设施-4	通风及防烟系统流程图	A1	
5	设施-5	地下一层采暖通风平面图	A1	
6	设施-6	一层采暖平面图	A1	
7	设施-7	二~九层采暖空调通风平面图	A1	
8	设施-8	十层采暖空调通风平面图	A1	
9	设施-9	十一层采暖通风平面图	A1	
10	设施-10	屋顶通风平面图	A1	
11	设施-11	管井放大图(一)	A1	
12	设施-12	管井放大图(二)	A1	

使用标准图集目录

序号	标准图集编号	标准图集名称	页次	备注
1	96K402-2	《散热器及管道安装图》	30,52	
2	98R418	《管道及设备保温》	全册	

图例

图例	名称	图例	名称
—L1—	空调冷水供水管	——○	采暖供水管
—L2—	空调冷水回水管	——○	采暖回水管
—R1—	空调热水供水管		截止阀
—R2—	空调热水回水管		水路止回阀
—n—	空气凝结水管		闸阀
(斜线框)	分体式空调室内机		电磁阀
(×框)	分体式空调室外机		电动二通阀
DB	单层百叶风口		泄水丝堵 泄水阀
SB	双层百叶风口		散热器
FS(T)	方形散流器(带调节阀)		水路自动排气阀
	风管及法兰		Y型过滤器
	风管软接头		温度计
	风路止回阀		压力表
	电动风阀		水路软接头
	加压阀		坡向及坡度
⊙	离心式风机(系统图上表示)		水泵(系统图上表示)
	管道式风机	—LR1—	冷热水供水管
L-	冷水机组	—LR2—	冷热水回水管
b-	冷却水泵	—LQ1—	冷却水供水管
DN	管道公称直径	—LQ2—	冷却水回水管

图 1-1 供暖、空调、通风图纸图例与目录范例

主要设备、材料表范例   表 1-3

序号	名称	规格、型号	单位	数量	备注
1	井水回灌泵(JH)	CFL125-125 流量:130m³/h,扬程:21m H₂O,功率:15kW	台	2	一用一备
2	井水回灌泵(JH)	CFL125-160B 流量:138 m³/h,扬程:24m H₂O,功率:15kW	台	2	一用一备
3	Pt100 铂电阻温度 传感器(XPt)	0～100℃	个	7	
4	电磁阀(MF1、MF2)	$DN200$	个	8	
5	电磁阀(MF1、MF2)	$DN150$	个	2	
6	止回阀	$DN200$	个	21	
7	止回阀	$DN150$	个	1	
8	回灌水池	150m³	个	1	
9	井水池	700m³	个	1	
10	闸阀(F1、F2)	$DN200$	个	12	
11	闸阀(F3)	$DN125$	个	8	

1.5 与其他专业的配合

供暖、通风与空调系统的设计是复杂的系统工程,它不仅与专业本身有关,同时还涉及多专业、多工种之间的配合和协调。对于民用建筑的设计,在系统设计过程中,离不开建筑、结构、电气、给水与排水专业之间的密切配合和协调;对于工业建筑的设计,还须与相关的工艺专业密切配合。只有与这些专业配合好了,才能保证所设计的图纸在实际施工过程中得以顺利进行;也只有与这些专业配合好了,才能保证所设计的系统在将来的实际运行中,建筑适用、结构安全、电与水供应到位,确保系统正常运行最基本的条件。

另外,在方案设计过程中,为了保证所设计系统经济可行,概预算专业做出正确的经济成本分析,对系统方式的确定非常重要。

因此,在供暖、通风与空调系统设计的过程中,必须主动与其他相关专业密切配合,及时发现专业配合中存在的问题,使所设计的系统在工艺上满足要求、建筑上布置合理、结构上安全可行、电气与水合理到位、安装空间协调配合、不冲突。避免由于设计过程中专业之间的配合不到位,导致在工程施工过程中图纸出错,无法按图施工,造成不必要的经济损失和工期延误等这类重大设计事故的出现。

(1)与建筑专业的配合:根据建筑专业提供的作业图,结合系统设计方案,开展关于建筑围护结构热工性能的优化设计,设备安装、管道安装与开口等方面的建筑平面与空间的协调与配合,并及时提交相应的设计条件和要求。

(2)与结构专业的配合:结合系统设计方案,开展关于设备结构承重、管道穿梁、管道穿洞、设备基础预留等方面的协调与配合,并及时提交相应的设计条件和要求。

(3)与电气专业的配合:结合系统设计方案,开展关于设备用电、系统控制等方面的协调与配合,并及时提交相应的设计条件和要求。

(4)与给排水专业的配合:结合系统设计方案,开展关于设备或管道系统给水、排水等方面的协调与配合，并及时提交相应的设计条件和要求。

本章标准规范

［1］ 暖通空调制图标准，GB/T 50114. 北京：中国建筑工业出版社.

本章参考文献

［1］ 建筑工程设计文件编制深度规定. 住房城乡建设部，2016.
［2］ 全国民用建筑工程设计技术措施暖通空调·动力（2009）.

第 2 章　供 热 系 统

供热系统是由热源、热媒输送管道及热用户组成的一个系统体系。热源产生热量，热媒输送管道输送热量，热用户使用热量。热量没有独立的物质形态，需要附着于热媒并通过热媒流动实现整个供热过程。如果来自热源的热媒通过供热管道直接流入了末端热用户的用热设备中，这种供热系统称为直接连接供热系统；如果热媒没有流入热用户的用热设备，而是多数情况下流向了换热器等设备，这种系统称为间接连接供热系统。间接连接供热系统通常包含有两个系统，称为一次和二次供热系统。其中换热器设备在一次供热系统中作为用户端，在二次供热系统中作为热源。无论是直接连接还是间接连接供热系统，目前的热源主要有：热电厂、锅炉房、热泵机组等。热用户主要有：供暖、通风、空调、生产工艺和生活热水用户。热媒输送管道通常包含室内部分和室外部分，室内管道和供暖用户的散热设备所组成的系统常称为室内供暖系统，亦称采暖系统。向多个热用户输送和分配热媒的室外管线部分常称为热网，也称热力网。供热系统复杂且多样，有些系统热源与热用户在同一建筑物内，这样的供热系统只有室内管路，没有室外管路。

在供热系统设计中，热源部分的设计通常独立进行，具体内容见本书第 6 章。本章重点以民用建筑的供暖热用户为设计对象，介绍热媒输送管道及供暖热用户散热设备的设计方法，其中第 2.1～2.4 节介绍室内系统设计方法，第 2.5～2.6 节介绍室外系统设计方法。

无论是进行室内供暖系统设计还是室外热力网系统设计，设计思想相同、设计过程类似，图 2-1 表示了室内供暖系统与室外热力网系统设计的主要步骤。

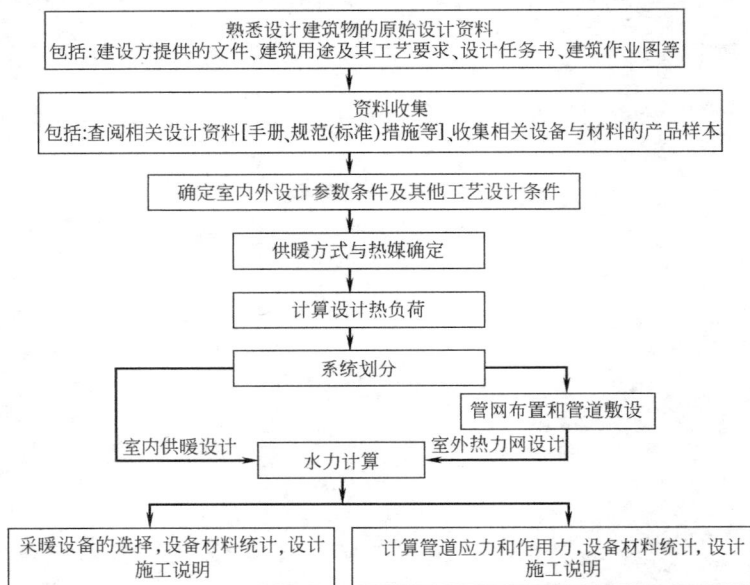

图 2-1　供热系统与热力网系统设计流程图

供暖设计的目的是为了满足人们对室内温度的要求，这需要进行设计热负荷计算。热负荷与室内外温度、建筑物热工特性、建筑用途等有关。因此，首先需要熟悉建筑物原始设计资料，了解这些相关信息。主要包括：（1）建筑的地点、规模、主要使用功能、层数、建筑高度；（2）建筑围护结构的构造尺寸，建筑材料及热工特性；（3）建设方提出的有关基本建议和使用方面的要求、建设标准；（4）水、电、气、燃料等能源的供应情况；（5）其他专业提供的工程设计资料。

之后，要根据建筑物规模、功能，如：公共建筑还是居住建筑，根据不同体形系数和窗墙比值，遵照不同节能标准判断建筑热工性能是否满足要求。然后，再根据建筑房间用途、所在地区气象条件等确定室内外设计参数（详见第2.1.1节）。在此基础上，兼顾能源状况及政策、节能环保和生活习惯要求等，通过技术经济比较确定供暖方式。

2.1 室内供暖系统设计热负荷计算

供暖系统设计热负荷的计算是供暖系统设计的基础，它决定着系统末端设备的大小（如散热器片数、辐射地板加热管间距等）、系统供回水管路管径的粗细，这些会直接影响到供暖系统的初投资和运行费用，在进行这部分设计时一定要详细计算。《民用建筑供暖通风与空气调节设计规范》GB 50736—2012（以下简称《规范》）第5.2.1条对集中供暖系统热负荷计算进行了强制性规定，要求集中供暖系统的施工图设计必须对每个房间进行热负荷计算。在课程设计、毕业设计中，可以用天正、鸿业等专业设计软件进行负荷计算，但要求选取典型房间进行手算。手算过程是针对学生的学习而言的，不是实际工程设计要求的。

供暖系统设计热负荷的计算通常应根据建筑物得、失热量来确定。在工程设计中，由于冬季供暖室内温度允许有一定幅度波动，因此供暖设计热负荷中的围护结构基本耗热量通常按照一维稳态传热过程进行计算，但对于室内温度要求严格的房间，需要按照空调负荷计算方法采用非稳态传热原理进行计算，详细计算内容见《空气调节》教材。目前常用软件如Energyplus、dest等计算动态负荷介绍见8.2节。

2.1.1 供暖室内外计算参数的确定

冬季供暖室内设计温度（原称冬季室内计算温度）及供暖室外计算温度等室内外计算参数的确定是供暖设计热负荷计算的重要基础数据。这些计算参数值的选取不仅决定着房间热环境效果，也影响着供暖系统及设备的选型，对建筑及系统的经济性和能耗影响甚大。因此，这些值必须符合相关规范和标准的要求，可以按照《规范》中第3～4部分的有关规定进行选取。

不同地区的民用建筑进行供暖设计时，供暖室内设计温度取值范围并不相同，这主要是考虑到不同地区居民生活习惯的不同。如：规范规定：寒冷地区和严寒地区主要房间应采用18～24℃；夏热冬冷地区主要房间宜采用16～22℃。如果散热末端采用辐射供暖，室内设计温度宜降低2℃。此外，对于辅助建筑物及辅助用室的温度限制可查相关规范[2][9]。供暖值班温度通常按5℃考虑。

室外空气计算温度确定及统计的方法目前有两种：不保证天数法与不保证率法。我国使用的室外空气计算参数是按照平均或累年不保证天数确定的。供暖室外计算温度应采用历年平均不保证 5 天的日平均温度。全国主要城市的室外计算温度可查《规范》附录 A。若附录 A 没有，可参考就近或地理环境相近的城市确定，也可按附录 B 所列简化方法确定。对于超高层建筑，由于建筑物上部风速、温度等参数与地面相比有较大变化，应根据实际高度，对室外空气计算参数进行修正。

2.1.2　供暖设计热负荷的计算方法

供暖设计热负荷是指在供暖室外计算温度下，为达到要求的冬季供暖室内设计温度，供暖系统在单位时间内向建筑物供给的热量。该值需要针对建筑物内需要供暖的所有房间逐一进行计算，它的计算依据是热平衡方程。即：

某一房间的供暖设计热负荷＝该房间的失热量－该房间的得热量

对于民用建筑，得、失热量包括（见规范[1]）：

（1）围护结构的耗热量 Q_1；

（2）加热由外门、窗缝隙渗入室内的冷空气耗热量 Q_2；

（3）加热由外门开启时经外门进入室内的冷空气耗热量 Q_3；

（4）通风耗热量 Q_4；

（5）通过其他途径散失或获得的热量 Q_5。

通常在工程设计中，供暖设计热负荷 Q' 只考虑前三项，表达式为：

$$Q' = Q_1 + Q_2 + Q_3 \tag{2-1}$$

"围护结构的耗热量 Q_1" 是指通过围护结构的温差传热量和太阳辐射、风力等其他因素引起的耗热量之和。为了计算方便，将围护结构的耗热量 Q_1 分成了基本耗热量 Q_{1j} 和附加耗热量（亦称修正耗热量）Q_{1x} 两大部分。其中基本耗热量 Q_{1j} 为：

$$Q_{1j} = \sum aKF(t_n - t_{wn}) \tag{2-2}$$

式中　K——围护结构的传热系数，$W/(m^2 \cdot K)$；

　　　F——围护结构的面积，m^2；

　　　t_n——供暖室内设计温度，℃；

　　　t_{wn}——供暖室外计算温度，℃；

　　　a——围护结构温差修正系数；按《规范》表 5.2.4 确定。如果计算与封闭阳台相邻的围护结构，可参考相关节能设计标准。严寒、寒冷地区居住建筑该值可按规范［3］中的附录 E.0.4 进行取值。

计算太阳辐射、风力等其他因素引起的耗热量时采用了对基本耗热量进行附加的方法，即按基本耗热量的百分率进行计算。围护结构附加耗热量包括：朝向附加、风力附加、高度附加。其中朝向附加、风力附加耗热量是在外围护结构基本耗热量基础上乘以相应的朝向修正率、风力附加率；而高度附加，是对围护结构基本耗热量和其他附加耗热量之和进行附加。其表达式为：

围护结构的总耗热量：

$$Q_1 = Q_{1j} + Q_{1x} = [\sum aKF(t_n - t_{wn})(1 + x_{ch} + x_f)](1 + x_g) \tag{2-3}$$

式中　x_{ch}——朝向修正率，%；

　　　x_f——风力附加率，%；

　　　x_g——高度修正率，%。

"冷风渗透耗热量 Q_2" 的计算方法共有三种。缝隙法是一种详细计算方法，而换气次数法和百分数法分别是对民用建筑和工业建筑的估算。在设计过程中要求采用缝隙法详细计算。计算公式为：

$$Q_2 = 0.28 c_p \rho_{wn} L (t_n - t_{wn}) \tag{2-4}$$

式中　c_p——空气的定压比热容，$c_p = 1.01 \text{kJ/(kg·K)}$；

　　　ρ_{wn}——供暖室外计算温度下的空气密度，kg/m^3；

　　　L——渗透冷空气量，m^3/h；

$$L = L_0 l_1 m^b \tag{2-5}$$

　　　L_0——在单纯风压作用下，不考虑朝向修正和建筑物内部隔断情况时，通过每米门窗缝隙进入室内的理论渗透冷空气量，$\text{m}^3/(\text{m·h})$；

$$L_0 = \alpha_1 (v_0^2 \cdot \rho_{wn}/2)^b$$

　　　α_1——外门窗缝隙渗风系数，$\text{m}^3/(\text{m·h·Pab})$，查《规范》附录表 F.0.3-1；

　　　v_0——冬季室外最多风向下的平均风速，m/s；

　　　b——门窗缝隙渗风指数，无实测值时，可取 $b = 0.67$；

　　　l_1——外门窗缝隙的长度，m；

　　　m——风压和热压共同作用下，考虑建筑体型、内部隔断和空气流通等因素后，不同朝向、不同高度的门窗冷风渗透压差综合修正系数；

$$m = C_r \cdot \Delta C_f \cdot (n^{1/b} + C) \cdot C_h$$

　　　C_r——热压系数，可根据《规范》附录表 F.0.3-2 采用；

　　　ΔC_f——风压差系数，当无实测数据时，可取 0.7。

　　　n——在纯风压作用下渗风量的朝向修正系数，查《规范》附录 G；

　　　C——作用在外门、窗缝隙两侧的有效热压差与有效风压差之比；

$$C = 70 \frac{h_z - h}{\Delta C_f v_0^2 h^{0.4}} \cdot \frac{t_n' - t_{wn}}{273 + t_n'} \tag{2-6}$$

　　　h_z——单纯热压作用下，建筑物中和面的标高，m，可取建筑物总高度的 1/2。

　　　t_n'——建筑物内形成热压作用的竖井计算温度，$℃$；

　　　C_h——高度修正系数，其值为：

$$C_h = 0.3 h^{0.4} \quad （对大城市）；$$

$$C_h = 0.4 h^{0.4} \quad （对中小城市及大城市郊外）；$$

　　　h——计算门窗的中心线标高，m。

对于多层建筑，如果忽略热压作用，建筑物渗透冷空气量可简化计算：$L = L' l_1 n$

　　　L'——通过实验得到的每米门窗缝隙渗入的冷空气量，$\text{m}^3/(\text{m·h})$，见文献 [1] 中表 1-6。

通常"冷空气侵入耗热量 Q_3"的产生主要是由于外门短时间开启侵入的冷空气被加热到室温所耗热量。它的确定理论上应与 Q_2 的计算方法一样，但是由于目前开启外门进入室内的冷空气量并不能准确获得，因此在实际计算时，采用了一种近似计算方法，通过在外门基本耗热量基础上乘以外门附加率进行计算。

即：

$$Q_3 = N_m Q_{1jm} \tag{2-7}$$

式中　Q_{1jm}——外门的基本耗热量，W；

　　　N_m——考虑冷风侵入的外门附加率见文献 [1]，规范 [1]。

采暖设计热负荷：

$$Q'=[\sum aKF(t_{n}-t'_{wn})(1+x_{ch}+x_{f})](1+x_{g})+0.28c_{p}\rho_{wn}L(t_{n}-t_{wn})+N_{m}aK_{m}F_{m}(t_{n}-t_{wn})$$

$$(2-8)$$

式中　K_{m}——外门的传热系数，$W/(m^{2} \cdot K)$；

　　　F_{m}——外门的面积，m^{2}。

在实际工程设计中，还需要注意以下问题。

（1）高度附加：对于层高超过 4m 的建筑物，由于室内高度方向的温度差异较大，需要考虑由此造成的影响。对于民用建筑通常先按相同供暖室内设计温度计算房间围护结构耗热量，当围护结构各部分耗热量依次计算完成后，再在其总值基础上进行高度附加，见式（2-3）。

另外，由于散热器和地面辐射供暖的散热方式不尽相同，采用不同散热设备时，高度附加率取值不同。通常地面辐射供暖的高度附加率为散热器供暖的一半。《规范》第 5.2.7 条指出，建筑（楼梯间除外）的围护结构耗热量高度附加率，散热器供暖房间高度大于 4m 时，每高出 1m 应附加 2%，但总的附加率不应大于 15%；地面辐射供暖的房间高度大于 4m 时，每高出 1m 应附加 1%，但总的附加率不应大于 8%。

（2）户间传热附加：若围护结构内墙两侧存在温差，当温差大于或等于 5℃，或通过隔墙和楼板等的传热量大于该房间热负荷的 10% 时，应计算该隔墙或楼板的传热量。

（3）间歇附加：对于只要求在使用时间保持室内设计温度，而其他时间可以自然降温的供暖建筑物，如教学楼、办公楼、商店、礼堂等间歇使用的建筑，应考虑为间歇供暖设计。系统若设计为间歇供暖，由于围护结构的热惰性，供暖设计热负荷此时可以考虑合理的间歇附加，将基本耗热量附加以下百分数：仅白天供暖者（如办公楼、教学楼等），间歇附加率可取 20%；不经常使用者（如礼堂等），间歇附加率可取 30%。

建筑物采用间歇供暖运行模式，能节省建筑物不用时所耗能量；但由于增加了供暖系统末端散热设备及管道管径等，导致初投资会有所增加。

（4）两面外墙及窗墙面积比超大修正：对于严寒地区，当供暖房间有两面以上外墙时，可将外墙、窗、门的基本耗热量附加 5%；当窗墙面积比超过 1:1 时，对窗的基本耗热量可附加 10%。

（5）通常供暖管道在室内部分不保温，如果室内的不保温供暖管道较多，在计算供暖热负荷时，就应作为房间的得热量从供暖热负荷中扣除。

（6）值班供暖房间温度设置规定不应低于 5℃。通常严寒或寒冷地区公共建筑在非使用时间的值班供暖温度取 5℃。

（7）节约能源是我国的基本国策，为降低建筑的能源消耗，目前国家已制定了严格的建筑节能设计标准，所以围护结构传热系数的确定只要满足不同气候地区现行公共建筑或居住建筑节能设计标准的要求，通常可以不需要再进行围护结构最小传热阻校核计算。

（8）关于传热系数。

1）围护结构传热系数的大小直接影响耗热量的多少。目前针对不同地区、不同用途（居住和公共）的建筑，分别制定了不同的节能设计标准，要注意区别对待。

2）通常相同地区居住建筑传热系数比公共建筑传热系数限值严格。各地区节能设计标准的重点不同，如北方地区主要是保温，而南方地区主要是隔热。

3）我国根据建筑所处城市的气候条件进行了分区，共分 5 个区。其中主要城市所在气候区可查规范［9］中表 3.2.1 或者规范［3］中附录 A，后者更详细全面。以北京为例，北京属于寒冷地区 B 子区。北京公共类建筑围护结构传热系数需要遵循规范［9］中表 4.2.2-3；而居住类建筑的围护结构传热系数限值要满足规范［3］中表 4.2.2-5 要求。同时由于各个地区还有本地区建筑节能设计标准，也需要遵守。通常地区标准要比国家标准更为严格。

2.1.3　集中供暖住宅分户热计量方式的供暖负荷设计计算方法

分户热计量供暖设计热负荷计算方法按常规进行，只是需要考虑户间传热。由于不同的热用户对室内温度要求不同，供暖设计要满足用户室温可以调节的需要，因此热负荷计算时要考虑室温的可调性及因室温不同引起的户间传热，尤其考虑相邻住户没有入住的最不利情况，具体说明如下。

（1）室温的选取：《规范》第 3.0.1 条规定民用建筑供暖房间冬季室内设计温度严寒和寒冷地区应采用 18～24℃，夏热冬冷地区宜采用 16～22℃；而在《住宅设计规范》第 6.2.2 条中规定：卧室、起居室（厅）和卫生间室内供暖计算温度不应低于 18℃，于是在常规计算中，这类房间室温通常取 18℃。这个温度只是一般人体觉得不冷的最低要求，并不能满足不同居住者热舒适度要求，因此在分户热计量供暖设计中，卧室、起居室（厅）和卫生间等主要居室的室内计算温度常取为 20℃。

（2）温差的确定：由于人体对所在房间温度具有可调节性，计算户间因室温差异而形成的传热负荷可参考以下内容：

1）应计算通过户间楼板和隔墙的传热量；与邻户的温差，宜按 5～6℃计算；采用地板供暖时，宜按 8℃计算；

2）以各向户间传热量总和的适当比例，作为户间总传热负荷，这是考虑到户间出现传热的概率。该比例应根据住宅入住率情况、建筑围护结构状况及其具体采暖方式等综合考虑。

（3）在确定分户热计量供暖系统的户内供暖设备容量和户内管道时，应考虑户间传热对供暖负荷的附加，附加量不应超过 50%，且不应统计在供暖系统的总热负荷内。

（4）计算户间传热量仅作为确定户内供暖设备容量（如：散热器片数）和计算户内管道管径的依据，不应计入室外供暖干管热负荷和建筑物总热负荷内。

（5）分户独立热源的户内热水供暖系统设计，可按上述进行。只是这类住宅间歇供暖的可能性大，邻室温差宜按 10℃计算。

2.1.4　低温热水地面辐射方式的供暖负荷设计计算方法

热水辐射供暖一般指加热管埋设在建筑构件内的供暖形式，有墙壁式、顶棚式和地面式三种。其中，混凝土或水泥砂浆填充式地面辐射供暖形式在我国用得最多，故本书以此为主。由于地面辐射供暖与散热器供暖的传热机理不同，实验表明，人体达到同样舒适度时，采用辐射供暖所要保证的房间室内温度比采用散热器供暖所要保证的房间室内温度低 2～3℃。辐射供暖热负荷理论计算很复杂，在工程中通常采用简化计算方法，下面按照房间不同辐射要求进行说明。

1. 全面辐射供暖系统设计热负荷

全面辐射供暖系统设计热负荷简化计算方法遵循传统散热器计算方法，具体计算方式有两种。一种是先按常规散热器供暖房间计算供暖负荷，然后取其 90%～95%（寒冷地区取 0.9，严寒地区取 0.95），见式（2-9）；另一种是将房间设计温度降低 2℃进行供暖负荷计算，见式（2-10）。

辐射供暖设计热负荷：

$$Q'_{辐射} = (0.9～0.95) \cdot Q'_{散热器} \tag{2-9}$$

式中　$Q'_{散热器}$——散热器供暖设计热负荷，按式（2-3）计算；

或：$Q'_{辐射} = \sum aKF[(t_n-2)-t_{wn}](1+x_{ch}+x_f)(1+x_g) + 0.278V\rho_w c_p[(t_n-2)-t_{wn}]$

$$\tag{2-10}$$

注意：敷设有辐射地面的房间，室内热量不会通过地面向外传递，不计算地面耗热量。

2. 局部辐射供暖系统设计热负荷

有些特殊用途的房间需要局部辐射供暖时，其设计热负荷按房间全面辐射供暖的热负荷计算后乘以相应的系数，注意选用不同文献，计算公式不同。用表 2-1 的附加系数，计算公式见式（2-11）。

局部地面辐射供暖热负荷附加系数（见规范 [1]）　　　　　　　　表 2-1

供暖区面积与房间总面积比值	0.55	0.40	0.25
附加系数	1.3	1.35	1.5

局部地面辐射供暖设计热负荷：

$$Q'_{局部辐射} = 附加系数 \times Q'_{全面辐射} \times 供暖区面积/房间总面积 \tag{2-11}$$

设计热负荷也可以用式（2-12）计算，公式中的系数为计算系数，见表 2-2。

局部地面辐射供暖设计热负荷：

$$Q'_{局部辐射} = 计算系数 \times Q'_{全面辐射} \tag{2-12}$$

局部地面辐射供暖负荷计算系数（见规范 [4]）　　　　表 2-2

供暖区面积与房间总面积比值	≥0.75	0.55	0.40	0.25	≤0.2
计算系数	1.0	0.72	0.54	0.38	0.30

注：供暖区面积比值在 0.2～0.75 之间时，按插入法计算计算系数。

3. 散热器一般布置在外墙窗台下，适应热负荷较大的外区的供热量，地面辐射供暖也应遵循此原则，以确保室温的均匀分布。规范 [4]、[13] 指出：进深大于 6m 的房间，宜以距外墙 6m 为界分区，当作不同的单独房间，分别计算供暖热负荷和进行管线布置。

2.2　常见室内供暖系统的特点、设计方法及比较

室内供暖系统设计热负荷计算完成后，要确定供暖系统形式，并进行散热设备选择计算。首先要确定供暖系统热媒。

2.2.1　供暖系统热媒及热媒温度确定原则

供暖系统的热媒，应根据建筑物的用途、供热情况和当地气候特点等条件，经技术经济比较确定。热媒有两种：热水和蒸汽。在规范［12］中明确规定两种热媒的适用情况。通常在民用建筑、工业建筑中多用热水系统。《规范》第 5.3.1 条明确规定：散热器供暖系统应采用热水作为热媒；散热器集中供暖系统宜按 75℃/50℃ 连续供暖进行设计，且供水温度不宜大于 85℃，供回水温差不宜小于 20℃。第 5.4.1 条规定：热水地面辐射供暖系统供水温度宜采用 35～45℃，不应大于 60℃；供回水温差不宜大于 10℃，且不宜小于 5℃；毛细管网辐射系统供水温度也有建议值。热水作为热媒，不仅对供暖质量有明显的提高，而且便于进行调节，因此除非特殊情况，供暖系统都采用热水作为热媒。

2.2.2　供暖系统方式的确定原则

《规范》第 1.0.3 条规定了本专业设计方案确定总原则，即：应根据建筑物的用途与功能、使用要求、冷热负荷特点、环境条件以及能源状况等，结合国家有关安全、节能、环保、卫生等政策、方针，通过经济技术比较确定。在设计中应优先采用新技术、新工艺、新设备、新材料。

如何确定供暖方式，《规范》第 5.1.1 条规定：供暖方式的选择，应根据建筑物规模、所在地区气象条件、能源状况及政策、节能环保和生活习惯等，通过技术经济比较确定。即：综合选择最优供暖方式。确定供暖系统的方案时，首先应该考虑建筑物具体情况，本着"适用、经济、节能、安全"的原则，既要考虑初投资、运行费用、维修费用和设备寿命等，更要关注能耗指标及对环境的影响，其次要通过在多个方案之间的技术经济比较，经过全面分析比较后确定。

2.2.3　供暖系统的分类及选择原则

供暖系统按照不同的分类原则有不同的名称，下面介绍几种常见分类形式。

室内供暖系统按照常用热媒的种类可分为热水和蒸汽两种系统。其中热水供暖系统按照系统循环动力可分为重力（自然）循环热水供暖系统和机械循环热水供暖系统；而蒸汽供暖系统按照供汽压力的大小可分为高压、低压及真空蒸汽供暖系统；按照回水动力不同可分为重力回水和机械回水蒸气供暖系统。

热水供暖系统按照供回水方式分为单管系统和双管系统；按照系统管道敷设方式（各组散热器连接管道的走向分）分为垂直式和水平式；按照热媒温度不同分为低温水和高温水。按照干管布置不同（按热水供、回水水平干管的上下位置）可分为上供式、中供式、下供式（即：上供下回式；下供上回式；下供下回式；上供上回式；下供上回与上供下回组合式）。按热水通过各并联环路的流程的异、同分：异程式、同程式。（注：该分类方式选自文献［1］中的第三章，它同文献［2］及文献［3］的分类相同。与文献［5］的分类方式有不同）。

供暖系统如果按照散热设备向房间传热的方式可以分为下列三种情况：室内散热器供暖、热风供暖及热空气幕、辐射供暖。其中室内散热器供暖可以分为住宅建筑类与非住宅建筑类的散热器供暖，而住宅建筑类散热器供暖又可分为集中供暖系统和分户独立供暖系统。辐射供暖可分为热水辐射供暖、燃气红外线辐射供暖及电辐射供暖。

不同建筑比较适合的供暖系统类型如下：

（1）对于居住类建筑，从节能角度出发，要重点考虑用户末端的调节功能，并满足分户热计量要求，建议采用垂直双管系统或共用立管的分户独立循环双管系统，或垂直单管跨越式系统。

（2）对于公共类建筑，考虑在保持散热器有较高散热效率的前提下，保证系统中除楼梯间以外的各个房间，能独立进行温度调节。建议采用双管系统或单管跨越式系统（见图 2-2～图 2-4）。

（3）既有建筑原多为垂直单管顺流式系统，为便于调节应改为垂直双管系统或垂直单管跨越式系统。垂直单管跨越式系统楼层层数不宜超过 6 层，水平单管跨越式系统散热器组数不宜超过 6 组。

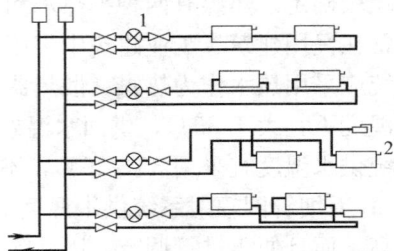

图 2-2　水平式系统各种形式
1—热表；2—自动排气阀

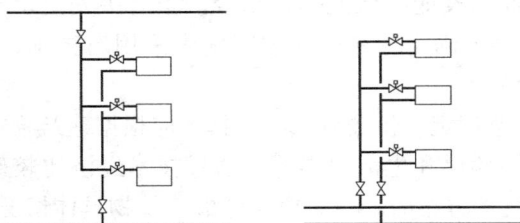

图 2-3　垂直双管系统形式

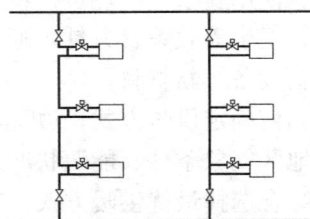

图 2-4　垂直单管跨越式系统形式

供暖系统根据不同的分类方式可以排列组合成不同类型，下面介绍几种常见形式。

2.2.4　室内主要供暖系统形式、特点（见文献［2］）

1. 集中式热水供暖系统

下面按照图 2-5 所列出的热水供暖系统分类形式介绍。

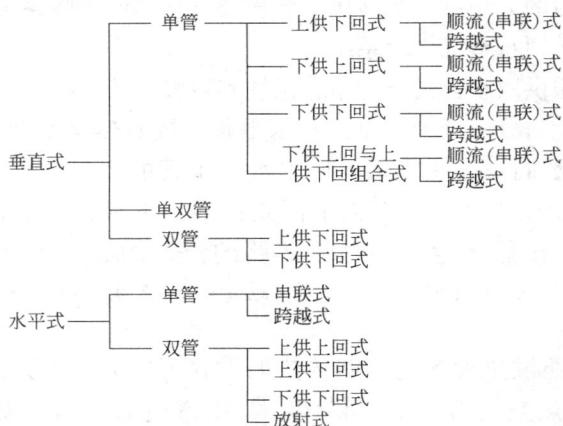

图 2-5　热水供暖系统分类形式

（1）垂直式系统

1）垂直单管系统，其系统形式、特点见表 2-3。

垂直单管系统的形式、特点 表 2-3

名称	图 例	特 点		适用范围
		优点	缺点	
上供下回式垂直单管系统	图中立管①、②所示为顺流式垂直单管系统;图中立管③、④所示为跨越式垂直单管系统	顺流式系统构造简单、施工方便、造价低廉,水力稳定性好	该系统不能调节散热器的散热量,容易室温不均,上热下冷	多层公共建筑推荐使用系统之一
		跨越式系统在调节室温及节能等方面优于顺流式	该系统管道安装较麻烦,若阀门经常调节,容易漏水。与顺流式系统比,增加散热器用量	
下供上回式垂直单管系统(即倒流式系统)	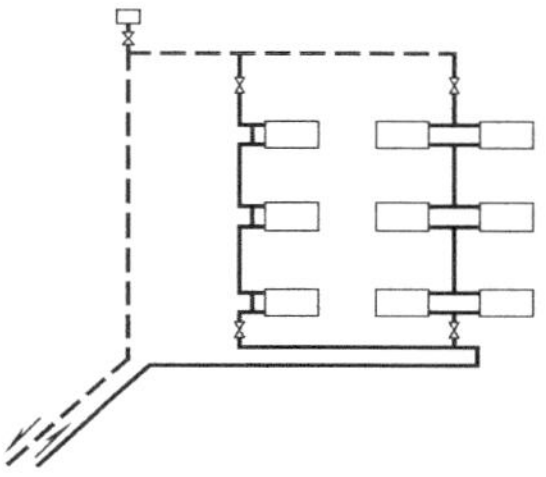	系统定压值低。散热器表面温度接近其出水温度,即在热水温度较高时可获得较低的散热器表面温度,改善卫生条件	散热器下进上出,其传热系数要远低于其他方式,降低散热器传热量,增加散热器用量	高温热水供暖的专用系统
下供上回与上供下回组合式垂直单管系统	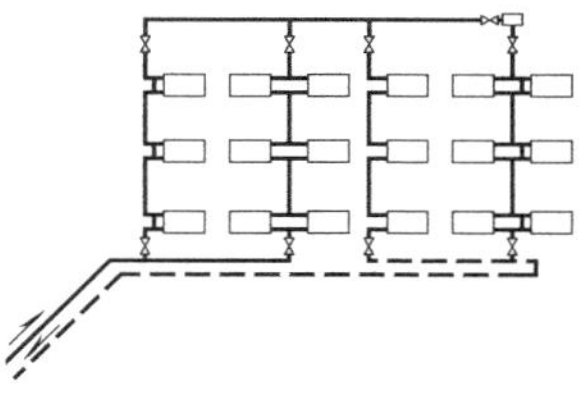	系统前半部水温较高,散热器下进上出,可保证散热器表面温度不致过高,以及较低的定压值。后半部水温已有所降低,上供下回体现散热器传热系数较高的优点。系统的压力损失较大		高温热水专用系统的一种
下供下回式垂直单管系统	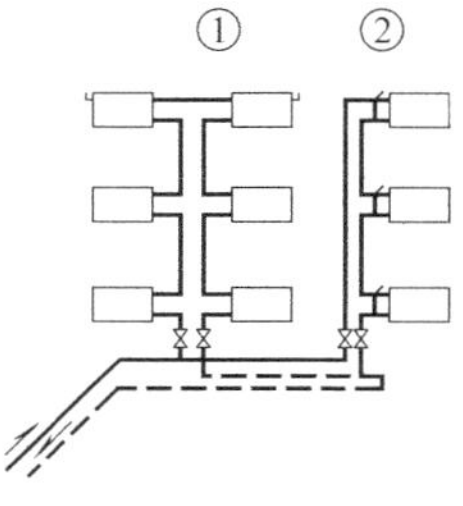	立管①每组散热器中水平均温度相同,可化简计算;既克服了双管系统垂直失调,又具备单管系统节省管材和阀门,便于施工等优点。立管②的做法可避免下进上出散热器传热系数低的问题		多用于顶层无法敷设供水干管,或由层数各异部分组成的建筑中

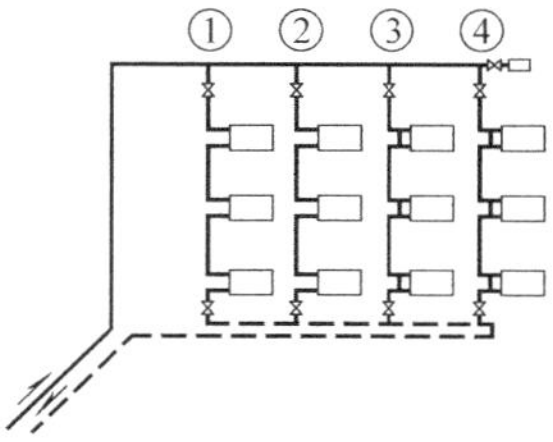

2) 垂直双管系统,其系统形式、特点见表 2-4。

垂直双管系统的形式、特点

表 2-4

名称	图　例	特　点		适用范围
		优点	缺点	
上供下回式垂直双管系统		最常用双管系统,该系统排气方便,室温可以调节	作用于各层散热器环路的自然压头不同,易导致上热下冷现象。楼层越多,这一现象越严重	宜用于不超过 4 层的建筑中。若加设高阻可自动调节散热器温控阀,建筑层数可提高
下供下回式垂直双管系统		该系统不存在自然压头逐层积累所造成的垂直失调。冬季施工可安装好一层,使用一层	排气麻烦。方法:使用散热器手动排气阀;或在立管上部连接专用空气管,通过自动排气阀排出	适用于顶层不能敷设干管或设有地下室的多层建筑
上供下回式垂直单双管系统		该系统兼顾了单管系统水力稳定性好,双管系统阻力较小且调节性能好的优点		尤其适用于高层建筑
上供下回式系统的变异	上供下回垂直单管或双管系统的供水干管均敷设于顶层楼板下,回水干管敷设于底层地面或地沟内	节约地沟造价,系统的集中排气及泄水在一些场合不十分方便		当建筑顶层局部高出时,将供水干管设于顶层的下一层,部分顶层的散热器则由上返的立管连接。当底层地面、地沟不具备敷设回水干管的条件时,可将回水干管抬高至底层的楼板下敷设
垂直系统的同程与异程	同程式系统各立管环路容易水力平衡。异程式系统,如欲达到各环路平衡,必须在各立管上加装压力调节装置或垂直单管系统采用不等温降计算法			

（2）水平式系统

1）水平单管系统，其系统形式、特点见表 2-5。

水平单管系统的形式、特点　　　　　　　　表 2-5

名称	图例	特点		适用范围
		优点	缺点	
水平单管串联式系统	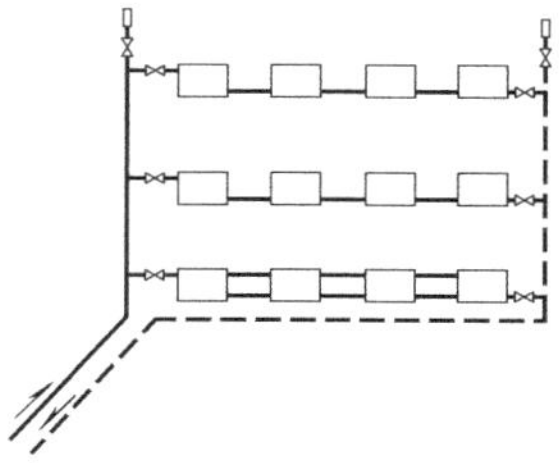	系统水力稳定性好、构造简单、造价低	散热器散热量无法调节。散热器排气不便	适用于单层或装有带形窗、玻璃幕的多层建筑。其室内温度可由分支环路上的阀门控制
水平单管跨越式系统	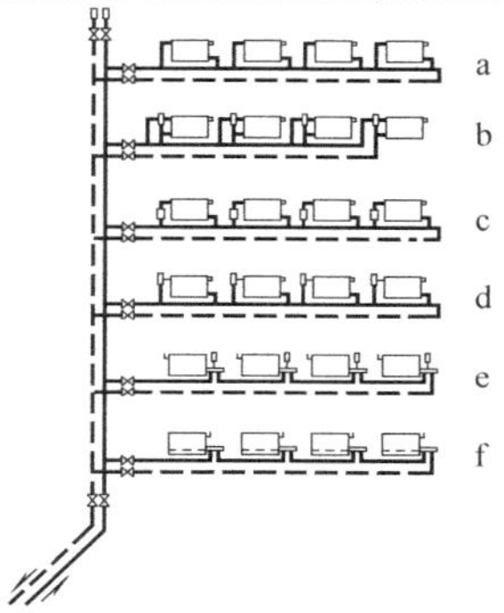 图a～d为装有三通或两通散热器温控阀的系统形式。图e是在装有两通温控阀的情况下，加装一个单管系统用旁通阀，进出水管均连接在该阀上。图f是装设一个带横向（或垂直）潜管（插入管）的潜管阀门	该系统各散热器的散热量可单独调节，并为有关标准所推荐	水平单管跨越式系统与水平单管串联式相比，系统构造相对复杂，且由于进流系数的影响有可能导致散热器用量的增加	应用在水平单管串联式系统所不能满足的需要分室控制室温的场合，如住宅、旅馆及小开间办公室等。视调节方式的不同，其连接形式如图所示

2）水平双管系统，其系统形式、特点见表 2-6。

水平双管系统的形式、特点　　　　　　　　表 2-6

名称	图例	特点	适用范围
水平双管系统	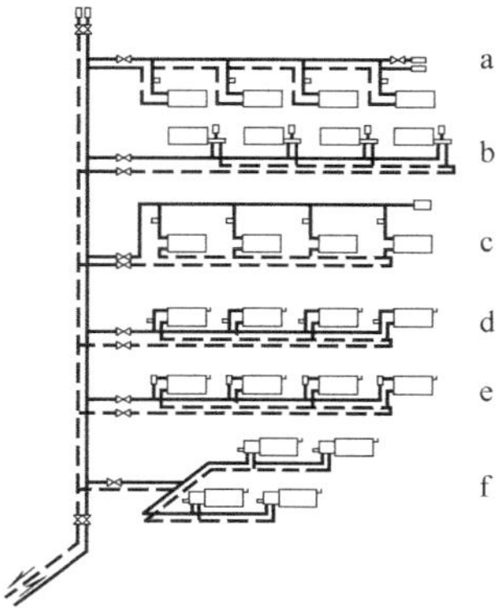 图a为上供上回异程式，图b为下供下回同程式，在支管与散热器连接处装设双管系统专用旁通阀，热水经此阀部分进入散热器，另一部分进入回水管道。图c为上供下回同程式。图d、图e为下供下回同程式。图f为下供下回异程式	一般情况下，以使用同程为佳。而装有高阻力温控阀时，使用异程或同程均可	适用范围同上。两者相比，水平双管略显复杂，但在散热器散热量的调节上要相对优越

名称	图 例	特点	适用范围
水平放射式双管系统		散热器散热量可调性好。分支管道无接头，便于在楼板垫层内或装修地板下敷设。 各管道应使用不易锈蚀的塑料管、铝塑复合管及铜管等	适用于住宅和别墅类建筑。低温热水地面辐射供暖应用较多，其系统形式与水平放射式双管系统基本相同，只是散热器与加热管的区别

2. 住宅分户热计量供暖系统

住宅进行供暖分户计量是建筑节能、提高室内供热质量、加强供暖系统智能化管理的一项重要措施。不同的供暖分户计量方法对系统的形式要求不同，采用户用热量表必须对每户形成单独的供暖环路，而采用热分配表时，由于热分配表采用的计量方式是测试散热器的散热量，因此理论上认为可以适用于目前的各种热水集中供暖系统形式，这样系统可分为两种情况讨论。

（1）适合热量表的供暖系统

这种系统被普遍认为适合新建住宅。热量计量表是根据测量供暖系统入户的流量和供回水温度来计量热量的。因此分户计量要求供暖系统在设计时每一户要单独布置成一个环路，对于水平式系统，实现这种布置较为容易；对于垂直式单、双管系统，实现起来比较困难。对于多层和高层住宅建筑来说，若想每一户自成一个环路，系统首先具有与各户环路连接的供回水立管，然后户内可根据情况设计成：水平串联单管跨越式、上分双管式、下分双管式、放射双管式等几种形式。目前新建居住建筑集中供暖热计量被认为比较可行的供暖系统形式为：共用立管的分户独立系统（即"按户分环"）。

采用热计量表的供暖系统的特点如下：1）计量精确；2）可以调节；3）舒适性好；4）设置户用热表，计量成本太高，故障问题较多。

（2）适合热量分配表的供暖系统

这种系统宜用于改造既有居住建筑的供暖系统。热量分配表分为蒸发式和电子式两大类，虽然工作原理不同，但在供暖系统中对热量的计量方法是一致的。由热量分配表测试原理可知，无论对于何种供暖系统形式，热量分配表仅是对散热器平均温度和室内温度来进行测量。因此在热量计量中还需对一栋建筑物或一个单元的入口安装热量表进行计量，然后再根据热分配表的计量值实行分配。这种系统特点如下：

1）可以调节；2）舒适性好；3）不能精确计量；4）计量成本相对较低。

3. 低温热水地面辐射供暖系统

热水地面辐射供暖系统指各层均采用地板热水辐射供暖方式。各户系统之间相互并联为双管系统。供回水总立管及每户计量表均设在公共楼梯间内，每户为一回路，分别设置阀门或温控阀，以实现调节功能。地板供暖的特点：1）舒适性强；2）不占用使用面积；

3）高效节能；4）热稳定性好，地板调节反应慢；5）可以实现按户计量收费；6）造价相对常规散热器系统偏高。

4. 热风供暖系统

热风供暖是比较经济的供暖方式之一，适用于耗热量大的建筑物、间歇使用的房间和有防火防爆要求的车间。热风供暖的热媒宜采用 0.1～0.3MPa 的高压蒸汽或不低于 90℃ 的热水。

热风供暖的特点：热惰性小、升温快、设备简单、投资省等优点；室内温度不均匀、舒适性差等缺点。

5. 电供暖系统

电是一种高品位能，而热是一种低品位能。在供暖设计中并不提倡用电直接供暖，在一些特殊条件下用电供暖时，除了电暖器、家用空调，还有电辐射供暖形式。如：地板式的低温加热电缆辐射供暖和顶棚式的低温电热膜辐射供暖。辐射体表面平均温度应符合低温热水辐射供暖体表面平均温度的要求。

（1）低温加热电缆地板辐射（文献［4］）

该系统是由可加热柔韧电缆和感应器、恒温器等构成，通常划分为两类：一种是加热缆线，可广泛应用于各种安装区域；另一种是加热席垫，用于薄地板、翻新后的地板。供暖特点如下：① 舒适、卫生、保健；② 节能环保；③ 恒温器精确控温，计量方便、准确；④ 热稳定性好；⑤ 隐形安装，增加使用面积；⑥ 运行费用低；⑦ 适用于任何材质的地面；⑧ 能源利用不合理，浪费能源。

（2）低温辐射电热膜供暖

该方式以电热膜为发热体，大部分热量以辐射方式散入供暖区域。电热膜是一种通电后能发热的半透明聚酯薄膜，由金属载流条、可导电的特制油墨或金属电阻丝等材料经印刷、热压在两层绝缘聚酯薄膜之间制成。电热膜工作时表面温度为 40～60℃，通常布置在顶棚上，同时配以独立的温控装置。电热膜不适用于房间高度在 2.5m 以下的房间。

其特点基本同上。

6. 分户式燃气供暖系统（壁挂炉）

该系统是用燃气为热源形成以单元房为单位的独立供暖系统。与集中供热相比，它同时具有供暖和生活用热水双重功能。其热水供暖系统的设置可采用水平式系统。由于省掉了总的供热系统，使得热计量问题转换为燃气耗气量的计量问题。

该系统特点如下：1）舒适性强；2）设备小巧美观，安装简便、易于操作；3）便于计量，使用灵活；4）设备使用初期，维修、维护、培训用户的工作量大；5）建筑安装及运行成本较高；6）存在低空排放污染问题。

2.2.5　住宅分户热计量供暖系统相关说明

1. 采用热分配表计量时

水力计算与常规计算方法是一样的，不同的是增加了热量表和温控阀的阻力。

对于单管系统采用温控阀时，计算步骤如下：

（1）初步设定立管、温控阀散热器通路和跨越管管径的匹配，求得分流比；

（2）按全立管供暖负荷所需水量，计算立管的阻力；

（3）进行环路内各立管的水力平衡计算，如通过调整公共段管径不能达到平衡时，则

需要重新改变立管温控阀散热器通路和跨越管的管径匹配;

(4) 按水力计算所得各立管的流量和分流比,计算散热器的数量。

2. 采用热量表计量时

利用热量表进行计量,常采用的供暖系统形式是双立管对各户进行并联的系统。其水力计算方法同以往上供下回或下供下回的双管系统计算方法。但此时立管所带的并联环路由传统的一组散热器变成了一个单独的户内供暖系统。设计时应考虑各共用立管的负荷宜相近。

2.2.6 供暖系统的比选方法

供暖系统方案的确定需要针对若干个不同的设计方案,从技术、经济等方面进行分析比较,从中选出切实可行、综合效益最佳的方案,并通过优选法最终确定。

1. 技术分析

室内热水供暖系统方案的确定可从以下几个方面考虑。

(1) 系统末端散热装置的确定

对于设置室内热水供暖系统的建筑,供暖系统末端最常见的有散热器供暖和地板辐射供暖。课设与毕设中要求学生分析这两种散热末端,在此基础上对这两种系统进行分析对比后确定。

(2) 系统分区问题

系统在垂直方向上是否分区,一方面取决于散热末端的承压能力。室内热水供暖系统充水后,系统底层散热末端承受的压力最大。不同材质的散热末端,其承压能力不同。铸铁散热器的承压能力可按 $60mH_2O$ 考虑,钢制散热器的承压能力能达 $100mH_2O$。地板加热供暖管的承压能力可根据不同材质参见规范 [13] 确定。通常,管道、管件等的承压能力要比散热器的大。另一方面,在垂直方向上立管连接的楼层数越多,垂直失调越严重。通常,建筑高度超过 50m,宜竖向分区设置系统。

(3) 系统分环问题

室内热水供暖系统是否分环,要根据建筑物的具体条件,分析建筑平面外形、结构尺寸等,考虑干管合适的最长距离,分析干管管径、流量、管路阻力以及并联环路间的平衡等问题,最后确定。

(4) 确定室内热水供暖系统具体形式

对水平与垂直、上供与下供、单管与双管、同程与异程等系统形式进行对比,按照前述所介绍系统特点选取。

供暖系统管道布置应力求管道走向合理、布置方便、外形美观、节省管材、便于调节和排除空气,而且各并联环路的阻力易于平衡。

2. 经济分析

经济分析主要包含初投资及运行费用的分析。

初投资包括:管道,散热末端,循环水泵,补水、排气及定压装置等的投资费用。不同系统形式导致初投资费用不同,其主要区别在管道及散热末端上。

运行费用主要指循环水泵的耗电量。其中,最不利环路的阻力损失对循环水泵的扬程起主要的决定作用。

通过在多个方案之间进行技术经济比较后,可以确定最优供暖方式。

2.3 主要散热设备性能及设计计算

2.3.1 散热器供暖

散热器是室内供暖系统的主要末端散热设备。按照材料不同散热器可分为：铸铁、钢制、铝制、铜制及相关金属复合型等；按照构造形式散热器可分为：柱型、翼型、（扁）管型、平板型、翅片管型、串片型等。下面按材料将不同散热器主要特点列于表 2-7 中。

散热器特点 表 2-7

名 称	优 点	缺 点	说 明
铸铁散热器	使用无条件限制，适用于任何热媒，耐腐蚀，结实耐用，热容量大，热惰性好，价格低，使用寿命长	内腔粘砂不容易清理干净，易堵塞管道，使温控阀及热量表失灵	安装热量表和恒温阀的热水供暖系统不宜采用水流通道内含有粘砂的铸铁散热器
钢制散热器	热工性能好，散热效率高，搬运、安装方便，生产和使用安全利于环保。承压能力较铸铁型高	易氧化腐蚀。热媒含氧量应符合国家有关标准	应满足产品对水质要求，在非供暖季节应充水保养。集中供暖慎用
铝制散热器	散热量大，散热效率高，金属热强度高，承压较高，重量轻，外形美观，环保	易碱水性腐蚀。适用水质 pH＝5～8，内防腐处理工艺复杂	应选用内防腐型，并满足产品对水质的要求。不能用于锅炉水直供系统
全铜水道散热器	耐腐蚀，适用于任何热媒，使用寿命长。散热效率高，利于环保。强度高，承压高，重量轻，外形美观	价格较贵。产品结构优化、工艺质量控制和外形装饰化等方面不够成熟	常见有：铜管铝串片和铜管 L 形绕铝翅片对流型，铜铝复合柱翼型和铜质散热器

1. 散热器选型

散热器选型的基本原则是：散热好、价格低、易制造、便安装、外表俏、寿命长。

散热器选择时需要注意：轻质散热器对水质的要求，供暖系统的非采暖季充水保养，铸铁散热器的内粘砂对热表、恒温阀的损害以及散热器的承压能力能否满足系统要求。《规范》第 5.3.6 条及全国民用建筑工程设计技术措施（以下简称措施）[2] 第 2.3.1 条给出了散热器选择的具体规定。

（1）应根据供暖系统的压力要求，确定散热器的工作压力，并符合国家现行有关产品标准的规定。

（2）相对湿度较大的房间，如浴室、游泳馆等，应优先选择采用耐腐蚀的铸铁散热器。

（3）采用钢制散热器时，应满足产品对水质的要求，在非供暖季节供暖系统应充水保养。

（4）采用铝制散热器时，必须选择内壁有可靠防腐措施的产品，且应严格控制热媒水

35

的 pH 值，应保持 pH（25℃）≤9.0。

（5）在同一个热水采暖系统中，不应同时采用铝制散热器与钢制散热器。

（6）采用铝制散热器与铜铝复合型散热器时，应采取防止散热器接口产生电化学腐蚀的隔绝措施。

（7）安装热量表和散热器恒温阀的热水供暖系统不宜采用水流通道内含有粘砂的铸铁散热器；如采用铸铁散热器采暖，必须选择内腔无砂工艺生产的产品。

（8）高大空间供暖不宜单独采用对流型散热器。

（9）在同类产品中，应选择采用具有较高金属热强度指标的产品。

2. 散热器计算

散热器形式确定后，与之相对应的散热器单位（每片或每米长）散热量 Q_s 和散热面积 f 就已经确定，这样房间所需要的散热器数量可以通过下式确定。

散热器片数（或长度）：
$$n=\frac{Q}{Q_s}\beta_1\beta_2\beta_3\beta_4 \quad （片或 m）\tag{2-13}$$

或：
$$n=\frac{F_s}{f} \quad （片或 m）\tag{2-14}$$

式中　Q——房间的供暖设计热负荷，W；

$\quad Q_s$——散热器的单位（每片或每米长）散热量，W/片或 W/m；可以查相关手册或由生产厂家提供；

$\quad \beta_1$——散热器组装片数修正系数，见表 2-8；

$\quad \beta_2$——散热器支管连接方式修正系数，见表 2-9；

$\quad \beta_3$——散热器安装形式修正系数，见表 2-10；

$\quad \beta_4$——进入散热器流量修正系数，见表 2-11；

$\quad f$——每片或每米长散热器的散热面积，m^2，可以查相关手册或由生产厂家提供；

$\quad F_s$——供暖房间所需散热器的散热面积，m^2。

$$F_s=\frac{Q}{K_s(t_{pj}-t_n)}\beta_1\beta_2\beta_3\beta_4\tag{2-15}$$

式中　Q——散热器的散热量，W；

$\quad t_{pj}$——散热器内热媒平均温度，℃，$t_{pj}=\frac{t_{sg}+t_{sh}}{2}$；

t_{sg}、t_{sh}——散热器进、出口水的温度，℃，单管、双管供暖系统计算取值不同；

$\quad K_s$——散热器的传热系数，$W/(m^2\cdot℃)$，通过散热器标准实验台测试给出；

$$K=a(t_{pj}-t_n)^b\tag{2-16}$$

a、b——由实验确定的系数。

说明：

1）散热器散热量等于房间供暖设计热负荷减去房间内明装不保温供暖管道散热量。

明装不保温供暖管道散热量按下式计算：

$$Q_g=F_g\times K_g\times\eta\times(t-t_n)\tag{2-17}$$

式中　F_g——管道外表面积，m^2；

$\quad K_g$——管道传热系数，$W/(m^2\cdot℃)$，见表 2-12（见标准规范［2］）；

$\quad \eta$——管道安装位置系数，见表 2-13；

t——管道内热媒温度，℃。

2）利用式（2-15）计算 F_s 时，修正系数 β_1 先按片数 6～10 片计算，即 $\beta_1=1.0$，等求出片数后，再根据所求片数进行 β_1 的修正。

3）考虑到铸铁散热器自身的重量，当组装片数超过一定数量时，其连接件容易断裂，且施工时劳动强度大不易操作。《规范》对铸铁散热器组装片数进行了规定。铸铁散热器的组装片数，粗柱型（包括柱翼型）不宜超过 20 片，细柱型不宜超过 25 片。

散热器组装片数修正系数 β_1 [2] 表 2-8

散热器形式	铸铁及钢制柱型				钢制板型及扁管型		
每组片数	<6	6～10	11～20	>20	≤600	800	≥1000
β_1	0.95	1.00	1.05	1.10	0.95	0.92	1.00

散热器连接形式修正系数 β_2 [1] 表 2-9

连接形式	同侧上进下出	异侧上进下出	异侧下进下出	异侧下进上出	同侧下进上出
四柱 813 型	1	1.004	1.239	1.422	1.426
M-132 型	1	1.009	1.251	1.386	1.396
长翼型（大 60）	1	1.009	1.225	1.331	1.369

注：其他型号可参看文献[2]。

散热器安装形式修正系数 β_3 [2] 表 2-10

安 装 形 式	系数 β_3
装在墙体的凹槽内（半暗装）散热器上部距墙距离为 100mm	1.06
明装但散热器上部有窗台板覆盖，散热器距离台板高度为 150mm	1.02
装在罩内，上部敞开，下部距地 150mm	0.95
装在罩内，上部、下部开口，开口高度均为 150mm	1.04

注：散热器明装，敞开布置 $\beta_3=1.0$。
其他具体布置形式可参看文献 [1] 附录 2-5 和措施 [2] 表 2.3.2-2。

散热器流量修正系数 β_4 [2] 表 2-11

散热器类型	流量增加倍数						
	1	2	3	4	5	6	7
柱型、柱翼型、多翼型、长翼型、镶翼型	1.0	0.9	0.86	0.85	0.83	0.83	0.82
扁管型散热器	1.0	0.94	0.93	0.92	0.91	0.90	0.90

不保温管道的传热系数 K_g [W/(m²·℃)] [2] 表 2-12

管径(mm)	热媒水平均温度与室内空气温度之差（℃）				
	40～50	50～60	60～70	70～80	≥80
32 以下	12.8	13.4	14.0	14.5	14.5
40～100	11.0	11.6	12.2	12.8	13.4
125～150	11.0	11.6	12.2	12.2	13.2
200 以上	9.9	9.9	9.9	9.9	9.9

表 2-13

管道安装位置系数 η

管道安装位置	立管	沿顶棚敷设的管道	沿地面敷设的管道
η	0.75	0.5	1.0

3. 散热器布置

考虑散热器的散热效果，散热器一般应明装，且尽量安装在外墙窗台下。当安装或布置管道有困难时，也可靠内墙安装；两道外门之间的门斗内，不应设置散热器。幼儿园、老年公寓、精神病院等具有特殊功能要求的建筑必须暗装或加防护罩。

当楼梯间需要布置散热器时，考虑到楼梯间上下空间贯通，受热空气流由于密度小往上走，散热器应分配在底层或按一定比例分配在下部各层，具体分配比例，见表 2-14（见规范 [2]）。

表 2-14

楼梯间散热器分配比例（%）

建筑物总层数	散热器所在楼层					
	一	二	三	四	五	六
2	65	35				
3	50	30	20			
4	50	30	20			
5	50	25	15	10		
6	50	20	15	15		
7	45	20	15	10	10	
≥8	40	20	15	10	10	5

2.3.2 热水地面辐射供暖

1. 设计计算步骤

（1）计算需要热水地面辐射的供暖房间设计热负荷 Q，详见本章第 2.1.4 节。

（2）根据工程的耐久年限、管材的性能以及系统的运行水温、工作压力等条件，确定塑料加热管的材质和壁厚，同时确定加热管管径，保温层材料及厚度，填充层厚度，地板表面材料及厚度。

（3）确定加热管布置形式。由于回折型布置方式可以使得供暖房间温度均匀，建议尽量采用。

（4）根据房间具体情况及使用要求，确定敷设辐射地面面积 F；通常为地面全部敷设。

（5）由式（2-19）计算得出辐射地面单位面积所需散热量 q_x。

（6）遵循已计算得到的单位面积所需散热量 q_x 应该等于单位地面面积的设计散热量原则，根据室内供暖设计温度要求，按照步骤（2）已定条件查规范 [4] 附录 A，确定热媒平均温度、加热管间距；考虑到外墙、外窗、外门等传热，邻近这些部位的区域，管间距可适当缩小，其他区域可适当放大。

（7）根据实际情况确定供水温度及供、回水温差。

（8）根据式（2-18），计算辐射地面的表面平均温度 t_{bpj}；校验该温度是否满足表 2-15

的要求；如果不满足，尤其房间供暖热负荷较大，地板表面温度计算值超过表 2-15 的规定时，应设置其他供暖设备来满足房间。

$$t_{bpj} = t_n + 9.82 \times (q_x/100)^{0.969} \tag{2-18}$$

式中　t_{bpj}——地表面平均温度，℃；

　　　t_n——室内计算温度，℃；

　　　q_x——单位地面面积所需散热量，W/m²。

辐射体表面平均温度 t_{pj}　　　　　　　　　　表 2-15

环境条件	适宜范围	最高限值
人员长期停留区域	25~27℃	29℃
人员短期停留区域	28~30℃	32℃
无人员停留区域	35~40℃	42℃
房间高度 2.5~3.0m 的顶棚	28~30℃	—
房间高度 3.1~4.0m 的顶棚	33~36℃	—
距地面 1m 以下的墙面	35	—
距地面 1m 以上 3.5m 以下的墙面	45	—

（9）利用式（2-20）~式（2-22）计算辐射地面单位地面面积散热量 q，校验是否满足设计要求。

（10）按常规方法设计地面辐射供暖系统的立管、干管等。

（11）进行系统水力计算。低温热水辐射供暖系统加热管压力损失计算方法同常规方法。只是在供暖系统水力计算中，作为末端的加热管压力损失较大，因此在布置加热管时，尽量让各加热管环路管段长度近似相等；同时由于加热管管材为铝塑复合管或塑料管，因此在进行摩擦阻力系数计算时所用计算公式不同于教材，要用规范 [4] 中式（3.7.2-1）或附录 C 直接得到加热管单位长度摩擦压力损失值。

（12）辐射地面根据式（2-24）~式（2-26）或查规范 [4] 中附录 C 进行加热盘管水力计算。

（13）注意：通过规范 [4] 中附录 A 查得的单位地面面积的散热量指地板表面向上散热给供暖房间，同时地板会向下传热造成热损失；如果设计房间位于底层或中间楼层，它通过顶棚得到楼上层房间的传热量，在用式（2-19）计算 q_x 时要扣除。

2. 系统设计说明见规范 [1] [4] [13]

（1）低温热水地面辐射供暖系统供水温度宜采用 35~45℃，不应大于 60℃，供回水温差不宜大于 10℃，且不宜小于 5℃。

（2）采用集中热源时的热媒工作压力，不宜大于 0.8MPa。

（3）无论采用何种热源，地面辐射供暖热媒的温度、流量和资用压差等参数，都应和热源系统相匹配，并设置可靠的控制装置。

（4）加热管内热媒流速不应小于 0.25m/s，供回水阀门以后（含阀门、加热管和热媒集配装置等构件）的系统阻力，应进行计算，并不宜大于 30kPa。

3. 计算公式

（1）辐射地面单位面积所需散热量（见规范 [4]）

$$q_x = Q/F \tag{2-19}$$

式中 Q——房间所需的地面散热量，W；

F——敷设加热管或发热电缆的地面面积，m^2。

（2）辐射地面单位地面面积散热量 q

辐射地面单位地面面积的散热量 q 由辐射散热和对流散热两部分组成，即：

$$q=q_f+q_d \tag{2-20}$$

其中：
$$q_f=5\times10^{-8}\left[(t_{bpj}+273)^4-(t_{fj}+273)^4\right] \tag{2-21}[13]$$

$$q_d=2.13(t_{bpj}-t_n)^{1.31} \tag{2-22}[13]$$

式中 q_f——单位地面面积辐射传热量，W/m^2；

q_d——单位地面面积对流传热量，W/m^2；

t_{bpj}——辐射地面表面平均温度，℃；

t_{fj}——室内非加热表面的面积加权平均温度，℃；计算见文献［2］；

t_n——室内计算温度，℃。

说明：

1）单位地面面积的散热量应通过计算确定。当加热管为 PE-X 管或 PB 管时，单位地面面积散热量可按规范［4］、［13］中附录 A 确定。

2）通过式（2-21）和式（2-22）可以看出，t_{bpj} 越高，q_f、q_d 越大，单位面积的散热量越大，需要的辐射地面面积越小。考虑到人体的舒适和安全，《规范》第 5.4.2 条对辐射供暖的辐射体表面平均温度做了具体规定，见表 2-15。《规范》对供、回水温差及民用建筑供水温度的最高限值也做了规定。

3）辐射板表面平均温度 t_{bpj} 的计算目前不能用一简单精确计算公式计算，规范［4］给出了近似计算，见式（2-18）。

4）由于室内设备、家具等地面覆盖物对地面有效散热量的影响较大，应予以考虑。地面遮挡因素随机性很大，情况非常复杂，可根据具体情况附加一定的安全系数。如果室内加热管布置时考虑了家具、设备等影响散热，加热管尽量布置在没有这些地方，地面辐射面积按实际计算。

（3）辐射地面有效散热量 q' 的计算[2]

辐射地面向房间的有效散热量等于辐射地面的总散热量扣除地板向下层传热的热损失，即：

$$q'=q-\Delta q_{损} \tag{2-23}$$

式中 q——辐射地面单位地面面积散热量，W/m^2；

q'——辐射地面有效散热量，W/m^2；

$\Delta q_{损}$——辐射地面的热损失，可通过规范［4］附录 A 查得。

1）单位辐射地面向下传热损失应通过计算确定。当加热管为 PE-X 管或 PB 管时，向下传热损失可按规范［4］附录 A 确定。

2）辐射地面有效散热量 q' 数值上应等于辐射地面单位地面面积所需散热量 q_x。

（4）加热盘管水力计算

《规范》第 4.4.8 条指出，低温热水地面辐射供暖系统的阻力应计算确定。盘管管路的阻力包括沿程阻力和局部阻力两部分，即：

$$\Delta P = \Delta P_{\mathrm{m}} + \Delta P_{\mathrm{j}} \tag{2-24}$$

$$\Delta P_{\mathrm{m}} = \lambda \cdot \frac{l}{d} \cdot \frac{\rho \cdot v^2}{2} \tag{2-25}$$

$$\Delta P_{\mathrm{j}} = \zeta \frac{\rho v^2}{2} \tag{2-26}$$

式中　λ——摩擦阻力系数；

　　　ζ——局部阻力系数；

　　　ρ——流体的密度，kg/m^3。

说明：1）由于盘管管路的转弯半径比较大，局部阻力损失很小，可以忽略；2）铝塑复合管及塑料管的 λ，可按规范［4］的式（3.7.2）计算；3）铝塑复合管及塑料管单位摩擦压力损失可按规范［4］附录中表 C.0.1、表 C.0.2 选用。4）铝塑复合管及塑料管局部阻力系数可按规范［4］附录中表 C.0.3 选用。

2.4　室内供暖系统管路设计

2.4.1　管材选用与管道敷设

1. 管材

供暖管道的材质有焊接钢管、镀锌钢管、热镀锌钢管、塑料管、有色金属管、金属和塑料复合管等。金属管道的使用寿命主要与其工作压力有关；塑料管道的使用寿命与工作压力和工作温度都密切相关。因此，供暖管道的材质应根据其工作温度、工作压力、使用寿命、施工与环保性能等因素，经综合考虑和技术经济比较后确定，其质量应符合国家现行有关产品标准的规定。通常，室内外供暖干管宜选用焊接钢管、镀锌钢管或热镀锌钢管；室内明装支、立管宜选用镀锌钢管、热镀锌钢管、外敷铝管保护层的铝合金衬 PB 管等；散热器供暖系统的室内埋地暗装供暖管道宜选用耐温较高的聚丁烯（PB）管、交联聚乙烯（PE-X）管等塑料管或铝塑复合管（XPAP）。

2. 供暖管道的敷设

（1）供暖水平管道的敷设应有一定的坡度，坡向应有利于排气和泄水。供回水支、干管的坡度宜采用 0.003，不得小于 0.002；立管与散热器连接的支管，坡度不得小于 0.01；当受条件限制采用无坡敷设时，管内流速不得小于 0.25m/s。

（2）供暖管道必须计算其热膨胀。当利用管段的自然补偿不能满足要求时，应设置补偿器。

（3）热水和蒸汽供暖系统，应根据不同的具体情况，装设必要的排气、泄水、排污和疏水装置。

（4）供暖管道热媒流速应根据系统水力平衡要求及防噪声要求等因素确定，热媒最大允许流速应符合表 2-16 的规定。

（5）供暖系统各并联环路，应设关闭和调节装置；热水供暖系统中，每根立管和分支管的始末端均应装设有供调节及检修、泄水用的阀门。

室内供暖系统管道中热媒的最大流速（m/s） 表 2-16

室内热水管道管径 DN(mm)	15	20	25	32	40	≥50
有特殊安静要求的热水管道	0.50	0.65	0.80	1.00	1.00	1.00
一般室内热水管道	0.80	1.00	1.20	1.40	1.80	2.00
蒸汽供暖系统形式	低压蒸汽供暖系统			高压蒸汽供暖系统		
汽水同向流动	30			80		
汽水逆向流动	20			60		

2.4.2 水力计算主要任务

本部分水力计算针对热媒为热水的室内管路。室内管路水力计算的主要任务：

(1) 已知系统各管段的流量和系统的循环作用压力（压头），确定各管段的管径。

(2) 已知系统各管段的流量和各管段的管径，确定系统所必需的循环作用压力（压头）。

(3) 已知系统各管段的管径和该管段的允许压降，确定通过该管段的流量。

2.4.3 室内热水管路的水力计算步骤

室内热水管路水力计算通常有两种方法：等温降法和不等温降法。

1. 等温降法

(1) 选择最不利环路。

(2) 计算最不利环路的作用压力及平均比摩阻或初步选定平均比摩阻：

$$R_m = \frac{\alpha \Delta P}{\sum l} \tag{2-27}$$

式中　R_m——平均单位长度摩擦损失，Pa/m；

　　　α——摩擦损失占总损失的百分数，热水系统取 0.5；

　　　ΔP——系统允许的总压力损失，Pa；

　　　$\sum l$——最不利环路的总长度，m。

对于机械循环系统的最不利环路，平均比摩阻一般选为 60~120Pa/m。

(3) 计算热水管路中各个管段的流量：

$$G = \frac{3600Q}{c(t'_g - t'_h)} \tag{2-28}$$

式中　G——管段的流量，kg/h；

　　　Q——管段的热负荷，W；

　　　t'_g、t'_h——系统的设计供、回水温度，℃。

(4) 根据各管段的计算流量和平均比摩阻，通过由式（2-29）计算而得的表，确定各管段的标准管径和相应的实际比摩阻、实际流速。实际流速不宜超过表 2-16 所示的限值。

$$R = 6.25 \times 10^{-8} \frac{\lambda}{\rho} \frac{G^2}{d^5} \tag{2-29}$$

或者根据已算出的流量在允许流速范围内，选择最不利环路中各管段的管径。当系统压力损失有限制时（尤其是自然循环），应先算出平均的单位长度摩擦损失后再选取管径。

(5) 根据各管段的实际比摩阻和长度，确定沿程阻力损失。

根据流量和选择好的管径，可计算出各管段的压力损失 ΔP_m，即：

$$\Delta P_{\mathrm{m}}=\frac{\lambda}{d}l\frac{\rho v^2}{2}=R_{\mathrm{m}}l \tag{2-30}$$

式中各符号同前。

（6）确定各管段局部阻力损失：

$$\Delta P_{\mathrm{j}}=\sum\zeta\frac{\rho v^2}{2} \tag{2-31}$$

（7）计算各管段的总损失及最不利环路的总压力损失：

$$\Delta P=\Delta P_{\mathrm{m}}+\Delta P_{\mathrm{j}}=(R_{\mathrm{m}}l+\sum\zeta)\frac{\rho v^2}{2} \tag{2-32}$$

式中其他各符号同前。

（8）计算富裕压力值来验证最不利环路水力计算是否合适。

（9）最不利环路水力计算完成后，进行其他环路的水力计算，计算方法相同，最后校核不平衡率是否满足要求。

按已算出的各管段压力损失，进行各并联环路间的压力平衡计算，如不能满足平衡要求，再调整管径，使之达到平衡为止。即满足：

$$不平衡率=\frac{\sum\Delta P_1-\sum\Delta P_2}{\sum\Delta P_1}\times100\%<规定值$$

式中　$\sum\Delta P_1$——第一环路总压力损失，Pa；

　　　$\sum\Delta P_2$——第二环路总压力损失，Pa。

室内热水供暖系统设计要求各并联环路之间（不包括共用段）的压力损失相对差额异程式不大于15%，同程式不大于10%。

2. 不等温降法

不等温降的水力计算就是在单管系统中各立管的温降各不相等的前提下进行水力计算，它以并联环路节点压力平衡的基本原理进行水力计算。一般从循环环路的最远立管开始。具体计算可参见有关文献。

2.4.4 管路特性曲线与水泵选型

1. 管路特性曲线

热水供暖系统管路都是由许多串联和并联的计算管段组成。通常，把管路中水流量和管径都没有改变的一段管子称为一个计算管段。室内热水供暖系统中，水的流动状态几乎都是处于紊流过渡区内，管段中流体的压降与流量的关系服从下式：

$$\Delta P=SV^2 \tag{2-33}$$

式中　S——管段的阻力特性数（简称阻抗），$\mathrm{Pa/(m^3/h)^2}$。

虽然每一个计算管段中，流体的压降和流量之间的关系皆服从二次幂规律，但是各计算管段的阻力特性数并不相同。因此，针对不同的供暖系统形式，需要通过计算得到该管路的总阻抗 S。如果已知组成系统的各计算管段阻抗，计算串联或并联后的管路总阻抗式分别为：

串联管路的阻抗：　　　　　$S=S_1+S_2+S_3 \tag{2-34}$

并联管路的阻抗：

$$\sqrt{\frac{1}{S}}=\sqrt{\frac{1}{S_1}}+\sqrt{\frac{1}{S_2}}+\sqrt{\frac{1}{S_3}} \tag{2-35}$$

式中　S_1、S_2、S_3——各计算管段的阻抗，$Pa/(m^3/h)^2$；

　　　　S——管路的总阻抗，$Pa/(m^3/h)^2$。

根据上述公式，分析管段间并联或串联的具体形式，逐次计算，可以得到整个热水管路系统最不利环路的总阻抗值。而整个热水系统总阻力与总流量的表达式也符合式(2-33)。如果将其绘在流量与压降组成的直角坐标系图上，可以得到一条管网特性曲线。该管网特性曲线与循环水泵流量—扬程特性曲线的交点就是系统的工作点。注意要保证该工作点处于水泵的高效区，同时，该点的流量也是水泵高效区的极限流量。如果需要调节流量，只能向小于极限流量的方向调节。

2. 循环水泵选型

循环水泵的选择应符合下列要求：

(1) 循环水泵的流量应按照系统供、回水设计温差，建筑物总设计热负荷，通过计算得出。

(2) 循环水泵的扬程不应小于下列各项之和：1) 热源或热交换站中设备及其管道的压力降；2) 室外热网供回水干管的压力降；3) 室内最不利管道系统的压力降。

(3) 循环水泵不应少于两台，当其中一台停止运行时，其余水泵的总流量应满足最大循环水量的需要。

2.5　热力管网系统设计

2.5.1　热力管网供热介质的确定

1. 热力管网供热介质的确定

对民用建筑物供暖、通风、空调及生活热水热负荷供热的热力网应采用水作为供热介质。同时，对生产工艺热负荷和供暖、通风、空调及生活热水热负荷供热的热力网供热介质的确定应符合规范 [12] 相关规定。

2. 热力管网供热介质参数

热水热力管网最佳设计供、回水温度，应结合具体工程条件，考虑热源、热力管网、热用户系统等方面的因素，进行技术经济比较后确定。

2.5.2　热力管网设计热负荷的确定

室外热力管网设计热负荷是作为考虑供热规划、研究供热方案、确定供热基本形式、计算室外热力管网管径的基本依据。室外热网设计热负荷由管网所连接热用户的热负荷决定，热用户不同，各种热负荷计算方法就不同。下面只介绍热用户为供暖用户时的热负荷计算方法，当热用户为通风、空气调节、热水供应和生产工艺等用热系统时，热负荷计算可以参见《城镇供热管网设计规范》CJJ 34—2010 中第 3.1.2～3.1.7 条。

1. 热力管网设计热负荷估算

供热系统热用户为供暖用户时，室外热网支线和热力站的设计热负荷的确定宜采用经核实的建筑物供暖设计热负荷。建筑物供暖设计热负荷的具体计算方法详见本章第2.1.2节。

当没有建筑物供暖设计热负荷资料或在方案阶段时，民用建筑的供暖设计热负荷可采用概算法，常用的概算方法有体积热指标法和面积热指标法，面积热指标法更为常用。

面积热指标法计算公式：

$$Q_h = q_h A \cdot 10^{-3} \quad (kW) \tag{2-36}$$

式中　Q_h——供暖设计热负荷，kW；

　　　q_h——供暖面积热指标，W/m^2，可参见规范［12］中表 3.1.2-1；

　　　A——供暖建筑物的建筑面积，m^2。

体积热指标法计算公式：

$$Q_v = q_v V(t_n - t_{wn}) \cdot 10^{-3} \quad (kW) \tag{2-37}$$

式中　Q_v——供暖设计热负荷，kW；

　　　q_v——供暖体积热指标，W/m^2；

　　　V——供暖建筑物的外围体积，m^3。

说明：建筑物的供暖设计热负荷，主要取决于通过垂直围护结构（墙、门、窗等）向外传递热量，它与建筑物平面尺寸和层高有关，因而不是直接取决于建筑平面面积。用供暖体积热指标表征建筑物供暖热负荷的大小，物理概念清楚；但采用供暖面积热指标法，比体积热指标法更易于概算，所以国内多采用供暖面积热指标法进行概算。

2. 室外热力管网设计热负荷计算说明

室外热力管网是连接热源与热用户或热力站的纽带。通常热用户有若干个，热源也不一定唯一，这样从热源到热用户或热力站的热力管线会有若干条。如果各热用户或热力站内部的阻力损失差别不大，习惯上将从热源到最远热用户或热力站的管线定为主干线，其他连接用户或热力站的管线就称为支管线。

进行供暖室外热网支线及热力站设计时，支线及热力站热负荷可采用经核实的建筑物供暖设计热负荷，条件不具备可概算。如果热用户不只是供暖用户，此时室外热网管线总热负荷确定要全面考虑各热用户热负荷。具体规定参见《锅炉房设计规范》第 14.2.2 条，或规范［12］的第 7.1 节和措施［2］第 2.9.1 条。

室外热力管网设计热负荷：考虑到管网输送损失和各用户热负荷同时使用情况，则热水、蒸汽热负荷按下式计算：

$$Q = K_1 \cdot K_2 \cdot Q_{max} \tag{2-38}$$

式中　Q——综合最大热负荷，kW；

　　　K_1——管网损耗系数（包括热损失和漏损），热水 $K_1 = 1.05 \sim 1.1$；

　　　K_2——同时使用系数，具体取值见规范［12］；

　　　Q_{max}——最大耗热量，kW。

3. 室外热力管网设计热负荷计算原则（见规范［2］）

（1）从热源引出的主干管总设计热负荷按热源的最大生产能力计算（不计入备用热源及设备的热负荷）。当工程分期建设时，通过扩建区的热网主干管管径，一般按全部建成的热负荷计算。

（2）支干管的热负荷为各热用户的最大耗热量之和乘以同时使用系数，再计入管网的损耗系数确定其综合最大耗热量。

（3）直接与用户连接的支管按用户的最大耗热量计算。

（4）当有特殊要求，不允许供热间断而采用环状布置时，环状管网根据各用户的最大耗热量的 70% 计算，且其中任何一条支管道均应满足（不允许间断）用户的需要。

（5）式（2-38）中 Q_{max} 如果是详细计算的热负荷值，在此要考虑 K_1、K_2 的修正。式（2-38）中 Q_{max} 如果是概略估算的热负荷值，在此不需要考虑 K_1、K_2 的修正。

2.5.3 室外热力管网的布置及敷设

1. 室外热力管网布置

室外供热管网的平面布置形式有两种：环状和枝状。一般采用枝状布置，当有特殊要求而不允许供热间断时可采用环状布置。

管网布置可参见规范［12］第 8.1.1～8.1.5 条和措施［2］第 2.9.6 条，下面给出部分考虑因素。

（1）城市道路上的热力网管道应平行于道路中心线，并宜敷设在车行道以外的地方，同一条管道应只沿街道的一侧敷设。

（2）穿过厂区的城市热力网管道应敷设在易于检修和维护的位置。

（3）通过非建筑区的热力网管道应沿公路敷设。

（4）热力网管道选线时宜避开土质松软地区、地震断裂带、滑坡危险地带以及高地下水位区等不利地段。

（5）管网力求管路短直，主干管尽可能通过供热热负荷中心和接引支管较多的区域，尽可能缩短管网的总长度和不利环路的长度。

（6）尽可能按不同使用性质划分环路。

2. 室外热力网管道敷设

（1）供热管道的敷设分为地上敷设和地下敷设两大类型。城市街道和居住区内的热力网管道宜采用地下敷设。当地下敷设困难时，可采用地上敷设，但设计时应注意美观。

（2）热水热力网管道地下敷设时，应优先采用直埋敷设；对于 $DN \leqslant 500mm$ 的热力管道宜采用直埋敷设；热水或蒸汽管道采用管沟敷设时，应首选不通行管沟敷设。

（3）直埋敷设热水管道应采用钢管、保温层、保护外壳结合成一体的预制保温管道，其技术要求应符合《高密度聚乙烯外护管聚氨酯泡沫塑料预制直埋保温管》CJ/T 114 和《玻璃纤维增强塑料外护层聚氨酯泡沫塑料预制直埋保温管》CJ/T 129 中的相关规定。

（4）在下列情况下，可积极采用直埋敷设方式（见措施［2］）：1）地下水位较高、采用防水管沟造价过于昂贵；2）管道数量不多于 4 根；3）热媒为热水，水温不超过 120℃；4）管网分支管系较少。

（5）地下敷设热力网管道和管沟应有一定坡度，其坡度不应小于 0.002。进入建筑物的管道宜坡向干管。地上敷设的管道可不设坡度。

3. 管道材料及连接

热力网管道应采用无缝钢管、电弧焊或高频焊焊接钢管。管道及钢制管件的钢材钢号不应低于规范［12］中表 8.3.1 的规定。管道和钢材的规格及质量应符合国家相关标准的规定。

热力网管道的连接应采用焊接。

4. 热力网管道热补偿

热力网管道的温度变形应充分利用管道的转角管段进行自然补偿，当自然补偿不能满足要求时，应采用补偿器补偿。

5. 热力网管道附件与设施

（1）热力网管道干线、支干线、支线的起点应安装关断阀门；热力网管道干线应安装分段阀门。

（2）热水、凝结水管道的高点应安装放气装置；热水、凝结水管道的低点应安装放水装置。

（3）地下敷设安装套筒及波纹管补偿器、阀门、放水和除污装置等设备附件时，应设检查室。检查室应符合规范［12］第8.5.13条的规定。

（4）中高支架敷设的管道，安装阀门、放水（气）和除污装置的地方应设操作平台。

（5）地下敷设管道固定支座的承力结构应采取可靠的防腐措施；管道活动支座一般采用滑动支座或刚性吊架。

2.5.4 室外热网水力计算

本部分水力计算的内容是针对热媒为热水的室外热力管网。

1. 水力计算的主要任务

室外热网水力计算的主要任务：

（1）已知系统各管道的流量和压力损失，确定各管道的管径。

（2）已知系统各管道的流量和管道管径，计算管道的压力损失。

（3）已知系统各管道的管径和该管道的允许压力损失，计算或校核管道的流量。

2. 室外热水热力网水力计算参数的确定

室外热水热力网水力计算参数（管道内壁当量粗糙度、经济比摩阻、局部阻力与沿程阻力的比值等）应分别符合规范［12］第7.3.1条、第7.3.2条、第7.3.3条和第7.3.8条的规定。

3. 室外热水热力网的水力计算

室外热网设计首先要了解热源状况、热媒参数、热用户状况及系统补水与定压方式。

（1）室外热网的水力计算步骤

1）确定热水网路中各个管段的计算流量

管段流量计算公式：

$$G=\frac{3.6Q}{c(t_1'-t_2')} \tag{2-39}$$

式中　G——管段的流量，t/h；

t_1'、t_2'——热网的设计供、回水温度，℃；

c——水的比热，J/kg；

Q——管段的热负荷，W，具体计算请参见第2.2.1节。

2）确定热水网路的主干线及其沿程比摩阻。

3）根据网路主干线各管段的计算流量和初步选用的平均比摩阻，确定主干线各管段的标准管径和相应的实际比摩阻。

4）根据选用的标准管径和管段中局部阻力形式，确定管段局部阻力当量长度，以及管段的折算长度（采用的方法称为"当量长度法"）。

5）根据管段的折算长度以及实际比摩阻，计算主干线各管段的总压降。

6）主干线水力计算完成后，进行网路支干线、支线的水力计算。应按支干线、支线的资用压力确定管径，方法同上。

（2）室外热水热网水力计算的设计说明

1）热水供热管网的水力计算，首先进行的是主干线的计算，然后再确定各分支干管或用户支管。热水供热管网分支管路的水力计算与其主干线水力计算的不同点在于各管段比摩阻的确定方法不同。主干线各管段比摩阻是根据经济比摩阻范围来确定的，而分支管路的比摩阻则是根据各分支管段起点和终点间的压力降来确定。

2) 主干线计算：一般情况下经济比摩阻可采用 30～70Pa/m（见规范 [12]）。也可根据不同的管网长度取不同的值，详见规范 [2]。

3) 计算管网的阻力损失时，为方便起见通常采用当量长度法。详细计算可参见文献 [1]、[3]，其中热力网管道局部阻力与沿程阻力的比值，可参见规范 [12] 第 7.3.8 条。

4) 对于热水热力网支干线、支线应按允许压力降确定管径，但供热介质流速不应大于 3.5m/s。支干线比摩阻不应大于 300Pa/m，连接一个热力站的支线比摩阻可大于 300Pa/m。

5) 水在管道中允许流速推荐值、最大值建议参考规范 [2]，最大允许设计流速不得超过规范 [12] 第 7.3.3 条的规定。

4. 室外热水热力网的压力工况

(1) 热水热力网供水管道任何一点的压力不应低于供热介质的汽化压力，并应留有 30～50kPa 的富裕压力。

(2) 热水热力网的回水压力在任何一点都不应低于 50kPa，并且不应超过直接连接用户系统的允许压力。

(3) 热水热力网循环水泵停止运行时，应保持必要的静态压力，静态压力应符合规范 [12] 第 7.4.3 条的规定。

(4) 热水热力网最不利点的资用压头，应满足该点用户系统所需作用压头的要求。

(5) 热水热力网的定压方式，应根据技术经济比较确定。定压点应设在便于管理并有利于管网压力稳定的位置，宜设在热源处。

5. 室外热水热力网水泵的选择

(1) 热水热力网循环水泵的选择应符合规范 [12] 第 7.5.1 条的规定。

(2) 热水热力网补水装置的选择应符合规范 [12] 第 7.5.3 条的规定。

2.5.5　热力网管道的保温（见规范 [2]）

(1) 供热介质设计温度高于 50℃ 的管道及附件均应保温。在不通行管沟敷设或直埋敷设条件下，热水热力网的回水管道、与蒸汽管道并行的凝结水管道以及其他温度较低的热水管道，在技术经济合理的情况下可不保温。

(2) 保温材料应选用导热系数小 [平均温度下的导热系数值不得大于 0.12W/(m·K)]、密度不大于 400kg/m³、抗压强度不小于 0.3MPa、吸水性小的憎水性材料，同时考虑就地取材，施工方便。

(3) 保温层外应做保护层，保护层应具备良好的防水性能，一般耐压强度不小于 0.8MPa；可燃性有机物含量不大于 15%，并且不宜开裂。

(4) 保温层设计时应优先采用经济保温厚度。当经济保温厚度不能满足技术要求时，应按技术条件确定保温层厚度。保温厚度计算原则按《设备和管道保温设计导则》GB 8175 的规定执行。

2.5.6　热力网管道应力及作用力

(1) 热力网管道应力计算应采用应力分类法。

(2) 热力网管道对固定点的作用力计算时应包括下列三部分：1) 管道热胀冷缩受约

束产生的作用力；2）内压产生的不平衡力；3）活动端位移产生的作用力。

（3）地上敷设和管沟敷设热力网管道壁厚按《火力发电厂汽水管道应力计算技术规定》SDGJ 6 的规定执行。

（4）直埋敷设热力网管道壁厚按《城镇直埋供热管道工程技术规程》CJJ/T 81 的规定执行。

2.6 供暖系统的热力入口

2.6.1 一般规定

散热器供暖系统的供水、回水、供汽和凝结水管道，宜在热力入口处与下列供热系统分开设置：（1）通风、空调系统；（2）热风供暖系统；（3）热水供应系统；（4）生产供热系统；（5）其他应分开的系统。

2.6.2 一般用户系统热力入口（见图 2-6、图 2-7）

1. 用户供暖系统与热水管网连接方式采用原则

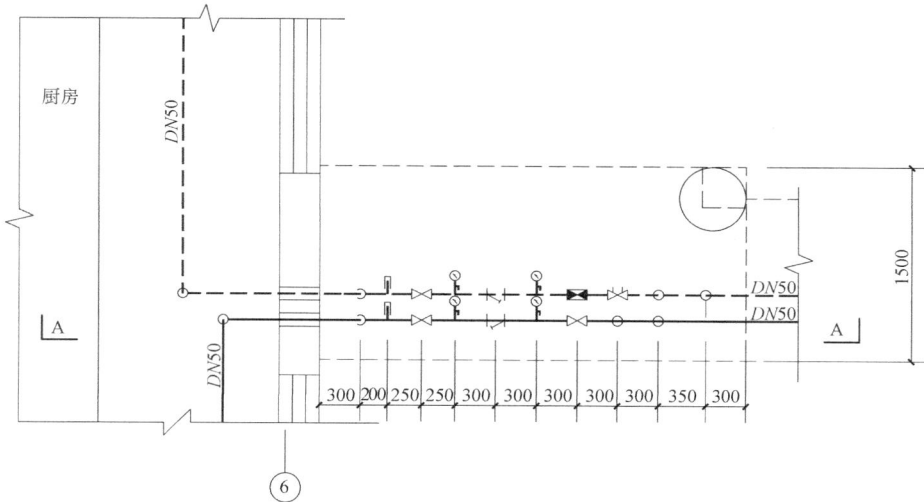

图 2-6 热力入口详图

（1）当热网的设计供水温度高于供暖系统的设计供水温度，且热网的水力工况稳定，入口处的供回水压差足以保证混水器工作时，宜设混水器，否则可采用换热器（见文献 [3]）。

（2）当用户供暖系统设计供水温度等于热网设计供水温度，且热网水力工况能保证用户内部系统不汽化和不超过用户散热器的允许压力时，可采用直接连接。

（3）当在下列情况之一时，用户供暖系统与热网应采用间接连接：

1）建筑物供暖高度高于热水管网供水压力线或静水压力线；

2）供暖系统承压能力低于热水管网回水压力；

3）热水管网供、回水压差低于用户供暖系统的阻力且又不宜采用加压泵；

4）位于热水管网末端，采用直接连接会影响外部热水管网运行工况的高层建筑；

5）对供暖参数有特殊要求的用户。

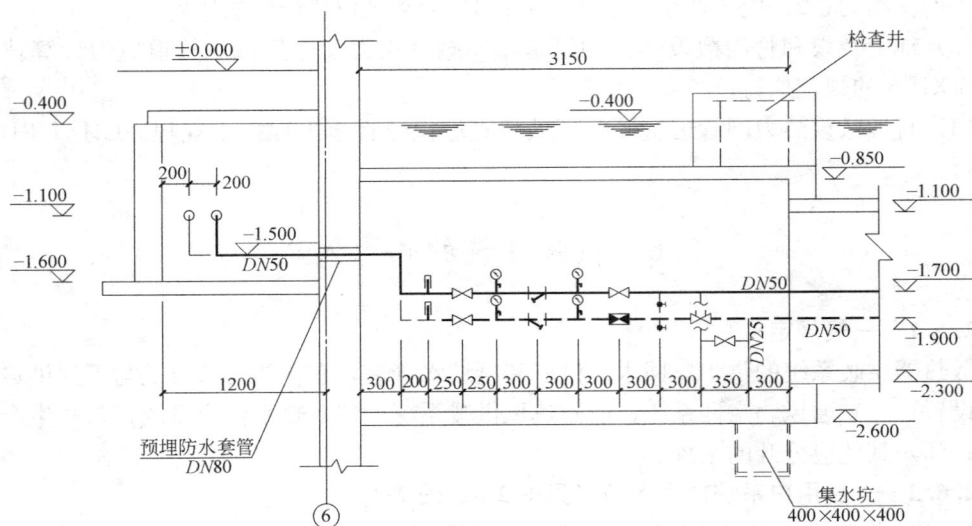

图 2-7 A—A 剖面图

（4）生活用热水供应装置必须与热水管网间接连接（见规范 [2]）。

2. 供暖用户入口装置

（1）管网与用户连接处均装设关断阀门；在供、回水阀门前宜设连通管，其管径应为供水管的 0.3 倍；在供水管上设除污器或过滤器；在供、回水管上设温度计、压力表。

（2）热量计通常宜装设在与热网连接的回水管上。

（3）在供水入口和调节阀、流量计、热量计前的管道上应设过滤器。

（4）应根据热网系统大小及水力稳定性等因素分析是否设调节装置，调节装置应以自力式为主，可按下列原则在用户入口处设置：

1）当管网及用户均为定流量系统，且管网较大或各用户所需压差相差较大时，应在入口设静态平衡阀；

2）当管网及用户均为变流量系统时，入口可设压差调节阀；

3）当管网为变流量，个别用户为定流量系统时，应在该用户入口设流量限制阀（动态平衡阀）；

4）当管网为定流量系统，只有个别用户侧为变水量系统时，应在变水量用户入口处设电动三通调节阀或与用户并联的压差旁通阀。

（5）入口装置（减压阀、调压板、混水器等）应尽量明装（民用建筑宜安装在楼梯间内），如明装有困难时，可安装在入口地沟内，但地沟盖板应能活动，地沟内检修宽度不应小于 600mm（见文献 [3]）。

2.6.3 热计量用户系统的热力入口

从兼顾技术、经济及美观的角度出发，入口装置宜设在住宅共用空间内。户内供暖系统入口装置的基本构成应满足供热计量的需要。供热计量的主要目的之一是对各户的用热量进行计量，因此需设置户用热量表，为了保护热量表及散热器恒温阀不被堵塞，还需在表前设置过滤器。另外，考虑到我国供暖收费难的现状，从便于管理和控制的角度考虑，在供水管上应安装锁闭阀，以便需要时采取强制性措施关闭用户的供暖系统。热力用户的具体设置方式如图 2-8 所示。

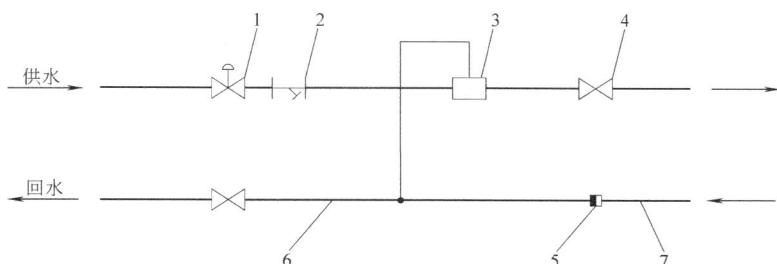

图 2-8　户内系统热力入口示意图

1—锁闭调节阀；2—过滤器；3—热量表；4—截止阀；5—钢塑直通连接件；6—热镀锌钢管；7—塑料管

供热计量系统户外管道一般采用金属管材，而户内管道常采用塑料管材，目前常用做法是将二者用钢塑连接件相连。

说明：分户热计量住宅供暖系统具有阻力较大和流量多变等特性，为确保分户热计量住宅和其他建筑的供暖质量，规范［12］中指出，分户热计量住宅宜设置单独的热源和室外系统，若不具备条件，应采取可靠的技术措施。

2.6.4　平衡阀[3]

在管路上使用平衡阀之前，首先应该通过设计、水力计算和管径调整来实现系统的水力平衡，只有在无法调整时，才考虑设置平衡阀。使用平衡阀可以有效地实现管网水力及热力平衡，消除小区内个别住宅楼室温过低或过高的弊病。

1. 平衡阀工作原理

平衡阀属于调节阀范畴。它的工作原理是通过改变阀芯与阀座的间隙（即开度），来改变流体流经阀门的流通阻力，以达到调节流量的目的。

2. 平衡阀选型

选择平衡阀的重要参数是平衡阀的阀门系数，它的计算公式为：

$$K_V = \alpha \frac{G}{\sqrt{(p_1 - p_2)}} \tag{2-40}$$

式中　K_V——平衡阀的阀门系数；该值表示当平衡阀全开，阀前后压差为 1kgf/cm² 时，流经平衡阀的流量值，m³/h；

G——平衡阀的设计流量，m³/h；

p_1，p_2——阀前、阀后的压力，kPa；

α——系数，由厂家提供。

根据得出的阀门系数，查找平衡阀厂家提供的阀门系数值，可选出符合要求规格的平衡阀。注意：按照管径选择同等公称管径规格的平衡阀的做法是错误的。平衡阀全开时的阀门系数相当于普通阀门的流通能力。如果平衡阀开度不变，则阀门系数不变。

3. 平衡阀适用场合

管网系统中所有需要保证设计流量的环路在通过设计、水力计算和管径调整无法实现系统的水力平衡时，才考虑设置平衡阀。安装平衡阀时每一环路中只需安装一个，且不必再安装其他起关闭作用的阀门。常见的流量平衡有：（1）锅炉水流量的平衡；（2）热力站的一、二次环路水流量的平衡；（3）小区供热管网中各幢楼之间水流量的平衡；（4）建筑物内的供暖（空调）水力系统中水流量的平衡。

4. 平衡阀安装使用要点

（1）建议安装在回水管路上；（2）尽可能安装在直管段上；（3）注意新系统与原有系统水流量的平衡；（4）不应随意变动平衡阀开度；（5）不必再安装截止阀；（6）系统增设（或取消）环路时应重新调试整定。

2.7 供暖系统与热力管网系统的节能设计

2.7.1 供暖建筑节能基本原理和节能途径

在冬季，建筑物的总得热包括供暖设备的供热（占 70%～75%）、太阳辐射得热（约占 15%～20%）和建筑物内部得热（包括炊事、照明、家电和人体散热，约占 8%～12%）。这些热量再通过围护结构的传热和空气渗透向外散失。建筑物的总失热包括围护结构的传热耗热量（约占 70%～80%）和通过门窗缝隙的空气渗透耗热量（约占 20%～30%）。当建筑物的总得热和总失热达到平衡时，室温得以保持。因此，对于建筑物来说，节能的主要途径是：减少建筑物外表面积和加强围护结构保温，以减少传热耗热量；提高门窗的气密性，以减少空气渗透耗热量。在减少建筑物总失热量的前提下，尽量利用太阳辐射得热和建筑物内部得热，最终达到节约供暖设备供热量的目的。

锅炉在运行过程中，一般只能将燃料（煤）所含热量的 55%～70% 转化为有效热能。这些热量通过室外管网输送，沿途又将损失 5%～10%，剩余的热量供给建筑物，成为供暖供热量。因此，对于采暖供热系统来说，节能的主要途径是：改善采暖供热系统的设计和运行管理，以提高锅炉的运行效率；加强管道的保温，以提高室外管道的输送效率。

2.7.2 供暖系统节能设计

室内供暖系统设计的节能：

1. 热负荷计算（见规范 [1]，文献 [6]）

《严寒和寒冷地区居住建筑节能设计标准》JGJ 26—2010 第 5.1.5 条明确规定：居住建筑的集中采暖系统，应按热水连续采暖进行设计。这是因为如果不考虑间歇附加值，不仅可以节约室内供暖系统的散热器及管道等部分的初投资，而且当室外达到供暖设计温度时，可以要求锅炉按照设计水温，昼夜连续运行；而当室外温度高于设计温度时，可以采用质调节或量调节等方式，以减少供热量。

2. 干管分环布置（见规范 [1]，文献 [6]）

在建筑物的主要朝向为南北向时，室内供暖系统中经常出现的失调现象是南向与北向房间的温度差别。通过南向外墙的平均传热量比相同面积的北向外墙的平均传热量约少30%。因此，在设计中除采用朝向修正率的方法使南向和北向的计算热负荷的比例较为符合实际外，在室内干管的布置方面，将南北向分开环路并设置调节阀门也有利于进行调节，以减少南向与北向房间的室温失调现象。

3. 控制温度、计量热量（见规范 [1]）

供暖建筑中实际温度完全符合设计温度是十分困难的。室外气象条件的变化、热损失计算或水力平衡计算中的种种偏差，不可避免地会造成室内实际温度和设计温度之间或多或少的差别。采用在散热器的供水支管上设置温控阀（或在回水支管上设置回水温度限制器）的方法，可以避免各项因素可能引起的室温偏高现象，有助于节约能源。

因此，在进行室内供暖系统设计时，应考虑按分户热表计量和分室控制温度的可能性，如带温控阀或手动调节阀的双管系统，带三通阀的单管系统。

4. 室内系统设计的水力平衡（见文献［6］）

室内供暖系统中通过各散热器并联环路之间的水力平衡是各供暖房间达到室温基本平衡的必要条件。任何不利环路的流量偏低时，其室内温度的偏低现象势必要求提高管网的运行水温，从而往往造成其他环路的室温超过设计温度和形成热能的浪费。

为使室内供暖系统中通过各并联环路达到水力平衡，设计中应对供暖系统进行水力平衡计算，确保各环路水量符合设计要求，在室外各环路及建筑物入口处供暖供水管（或回水管）路上应安装平衡阀或其他水力平衡元件，并进行水力平衡调试。

2.7.3 热力网节能设计

室外热网的节能设计（见文献［6］）：

1. 室外热网设计的水力平衡

室外热网中通过各建筑物并联环路之间的水力平衡是整个供暖系统达到节能的必要条件，因为当任何不利环路的流量偏低时，其室内平均温度亦必然低于其他建筑；为使不利建筑达到起码的舒适温度而提高整个管网的运行水温，则其他建筑的平均室温往往超过设计温度，从而造成热能的浪费。

为使室外热网中通过各建筑的并联环路达到水力平衡，其主要手段是在各环路的建筑入口处设置手动（或自动）调节装置或孔板调压装置，以消除环路余压。可作为手动调节装置使用的产品有手动调节阀及平衡阀。对同一热源有不同类型用户的系统应考虑分不同时间供热的可能性。

2. 住宅区内公共建筑的管网连接

住宅等居住建筑属24h都要求维持一定舒适温度的建筑，夜间允许室温适当下降，但不得超过一定幅度。此类建筑应采用连续供暖。住宅内的商店、办公楼等公共建筑不需要24h供暖，只要在使用时间保持舒适温度即可。这类建筑采用间歇供暖是经济合理的，因为间歇供暖的日平均室内温度低于连续供暖的日平均室内温度。从供暖热损失与室内外平均温差成正比关系的角度来分析，是可以节能的。

3. 管道保温

供热管道的敷设分为地上敷设和地下敷设两大类型。因为地下敷设不影响市容和交通，因而是城镇集中供热管道广泛采用的敷设方式。它包括埋设于通行、半通行或不通行地沟内和直接埋设于土层内或露于室外空气中的做法。这部分管道的散热纯属热量的丢失，从而增加了锅炉的供暖负荷。为节能起见，应使室外热网的输送效率达到90%以上。采暖供热管道保温厚度应按现行国家标准《设备及管道保温设计导则》中经济厚度的计算公式确定。当供热热媒与供暖管道周围空气之间的温差等于或低于60℃，安装在室外或室内地沟中的采暖供热管道的保温厚度不得小于规定的数值。

2.7.4 对供暖与热力网节能设计的建议

1. 热负荷计算

对需供暖的每一个房间的热负荷进行详细计算，作为选择散热设备、确定管道直径、选择热源设备容量的基本依据。

2. 热力网循环水泵的台数

应特别防止循环水泵大流量问题的出现，为此应以耗电输热比作为循环水泵动力消耗的控制指标。不宜多台泵并联运行，在技术经济比较合理的前提下，可采用变频调速技术。

3. 安装管网水力平衡的调节装置

在热力网各分支处及各用户热力入口处要安装调节性能较好的调节阀或平衡阀，以利于热力网的调节。

4. 分时供暖

对同一供热系统中不同使用性质的建筑物，要考虑分时供暖的可能性，以利于节能。

5. 定压和排气装置

在技术经济比较合理的前提下，可采用变频调速技术进行补水定压。

选用自动排气装置以减少排气丢水。

6. 采用"热表到户、计量收费"的供暖系统设计

在户用热表和散热器用温控阀等硬件解决的基础上，做好新建建筑供暖系统的设计，是搞好供暖节能的关键一环。

2.8 供暖系统设计实例

为了更好地理解并实践前述关于民用建筑供暖系统设计方法，本节以一个实际的高层办公建筑为设计分析案例，较为详细地介绍该建筑供暖系统设计的主要设计内容、设计过程及其设计计算方法。

设计实例为一办公建筑，该建筑高 60.4m，按照民用建筑分类（见规范 [15]）规定，属高层建筑，详细建筑设计资料参见附录 2。

2.8.1 设计要求

1. 熟悉和收集资料

（1）设计规范和设计标准；（2）土建资料；（3）气象资料；（4）动力资料；（5）热源位置及参数。

2. 设计热负荷计算

（1）确定室内外设计计算温度；（2）确定围护结构的热工参数；（3）计算围护结构基本耗热量；（4）计算围护结构附加耗热量（朝向修正、风力修正、高度修正、冷风渗透附加）；（5）总耗热量的计算。

3. 供暖系统形式划分

（1）进行设计系统划分；（2）确定供暖系统补水、定压方式。

4. 房间散热设备布置及选择计算

（1）确定散热设备的形式；（2）计算确定散热器片数或地板辐射采暖面积。

5. 管路的管径及水力计算

（1）确定系统最不利环路；（2）最不利环路管段断面尺寸和管段阻力的计算；（3）并联管路阻力平衡的计算；（4）计算管网的总阻力；（5）确定供暖循环水泵型号。

6. 管道附属设备的选择计算（自选）

（1）中间层换热器选型计算；（2）调节阀门的选择计算；（3）膨胀水箱的选择计算；

（4）分水器、集水器的选择计算。

2.8.2 建筑概况

设计对象为一幢坐北朝南办公建筑，位于北京市。

建筑总面积：30785m² （地下室−1～11层总面积）；

地上是 11 层，地下 1 层，建筑高度 62.1m；

建筑物长 111.6m，宽 18.6m；

外表面积 15500m²，体积 128905m³；

窗户为塑钢中空双层 6mm 厚普通玻璃，传热系数为 2.8W/(m²·K)。

2.8.3 建筑物的热工参数及其他参数确定

在已知建筑围护结构的传热系数和其他热工指标后，首先要检验这些指标是否满足相关节能设计标准 [11] 和 [12]。例如可对照《公共建筑节能设计标准》DB 11/687 表 3.2.2-1、表 3.2.2-2 的规定进行检验。如果不能满足，应按照该标准第 5.0.3 条规定，使用权衡判断法，判定围护结构的总体热工性能是否符合本标准规定的节能要求。

（1）建筑外墙和内墙的主墙体结构参数：

外墙主墙体 200mm 加气混凝土墙 ［导热系数 $\lambda = 0.22$W/(m·K)，密度 $\rho = 700$kg/m³，比热 $C_p = 1340$J/(kg·K)］，内墙 100mm 钢筋混凝土墙，内抹灰。外墙保温采用聚苯乙烯材料 ［导热系数 $\lambda = 0.047$W/(m·K)，密度 $\rho = 30$kg/m³，比热 $C_p = 1465$J/(kg·K)］，保温材料的厚度依据国家或当地建筑节能标准计算确定。

（2）窗结构参数：

塑钢中空（中空 12mm）双层 6mm 厚普通玻璃保温窗，传热系数为 2.8W/(m²·℃)，内有中间色活动百叶遮阳，窗高 2000mm。

（3）屋面采用 150mm 厚钢筋混凝土楼板 ［导热系数 $\lambda = 1.74$W/(m·K)，密度 $\rho = 2500$kg/m³，比热 $C_p = 837$J/(kg·K)］，上加加气混凝土保温层 ［导热系数 $\lambda = 0.22$W/(m·K)，密度 $\rho = 700$kg/m³，比热 $C_p = 1340$J/(kg·K)］，保温材料的厚度依据国家标准或当地建筑节能标准计算确定。

（4）内楼板采用钢筋混凝土楼板，厚度为 130mm。

（5）地下一层地面为保温地面。

（6）建筑总面积大于 10000m²，属于甲类建筑物。

（7）围护结构传热系数计算：

1）体形系数

建筑物体形系数：$\dfrac{S_总}{V} = \dfrac{2 \times (18.6 + 111.6) \times 62.1 + 18.6 \times 111.6}{62.1 \times 111.6 \times 18.6} = 0.142$

北京市属于寒冷地区，体形系数<0.3，符合《公共建筑节能设计标准》对围护结构热工性能限值的要求。

2）窗墙比

建筑物总窗墙面积比 0.176，南向 0.225，北向 0.16，东/西向 0.038，窗墙比符合《公共建筑节能设计标准》DB11/687 中围护结构热工性能限值要求。

3）传热系数限值

北京属于寒冷地区，由计算得到体形系数和窗墙比，参照文献 [8] 的设计标准，确定各围护结构传热系数限值，如表 2-17，并据此确定建筑围护结构的最终热工参数。

各围护结构传热系数限值　表 2-17

围护结构	外窗 K $[W/(m^2 \cdot K)]$	屋面 K $[W/(m^2 \cdot K)]$	外墙 K $[W/(m^2 \cdot K)]$	地下车库与供暖房间之间的楼板 $K[W/(m^2 \cdot K)]$
传热系数限值	$\leqslant 3.0$	$\leqslant 0.45$	$\leqslant 0.5$	$\leqslant 1.0$

$$K_{外墙}=\cfrac{1}{\cfrac{1}{\alpha_n}+\cfrac{1}{\alpha_w}+R_k+\sum\cfrac{\delta_i}{\alpha_\lambda\lambda_i}}=\cfrac{1}{\cfrac{1}{8.72}+\cfrac{1}{23.26}+\cfrac{0.2}{0.22}+\cfrac{\delta}{0.047}}<0.50 W/(m^2 \cdot K)$$

解得 $\delta=44mm$，最终选取保温层厚度为 50mm。则 $K=0.47W/(m^2 \cdot K)$

$$K_{屋面}=\cfrac{1}{\cfrac{1}{\alpha_n}+\cfrac{1}{\alpha_w}+R_k+\sum\cfrac{\delta_i}{\alpha_\lambda\lambda_i}}=\cfrac{1}{\cfrac{1}{8.72}+\cfrac{1}{23.26}+\cfrac{0.15}{1.74}+\cfrac{\delta}{0.22}}<0.45 W/(m^2 \cdot K)$$

解得 $\delta=435mm$，最终选取保温层厚度为 500mm。$K_{屋面}=0.40W/(m^2 \cdot K)$

$$K_{地下一层楼板}=\cfrac{1}{\cfrac{1}{\alpha_n}+\cfrac{1}{\alpha_w}+R_k+\sum\cfrac{\delta_i}{\alpha_\lambda\lambda_i}}=\cfrac{1}{\cfrac{1}{8.7}+\cfrac{1}{17.0}+\cfrac{0.13}{1.74}+\cfrac{\delta}{0.047}}\leqslant 1.0 W/(m^2 \cdot K)$$

解得 $\delta=35.5$，最终选取保温层厚度为 40mm，$K=0.91W/(m^2 \cdot K)$。

如果楼梯间不供暖，则非供暖楼梯间与供暖房间之间的隔墙传热系数计算如下：

$$K_{内墙}=\cfrac{1}{\cfrac{1}{\alpha_n}+\cfrac{1}{\alpha_n}+R_k+\sum\cfrac{\delta_i}{\alpha_\lambda\lambda_i}}=\cfrac{1}{\cfrac{1}{8.7}+\cfrac{1}{8.7}+\cfrac{0.1}{1.74}+\cfrac{\delta}{0.47}}\leqslant 1.5 W/(m^2 \cdot K)$$

此时内墙应加聚苯乙烯材料保温，厚度解得 $\delta=18mm$，取 20mm，$K_{内墙}=1.4W/(m^2 \cdot K)$。

（8）室内外设计计算参数

1）室内空气设计参数

根据规范 [8]、[9]，北京市室内设计参数设定如表 2-18 所示。

室内空气设计参数　表 2-18

房间名称	冬季室内计算温度（℃）	夏季室内计算温度（℃）	夏季室内计算湿度（%）
会议室	18	25	60
业务用房	18	25	60
档案室	16	25	60
休息厅	18	25	60
走道	16	25	60
楼梯间	16	25	60
洗手间	16	25	60

2）室外空气计算温度

冬季供暖室外计算日平均温度应采取历年平均不保证 5 天的日平均温度，取 −7.6℃。

2.8.4　负荷计算

1. 典型房间计算

典型房间其平面如图 2-9 的阴影房间。三层 9～10 轴，A～B 轴，其长为 8.4m，宽为 8.2m，高为 4.5m，外窗为南向 6 个。面积：66.66m²，南外窗 9.72m²，南外墙 37.8m²。

（1）围护结构基本耗热量：

$$Q_1 = \sum KF(t_n - t_{wn})\alpha(1+x_g)(1+x_{ch}+x_f)$$

$t_n = 18℃$，$t_w = -7.6℃$，$\alpha = 1$，$x_{ch} = -20\%$，$x_f = 0$，高度附加 1%。

得，$Q_1 = 781.5W$。

（2）冷风渗透耗热量：

查文献［2］表5.1-4，a 取 0.3，b 取 0.67，在冬季室外平均风速 2.7m/s 下，双层玻璃窗每米缝隙的冷风渗透量 $L = 1.6m^3/(m \cdot h)$，窗缝总长度为 16.4m，南向 $n = 0.15$。

由于本建筑为高层建筑，应考虑热压的作用，求压差比 C 值，查规范知：

$$C = 70\frac{h_z - h}{\Delta C_f v_0^2 h^{0.4}} \cdot \frac{t_n' - t_{wn}}{273 + t_n'} = 70 \times \frac{26.5 - 14.85}{0.7 \times 2.7^2 \times 26.5^{0.4}} \times \frac{16 - (-7.5)}{273 + 16} = 3.5$$

$$V = Lln = 1.6 \times 16.4 \times 0.15 = 3.94m^3/h$$

$$Q_2 = 0.278V\rho_w c_p(t_n - t_w') = 0.278 \times 3.94 \times 1.34 \times 1 \times (18+7.5) = 37.4W$$

冷风侵入耗热量：由于门为内门，冷风侵入耗热量为零。

查《规范》的附录F，C_r 取 0.4，C_f 取 0.7，$n = 0.15$（南向），$h = 23.4m$。

$$Q_总 = Q_1 + Q_2 = 781.5 + 37.4 = 819W$$

（3）手算与机算对比：

手算（W）	819
机算（W）	810
误差（%）	1.0

手算与机算数据吻合。

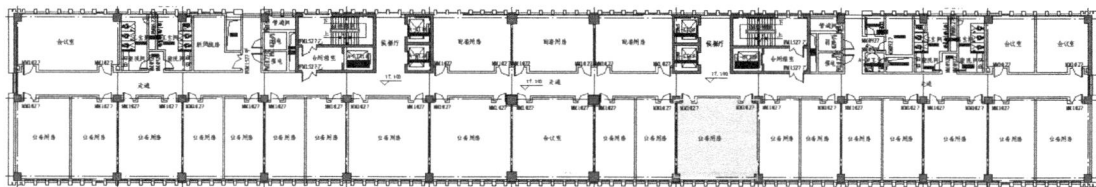

图 2-9 标准层平面图

2. 楼梯间负荷计算

计算楼梯间的负荷时，应把整个楼梯间当成一个房间来计算，散热器的布置查措施2.3.6第7条知："楼梯间的散热器，应尽量布置在底层；当底层无法布置时，可按表2.3.6进行分配。"

3. 负荷计算结果（见表2-19、表2-20）

2.8.5 供暖系统形式的确定

《规范》第5.1.10条指出："建筑物的热水供暖系统应按设备、管道及部件所能承受的最低工作压力和水力平衡要求进行竖向分区设置。"通常散热器设备

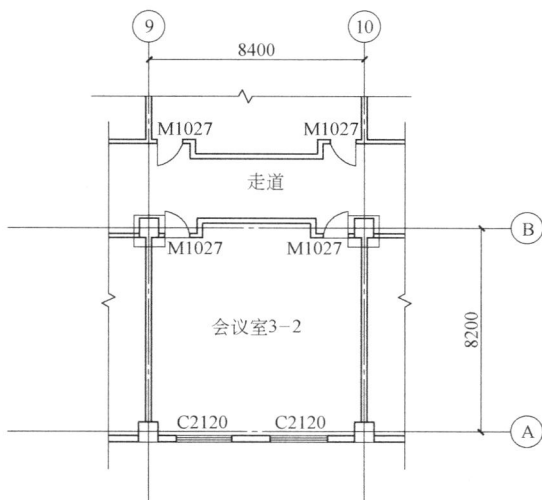

图 2-10 计算房间平面图

的承压能力低于管道以及部件的承压能力，因此系统的竖向分区重点考虑散热器承压能力。目前一般铸铁散热器的工作压力为 0.6MPa 左右，轻质散热器的工作压力达 1.0MPa。根据水压图曲线分析，在整个供暖系统运行时，散热器处的最大承压能力为静水压力加上循环压力，供暖系统的循环压力按 50kPa 考虑，如果考虑散热器承压能力的最不利情况以及系统压力波动等安全因素，铸铁散热器建议按照 50m 进行分区设置供暖系统，轻质散热器可以更高。相关内容还可以参看《规范》第 5.1.10 条的条文说明。

一层负荷计算结果　　　　　　　　　　　　　　　　　　表 2-19

楼层	房间	各项负荷值				楼层	房间	各项负荷值			
		热负荷（W）	户间传热（W）	总热负荷（W）	热指标（W/m²）			热负荷（W）	户间传热（W）	总热负荷（W）	热指标（W/m²）
一层	1001	7210	2044	9253.6	41.4	一层	1014	408.8	129.9	538.8	32.7
	1002	797.2	300.5	1097.8	33.4		1015[123]	408.8	129.9	538.8	32.7
	1003	797.2	300.5	1097.8	33.4		1016[124]	444.5	118.1	562.6	37.5
	1004	797.2	300.5	1097.8	33.4		1017	29541	3782	33323	80.5
	1005	797.2	300.5	1097.8	33.4		1018[走道]	2276	1654	3930.1	18.7
	1006	1593	608.4	2201.6	33.1		1019[新风机房]	352.1	94.4	446.4	20.9
	1007	797.2	300.5	1097.8	33.4						
	1008	797.2	300.5	1097.8	33.4		1020[钢瓶间]	236.9	45.9	282.8	27.2
	1009	797.2	300.5	1097.8	33.4						
	1010	797.2	300.5	1097.8	33.4		1021[楼梯间一]	9463	0	9463.3	86
	1011	1374	524.5	1897.9	28.5						
	1012	7208	2044	9251.4	41.4		1022[楼梯间二]	9463	0	9463.3	86
	1013	444.5	118.1	562.6	37.5		一层小计	76802	13696	76802	43.1

各层负荷汇总表　　　　　　　　　　　　　　　　　　表 2-20

楼层	负荷（W）	面积热指标（W/m²）	楼层	负荷（W）	面积热指标（W/m²）
一层	76802	43.1	七层	23579.3	17.5
二层	28796	23.5	八层	25849.8	17.3
三层	30393	19.9	九层	25570	17.1
四层	29563	19.5	十层	43281.9	28.2
五层	28443	18.8	十一层	2244.4	7.8
六层	28051.4	18.3	合计	342573	22.5

本建筑共有 11 层，总高度 62.1m。对系统形式的确定要从技术和经济两个方面综合考虑。如果散热器选用轻质散热器可以不分高低区，如果选用铸铁散热器要分高、低区。本案例考虑教材[1] 本身没有高层建筑设计计算例题，而目前该类实际工程很多，为了便于学生参考，因此在现有条件下进行了分区、分环设计计算。供暖系统分为上下两个区，低区①～⑤层，高区⑥～⑪层。由于环路太长，为了避免系统水平失调，分别将高、低区

再分为东西两环；为了较容易水力平衡，采用了上供下回同程系统；由于采用单管顺流系统会导致底层散热器的平均温度过低，且不能调节，所以采用了单管跨越式系统，整个系统如图 2-11 所示。

说明：

（1）设计供/回水温度为 95/70℃，室内供暖管道埋地，支管与散热器的连接方式为同侧连接，上进下出直接连接。

（2）重力循环是靠水的密度差进行循环的系统，由于本次设计为高层建筑，应用重力循环不足以克服阻力，故采用机械循环。通过水泵提供压力进行循环。

（3）双管系统易出现垂直失调，其原因在于通过各层的循环作用压力不同，且在楼层数越多时上下层的作用压力差值越大，垂直失调就会越严重。虽然单管系统也会出现水力失调，但其原因是各层散热系数 K 随各层散热器平均计算温度差的变化程度不同而引起的。但是单管系统的水力失调度远小于双管系统。

（4）同程式系统各个并联环路的总长度都相等，因此可以通过调整供回水干管的各管段的压力损失来满足立管间不平衡率的要求。

（5）上供下回式系统管道布置合理，是最常用的一种布置形式。

下面针对上文系统形式的确定中遇到的几个问题：分区与不分区、上供下回与下供上回、单管与双管进行对比分析。

1. 下供上回单管系统

选取西南角房间的一支立管进行计算。若在垂直方向上分区，则统一按三～七层为低区，八～十一层为高区。选取 GZ-3-10-1.0 型散热器，供/回水温度为 85/60℃。分区和不分区的比较如表 2-21 所示。

下供上回单管系统分区/不分区计算比较　　　　　　　表 2-21

	进水温度（℃）		散热器 q（W/片）		片数	
	分区	不分区	分区	不分区	分区	不分区
十一层	68.25	63.87	88.85	83.13	16	17
十层	73.84	66.49	107.57	91.64	9	10
九层	79.42	69.11	123.35	98.67	8	10
八层	85.00	71.73	139.69	105.83	7	9
七层	64.93	74.34	84.50	113.13	11	8
六层	69.86	79.96	97.58	120.55	10	8
五层	75.09	79.74	111.55	128.33	9	8
四层	80.50	82.61	126.71	136.62	8	8
三层	85.00	85.00	141.30	144.46	6	6

通过比较发现：垂直分区对散热器片数的影响不大，如果选用钢制散热器可以不用分区，这样系统更加精简，同时安装也更方便，不需再添加额外的水平干管，节省管材。但由于顶层负荷较大，若用下供上回式，上层所需散热器片数则格外多，这是该方案的不足之处。

2. 上供下回单管系统

计算条件同上。

上供下回单管系统分区/不分区计算比较　　　　　　表 2-22

上供下回单管	进水温度（℃）		散热器 q(W/片)		片数	
	分区	不分区	分区	不分区	分区	不分区
十一层	85.00	85.00	135.73	142.24	10	10
十层	76.75	81.13	115.72	132.63	8	7
九层	71.16	78.51	100.23	125.00	9	7
八层	65.58	75.89	85.35	117.50	11	8
七层	85.00	73.27	140.66	110.13	7	9
六层	80.07	70.66	126.17	102.89	7	9
五层	75.14	68.04	111.70	95.57	9	10
四层	69.91	65.26	97.07	88.06	11	12
三层	64.50	62.39	83.95	81.22	10	11

3. 上供下回单、双管系统

计算条件同上。

上供下回单、双管系统分区/不分区计算比较　　　　　　表 2-23

上供下回单双管	进水温度（℃）		散热器 q(W/片)		片数	
	分区	不分区	分区	不分区	分区	不分区
十一层	85.00	85.00	135.73	134.47	10	10
十层	85.00	85.00	127.55	134.47	7	7
九层	71.16	85.00	92.71	134.47	10	7
八层	71.16	75.89	92.71	110.13	10	9
七层	85.00	75.89	133.36	110.13	7	9
六层	85.00	75.89	133.36	110.13	7	9
五层	75.14	68.04	104.19	88.57	10	11
四层	75.14	68.04	104.19	88.57	10	12
三层	64.50	68.04	83.95	88.57	10	10

通过比较发现垂直分区对散热器片数影响不大，如果选用钢制散热器可以不用分区，这样系统更加精简，同时安装也更方便，不需添加额外的水平干管，节省管材。由于顶层负荷大，下供上回系统顶层散热器片数多，而上供下回式单管系统和上供下回式单、双管系统顶层散热器片数较少，更适合于该建筑。考虑到单、双管施工不易，比单管稍微多消耗管材，安装维修不便，同时因上供下回单管系统在底层的一组散热器片数不多，上供下回式单管系统较好。

2.8.6　散热器计算

铸铁散热器结构简单，防腐蚀性好，使用寿命长，热稳定性好。本设计选用四柱 760 散热器。工作压力为 0.5MPa。连接形式为同侧上进下出，且散热器安装在墙面上不加盖板，即明装敞开式布置。

1. 散热器面积的计算：计算公式见 2.3.1 节。

2. 热媒平均温度的计算：同上。

3. 散热器片数的计算：散热器片计算结果见表 2-24。

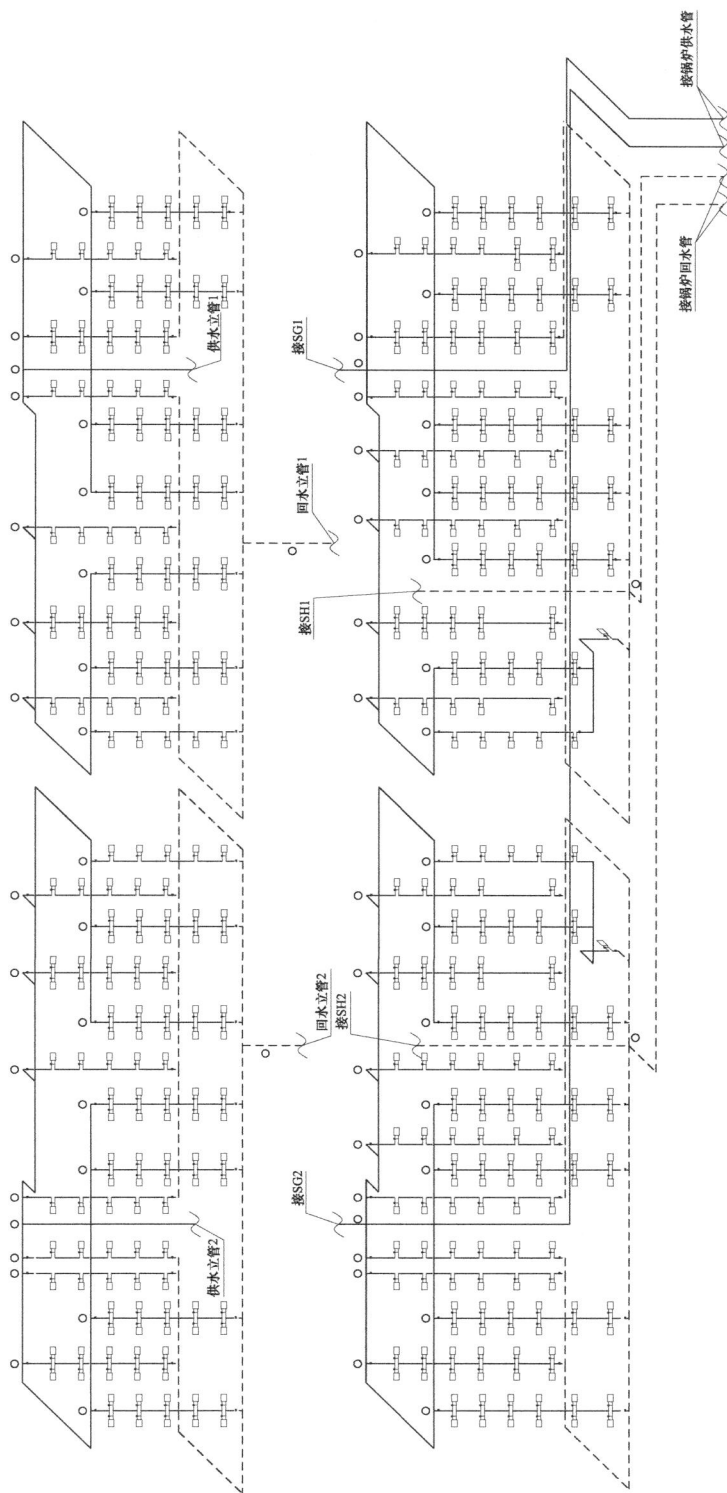

图 2-11 单管跨越式系统图

散热器片数计算结果 表 2-24

楼层	房间	散热器片数	楼层	房间	散热器片数	楼层	房间	散热器片数	楼层	房间	散热器片数
一层	1001	94	二层	2014	4	四层	4001	10	五层	5003	4
	1002	11		2015	4		4002	5		5004	4
	1003	11		2016[224]	3		4003	6		5005	4
	1004	12		2017[225]	3		4004	4		5006	4
	1005	12		2018[226]	26		4005	4		5007	8
	1006	22		2019[走道]	48		4006	4		5008	4
	1007	11		2020[216]	4		4007	4		5009	4
	1008	11		2021[223]	4		4008	8		5010	8
	1009	12	三层	3001	16		4009	8		5011	4
	1010	12		3002	7		4010	8		5012	4
	1011	10		3003	5		4011	4		5013	8
	1012	86		3004	5		4012	4		5014	4
	1013	5		3005	10		4013	9		5015	4
	1014	5		3006	10		4014	4		5016	7
	1015[123]	5		3007	10		4015	4		5017	5
	1016[124]	5		3008	10		4016	4		5018	12
	1017	322		3009	10		4017	4		5019	16
	1018[走道]	5		3010	10		4018	6		5020	3
	1019[新风机房]	5		3011	11		4019	3		5021	3
	1020[钢瓶间]	5		3012	5		4020	9		5022[525]	12
	1021[楼梯间一]	5		3013	5		4021	18		5023[526]	12
	1022[楼梯间二]	5		3014	7		4022	3		5024[527]	12
二层	2001	58		3015	16		4023	7		5025[533]	3
	2002	7		3016	20		4024[427]	12		5026[534]	3
	2003	7		3017	3		4025[428]	12		5027[535]	6
	2004	7		3018	3		4026[429]	12		5028[536]	9
	2005	7		3019[322]	14		4027[435]	3		5029[走道]	16
	2006	7		3020[323]	14		4028[436]	3		5030[522]	2
	2007	7		3021[324]	14		4029[437]	7		5031[532]	2
	2008	7		3022[330]	3		4030[438]	11	六层	6001	77
	2009	7		3023[331]	3		4031[走道]	16		6002	8
	2010	7		3024[332]	7		4032[424]	3		6003	5
	2011	7		3025[333]	12		4033[434]	3		6004	5
	2012	9		3026[走道]	16	五层	5001	12		6005	8
	2013	24		3027[319]	2		5002	6		6006	5
				3028[329]	3						

续表

楼层	房间	散热器片数	楼层	房间	散热器片数	楼层	房间	散热器片数	楼层	房间	散热器片数
六层	6007	5	七层	7008	10	八层	8009	5	九层	9012	3
	6008	10		7009	10		8010	10		9013	3
	6009	10		7010	5		8011	8		9014[917]	10
	6010	5		7011	5		8012	4		9015[918]	10
	6011	5		7012	9		8013	4		9016[919]	10
	6012	5		7013	7		8014	10		9017[925]	3
	6013	5		7014	5		8015	35		9018[926]	3
	6014	9		7015	10		8016	3		9019[走道]	0
	6015	8		7016	3		8017	3		9020[914]	2
	6016	18		7017	3		8018[821]	12		9021[924]	2
	6017	3		7018[721]	16		8019[822]	14	十层	10001	60
	6018	3		7019[722]	14		8020[823]	14		10002	20
	6019[622]	16		7020[723]	14		8021[829]	14		10003	72
	6020[623]	16		7021[729]	3		8022[830]	3		10004	22
	6021[624]	16		7022[730]	3		8023[走道]	26		10005	20
	6022[630]	3		7023[731]	20		8024[818]	2		10006	74
	6023[631]	3		7024[732]	24		8025[828]	2		10007[1010]	2
	6024[632]	28		7025[走道]	14	九层	9001	36		10008[1011]	2
	6025[走道]	9		7026[718]	2		9002	6		10009[1012]	32
	6026[619]	3		7027[728]	2		9003	25		10010[走道]	14
	6027[629]	3	八层	8001	36		9004	10		10011[1007]	2
七层	7001	8		8002	6		9005	5		10012[1017]	2
	7002	5		8003	9		9006	5	十一层	11001	2
	7003	5		8004	5		9007	5		11002	2
	7004	4		8005	5		9008	13		11003[走道]	5
	7005	10		8006	8		9009	15		11004[新风机]	2
	7006	5		8007	10		9010	5		11005[钢瓶间]	2
	7007	5		8008	5		9011	30			

2.8.7 水力计算

同程式系统水力计算：

（1）计算通过最远立管的环路。确定供水干管各个管段、最远立管和回水总干管的管径及其压力损失。

（2）用同样方法计算通过最近立管的环路，从而确定出最近立管、回水干管各管段的管径及其压力损失。

（3）求最远立管和最近立管的压力损失不平衡率，应使其在±10％以内。

（4）计算出系统的总压力损失及其他各立管的资用压力值。

（5）确定其他立管的管径。根据各立管的资用压力和立管的计算压力损失，求各立管的不平衡率。不平衡率应在±10％以内。

（6）计算系统总阻力，获得管网特性曲线，为选择水泵作准备。

部分详细计算结果如表 2-25～表 2-27 所示。

低区左环路计算表　　　　　　　　　　　　　　　　　　　　　　表 2-25

工程名称		单管-同程供暖系统			
热媒	供水温度（℃）	95	回水温度（℃）		70
	平均密度（kg/m³）	983	运动黏度（10^{-6}m²/s）		0.479
系统形式	楼层数	5	立管形式	单管 供回水方式	上供下回
	立管数	12	立管关系	同程	
总负荷(W)		101373			
总流量(kg/h)		3487.23			
最不利损失(Pa)		14490			

系统最不利环路水力计算表　　　　　　　　　　　　　　　　　表 2-26

最不利阻力(Pa)		14490		最不利环路		分支 2 立管 6			
编号	Q(W)	G(kg/h)	L(m)	D(mm)	v(m/s)	R(Pa/m)	$\Sigma\xi$	ΔP_y	ΔP_j	ΔP
SG	101373	3487.23	2	50	0.45	55.68	0	111	0	111
SH	101373	3487.23	2	50	0.45	55.68	0	111	0	111
BG1	53881	1853.51	11.5	40	0.4	61.78	4.2	710	325	1035
BG2	45180	1554.19	28	32	0.44	89.26	2.8	2499	263	2763
BG3	34686	1193.2	31	32	0.34	53.65	2.2	1663	122	1785
BG4	24226	833.37	8.4	25	0.41	114.63	1.0	963	83	1046
BG5	13668	470.18	8.5	25	0.23	38.37	1.0	326	26	353
BG6	7228	248.64	8.6	20	0.2	39.17	1.0	337	19	356
BH6	53881	1853.51	16.2	40	0.4	61.78	3.3	1001	255	1256
VG1	7228	248.64	2.0	15	0.36	183.1	1.5	366	96	462

续表

最不利阻力(Pa)		14490		最不利环路			分支2立管6			
编号	Q(W)	G(kg/h)	L(m)	D(mm)	v (m/s)	R(Pa/m)	$\Sigma\xi$	ΔP_y	ΔP_j	ΔP
VG2	7228	248.64	4.1	15	0.36	183.1	0	751	0	751
VG3	7228	248.64	4.1	15	0.36	183.1	0	751	0	751
VG4	7228	248.64	5.9	15	0.36	183.1	0	1080	0	1080
VG5	7228	248.64	5.9	15	0.36	183.1	0	1080	0	1080
VH1	7228	248.64	2.0	15	0.36	183.1	1.5	366	96	462
R1	543	124.32	1.5	15	0.18	49.16	9	74	144	218
R2	581	124.32	1.5	15	0.18	49.16	9	74	144	218
R3	628	124.32	1.5	15	0.18	49.16	9	74	144	218
R4	764	124.32	1.5	15	0.18	49.16	9	74	144	218
R5	1098	124.32	1.5	15	0.18	49.16	9	74	144	218

分支1立管2供回水立管水力计算表 表 2-27

立管总阻力(Pa)		3870		资用压力(Pa)		4229		立管不平衡率		8.50%
编号	Q(W)	G(kg/h)	L(m)	D(mm)	v(m/s)	R(Pa/m)	$\Sigma\xi$	ΔP_y(Pa)	ΔP_j(Pa)	ΔP(Pa)
VG1	5610	192.98	2	15	0.28	112.78	11.5	226	443	668
VG2	5610	192.98	4.1	15	0.28	112.78	0	462	0	462
VG3	5610	192.98	4.1	15	0.28	112.78	0	462	0	462
VG4	5610	192.98	5.9	15	0.28	112.78	0	665	0	665
VG5	5610	192.98	5.9	15	0.28	112.78	0	665	0	665
VH1	5610	192.98	2.0	15	0.28	112.78	1.5	226	58	283
R1	338	96.49	1.5	15	0.14	30.68	9	46	87	133
R2	590	96.49	1.5	15	0.14	30.68	9	46	87	133
R1	396	96.49	1.5	15	0.14	30.68	9	46	87	133
R2	651	96.49	1.5	15	0.14	30.68	9	46	87	133
R1	346	96.49	1.5	15	0.14	30.68	9	46	87	133
R2	613	96.49	1.5	15	0.14	30.68	9	46	87	133
R1	442	96.49	1.5	15	0.14	30.68	9	46	87	133
R2	666	96.49	1.5	15	0.14	30.68	9	46	87	133
R1	563	96.49	1.5	15	0.14	30.68	9	46	87	133
R2	1005	96.49	1.5	15	0.14	30.68	9	46	87	133

2.9 施工图构成[7]

施工图设计阶段的设计文件应包括：图纸目录、设计与施工说明、设备表、设计图纸（见图 2-12 和图 2-13）、计算书以及工程预算书。在课程设计及毕业设计阶段，对于室内供暖系统设计图纸通常包括：供暖平面图、系统图或立管图，详图视具体设计项目而定。其中，供暖平面图要求绘出散热器位置，注明散热器片数或长度，供暖干管及立管位置、编号，管道的阀门、放气、泄水、固定支架、补偿器、入口位置、减压装置、管沟位置。同时，要注明干管管径及标高。此外，平面图中的建筑轮廓、主要轴线号、轴线尺寸、室内外地面标高、房间名称也不能或缺。同时，在底层平面图上还要绘出指北针。对于二层以上的建筑，如果建筑平面相同，可合用一张图纸，散热器数量应分层标注。对于多层、高层建筑的集中供暖系统应绘制供暖立管图，并编号。图纸上应注明管径、坡度、坡向、标高、散热器型号和数量。对于分户热计量的户内供暖系统，当平面图无法清楚表示时，也可绘制透视图，标注同上。

对于室外管网，一般工程应绘制管道平面布置图。工程较复杂时，可分别绘制管沟、管架平面布置和管道平面布置图。图中表示出管线支架、补偿器、检查井等的定位尺寸或坐标，并分别注明编号、管线长度及规格、介质代号。管道纵断面图应标出管段编号、管段平面长度、设计地面标高、沟底标高、管道标高、地沟断面尺寸、坡度坡向，直埋敷设时注明填砂沟底标高，架空敷设时应注明柱顶标高。同时，应表示出放气阀、泄水阀、输水装置和就地安装测量仪表等。管道横断面图应表示出管道直径、保温厚度、两管中心距等。直埋敷设管道应标出填砂层厚度及埋深等。室内供暖系统的典型施工图可参见图2-12和图 2-13。

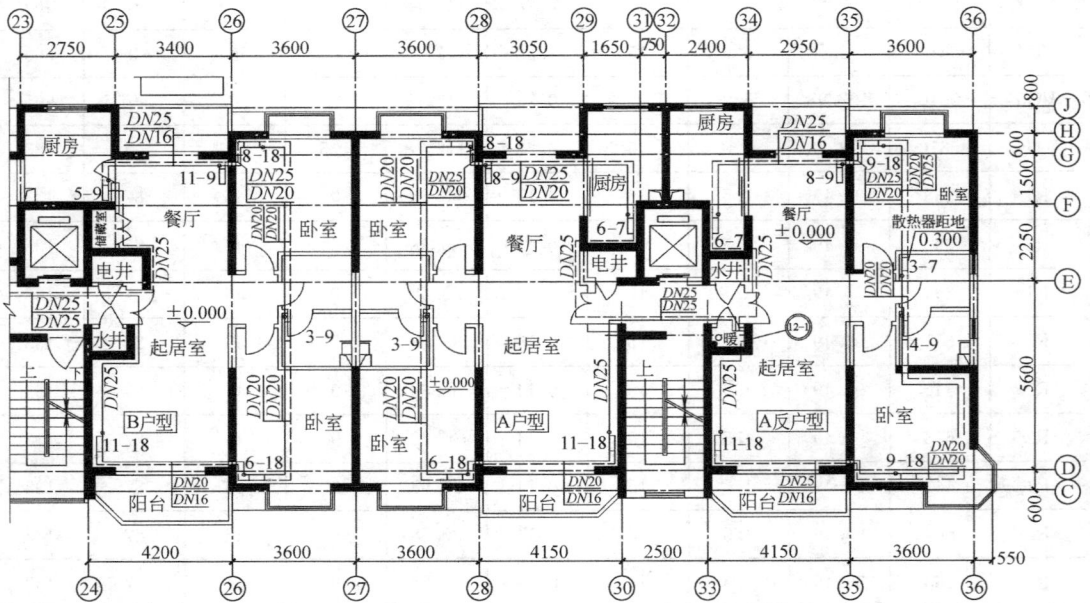

图 2-12 供暖平面图

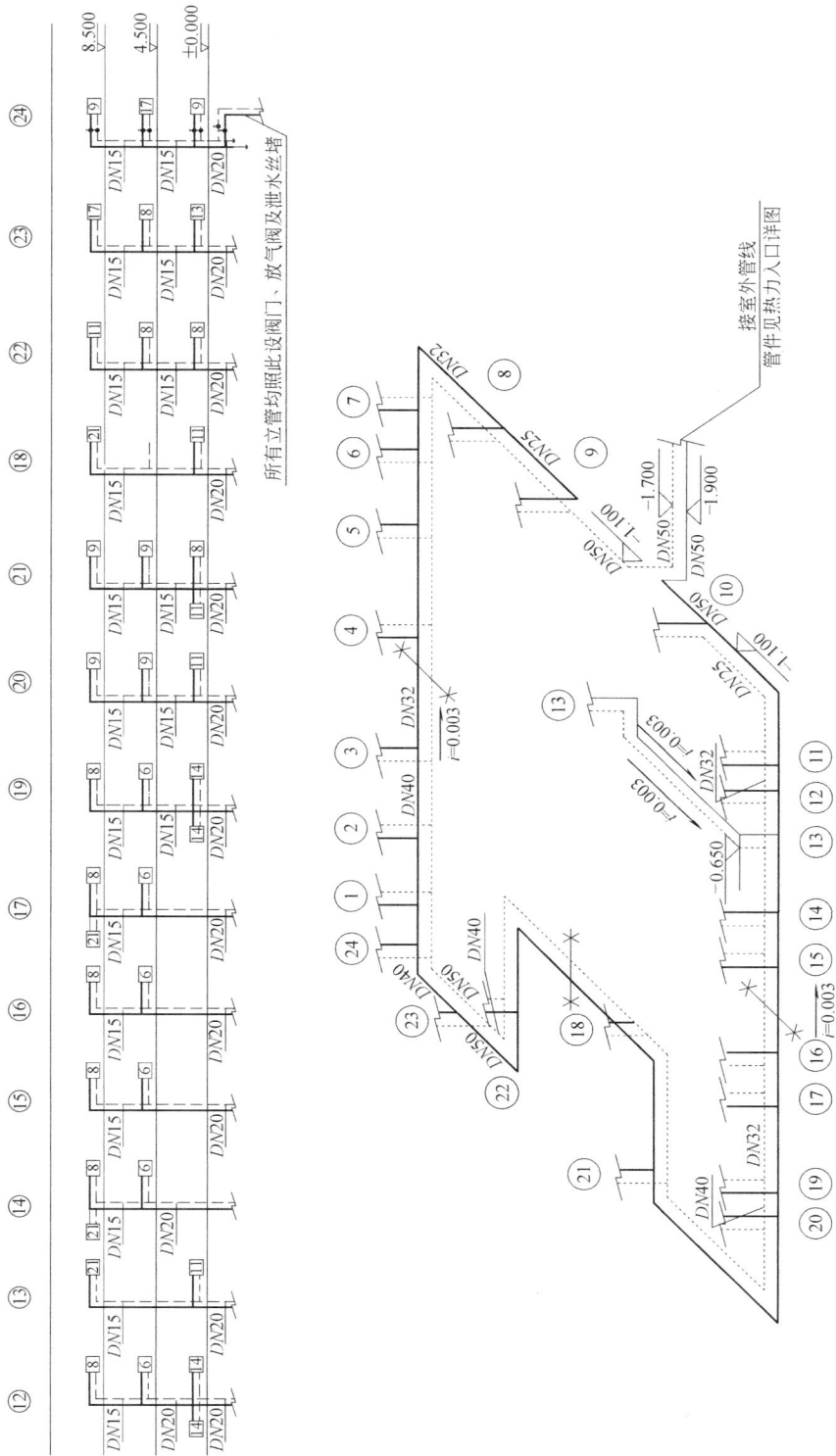

图 2-13 供暖立管图

本章标准规范

[1]　民用建筑供暖通风与空气调节设计规范 GB 50736—2012. 北京：中国建筑工业出版社，2012.

[2]　全国民用建筑工程设计技术措施，暖通空调·动力. 北京：中国计划出版社，2009.

[3]　严寒和寒冷地区居住建筑节能设计标准，JGJ 26—2010. 北京：中国建筑工业出版社，2010.

[4]　辐射供暖供冷技术规程，JGJ 142—2012. 北京：中国建筑工业出版社，2012.

[5]　夏热冬冷地区居住建筑节能设计标准，JGJ 134—2010. 北京：中国建筑工业出版社，2010.

[6]　夏热冬暖地区居住建筑节能设计标准，JGJ 75—2012. 北京：中国建筑工业出版社，2012.

[7]　居住建筑节能设计标准，DB11/891—2012. 北京：北京市建筑设计标准化办公室，2012.

[8]　公共建筑节能设计标准，DB11/687—2015. 北京：北京市建筑设计标准化办公室，2015.

[9]　公共建筑节能设计标准，GB 50189—2015. 北京：中国建筑工业出版社，2015.

[10]　供热计量设计技术规程，DB 11/1066—2014. 北京：北京市建筑设计标准化办公室，2014.

[11]　供热计量技术规程，JGJ 173—2009. 北京：中国建筑工业出版社，2009.

[12]　城镇供热管网设计规范，CJJ 34—2010. 中国建筑工业出版社，2010.

[13]　地面辐射供暖技术规范，DB11/806—2011. 北京：北京市建筑设计标准化办公室，2011.

[14]　采暖通风与空气调节术语标准，GB/T 50155—2015. 北京：中国建筑工业出版社，2015.

[15]　民用建筑设计通则，GB 50352—2005. 北京：中国建筑工业出版社，2005.

[16]　暖通空调制图标准（GB/T 50114—2010）北京：中国建筑工业出版社，2010.

[17]　供热工程制图标准（CJJ/T-78—2010）北京：中国计划出版社，2010.

本章参考文献

[1]　贺平，孙刚等 编著. 供热工程（第四版）. 北京：中国建筑工业出版社，2009.

[2]　陆耀庆 主编. 实用供热空调设计手册（第二版）. 北京：中国建筑工业出版社，2008.

[3]　全国勘察设计注册公用设备工程师暖通空调专业考试复习教材（第三版）. 北京：中国建筑工业出版社，2017.

[4]　卜一德 编著. 地板采暖与分户热计量技术. 北京：中国建筑工业出版社，2007.

[5]　陆亚俊、马最良、邹平华 编著. 暖通空调（第三版）. 北京：中国建筑工业出版社，2015.

[6]　涂逢祥 主编. 建筑节能技术. 北京：中国计划出版社，1996.

[7]　宋孝春 主编. 建筑工程设计编制深度实例范本暖通空调. 北京：中国建筑工业出版社，2005.

第3章 空调系统设计

空调系统的设计是一个比较庞大而复杂的系统工程，是整个大学阶段所学专业知识有机集成并再创造的过程。空调系统设计的内容不但涉及大学所学"空气调节"课程的内容，还涉及其他专业基础及其专业课程的内容，例如，"传热学"、"工程热力学"、"流体力学"、"材料力学"、"热质交换原理与设备"、"供热工程"、"空调用制冷技术"、"空调自控原理"等课程。

由于空调系统的设计属于工程设计的活动，除了教科书教授的内容之外，还必须参考相关的规范和标准，也需要参考相关设计手册和技术样本。

空调系统设计的基本设计步骤及其主要设计程序可归纳如下：

第1步：熟悉设计建筑物的原始设计资料

包括：建设方提供的文件、建筑用途及其工艺要求、设计任务书、建筑作业图等。

第2步：资料调研

包括：学习相关标准规范，查阅手册、措施等设计资料。

第3步：确定室内外设计参数

根据设计建筑物所处地区，查取室外空气冬、夏季气象设计参数；

按相关标准规范的规定、设计任务书的要求，根据设计建筑物的使用功能、所在地区等具体条件，确定室内空气冬、夏季设计参数。

第4步：确定设计建筑物的建筑热工参数及其他参数

根据建筑物外围护结构的构成，计算外墙、屋面、外门、外窗的传热系数等参数；

根据建筑物内外围护结构的构成，计算内墙、楼板、门、窗的传热系数等参数；

根据建筑物的使用功能，确定在室人员数量、灯光负荷、设备负荷、工作时间段等参数。

第5步：空调热、湿负荷计算

计算设计建筑物的最大空调热、湿负荷（余热、余湿）；

进行建筑节能方案比较，确定合理的空调热、湿负荷。

第6步：确定最佳空调方案

通过技术经济比较，选择并确定适合所设计建筑物的空调系统方式、冷热源方式以及空调系统控制方式。

第7步：空气处理过程与气流组织计算

根据计算的空调热、湿负荷及送风温度，确定冬、夏季送风状态、送风量以及空气处理过程；

根据设计建筑物的工作环境要求，计算确定最小新风量；

根据空调方式及计算的送、回风量，确定送、回风口形式，布置送、回风口，进行气流组织设计。

第 8 步：空调水、风系统设计

布置空调风管道，进行风道系统的水力计算，确定管径、阻力等；

布置空调水管道，进行水管路系统的水力计算，确定管径、阻力等。

第 9 步：主要空调设备的设计选型

根据空调系统的空气处理方案，并结合 h-d 图，进行空调设备选型设计计算；

确定空气处理设备的容量（热负荷）及送风量，确定表面式换热器或喷水室的结构形式及其热工参数；

根据风道系统的水力计算，确定风机的流量、风压及型号。

第 10 步：防、排烟系统设计

详见第 4 章。

第 11 步：冷、热源机房设计

根据空气处理设备的容量，确定冷源（制冷机）或热源（锅炉）的容量及型号；

根据管路系统的水力计算，确定水泵的流量、扬程及型号。

详见第 6 章。

第 12 步：空调设备及其管道的保冷与保温、消声与隔振设计

第 13 步：工程图纸绘制、整理设计与计算说明书

3.1　空调热、湿负荷计算

空调负荷计算是空调工程设计中最基础的计算工作，负荷计算的准确性直接影响到工程投资费用、系统运行能耗及其运行费用以及系统的使用效果[1]。

3.1.1　空调负荷分类

空调负荷可以分为空调房间（区域）负荷和系统负荷两种：空调房间（区域）负荷即为直接发生在空调房间或区域内的负荷；另外还有一些发生在空调房间（区域）以外的负荷，如管道温升（降）负荷（风管或水管传热造成的负荷）、风机温升负荷（空气通过通风机后的温升）、水泵温升负荷（液体通过水泵后的温升）等，这些负荷不直接作用于室内，但最终也要由空调系统来承担。将以上直接发生在空调房间（区域）内的负荷和不直接作用于空调房间（区域）内的附加负荷合在一起就称为系统负荷[2]。

通常，根据空调房间（区域）的热、湿负荷确定空调系统的送风量或送风参数，选择风机盘管机组、新风机组、组合式空调机组等空气处理设备；根据系统负荷选择制冷机、锅炉等冷、热源设备。因此，设计一个空调系统，第一步要做的工作就是计算空调房间（区域）的热、湿负荷。

3.1.2　空调房间（区域）夏季逐时冷负荷的计算方法

在计算空调房间（区域）逐时冷负荷时，在概念上要注意得热量与冷负荷的区别，冷负荷是小于或等于得热量的。

3.1.2.1　计算冷负荷应考虑的影响因素[4]

（1）空调房间（区域）的下列 4 项得热量，应按非稳态方法计算其形成的夏季冷负荷，不应该将其逐时值直接作为各对应时刻的逐时冷负荷值：

1）通过围护结构（例如，外墙、屋顶等）传入的非稳态传热量，属于围护结构传热

负荷，计算这部分传热负荷，需要重点考虑围护结构的热工性能的影响，包括蓄热特性的影响。

2）通过透明围护结构（例如，外窗）进入的太阳辐射热量。

3）人体散热量。

4）非全天使用的设备、照明灯具散热量。

（2）空调房间（区域）的下列 4 项得热量，可按稳态方法计算其形成的夏季冷负荷：

1）室温允许波动范围超过±1℃的空调区，通过非轻型外墙传入的传热量。

2）空调房间（区域）与邻室的夏季温差大于 3℃时，通过隔墙、楼板等内围护结构传入的传热量。

3）人员密集空调房间（区域）的人体散热量。

4）全天使用的设备、照明灯具散热量等。

3.1.2.2 空调房间（区域）的夏季冷负荷计算

1. 舒适性空调室内设计参数

1）根据《民用建筑供暖通风和空气调节设计规范》GB 50736，人员长期逗留区域空调室内设计参数应符合表 3-1 规定。

2）人员短期逗留区域空调供冷工况室内设计参数宜比长期逗留区域提高 1～2℃，供热工况宜降低 1～2℃。

实际设计中，应根据设计对象使用功能的不同，结合工程具体情况确定室内设计参数。表 3-1 只是标准规范给出的参考范围，不应作为唯一标准。

长期逗留区域空气调节室内计算参数[4]　　　　　表 3-1

参数	热舒适等级	温度（℃）	相对湿度（%）	风速（m/s）
冬季	Ⅰ级	22～24	30～60	≤0.2
	Ⅱ级	18～21	≤60	≤0.2
夏季	Ⅰ级	24～26	40～70	≤0.25
	Ⅱ级	27～28		

2. 夏季冷负荷计算

空调房间（区域）的夏季冷负荷计算一般采用计算软件进行计算；采用简化计算方法时，按非稳态方法计算的各项逐时冷负荷，宜按下列方法计算[4]：

通过围护结构进入的非稳态传热形成的逐时冷负荷，其基本计算方法为：

$$CL_E = FK(t_{w1} - t_n) \tag{3-1}$$

式中　CL_E——外墙、屋顶或外窗形成的逐时冷负荷，W；

　　　F——外墙、屋顶或外窗传热面积，m^2；

　　　K——外墙、屋顶或外窗传热系数，$W/(m^2 \cdot K)$；

　　　t_{w1}——外墙、屋顶或外窗的逐时冷负荷计算温度（可参考文献［16］附录 H 确定），℃；

　　　t_n——夏季空调室内计算温度（可参考表 3-1 确定），℃。

透过外窗（玻璃窗）进入空调房间（区域）的太阳辐射热形成的逐时冷负荷，可参考式（3-2）计算。

$$CL_C = C_{clC} \cdot C_Z \cdot D_{Jmax} F_C \tag{3-2}$$

$$C_Z = C_w C_n C_s \tag{3-3}$$

式中　CL_C——透过玻璃窗进入的太阳辐射得热形成的逐时冷负荷，W；

　　　C_{clC}——透过无遮阳标准玻璃太阳辐射冷负荷系数，可按文献 [16] 附录 H 确定；

　　　C_Z——外窗综合遮挡系数；

　　　C_w——外遮阳修正系数；

　　　C_n——内遮阳修正系数；

　　　C_s——玻璃修正系数；

　　　D_{Jmax}——夏季日射得热因数最大值，可按文献 [4] 附录 H 确定；

　　　F_C——窗玻璃净面积，m^2。

上述各项的具体计算方法可参考文献 [2] 和 [4]。由于围护结构传热系数和遮阳系数直接影响围护结构逐时冷负荷的大小，现行相关标准或规范都给出了各气候带地区围护结构传热系数、遮阳系数的上限值（参见附录 1）。因此，在计算围护结构逐时冷负荷时，应通过采用相应的节能措施，以达到控制围护结构传热系数或遮阳系数的目的。

人体、照明和设备等散热形成的逐时冷负荷，分别按式（3-4）～式（3-6）计算：

$$CL_{rt} = C_{cl_{rt}} \varphi Q_{rt} \tag{3-4}$$

$$CL_{zm} = C_{cl_{zm}} C_{zm} Q_{zm} \tag{3-5}$$

$$CL_{sb} = C_{cl_{sb}} C_{sb} Q_{sb} \tag{3-6}$$

式中　CL_{rt}——人体散热形成的逐时冷负荷，W；

　　　$C_{cl_{rt}}$——人体冷负荷系数，可按本章标准规范 [1] 附录 H 确定；

　　　φ——群集系数；

　　　Q_{rt}——人体散热量，W；

　　　CL_{zm}——照明散热形成的逐时冷负荷，W；

　　　$C_{cl_{zm}}$——照明冷负荷系数，可按本章标准规范 [1] 附录 H 确定；

　　　C_{zm}——照明修正系数；

　　　Q_{zm}——照明散热量，W；

　　　CL_{sb}——设备散热形成的逐时冷负荷，W；

　　　$C_{cl_{sb}}$——设备冷负荷系数，可按本章标准规范 [1] 附录 H 确定；

　　　C_{sb}——设备修正系数；

　　　Q_{sb}——设备散热量，W。

按稳态方法计算的空调房间（区域）夏季冷负荷，宜按下列方法计算。

室温允许波动范围超过 ±1.0℃的空调房间（区域），其非轻型外墙传热形成的冷负荷，可近似按式（3-7）计算：

$$CL_{Wq} = KF(t_{zp} - t_n) \tag{3-7}$$

$$t_{zp} = t_{wp} + \frac{\rho J_p}{\alpha_w} \tag{3-8}$$

式中　t_{zp}——夏季空调室外计算日平均综合温度，℃；

t_{wp}——夏季空调室外计算日平均温度，℃，应采用历年平均不保证 5 天的日平均温度；

J_p——围护结构所在朝向太阳总辐射照度的日平均值，W/m²；

ρ——围护结构外表面的太阳辐射热吸收系数；

α_w——围护结构外表面换热系数，W/(m²·℃)。

需要指出的是，为了保证空调房间或区域内的卫生条件，需要将室外新风送入室内。由于室内外温差的影响，这部分新风要引起冷负荷增加，夏季新风冷负荷应按新风量和夏季室外空调计算干、湿球温度确定。

3.1.2.3 夏季计算散湿量应考虑的影响因素[4]

空调房间（区域）的夏季计算散湿量，应考虑散湿源的种类、人员群集系数、同时使用系数以及通风系数等，并根据下列各项确定：（1）人体散湿量；（2）渗透空气带入的湿量；（3）化学反应过程的散湿量；（4）非围护结构各种潮湿表面、液面或液流的散湿量；（5）食品或气体物料的散湿量；（6）设备散湿量；（7）围护结构散湿量。

其中，计算时刻的人体散湿量 D_r（kg/h）由下式计算：

$$D_r = 0.001\varphi n_\tau g \tag{3-9}$$

式中 φ——群集系数；

n_τ——计算时刻空调区内总人数；

g——一名成年男子小时散湿量，g/h。

3.1.2.4 围护结构建筑热工要求

空调房间（区域）围护结构的传热系数 K 值，应按气候分区及体形系数确定，还应尽可能根据技术经济比较确定。该值的大小直接关系到空调房间（区域）的空调冷、热负荷的大小。

（1）对于屋顶、顶棚、外墙，其传热系数限值参见附录1；对于内墙、楼板，其传热系数限值参见附录1；对于外窗，当室内外温差较大时，应尽量采用双层玻璃或其他节能型玻璃。

（2）对于寒冷且需供暖地区，应尽量控制其窗墙比。

围护结构建筑热工性能参数的合理取值，与当地室外气象参数变化特点直接关联。因此，围护结构建筑热工性能设计计算应按当地实施的建筑节能设计标准确定。

3.1.2.5 空调房间（区域）的夏季综合最大冷负荷确定[4]

（1）空调房间（区域）的夏季冷负荷，应按空调房间（区域）各项逐时冷负荷的综合最大值确定。所谓空调房间（区域）各项逐时冷负荷的综合最大值，是取空调房间（区域）各项（包括，围护结构的传热、通过玻璃窗的太阳辐射得热、室内人员和照明设备等散热）逐时冷负荷相加后所得数列中找出的最大值。

（2）舒适性空调可不计算地面传热形成的冷负荷；工艺性空调房间（区域）有外墙时，宜计算距外墙 2m 范围内地面传热形成的冷负荷。

（3）计算人体、照明和设备等散热形成的冷负荷时，应考虑人员群集系数、同时使用系数、设备功率系数和通风保温系数等。

（4）高大空间采用分层空调时，空调区的逐时冷负荷可按全室性空调计算的逐时冷负荷乘以小于1的系数确定。

3.1.3　空调房间（区域）冬季热负荷的确定[4]

空调房间（区域）的冬季热负荷与供暖房间热负荷计算方法相同，只是当空调房间（区域）有足够正压时，不必计算经由门窗缝隙渗入室内的冷空气耗热量。因考虑到空调区内热环境条件要求较高，在选取室外计算温度时，应采用冬季空调室外计算温度。

同理，空调房间（区域）的冬季新风热负荷，应按新风量和冬季室外空调计算干、湿球温度确定。

3.1.4　空调系统的夏季冷负荷[4]

（1）末端设备设有温度自动控制装置时，空调系统的夏季冷负荷按所服务各空调区逐时冷负荷的综合最大值确定。

（2）末端设备无温度自动控制装置时，空调系统的夏季冷负荷按所服务各空调区冷负荷的累计值确定。所谓空调区夏季冷负荷的累计值，即找出各空调区逐时冷负荷的最大值并将它们相加在一起，而不考虑它们是否同时发生。

（3）应计入新风冷负荷。为了保证空调房间或区域内的卫生条件，需要将室外新风送入室内，由于室内外温差的影响，这部分新风要引起冷（或热）负荷增加。新风冷负荷应按系统新风量和夏季室外空调计算干、湿球温度确定。空调房间人员所需最小新风量的取值可参见第 3.2.2 节，新风负荷的计算方法可参见文献 ［6］。

（4）应计入再热负荷。所谓再热负荷是指空气处理过程中产生冷热抵消现象所消耗的冷量。

（5）应计入空调系统夏季附加冷负荷。所谓附加冷负荷是指与空调运行工况、输配系统有关的附加冷负荷。可按下列各项确定：

1）空气通过风机温升引起的附加冷负荷。当电动机安装在通风机蜗壳内时，空气在通过风机后，由于电动机的机械摩擦发热，将导致空气通过通风机后温度升高，引起冷负荷增加。

2）空气通过风管温升引起的附加冷负荷。空气通过送、回风管道时，由于送、回风管道受风管的保温情况、内外温差、空气流速、风管面积等因素的影响，将通过风管壁散失热量或冷量，导致通过风管的空气温降（或温升）。

3）冷水通过水泵、管道、水箱温升引起的附加冷负荷。空调冷水通过水泵后温度升高，引起冷负荷增加；保温的冷水（或热水）管道，也会由于管壁的传热导致通过管道液体温升（或温降），引起冷（或热）负荷增加。

上述各项的具体计算方法可参见文献 ［3］。

（6）应考虑所服务各空调区的同时使用系数。同时使用系数可根据各空调区在使用时间上的不同确定。

显然，采用"空调区夏季冷负荷的累计值"法计算的结果要大于"各空调区逐时冷负荷的综合最大值"法计算的结果。通常，当采用全空气变风量空调系统时，由于系统本身具有适应各空调区冷负荷变化的调节能力，此时系统冷负荷按各空调区逐时冷负荷的综合最大值取值；而当末端设备没有室温自动控制装置时，由于系统本身不能适应各空调区冷负荷的变化，为了保证最不利情况下达到空调区的温湿度要求，系统冷负荷按各空调区夏季冷负荷的累计值取值。

3.2 常用空调系统的特点、设计方法及比较

空调系统一般由空气处理设备和空气输送管道以及空气分配装置组成。根据需要，可以组成许多不同形式的系统。工程中常用到的空调系统形式有一次回风空调系统、变风量（VAV）空调系统、风机盘管加新风空调系统、水环热泵空调系统、变制冷剂流量（VRV）空调系统、家用中央空调系统。

3.2.1 空调系统方案比选原则与方法

3.2.1.1 基本原则与方法

在进行空调系统方案比选时，应符合下列原则：

（1）根据建筑物的用途、规模、使用特点、负荷变化情况、参数要求、所在地区气象条件和能源状况，以及设备价格、能源预期价格等，经技术经济比较确定。

（2）功能复杂、规模较大的公共建筑，在确定空调方案时，原则上应对各种可行的方案及运行模式进行全年能耗分析，使系统配置合理，以实现系统设计、运行模式及控制策略的最优。

（3）干热气候地区应考虑其气候特征的影响。干热气候区（例如，新疆、甘肃、西宁、宁夏等地区）深处内陆，太阳辐射资源丰富、夏季温度高、日较差大、空气干燥，在进行空调系统选择时，应充分考虑这类地区的气象条件，合理有效利用自然资源。

空调系统的选择与确定，是设计过程中一个非常重要的环节。通常，根据建筑物所在地区的气象特点、建筑使用功能及规模、设计负荷的动态变化特点，以及不同空调系统构成的特点、工作原理、运行特性，来选择与建筑相适应的空调系统。另外，空调系统的确定还需要充分考虑可再生能源和绿色建筑技术的高效应用。

3.2.1.2 空调分区

空调系统应根据建筑使用功能和负荷情况进行空调分区，把空调系统恰当地划分为若干个温度控制区，对各类负荷分别处理，即：按分区负荷分别处理，按冷、热负荷分别处理，按不同温度控制区域负荷分别处理。空调最基本的分区是内区（内部区）和外区（周边区）。无论是外区还是内区，每个类型的分区都可按使用情况细分为若干个不同的温度控制区域。

所谓内区，是指与建筑物外边界相隔离，可忽略外围护结构传热影响的空调区域。内区空调负荷主要是由内部发热负荷产生的冷负荷，它随区域内照明、设备和人员发热量变化而变化，通常全年需要供冷；

所谓外区，是指空调负荷主要是由外围护结构传热引起的空调区域，这类区域通常夏季需要供冷、冬季需要供热。依据朝向和建筑平面布置，外区一般可分为2～4种类型，其中最典型的如图3-1所示。由于外区进深的划分直接影响新风供给、气流组织和末端选择，故划分应以建筑平面功能和空调负荷分析为基础，并尽可能使末端风量在各种工况下比较均衡，避免出现大幅度的风量调节。对一般办公建筑而言，外区进深可按3～5m确定，即将靠近外围护结构3～5m

图3-1 大型建筑内外分区示意图（4个外区＋内区）

以内的室内区域划为外区，其余区域为内区。另外，进深 7m 以内的房间无明显的内、外分区现象，可不设内区，都按外区处理。

对于考虑内、外分区的空调系统，由于内区具有全年供冷需求的特点，对于全空气系统，过渡季可采用调整新风比的运行方式，利用室外低温空气作为冷源直接向房间供冷，达到空调节能的目的。

3.2.2　新风系统

3.2.2.1　设计最小新风量

《民用建筑供暖通风与空气调节设计规范》GB 50736 对新风系统的设计最小新风量给出了明确规定。确定建筑房间设计最小新风量的主要依据为下列三个因素：

1. 满足室内人员卫生要求

由于人体不断吸进氧气、呼出二氧化碳，新鲜空气的补充对人体健康有直接影响。在实际工程中，一般可按以下原则设计：

(1) 办公室、客房等区域的每人所需最小新风量可按 $30m^3/(h \cdot 人)$ 考虑，公共建筑的大堂、四季厅等区域每人所需最小新风量可按 $10m^3/(h \cdot 人)$ 考虑。

(2) 设置新风系统的居住建筑和医院建筑，所需最小新风量宜按换气次数法确定。医院建筑一般按 $2h^{-1}$ 考虑，配药区可按 $5h^{-1}$ 考虑。

(3) 对于人员密集的建筑物，考虑到人员密度虽然较大，但通常停留时间较短，每人所需最小新风量应按人员密度确定，具体取值可参考表 3-2。

不同人员密度下的每人所需最小新风量 $[m^3/(h \cdot 人)]$　　　　表 3-2

建 筑 对 象	人员密度 PF(人/m²)		
	PF≤0.4	0.4<PF≤1.0	PF>1.0
影剧院	13	10	9
音乐厅	13	10	9
商场	17	15	14
超市	17	15	14
歌厅	22	19	18
游艺厅	26	18	16
酒吧	25	17	15
多功能厅	13	10	9
宴会厅	25	18	15
餐厅	25	18	15
咖啡厅	13	10	9
体育馆	17	15	14
健身房	40	37	36
保龄球房	26	20	19
图书馆	17	11	10

建 筑 对 象	人员密度 PF(人/m²)		
	$PF \leqslant 0.4$	$0.4 < PF \leqslant 1.0$	$PF > 1.0$
教室	26	20	19
博物馆	17	15	14
展览厅	17	15	14
大会厅	13	10	9
交通工具等候室	17	15	14

2. 补充局部排风量

当空调房间内有排风柜等局部排风装置时，为了不使房间产生负压，在系统中必须有相应的新风量来补偿排风量。

3. 保证空调房间的正压要求

为了防止外界空气未经处理渗入空调房间，干扰空调房间内的温湿度或破坏室内洁净度，需要在空调系统中用一定量的新风来保持房间的正压，即：室内大气压力高于外界环境压力。一般情况下，室内需要保证 5～10Pa 正压，最多不超过 50Pa。

在实际工程设计中，对于绝大多数场合来说，当按保证最小正压法得出的新风量不足总风量的 10% 时，也应按 10% 计算，以确保卫生和安全。

工程上通常是按照上述三条原则分别计算出新风量后，取三者的最大值。

3.2.2.2　新风系统及新风量的确定[4]

新风系统是指用于风机盘管加新风、水环热泵、多联机等空调系统的新风系统，以及集中加压新风系统。

应按不小于人员所需新风量、补偿排风和保持空调区空气压力所需新风量之和，以及新风除湿所需新风量中的最大值确定（参照 3.1.8 节）；全空气空调系统的新风量，当系统服务于多个不同新风比的空调区时，系统新风比应小于空调区新风比中的最大值，计算方法参照式（3-10）～式（3-13）；新风系统的新风量，宜按所服务空调区或系统的新风量累计值确定。

$$Y = X/(1 + X - Z) \tag{3-10}$$

$$Y = V_{ot}/V_{st} \tag{3-11}$$

$$X = V_{on}/V_{st} \tag{3-12}$$

$$Z = V_{oc}/V_{sc} \tag{3-13}$$

式中　Y——修正后的系统新风量在送风量中的比例；

　　　V_{ot}——修正后的总新风量，m³/h；

　　　V_{st}——总送风量，即系统中所有房间送风量之和，m³/h；

　　　X——未修正的系统新风量在送风量中的比例；

　　　V_{on}——系统中所有房间的新风量之和，m³/h；

　　　Z——需求最大的房间的新风比；

V_{oc}——需求最大的房间的新风量，m^3/h；

V_{sc}——需求最大的房间的送风量，m^3/h。

3.2.2.3　一次回风系统

一次回风系统属全空气空调系统，是空调工程中最常用的一种空调系统。空调机组送风量可以恒定（称为定风量系统），也可以采用变频风机进行调节（称为变风量系统）。这种系统综合了直流式系统和封闭式系统的优点，将一部分室外新风 W 和一部分室内回风 N 混合并处理后再送入室内，既能满足室内人员卫生要求，同时又通过尽可能多地采用回风而达到空调系统节能的目的。

一次回风系统基本原理图如图 3-2 所示，夏季空气处理过程可写为：

$$\begin{matrix} W \\ \diagdown \\ \diagup \\ N \end{matrix} \rightarrow C \rightarrow L \rightarrow O \overset{\varepsilon}{\longrightarrow} N$$

图 3-3 为一次回风系统夏季和冬季空气调节过程 h-d 图。从空调节能的角度，过渡季节应当加大新风量的比例，利用室外自然能源；夏季和冬季，则应提高回风量的比例，减少新风量的比例，以减少处理室外新风的空调耗能。实际上，为了卫生要求，不能无限制地减少新风量。空调系统设计时，通常是根据满足人员卫生要求、满足补充局部排风的要求、保持空调房间正压要求这三项中的最大者作为系统新风量的计算值。

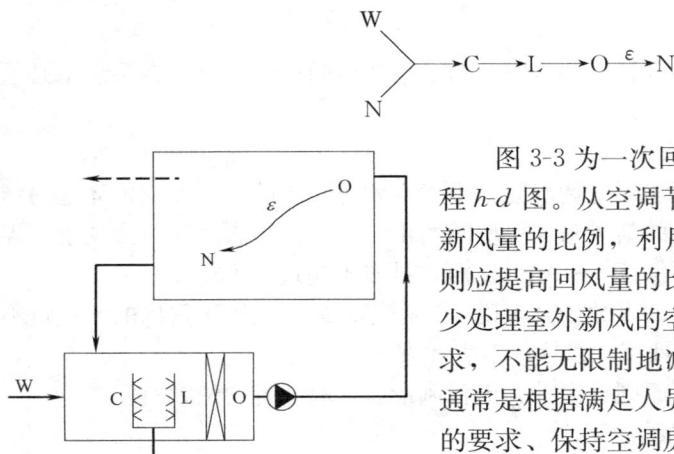

图 3-2　一次回风系统示意图

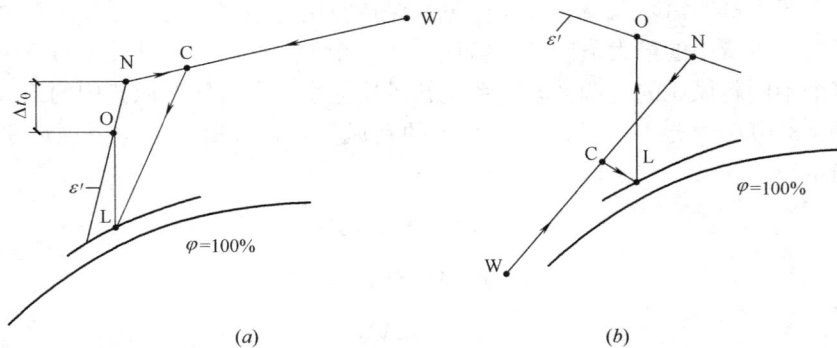

(a)　　　　　　　　　　　　　(b)

图 3-3　一次回风系统空气调节过程 h-d 图

(a) 夏季；(b) 冬季

3.2.2.4　变风量（VAV）空调系统

变风量空调系统的目的在于使空调系统能更方便地跟踪负荷变化，改善室内热环境和节省空调能耗。与定风量空调系统一样，变风量空调系统也是全空气空调系统的一种形式。变风量空调系统亦称 VAV 系统（Variable Air Volume System）。变风量空调系统按所服务空调区的数量，分为带末端装置的变风量空调系统和区域变风量空调系统。带末端装置的变风量空调系统通常服务于多个空调区，其工作原理是：当空调房间负荷发生变化时，系统末端装置自动调节送入房间的送风量，确保房间温度保持在设计范围内，从而使得空调机组在低负荷时的送风量下降，空调机组的送风机转速也随之降低，达到节能的目的。区域变风量空调系统仅服务于单个空调区，其工作原理是：当空调区负荷变化时，系统通过改变风机转速调节空调区风机的风量，以维持空调区设计参数，并达到节能风机耗能的目的。

对于有空调区内、外分区的建筑，内区由于没有围护结构的影响且内部发热负荷比较大时，通常常年需要供冷，采用变风量系统比较合适。

变风量空调系统的风量变化有一定范围，其湿度不容易控制，对于温湿度允许波动要求范围比较高的工艺性空调区，不适合采用。

变风量空调系统与其他空调系统比较，投资大、控制复杂，占用空间也比较大，在实际应用中受到一定的限制。

1. 变风量系统的基本构成

变风量系统通常由空气处理装置（又称空调机组）、风管和变风量末端装置构成。其中，空气处理装置一般采用组合式空调机组，对于高档写字楼，可每层设一台空调机组，也可以根据建筑朝向不同设置多台小型空调机组；变风量空调器送风机的电动机由变频装置驱动；变风量系统送风管按中压风管要求制作；变风量末端装置是变风量空调系统的关键设备之一，是为了补偿空调区域内冷热负荷变化，通过调节风送风量以维持室温的装置。常用的变风量末端装置有：风机动力型 VAV 末端装置（FPB）、节流型 VAV 末端装置（VAV）。

2. 变风量系统设计

（1）在进行变风量系统设计时，首先应根据建筑使用功能和负荷情况进行空调分区，把空调系统恰当地划分为若干个温度控制区，对各类负荷分别处理，即：按冷、热负荷分别处理，按不同温度控制区域负荷分别处理。变风量空调系统的负荷计算与其他系统相比，既有共同性，也有特殊性，在一定程度上更为细化。系统负荷计算步骤如下：根据系统选择的初步设想，将空调区域细分成若干个温度控制区域，每个温控区域的控制面积为：受外界气象条件影响较小的区域约为 $50\sim80m^2$，受外界影响较大的区域约为 $25\sim50m^2$。

（2）在每个温控区对应设置 VAV 末端。对于受外界气象条件影响较大的区域，也可以再增加一套带温控器的风机盘管或其他加热装置，或者不设 VAV 末端而仅设置风机盘管或其他加热装置。

（3）根据规范或设计要求，确定室内设计温、湿度。

（4）采用现有计算方法分别逐时计算各温控区冷、热负荷。

（5）进行各种负荷累计，用于选择设备：依据单个温控区负荷累计选择末端，依据多个温控区负荷累计选择风管，依据空调系统负荷累计选择空调箱。

另外，变风量空调系统集中式空调机组送风量根据系统总的逐时冷负荷综合最大值计算确定；区域送风量按区域逐时负荷最大值计算确定；房间送风量按房间逐时最大计算负荷确定。

3. 几种常见的变风量空调系统

（1）不分内、外区的单风道变风量空调系统。这是最简单的一种变风量空调系统，当房间的进深小于 7m 时，可采用这种系统。

（2）外区再热型单风道变风量空调系统。这种系统适于进深较大、需要设置内、外区的空调房间。

（3）外区风机盘管机组、内区单风道变风量空调系统。对于进深较大，需要设置内、外区的空调房间，还可以在外区设置独立的卧式暗装风机盘管机组或沿外围护结构设置明装立式风机盘管机组。

3.2.3　风机盘管加新风空调系统

风机盘管加新风空调系统是空气—水空调系统中的一种主要形式，也是目前我国民用建筑中采用最为普遍的一种空调形式。它以投资少、使用灵活等优点广泛应用于各类民用建筑中。

风机盘管加新风空调系统，顾名思义可分为两部分：一是按房间分别设置的风机盘管机组，其作用是担负空调房间内的冷、热负荷；二是新风系统，通常新风经过冷、热处理，以满足室内卫生要求。

风机盘管加新风空调系统，不能严格控制室内温湿度的波动范围。常年使用，由于冷却盘管外部因冷凝水而滋生微生物和病菌等，将恶化室内空气品质。因此，该系统不适于在温湿度波动允许范围和卫生等要求比较高的场所应用，也不适于在厨房等油烟较多的空调区采用，否则将导致风机盘管风侧阻力和污垢增加，并影响其传热。

对于空调区要求空气质量比较高的情况（例如医院），可考虑新风承担空调区内全部散湿量负荷，风机盘管机组只承担显热负荷、按干工况运行的方案，以有利于空调区空气质量保证，但需要满足低温送风空调系统的相关要求。

3.2.3.1　风机盘管机组的形式

（1）按空气流程形式分：风机位于盘管下风侧，空气先经盘管处理后，由风机送入空调房间的吸入式；风机处于盘管的上风侧，风机把室内空气抽入，压送至盘管进行冷、热交换，然后送入空调房间的压出式。吸入式的特点是：盘管进风均匀，冷、热效率相对较高，但盘管供热水的水温不能太高；而压出式是目前使用最为广泛的一种结构形式。

（2）按安装形式分：立式明装、卧式明装、立式暗装、卧式暗装、吸顶式（又称嵌入式）。

3.2.3.2　风机盘管加新风空调系统的空气处理过程

（1）新风直接送风至人员活动区。这种方式下即使风机盘管机组停止运行，新风仍将保持不变。图 3-4 和图 3-5 分别为该系统示意图和空调过程图。

（2）新风与风机盘管机组送风混合后送入空调房间。这种方式无须设置专门的新风口，对吊顶布置较有利，但有可能造成新风与送风的压力平衡问题。另外，当风机盘管机组停止运行时，送入室内的新风量会大于设计值，而且新风有可能从带有过滤器的回风口处吸入，不利于室内空气品质的保证。图 3-6 和图 3-7 分别为该系统示意图和空调过程图。

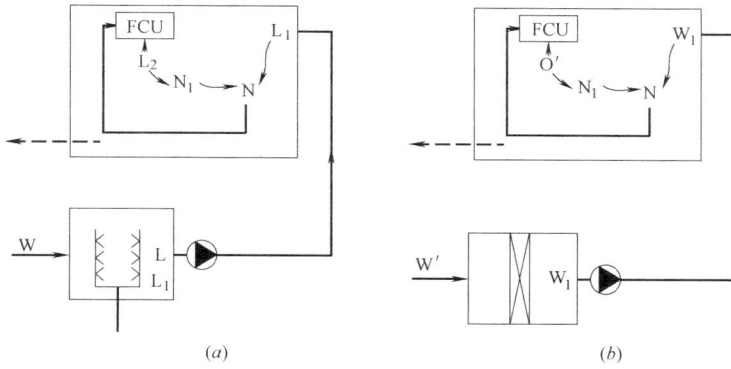

图 3-4 新风直接送风至空调房间系统示意图
(a) 夏季；(b) 冬季

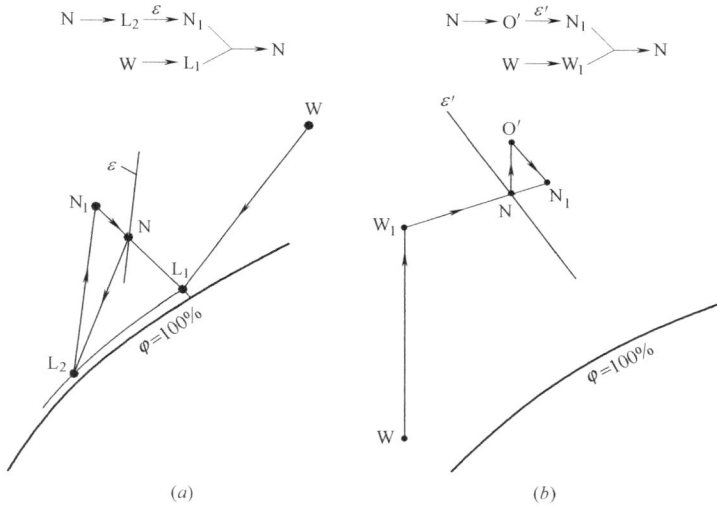

图 3-5 新风直接送风至空调房间系统空调过程
(a) 夏季；(b) 冬季

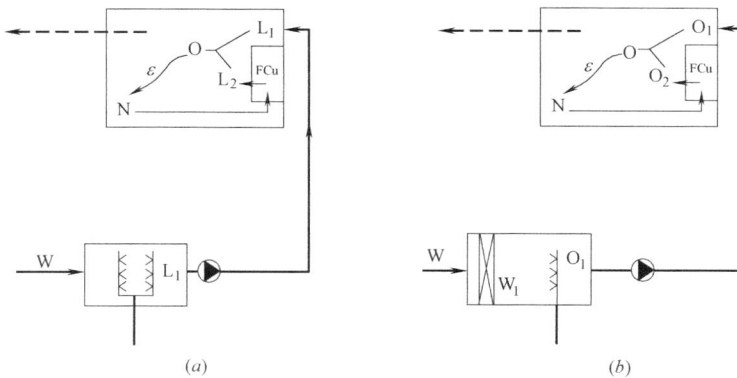

图 3-6 新风与风机盘管机组送风混合后送入空调房间系统示意图
(a) 夏季；(b) 冬季

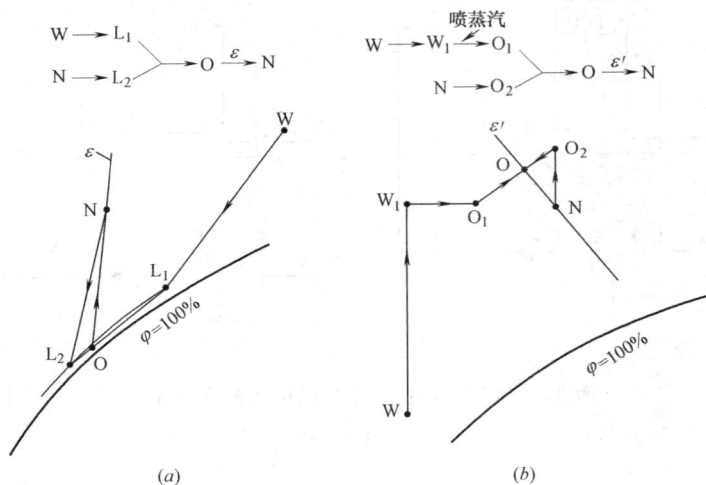

图 3-7　新风与风机盘管机组送风混合后送入空调房间空调过程图[7]
(a) 夏季；(b) 冬季

（3）新风与回风通过风机盘管机组处理后送入空调房间。这种方式与上述两种方式比较，房间换气次数略有减少；当风机盘管机组停止运行时，新风量有所减少。图 3-8 和图 3-9 分别为该系统示意图和空调过程图。

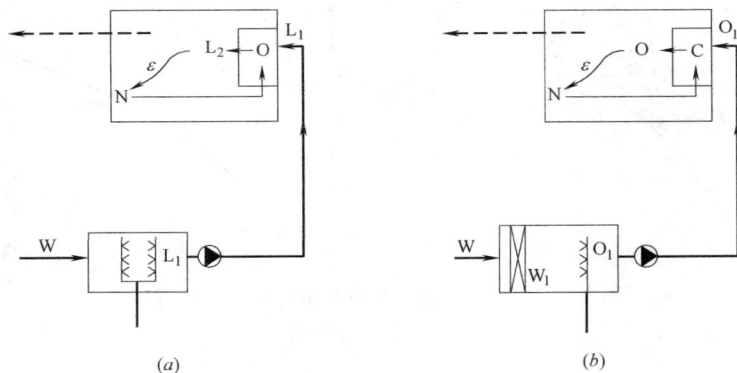

图 3-8　新风与回风通过风机盘管机组处理后送入空调房间系统示意图
(a) 夏季；(b) 冬季

3.2.3.3　风机盘管机组的选择原则

（1）根据使用要求和平面布置选择适当的机型。

（2）根据冷、热负荷计算结果，选择合适的机组规格，一般按夏季冷负荷选择风机盘管机组。根据房间冷负荷，按中档时的供冷量来选择型号，并校核冬季加热量是否能满足房间供热要求。

（3）结合实际使用工况，对机组标准工况下的制冷量和制热量进行修正，使所选机组的实际冷、热量接近或略大于计算冷、热量。

（4）注意机组机外余压值。

（5）注意机组噪声值，合理选择消声措施。

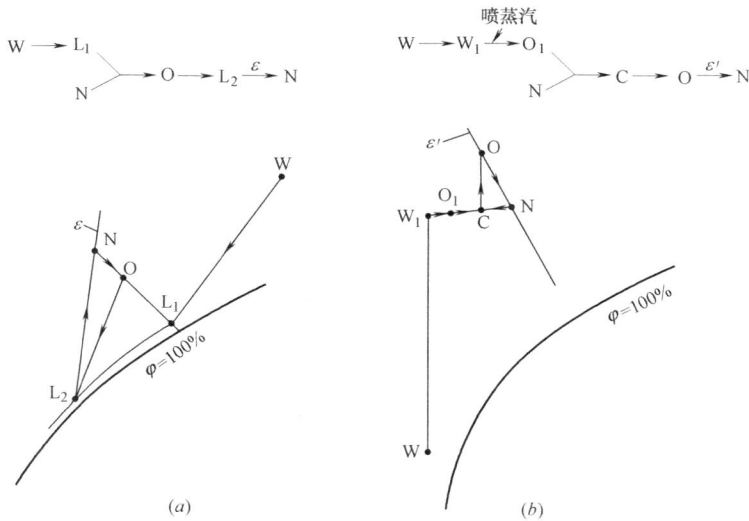

图 3-9 新风与回风通过风机盘管机组处理后送入空调房间空调过程图[7]

(a) 夏季；(b) 冬季

3.2.4 水环热泵空调系统

水环热泵空调系统是全水空调系统的一种形式。水环热泵也称为水—空气热泵，其载热介质为水。制冷时，机组向环路内的水放热，使空气温度降低；供热时则从水中取得热量加热空气。

3.2.4.1 水环热泵机组的工作原理

水环热泵机组在制冷工况运行时，机组内置压缩机把低压低温冷媒蒸汽压缩成为高温高压冷媒气体后进入冷凝器，在冷凝器中通过水的冷却作用使冷媒变成高压低温液体，经节流装置（膨胀阀）节流膨胀后进入蒸发器，从而对通过水环热泵机组的空气进行冷却。

水环热泵机组在制热工况运行时的机组系统方式同制冷工况，不同的是，制热工况时通过四通阀的切换，使制冷工况时的冷凝器变为蒸发器，而制冷工况时的蒸发器则变成冷凝器。机组通过蒸发器吸收水中的热量，由冷凝器向通过水环热泵机组的空气放热，达到加热空气的目的（可参见本书第 7.2 节）。

3.2.4.2 水环热泵空调系统

当建筑物内有多台水环热泵机组时，便组成了水环热泵系统。在这个封闭的水环热泵系统环路中，除了水环热泵机组外，还有循环水泵、冷却塔、锅炉或其他辅助热源等设备。

3.2.4.3 水环热泵空调系统的适用范围

水环热泵空调系统具有机组运行能效比高、运行可靠、可同时满足供冷、供热的需要、易实现独立计费、节省冷冻机房面积、施工方便的显著特点，因此可以应用于各类建筑中，尤其对于那些内区大、余热多以及需要对各房间内空气温度进行独立控制、用于出租而且经常需要改变建筑分隔的建筑物，如公寓、出租办公楼和商业建筑、超市及餐厅等。图 3-10 为利用地下井水的水环热泵空调系统原理图。

值得提出的是，由于机组内置压缩机，其噪声较产冷量相同的风机盘管机组大些。因此，对于噪声要求较高的房间，应注意布置，必要时需要进行消声处理。

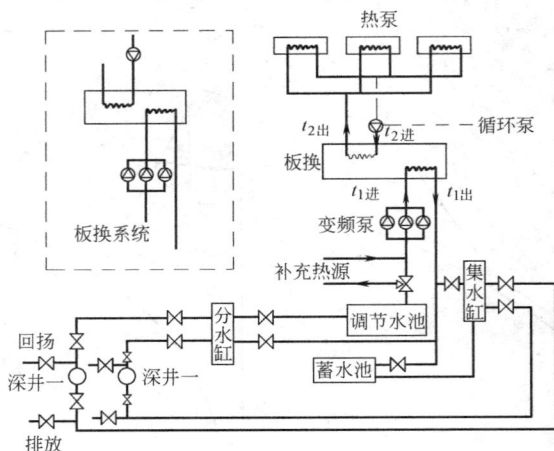

图 3-10　利用地下井水的水环热泵空调系统原理图

3.2.4.4　水环热泵空调系统设计

（1）循环水系统设计。首先，根据详细计算的整个建筑物内各房间空调冷负荷，确定各台水环热泵机组的循环水量；然后，根据对工程性质、管理方式的分析，确定系统的同时使用系数，一般同时使用系数在 0.75～0.90 范围内，工程规模较大、水环热泵机组较多的情况，同时使用系数取低值；最后将各水环热泵机组所需循环水量之和与同时使用系数相乘，即可得到整个系统实际所需的夏季总冷却循环水量；并以此作为循环水泵、冷却塔性能参数以及循环水管管径等确定的依据。

水环热泵空调水系统通常采用一次泵系统，为了保证运行可靠，须设置备用水泵。水环热泵机组在额定工况下，各机组水阻力相差不大，采用同程式水系统更能保证系统水力平衡的要求。

（2）水环热泵机组的选择。水环热泵机组一般有坐地式、立式、卧式、大型机组等几种形式。水环热泵机组的选择原则可参照上述风机盘管机组的基本选择原则。

（3）水环热泵空调系统的新风处理。水环热泵机组是直接蒸发式空调机组，由于机组通常按室内空气状态作为进风标准工况。在夏季，如果新风负荷很大，难以将新风处理到室内等焓线上的机器露点；在冬季，由于新风温度太低，将造成机组冷凝压力过低导致机组停止运行。因此，机组在处理新风时与普通空调器的处理方式有所不同，可按以下方法设计新风系统：

1）采用空气能量回收方式，即通过全热空气能量回收装置（HRV），利用排风的能量，夏季预冷新风，冬季预热新风；

2）送风与新风混合方式；

3）循环水加热方式；

4）利用辅助热源加热方式。

3.2.5　多联机空调系统（VRV）（详见本书第 6 章）

变制冷剂流量（VRV）空调系统是直接蒸发式系统的一种形式，主要由室外主机、制冷剂管线、末端装置（室内机）以及一些控制装置组成。VRV 空调系统除了具有分体式空调机组的基本特点外，一台室外机可带多台室内机，连接管线最长距离可达 100m，压缩机采用变频调速压缩机或数码涡旋压缩机形式。

VRV 空调系统按室外机功能划分可分为：热泵型、单冷型、热回收型。

VRV 空调系统具有节省建筑空间、施工安装方便、运行可靠等特点，可满足不同工况房间的使用要求。可适于公寓、办公、住宅等各类中、高档建筑，但其工程造价高。

3.2.5.1 VRV 空调系统适应条件

由于 VRV 空调系统冬季供热能力随着室外空气温度的降低而下降，当室外气温降至 −15℃ 时，机组的制热量只相当于标准工况时制热量的 50%。在较寒冷地区选用 VRV 空调系统，必须对机组冬季工况时的制热量进行修正或是通过辅助热源进行辅助供热。通常，VRV 空调系统可用于夏季室外空气计算温度 35℃ 以下、冬季室外空气计算温度 −5℃ 以上的地区。

3.2.5.2 VRV 空调系统设计

（1）系统方式的确定。对于只需供冷而不需供暖的建筑，可采用单冷型 VRV 空调系统，对于既需要供冷又需要供暖且冷、热使用要求相同的建筑，可采用热泵型 VRV 空调系统，对于分内、外区且各房间空调工况不同的建筑，可采用热回收型 VRV 空调系统。

（2）室内机选择。室内机形式依据空调房间的功能、使用和管理方式来确定；室内机的容量根据房间冷、热空调负荷选择；采用热回收装置或新风直接接入室内机的，室内机选型时应考虑新风负荷；新风经新风机组处理后送入房间的，则新风负荷不计入室内机容量。

（3）室内机容量修正。室内机组初选后需要进行如下修正：

1）当室内机连接率超过 100%，室内机的实际制冷、制热能力会有所下降，应对室内机的制冷、制热容量进行校核、修正；

2）根据实际给定的室内外空气计算温度，查找室外机的容量和功率输出，以计算出各室内机的实际容量和功率输入；

3）修正配管长度，根据室内外机之间的制冷剂配管等效长度、室内外机高度差，查找相应的室内机容量修正系数，计算出室内机实际的制冷、制热容量；

4）将校核后的室内机的容量与计算结果反复比较，直至所有室内机的实际容量均大于对应的计算负荷。

（4）室外机选择。室外机应根据室内机安装的位置、区域、房间的用途等因素综合考虑选型；室内机和室外机组合时，室内机总容量值应接近或略小于室外机的容量值；VRV 空调系统的连接率可在 50%～130% 范围内考虑。

（5）VRV 空调系统的设置。室外机与室内机的最大允许距离为 100m；同一系统内各室内机之间的最大允许高差为 15m；当室外机高于室内机时，室外机到最远一个室内机的垂直高度不超过 40m。

（6）VRV 空调系统的新风问题。可采用下述方法设计新风供给系统：

1）采用热回收装置（HRV）；

2）采用 VRV 新风机组或其他冷源的新风机组，处理新风至室内空气状态点等焓线上的机器露点，室内机不承担新风负荷；

3）室外新风通过风机直接送到室内机的回风处，由室内机承担全部新风负荷。

3.2.6　家用中央空调系统

家用中央空调系统又称为户式中央空调，它是介于传统集中式空调和家用房间空调器之间的一种新形式。

3.2.6.1　家用中央空调系统的分类

家用中央空调系统冷、热负荷的输送介质主要有空气、水及制冷剂三种。因此，可以将家用中央空调系统划分为三类：风管式空调系统、冷热水空调系统、制冷剂直接蒸发式空调系统。与之相匹配的室外冷、热源设备有：空气源风管式热泵机组、空气源风管式单冷机组＋热水炉、水源热泵系统、空气源冷热水机组、空气源冷水机组＋独立热源、家用燃气空调系统、VRV 变制冷剂流量空调系统。

(1) 风管式空调系统。风管系统以空气为输送介质，利用主机直接产生的冷、热量，将来自室内的回风或回风与新风的混合风进行处理，再送入室内。该系统的室外机有单冷型和热泵型两种，室内机是一个简单的空调箱，机外余压为 80～250Pa。这种系统的负荷调节能力较差，冷热源机组只能根据回风参数控制压缩机的启停，机组送风量也不能随着房间空调负荷的变化而变化。

(2) 冷、热水空调系统。系统所用介质通常为水，也用乙二醇溶液，机组容量为 7～40kW。它通过室外主机生产出空调冷水或热水，由管路系统输送到室内的各末端装置（大多为风机盘管机组），在末端装置内冷水或热水与室内空气进行热交换，产生冷风或热风，以消除室内空调负荷。这种系统较难引进新风。

(3) 制冷剂直接蒸发式空调系统。也称多联式空调系统，输送介质为制冷剂，实际上是 VRV 空调系统的另一种形式。室外机主要由压缩机、冷凝器及其他制冷附件等组成；室内机则由直接蒸发式换热器和风机组成。该系统可以引进新风，舒适性较好。

3.2.6.2　家用中央空调系统的适用范围

由于家用中央空调系统的制冷量和制热量比房间空调器大，因此它适用于建筑面积比较大的用户。除了高级公寓、单元住宅楼、庭院别墅外，还适用于如单元式写字楼、小型餐厅、小型会所等小型商业用房。

3.2.6.3　家用中央空调系统的设计

家用中央空调系统的设计主要包括：空调设备的选型、管道系统布置和自控方式确定等。

(1) 风管式空调系统。整体式机组通常安装于屋顶，室内仅布置送回风管道，采用集中回风。设备选用时，一般根据夏季总冷量及夏季室内外计算温、湿度参数选择机组型号，确定机组的总制冷量、显冷量；根据风管系统布置，确定机组机外静压；校核机组实际制冷量是否大于或等于夏季系统总计算冷量，系统总计算冷、热量应为系统服务的所有空调房间最大负荷之和；根据选定的机组型号、冬季室内外计算温湿度参数，确定机组实际制热量，若小于冬季系统总计算热量，则考虑重新选型或增加辅助加热设备。

整体式机组应尽量靠近服务区，送回风管道尽量短。对于住宅等层高较低的房间，主风管尽量布置在走廊、客厅周边，支管上应设置风量调节阀，送风口以侧送双层百叶风口为主，也可采用顶送散流器或条缝形风口。

(2) 冷热水空调系统。冷热水空调系统的冷、热源形式很多，但室内末端装置一般为风机盘管机组。

1）风机盘管机组的选择参考第 3.2.3 节中"风机盘管加新风空调系统"部分所述内容；

2）对于住宅建筑，所有末端装置同时使用的可能性较小，因此在选择家用中央空调系统的主机时，需要考虑同时使用系数；

3）家用中央空调系统的水系统为两管制，水管大多采用异程式；

4）应根据水路系统的阻力，校核主机所配水泵扬程是否满足需要；

5）家用中央空调系统的新风一般采用无组织进风方式，要求较高的住宅建筑可采用新风机组提供新风，也可以采用全热换热器供应新风。

（3）制冷剂直接蒸发式空调系统。该类系统实为 VRV 空调系统，即直接以制冷剂为输送冷热量介质的空气源热泵型空调系统，相关内容可参见第 3.2.5 节内容。该类系统的新风供给方式一般采用无组织进风，或者采用新风与室内空气混合后再处理，也可采用全热换热器处理新风。

3.3 送风量与气流组织

空调送风系统利用不同的送风和排风状态来消除室内的余热余湿，以维持空调房间所要求的空气参数。在空调房间中，经过空调系统处理过的空气，通过送风口进入空调房间，与室内空气进行热质交换后由回风口排出。空气的进入和排出，必然会引起室内空气的流动，形成某种形式的气流流形和速度场。空调房间的气流组织是否合理，不仅直接影响房间的空调效果，也影响空调系统的能耗量。

气流组织设计的任务是合理地组织室内空气的流动，使室内工作区空气的温度、相对湿度、速度和洁净度能更好地满足工艺要求以及人们的舒适性要求。

3.3.1 送风量

空调系统的送风量应能消除室内最大余热余湿，通常按夏季最大的室内冷负荷计算确定。空调房间送风量的计算方法参见文献 [2] 和 [6]。

送风温差是确定送风状态和计算送风量的关键参数。送风温差越大，送风量就会小，处理空气和输送空气所需设备也会相应地小，从而可以使初投资和长期运行费用减小。但送风温差过大，送风量过小时，将会影响室内气流组织的分布，导致室内温度和湿度分布的均匀性和稳定性受到影响。

因此，在满足舒适条件下，应尽量加大空调系统的夏季送风温差，但不宜超过下列数值[3]：

（1）送风高度≤5m 时，不超过 10℃；

（2）送风高度>5m 且≤10m 时，不超过 15℃；

（3）送风高度>10m 时，按射流理论计算确定；

（4）当采用顶部送风（非散流器）时，送风温差应按射流理论计算确定。

表 3-3 和表 3-4 分别为舒适性空调和工艺性空调的送风温差取值表。

舒适性空气调节的夏季送风温差（上送风方式）　　　　　　　　　　表 3-3

送风口高度（m）	送风温差（℃）
≤5.0	≤10
>5.0	≤15

工艺性空气调节的送风温差 表 3-4

室温允许波动范围（℃）	送风温差（℃）
>±1.0	≤15
±1.0	6～9
±0.5	3～6
±0.1～0.2	2～3

3.3.2 气流组织设计[4]

空调区的气流组织设计，应根据空调区内的温湿度参数、允许风速、噪声标准、空气质量、温度梯度以及空气分布特性指标（ADPI）等要求，结合内部装修、工艺或家具布置等确定；复杂空间空调区的气流组织设计，宜采用计算流体动力学（CFD）数值模拟计算。

空调房间人员活动区的气流速度不宜过大，并考虑室内活动区的允许速度与室内空气温度之间的关系（参见文献 [3]）。

3.3.2.1 空调房间的主要送风形式

空调房间气流流形主要取决于送风射流，而送风口形式将直接影响气流的混合程度、出口方向以及气流断面形状，对送风射流具有重要的作用。空调房间的主要送风形式有：百叶风口或条缝形风口侧送；散流器、孔板或条缝形风口顶送；地板散流器下送；置换通风；喷口、旋流风口送风。

（1）百叶风口或条缝形风口侧送。根据空调房间的特点，送、回风口可以布置成：单侧上送上回、单侧上送下回、双侧上送上回、双侧上送下回、单侧上送、走廊回风等多种形式。

侧送是常用送风方式中比较经济简单的一种，在一般空调区中，大多可以采用侧送。侧送气流宜贴附顶棚。

1）仅为夏季降温服务的空调系统，且空调房间层高较低时，可采用上送上回方式；

2）以冬季送热风为主的空调系统，且空调房间层高较低时，宜采用上送下回方式；

3）全年使用的空调系统，一般应根据气流组织计算来确定采用哪种方式；

4）层高较低、进深较大的空调房间，宜采用单侧或双侧送风、贴附射流。

（2）散流器顶送。层高较低、有吊顶或技术夹层可利用时，可采用圆形、方形和条缝形散流器顶送；采用平送方式时，贴附射流区无阻挡物；兼作热风供暖且风口安装高度较高时，宜具有改变射流出口角度的功能。

（3）孔板顶送。当单位面积送风量较大且人员活动区内的风速或区域温差要求较小时，应采用孔板送风。对于一些室温允许波动范围小的工艺性空调区，采用这种送风方式比较多。采用孔板送风时，孔板上部稳压层的高度应计算确定，且净高≥0.2m；向稳压层内送风的速度一般采用 3～5m/s。

（4）喷口、旋流风口送风。高大空间的空调场所，如会堂、体育馆、影剧院等，可采用喷口侧送或顶送。采用该方式时，应使人员停留区域处于射流的回流区；当喷口水平安装时，其安装角度应通过计算确定，但一般不大于 15°。另外，喷口送风的射程和速度、喷口直径及数量均应通过计算确定。

（5）地板送风。层高很高、进深很大的空调房间，可采用地板散流器下送。值得注意的是，地板散流器不宜直接安装在人员座位下，应离开人员座位至少40cm；另外，地板下应有大于300cm高的空间，以便于安装送风静压箱或送风管道。通常，送风温度不宜低于16℃。

（6）置换通风。置换通风是将经处理或未处理的空气，以低风速、低紊流度、小温差的方式，直接送入室内人员活动区下部，在送风及室内热源形成的上升气流的共同作用下，将热浊空气顶升至顶部排出的一种机械通风方式。采用置换通风时，室内吊顶高度不宜过低。设计中，要避免置换通风与其他气流组织形式应用于同一空调区。置换通风与辐射吊顶、冷梁等空调系统联合应用时，其上部区域的冷表面可能使污染物空气从上部区域再度进入下部区域，设计时应考虑。

3.3.2.2 回风口的布置方式

由于吸风口附近气流速度急剧下降，对室内气流组织的影响不大，因此回风口构造比较简单，类型也不多。

回风口的形状和位置根据气流组织要求而定。

（1）回风口不应设在送风射流区和人员经常停留的地方；

（2）采用侧送时，一般设在送风口的同侧；

（3）在有条件时，可采用走廊回风，但走廊的断面风速不宜过大；

（4）以冬季送热风为主的空调系统，其回风口应设在房间的下部；

（5）当室内采用顶送方式时，而且是以夏季送冷风为主的空调系统，宜设与灯具结合的顶部回风口；

（6）回风口若设在房间下部时，为避免灰尘和杂物被吸入，风口下缘离地面至少为0.15m。

表3-5为回风口的吸风速度选用表。

回风口吸风速度　　　　　　　　　　　　　　　　表3-5

回风口的位置		最大吸风速度 （m/s）
房间上部		≤4.0
房间下部	不靠近人经常停留的地点	≤3.0
	靠近人经常停留的地点	≤1.5

3.3.2.3 新风口的布置方式

新风进口处宜装设可严密开关的风阀，有自动控制时，应采用电动风阀。进风面积应满足新风量随季节变化时的最大风量需求。

新风口应设在室外空气比较洁净的地方，并宜设在北外墙上。新风进口尽量设在排风口的上风侧，且应低于排风口，并尽量保持不小于10m的间距。进风口底部距离外地面不宜小于2m，当进风口布置在绿化地带时，则不宜小于1m。

3.3.2.4 分层空调的气流组织设计

分层空调是指利用合理的气流组织，仅对下部空调区进行空调，而对上部较大非空调区进行通风排热。

通常，对于高度大于 10m、体积大于 10000m³ 的高大空间，可采用双侧对送、下部回风的分层空调气流组织方式；当空调区跨度较小时，也可考虑采用单侧送风方式。

3.3.2.5　送风口的出口风速

（1）侧送和散流器平送。侧送和散流器平送的出口风速取值应考虑回流区风速上限和风口处允许噪声的限值，通常可按 2～5m/s 考虑，具体取值见表 3-6。

（2）孔板下送风。考虑到孔板送风的送风速度衰减比较快，出口风速一般按 3～5m/s 考虑。

（3）条缝形风口。这类风口气流轴心速度衰减较快，对于舒适性空调，出口风速一般采用 2～4m/s 的风速。

侧送和散流器平送的出口风速[4]　　　　　　　　　　　　　　　表 3-6

射流自由度 $\sqrt{F}/d_0$	最大允许出口风速 (m/s)	采用的出口风速 (m/s)	射流自由度 $\sqrt{F}/d_0$	最大允许出口风速 (m/s)	采用的出口风速 (m/s)
5	2.0	2.0	11	4.2	3.5
6	2.3		12	4.6	
7	2.7		13	5.0	
8	3.1		15	5.7	5.0
9	3.5	3.5	20	7.3	
10	3.9		25	9.6	

（4）喷口。喷口送风的出口风速通常根据射流末端到达人员活动区的轴心风速与平均风速计算确定，一般按 4～10m/s 考虑。

表 3-7 为不同建筑送风口最大允许流速推荐值[16]。

送风口最大允许流速推荐值　　（单位：m/s）　　　　　　　表 3-7

应用场所	盘形送风口	顶棚送风口	侧送风口
广播室	3.0～4.5	4.0～4.5	2.5
医院诊疗室	4.0～4.5	4.5～5.0	2.3～3.0
饭店房间、会客室	4.0～5.0	5.0～6.0	2.5～4.0
百货公司、剧院	6.0～7.5	6.2～7.5	5.0～7.0
教室、图书馆、办公室	5.0～6.0	6.0～7.5	3.5～4.5

3.3.3　气流组织的计算方法

气流组织计算的任务是选择气流分布的形式，确定送风口的形式、数目和尺寸，使工作区的风速和温差满足设计要求。空调房间的气流大多属于受限射流，它受很多因素的影响，直接以理论流体力学计算气流组织的方法尚不成熟。目前，所用公式主要是基于实验条件下的半经验公式，因此各种计算方法较多，而且所用公式所受的局限性也较大。

因此，在采用工程中常用的气流组织计算方法时，还需考虑同类型空调房间的实践经验。具体计算方法可参见文献 [2] 和 [6]。

另外，应根据建筑物的使用性质以及噪声要求，确定送、回风管道以及送、回风口的速度。

3.4 空调水、风系统的设计原则及其计算

一般舒适性空调冷水供/回水温度为 7/12℃；热水供/回水温度为 60/50℃；蓄冷大温差低温送水冷水温度一般为 1～5℃；蓄冷时供/回水温度为 2/13℃；区域供冷水供/回水温度为 5/13℃。

3.4.1 常用空调水系统的形式及其设计原则

空调水系统的形式可以从多个层面进行划分。例如：根据是否与大气相通而将空调水系统划分为开式系统和闭式系统，可以说这是空调水系统最基本的形式。进而，根据连管方式的不同，可将空调水系统划分为同程系统和异程系统；根据建筑物功能、使用时间、建筑高度等的不同，可将空调水系统按区域、高度划分；根据供给冷、热源方式的不同，可将空调水系统划分为两管制和四管制系统；根据输配管网中的流量是否保持恒定，可将空调水系统划分为定流量系统和变流量系统、一次泵系统和二次泵系统（可参见文献 [2]、[3] 和 [7]）。

通常情况下，空调末端装置供热水时，空调热水的供/回水温度为 60/50℃，与之相应的末端送风温度为 25～30℃，两者的温差约为 30℃；一般舒适性空调冷水供/回水温度为 7/12℃，相应的末端送风温度为 14～16℃，两者的温差为 7～9℃；蓄冷大温差低温送水冷水温度一般为 1～5℃；蓄冷时供/回水温度为 2/13℃；区域供冷水供/回水温度为 5/13℃。由于供热水工况下的末端传热温差远大于供冷水工况，因此设计中空调热水的供/回水温差可以选择比冷水系统（通常为 5℃温差）大，一般可选择为 10～15℃，以减少热水循环流量，节约输送能耗。另外，对于有高、低分区的系统，为了保证高区空调水的除湿能力，高区供水温度一般为 7～9℃，低区则为 5～7℃。

3.4.1.1 开式系统和闭式系统

（1）开式系统。通常带冷却塔的冷却水系统是开式系统，整个系统直接与大气相通，水泵从开式的冷却塔积水盘中吸入系统回水（见图 3-11）。在开式系统中，应注意水泵的吸入侧应有足够的水箱（积水盘）水面高度给予的静压压头尤其是热水系统，应确保吸入侧不至于发生汽化现象。另外，应掌握水泵的扬程用于克服管路阻力和将水从水箱（积水盘）水面提升到管路最高点的高度 H，即泵的扬程必须计入这一提升高度。

（2）闭式系统。闭式系统是一个封闭回路，系统不运行时，回路中任一断面两侧的静压力是相等的；系统运行时，水泵的扬程只是用于克服管路阻力，与系统高度无关（见图 3-12）。值得注意的是带膨胀水箱的系统也是闭式系统，尽管膨胀水箱是开式的。这种系统是最常用的系统，通常的供暖热水系统和空调冷水系统均是闭式系统。

（3）设计原则：

1）当采用闭式循环一次泵系统时，冷水泵扬程为管路、管件阻力、冷水机组的蒸发器阻力和末端设备的表面式冷却器阻力之和；热水泵扬程为管路、管件阻力、热交换器和末端设备的空气加热器的阻力之和。

$$H_{冷水泵}＝\Delta P_{管路}＋\Delta P_{管件}＋\Delta P_{机组}＋\Delta P_{末端表冷器}$$
$$H_{热水泵}＝\Delta P_{管路}＋\Delta P_{管件}＋\Delta P_{热交换器}＋\Delta P_{末端空气加热器}$$

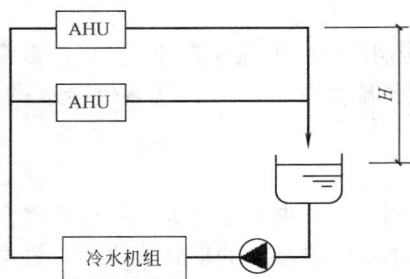

图 3-11 开式系统原理图

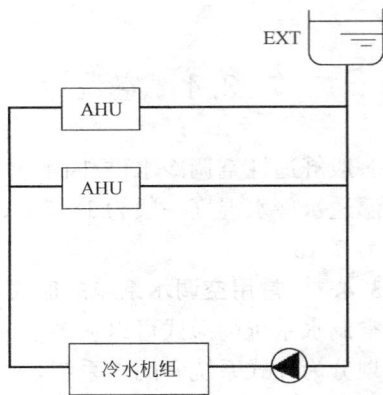

图 3-12 闭式系统原理图

2）当采用开式一次泵冷水系统时，冷水泵扬程为管路、管件阻力、冷水机组的蒸发器阻力、末端设备的表面式冷却器阻力和蓄冷水池最低水位到末端设备的表面式冷却器之间的高差 h。

$$H_{冷水泵} = \Delta P_{管路} + \Delta P_{管件} + \Delta P_{机组} + \Delta P_{末端表冷器} + h$$

3.4.1.2 同程系统和异程系统

（1）同程系统。如图 3-13 所示，同程系统是指系统水流经各用户回路的管路长度接近或相等，同程系统又可分为垂直管路同程、水平管路同程和水平与垂直管路都同程。同程式管路的特点是因为各回路长度相近，阻力比较容易平衡；但为了使回路长度相近，就会多耗管材，此外往往也需增加垂直管井或管井面积。

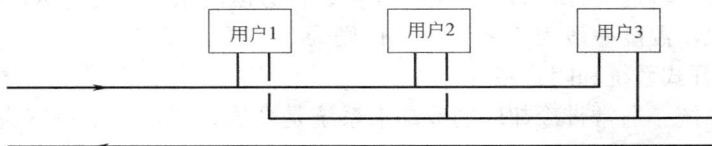

图 3-13 同程系统原理图

（2）异程系统。如图 3-14 所示，异程系统是指系统水流经每一用户回路的管路长度不相等。对于用户位置分布无规律，或用户位置分布虽然有规律，但用户供、回水管路长短不一的情况，采用异程系统。在异程系统中，由于平衡各回路阻力时的基础条件较差，主要通过管径选择和调节阀门来达到平衡各回路阻力的目的。

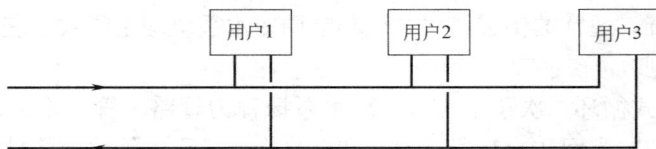

图 3-14 异程系统原理图

（3）设计原则：

1）在实际工程中，应优先考虑设计同程系统，以利于各回路阻力的基本平衡，再加上各支管上的阀门的辅助调节，增加平衡度的手段；在无条件设计同程系统时，异程系统各回路的阻力应进行仔细计算，工程中各并联回路间的阻力差宜控制在15%以内。

2）当末端支环路阻力较小，而负荷侧干管环路较长，且其阻力占的比较大时，应采用同程式，当竖向立管高度大于80m时可考虑采用同程式系统，如采用同程式，需要在每个支干管上设平衡阀。

3）当管路系统较小、末端支管环路阻力占负荷侧干管环路阻力的2/3～4/5时，可采用异程式，一般干管最大输送距离控制在80m以下比较合理。

3.4.1.3 水系统分区

（1）按功能区域分区。对于使用功能、使用时间不同的空调区域，如果简单地从冷热源机房内共用一路管道提供空调冷、热水，不利于系统管路维修，更不利于系统运行节能。因此，针对不同建筑的使用特点，根据其不同功能区域特点，在冷热源机房内的分水器上设置阀站分路、配置管路，即可达到方便管理、节能运行的目的（见图3-15）。

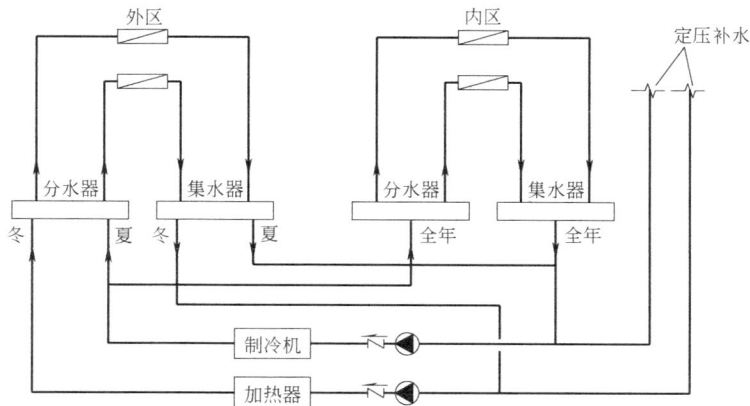

图3-15 按功能区域分区原理图

（2）按高度分区。空调水系统通常由冷热源机组、末端装置、管道及其附件组成。这些设备与部件有各自的承压值，如：标准型冷水机组的蒸发器与冷凝器的承压值为1.0MPa；风机盘管机组的承压值可大于1.6MPa；管道本身及法兰连接或焊接的接口的承压值也可大于1.6MPa；唯有丝扣连接的接口是承压的薄弱环节，而且在系统中又是不可避免的。因此，在高层建筑中，当空调水系统超过一定高度时，就必须分区，以保证系统安全的需要。通常的做法是：低区系统直接与冷、热源设备连接，高区系统通过板式换热器与低区系统耦合连接，高、低区系统分别配备各自的膨胀水箱（见图3-16）。

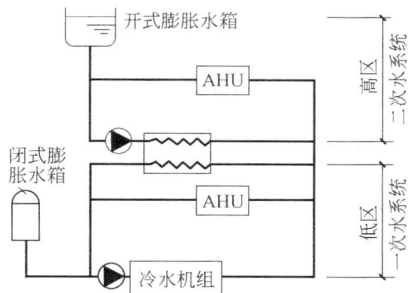

图3-16 通过板式换热器的高度分区原理图

（3）设计原则。高层建筑冷水系统的竖向分区原则取决于制冷、空调设备及配件的工作压力，设计时应根据工程具体情况通过技术经济比较确定。

1）系统静压大于 1.0MPa 时应有竖向分区。

2）对于高、低区冷热源分开设置的情况，当冷热源都集中设置在地下室时，冷水系统静压大于 1.0MPa 的高区系统，应选择承压较高的设备（1.6MPa 或 2.0MPa）；当高区冷热源设备布置在中间设备层或顶层时，应妥善处理设备噪声及振动问题。

3）对于制冷机集中设置不分区、高区系统通过板式换热器与低区系统耦合连接、板式换热器设置在中间设备层的情况（见图 3-15），冷水系统静压不大于 1.0MPa 的低区直接供冷，超过 1.0MPa 的高区采用板式换热器换热，冷水换热温差取 0.5～1.5℃，热水换热温差取 2～3℃，高区空调末端设备出力应按二次水水温进行校核。

4）当高区部分负荷量不大或与低区的使用性质和时间不同，可单独设置冷热源设备。

3.4.1.4　两管制和四管制系统

（1）两管制系统（见图 3-17）。冷、热源利用一组供、回水管为末端装置（风机盘管机组等）提供冷水或热水的系统即为两管制系统，系统只有两根输送管路。该系统的特点是：冷、热源切换使用，末端装置只能供冷或供热，适用于建筑物功能较单一，舒适性要求不高的场合。

（2）四管制系统（见图 3-18）。空调水系统利用四根输送管路分别为末端装置（风机盘管机组等）提供冷水与热水的系统即为四管制系统。该系统的特点是：可同时向末端装置提供冷、热需求，对分内、外区的空调房间或供冷、供热需求不同的房间，完全能实现冷、热按需所取的要求。因此，四管制系统适合于对室内空气参数要求较高的场合，如高级宾馆、办公楼、医院等。

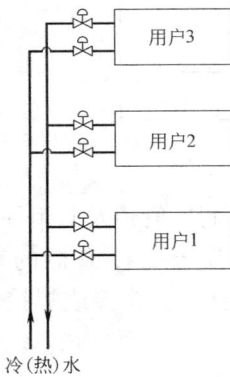

图 3-17　两管制系统图

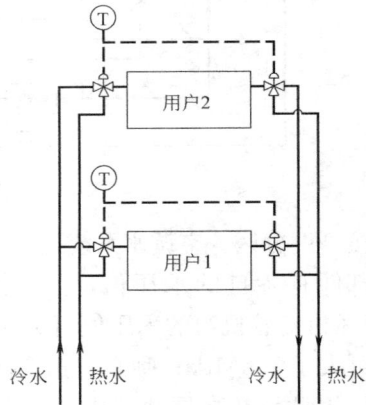

图 3-18　四管制系统图

（3）设计原则：

1）季节性空调系统（过渡季节不使用）应采用两管制系统，有自动控制时可不做朝向分区。

2）全年性空调采用两管制系统时，应按朝向和内外区进行分区，以解决过渡季不同朝向及冬季内外区不同负荷的要求，分别向不同的区域供冷和供热。

3）全年性空调且标准较高的建筑应采用四管制系统，过渡季及冬季可同时供冷供热。

4）小型工程的两管制系统，可以用冷水泵兼作冬季的热水泵使用，但应校核冬季使用时水泵的流量、扬程及台数是否吻合；大中型工程的两管制系统，应分别设置冷、热水循环泵。

3.4.1.5 定流量系统和变流量系统

（1）定流量系统。定流量系统也称 CWV 系统，这种系统中的水流量保持恒定，空调房间的温度依靠改变进入末端装置的流量（利用三通阀旁通）、改变房间送风量等手段进行控制，系统中的水泵为定流量泵（见图 3-19）。定流量系统的控制比较简单，但水系统运行不节省能量。

（2）变流量系统。变流量系统也称 VWV 系统，是指水系统中输配管路的流量随着末端装置流量的调节（通过二通阀）而改变。通常，变流量系统冷（热）源侧常采用多台冷水机组（锅炉等）、多台循环水泵、一对一的方式，每台水泵的水流量可不变，水泵和相应的冷（热）源机组进行台数控制，控制冷（热）源侧的供水温度（见图 3-20）。

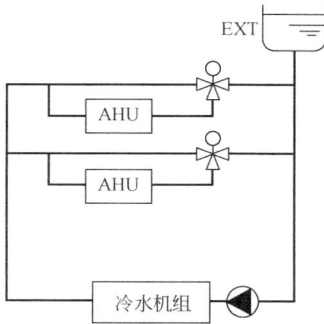

图 3-19　定流量系统原理图　　　　图 3-20　变流量系统原理图

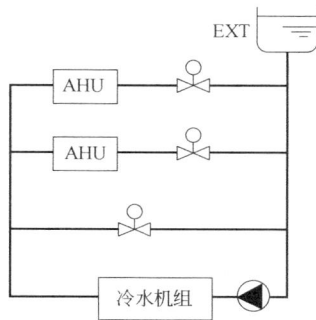

（3）一次泵系统和二次泵系统。冷（热）源侧与冷水机组（锅炉等）相对应的水泵称为一次泵（或初级泵）系统，并与冷水机组（锅炉等）和设在负荷侧和冷（热）源侧之间的供、回水总管（分、集水器）上的旁通管组成一次环路；负荷侧水泵称为二次泵（或称次级泵）系统，负荷侧末端设备、管路系统和设在负荷侧和冷（热）源侧之间的供、回水总管（分、集水器）上的旁通管组成二次环路（见图 3-21）。

（4）设计原则：

1）中小工程宜采用一次泵系统。

2）系统较大、阻力较高、各环路阻力相差悬殊（100kPa 以上），或环路之间使用功能有重大区别，以及区域供冷时，宜采用二次泵系统，二次泵宜设置变频调速装置。

3）循环水泵台数：①一次泵的台数，应按冷水机组（锅炉等）的台数一对一设置，可不设备用泵，互为备用；②二次冷水泵的台数应根据冷水泵大小、各并联环路压力损失的差异程度、使用条件和调节要求，通过技术经济比较确定；③热水泵应根据供热系统规模和运行调节方式确定，不应少于两台，宜设备用泵、采用变频控制；④蓄冷系统冷水泵根据系统规模确定，一般不应少于两台，可不设备用泵，宜采用变频控制。

4）循环水泵流量：①一次冷水泵的流量，应为所对应的冷水机组的冷水流量；②二次冷水泵的流量，应为按该区冷负荷综合最大值计算出的流量；③计算水泵流量应附加 5%～10%。

5）当采用闭式循环二次泵系统时，一次冷水泵扬程为一次管路、管件阻力和冷水机组的蒸发器阻力之和；二次冷水泵扬程为二次管路、管件阻力及末端设备的表面式换热器阻力之和。

6）空调冷水泵，宜选用低比转数的单级离心泵；流量大于 500m³/h 时，宜选用双吸泵。

7）在高层建筑的空调系统设计中，应明确提出水泵的承压要求；为了降低冷水机组的蒸发器的工作压力，冷水泵宜设在冷水机组的蒸发器出口。

8）分、集水器：多于两路供应的空调水系统，宜设置分、集水器，分、集水器的直径应按总流量通过时的断面流速（0.5～1.0m/s）初选，并应大于最大接管开口直径的 2 倍。

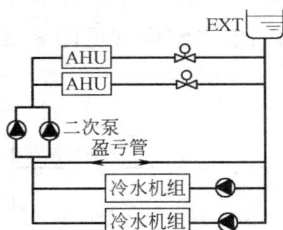

图 3-21 二次泵系统原理图

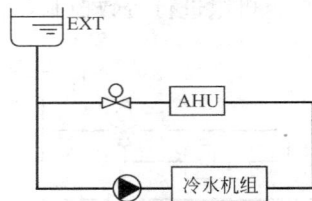

图 3-22 闭式空调水系统原理图

3.4.1.6 空调水系统的选择

通常，供暖热水系统和空调冷水系统均采用闭式系统；管路系统较小时，可采用异程式，否则应考虑同程式；建筑物功能较单一，舒适性要求不高的场合，可考虑采用两管制系统，而对于室内空气参数要求较高的场合，最好采用四管制系统；小型的集中空调系统（例如：仅设置一台冷水机组的小型工程），可考虑采用定流量系统，否则，应考虑变流量系统；中小工程宜采用一次泵系统，系统较大、阻力较高、各环路阻力相差悬殊（100kPa 以上），或环路之间使用功能有重大区别，以及区域供冷时，宜采用二次泵系统。

3.4.2 空调水系统的水力计算

流体流动过程中不可避免地伴随着流动阻力，水泵或风机施加给流体的能量正是用以克服流动阻力的。因此，如何计算流动阻力，就成为正确运用能量方程式解决流体流动问题的关键。管路水力计算是建立在能量方程式和阻力计算式原理基础上的，管路水力计算需要解决的问题有两类：一类是设计计算，即已知管路布置和流量，求管径和压力损失；另一类是校核计算，即已知管径和水泵的扬程，求流量。

3.4.2.1 闭式空调水系统压力损失的构成

闭式空调水系统是最常用的系统，其主要压力损失由以下几项构成（见图 3-22）：

（1）冷水机组压力损失，由机组制造厂家提供，一般为 60～100kPa（6～10mH₂O）。

（2）管路压力损失，包括摩擦压力损失和局部压力损失。

（3）空调末端装置的压力损失。末端装置的类型有风机盘管机组、组合式空调机组等，它们的压力损失是根据设计提出的空气进、出空调盘管的参数、冷量、水温差等由制造厂经过盘管配置计算后提供的，许多额定工况值在产品样本上能查到，此项压力损失一般在 20～50kPa（2～5mH₂O）范围内。

（4）调节阀等管件的压力损失。

闭式空调水系统中最不利环路的上述各项之和即为空调水系统的总压力损失，也即水泵扬程。

3.4.2.2 管道水力计算的基本公式

空调水在管道内流动时像其他流体一样会产生压力损失，这种损失包括摩擦压力损失（又称沿程阻力损失）和局部压力损失，摩擦压力损失与局部压力损失之和即为压力损失。

1. 摩擦压力损失计算

$$\Delta P_{\mathrm{m}} = \lambda / d \cdot l \cdot \frac{v^2 \cdot \rho}{2} \tag{3-14}$$

式中　ΔP_{m}——摩擦压力损失，Pa；

　　　　λ——摩擦阻力系数；

　　　　d——管道内径，m；

　　　　l——管道长度，m；

　　　　v——流体在管道内的流速，m/s；

　　　　ρ——流体的密度，kg/m³。

由式（3-14）可知：摩擦压力损失与摩擦阻力系数 λ 成正比，即与管壁的粗糙度成正比，与管道的内径 d 成反比，与管道内速度 v 的平方成正比。

单位长度的摩擦压力损失即比摩阻 R_{m} 的计算公式为：

$$R_{\mathrm{m}} = \Delta P_{\mathrm{m}} / l \tag{3-15}$$

2. 局部压力损失计算

局部压力损失是由于流体流向改变产生涡流及由于流通断面的变化等原因而造成的能量损失。在空调水系统中，往往是局部压力损失超过摩擦压力损失。

$$\Delta P_j = \zeta \cdot \frac{v^2 \cdot \rho}{2} \tag{3-16}$$

式中　ΔP_j——局部压力损失，Pa；

　　　　ζ——局部阻力系数。

由式（3-16）可知：局部压力损失与局部阻力系数 ζ 成正比，ζ 值是用实验方法确定的；同样这种损失也与流体速度 v 的平方成正比。

3.4.2.3 管路压力损失设计计算基本原则

在设计空调水系统时，当管材确定后，合理地选择管径与流速以及良好地布置管路非常重要，这不仅涉及系统的经济性，有时甚至成为系统能否正常运行的关键。对于室内供暖系统的设计，还必须进行水力平衡计算，各并联环路之间（不包括共用段）的压力损失相对差额不应大于15%。对于区域供冷管网，水流速不宜超过 2.5m/s；当各环路的水力不平衡率超过15%时，各支路上应设置静态手动平衡阀。此外，管道内流体的密度也影响着压力损失，在计算管路阻力时应予以修正。

单位长度的摩擦压力损失 R_{m} 取决于技术经济比较，若 R_{m} 取大值则管径小，初投资省，但水泵运行能耗大；若取值小，则反之。冷水管路比摩阻宜控制在 $100\sim300$Pa/m；乙二醇管路比摩阻宜控制在 $50\sim200$Pa/m。表 3-8 为空调水系统管道水流速推荐值[16]。

水系统管道内推荐流速   表 3-8

管 道 种 类	推荐流速(m/s)	管 道 种 类	推荐流速(m/s)
水泵吸水管	0.5～2.0	集管	1.2～4.5
水泵出水管	1.0～3.0	排水管	1.2～2.0
一般供干管	1.5～2.5	接城市供水管网的水管	0.9～2.0
室内供水管	0.9～3.0		

(1) 当量绝对粗糙度：闭式系统 $K=0.2$mm，开式系统 $K=0.5$mm。

(2) 空调水系统各并联环路压力损失差额，不应大于 15%。

(3) 所有空调水系统的水泵扬程，均应对计算值附加 5%～10% 的裕量。

3.4.2.4　冷凝水系统及其计算

在空气冷却处理过程中，当空气冷却器的表面温度等于或低于处理空气的露点温度时，空气中的水蒸气将在冷却器表面冷凝。因此，诸如单元式空调机、风机盘管机组、组合式空气处理机组、新风机组等设备，都设置有冷凝水收集装置和排水口。为了能及时、顺利地将设备内的冷凝水排走，必须配置相应的冷凝水排水系统。

(1) 冷凝水在管道内通常是依靠位差自流的。因此，水平干管沿水流方向应保持不小于 3/1000 的坡度；连接设备的水平支管，应保持不小于 1/100 的坡度。

(2) 当冷凝水收集装置位于空气处理装置的负压区时，出水口必须设置水封。水封的高度应比凝水盘处的负压（相当于水柱高度）高 50% 左右。水封的出口应与大气相通，一般可通过排水漏斗与排水系统连接。

(3) 设计冷凝水系统时，必须结合具体环境进行防结露验算。若表面有结露可能时，应对冷凝水管进行绝热处理；管材宜优先采用塑料管，如：PVC、UPVC 管或钢材塑管，避免采用金属管道，以防止腐蚀；冷凝水立管的顶部，应设置通向大气的透气管；应充分考虑对系统进行定期冲洗的可能性。

(4) 冷凝水管的直径，应根据冷凝水量和敷设坡度通过计算确定。一般情况下，每 1kW 冷负荷每小时约产生 0.4kg 冷凝水。在潜热负荷较高的场合，每千瓦冷负荷每小时约产生 0.5kg 冷凝水。通常，可根据冷负荷（kW）参照表 3-9 选择确定冷凝水管的公称直径 DN（mm）。

冷凝水管的直径选择表[6]   表 3-9

冷负荷 (kW)	公称直径(mm)	冷负荷 (kW)	公称直径(mm)	冷负荷 (kW)	公称直径(mm)
7	20	101～176	40	1056～1512	100
7.1～17.6	25	177～598	50	1513～12462	125
17.7～100	32	599～1055	80	>12462	150

3.4.2.5　空调水系统的定压方式

为了保证系统内任何一点不出现负压或热水汽化问题，空调水系统一般采用开式膨胀水箱定压，通常将膨胀水箱设在建筑物的顶层（见图 3-23）；当采用开式膨胀水箱有困难时，可设置闭式隔膜膨胀水罐或补水泵变频定压方式（见图 3-24）。在空调水系统中，定压点（定压设备与水系统的连接点）的最低运行压力应保证水系统的最高点压力为 5kPa 以上。

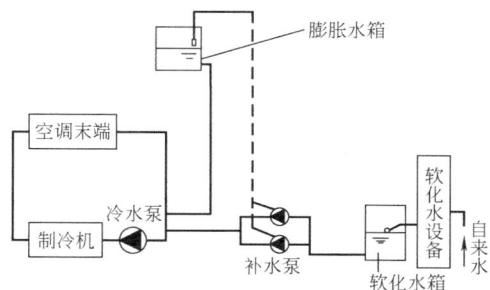

图 3-23 开式膨胀水箱定压原理图

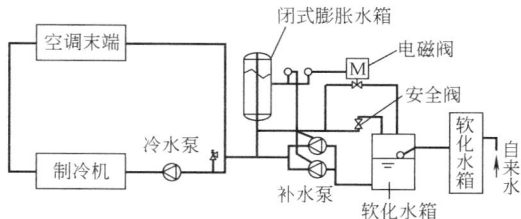

图 3-24 闭式膨胀水罐定压原理图

开式膨胀水箱的优点是：结构简单、造价低、系统水压稳定性好（静压定压）、补水控制方便，属于设计优选定压方案；缺点是：设置位置必须高于系统的最高点，寒冷和严寒地区，需要考虑水箱的防冻问题。另外，由于与大气直接接触，对系统水质略有影响。开式膨胀水箱适用于中小型低温热水供暖系统，水箱内水温不应超过 95℃。在设计选用时，须注意以下问题：1) 膨胀水箱安装位置，应考虑防止水箱内的结冻问题。如果安装在非供暖房间，应考虑保温，包括与膨胀水箱连接的膨胀管、循环管、信号管等都应保温；2) 对于重力循环系统，膨胀管应接在供水管立管的顶端；对于机械循环系统，膨胀管应接至系统定压点，一般接至水泵入口前。循环管应接至系统定压点前的水平回水干管上，该点与定压点之间应保持不小于 1.5～3.0m 的距离；3) 膨胀管、溢水管和循环管上严禁安装阀门，排水管和信号管上应设置阀门。

闭式膨胀水罐也称气压罐，通常采用隔膜式。采用这种方式时，空气与水完全分开，系统水质不会受外界影响，不但能解决系统中水的膨胀问题，而且可与锅炉等热力系统的自动补水和系统稳压结合起来。其缺点是：压力的波动较大，造价相对较高。通常应用于建筑物顶部安装开式膨胀水箱有困难的场合，可安装在冷、热源机房内。

相关内容可参见参考文献 [2]、[3]、[6]、[7]。

3.4.2.6 空调水系统水泵选型计算需要注意的问题

水泵总是与空调水管路系统相连接的。在空调水管路系统中，水泵的工作状况不仅取决于水泵本身的性能，还与管路系统的阻力特性有关。在进行水泵选型时，需要将水泵的流量-压力（扬程）性能曲线与管路系统的流量-阻力性能曲线综合在同一张图上，两条曲线的交点即为水泵在空调水系统中的实际工作点，水泵的技术参数应参照此工作点选取。

3.4.3 空调风系统及其水力计算

风管是空调通风系统的重要组成部分。风管系统设计的目的是要合理组织空气流动，在保证使用效果（即按要求分配风量）的前提下，合理确定风管结构、尺寸和布置方式，使系统的初投资和运行费用综合最优。

3.4.3.1 风管的材料与形式

用作风管的材料，常见的有：普通薄钢板、镀锌薄钢板、铝及铝合金板、不锈钢板、塑料复合钢板等金属薄板；硬聚氯乙烯塑料板、玻璃钢、玻璃纤维板等非金属材料。中低压风管一般采用镀锌薄钢板制作。

风管的断面形状有圆形和矩形两种。在同样断面积下，圆形风管周长最短，最为经济。另外，由于矩形风管四角存在局部涡流，所以在同样风量下，局部风管的压力损失要比圆形风管大。工程中使用矩形风管，主要是为了便于与建筑配合。送、回风管的结合处要用硬质紧固件密封。

3.4.3.2　风管内的压力损失计算

空气在风管内流动时的压力损失同样是摩擦压力损失与局部压力损失。

1. 摩擦压力损失计算

空气在风管内流动时，单位长度管道的摩擦压力损失按下式计算：

$$R_m = \frac{\lambda}{4R_s} \cdot \frac{v^2 \cdot \rho}{2} \tag{3-17}$$

式中　R_m——单位长度摩擦压力损失，Pa/m；

　　　λ——摩擦阻力系数；

　　　R_s——风管的水力半径，m（圆形风管：$R_s = D/4$，D 为风管直径，m；矩形风管：$R_s = ab/2(a+b)$，a、b 为矩形风管的边长，m）；

　　　v——流体在管道内的流速，m/s；

　　　ρ——流体的密度，kg/m^3。

摩擦阻力系数 λ 与空气的流动状态和管壁的粗糙度有关，管内空气的流动状态大多处于紊流过渡区。风管系统设计时，可以使用风管道单位长度摩擦阻力计算。

2. 局部压力损失计算

当流体经过风管系统的进出口、弯头、变径管、三通、阀门等管件时，流体将受到集中的扰动，消耗流体的能量，造成局部压力损失。在空调通风工程中，同样是局部压力损失超过摩擦压力损失。

$$\Delta P_j = \zeta \cdot \frac{v^2 \cdot \rho}{2} \tag{3-18}$$

式中　ΔP_j——局部压力损失，Pa。

在紊流的情况下，局部压力损失与流体流动的雷诺数 Re 无关，说明局部压力损失与流体的黏性阻力无关。局部阻力系数 ζ 通常由试验确定，也可以查阅有关专业手册。选用时要注意试验用的管件形状和试验条件，特别要注意 ζ 值对应的是何处的动压值。

对合流三通，两股气流在汇合过程中的能量损失是不同的，因此直管和支管的局部压力损失要分别计算。另外，合流三通内直管和支管的流速相差较大时，会发生引射现象，其中流速大的气流会失去能量，而流速小的气流将获得能量。所以某些合流三通支管的局部阻力系数可能会出现负值，但不会两者都出现负值。因此，在设计时应使支管与直管的流速尽量接近。

3.4.3.3　风管系统的设计计算

在进行风管系统的设计计算前，必须首先确定各送（回）风点的位置及其风量、管道系统、相关设备的布置、风管材料等。设计计算的目的是确定各管段的管径（或断面尺寸）和压力损失，保证系统内达到要求的风量分配，并为风机选择和绘制施工图提供依据。

进行风管系统水力计算的方法很多，如假定流速法、压损平均法、当量压损法、静压复得法等。在一般的风管设计计算中，较为普遍的方法是假定流速法和压损平均法。

1. 基本计算方法

（1）假定流速法：以风管内空气流速和需要通过的风量作为控制指标，以此计算出风管的断面尺寸和阻力损失；然后再对各环路的阻力损失进行平衡调整。这是目前风管系统最常用的一种计算方法。

（2）压损平均法：以单位长度风管有相等的阻力损失为前提。在已知总作用压力的情况下，先将总压力按风管长度平均分配给风管各部分；然后根据各部分的风量和分配到的压力确定风管的尺寸。对于风量较大的通风系统，可利用此法进行支管间的压力平衡。

2. 基本设计计算步骤

（1）系统管段编号。一般从距风机最远的一段开始，由远而近顺序编号；通常以风量和风速不变的风管为同管段；局部管件（如弯头、三通、送、回风口等）含在管段内。送、回风口的参数确定根据第 3.3 节的选型计算结果。

（2）选择合理的空气流速。风管内的风速对空调通风系统的经济性有较大影响。风速过高，虽然风管断面小，材料消耗小，但使系统的压力损失增大，动力消耗增加，同时还可能加速管道的磨损，另外还可产生噪声；风速过小，虽压力损失小，动力消耗少，但风管断面增大，占用安装空间大。因此，必须确定适当的经济流速，风管设计风速的确定可参照表 3-10。对于有消声要求的通风与空调系统，风管内的空气流速按表 3-11 选用。表 3-12 为空调风系统风管设计流速推荐值。

风管内的空气流速（单位：m/s）[4]　　　　　　　　表 3-10

风管分类	住　宅	公共建筑
干管	3.5～4.5 6.0	5.0～6.5 8.0
支管	3.0 5.0	3.0～4.5 6.5
从支管上接出的风管	2.5 4.0	3.0～3.5 6.0
通风机入口	3.5 4.5	4.0 5.0
通风机出口	5.0～8.0 8.5	6.5～10 11.0

有消声要求风道内的空气流速（单位：m/s）[4]　　　　　　　　表 3-11

室内允许噪声级 dB(A)	主管风速	支管风速
25～35	3～4	≤2
35～50	4～7	2～3
50～65	6～9	3～5

空调风系统风管设计流速推荐值（单位：m/s)[16]　　　表 3-12

部　位	住宅		教室、剧院及其他公共建筑		站房、库房	
	适宜流速	最大流速	适宜流速	最大流速	适宜流速	最大流速
新风入口	3.5	4.0	4.0	4.5	4.5	5.0
空气过滤器	1.2	1.5	1.5	1.75	1.75	2.0
换热盘管	2.0	2.25	2.25	2.5	2.5	3.0
喷水室			2.5	3.0	2.5	3.0
风机出口	5.0~8.0	8	6.5~10.0	7.0~10.5	8.0~12.0	8.0~14.0
主风管	3.5~4.5	4.0~6.0	5.0~6.0	6.0~7.0	6.0~8.0	7.0~10.0
支风管	3.0	3.5~6.0	3.0~4.5	4.0~6.0	4.0~5.0	5.0~7.0
支立管	2.5	3.0~4.0	3.0~3.5	4.0~5.0	4.0	5.0~7.0

（3）管道压力损失计算。压力损失计算应从最不利的环路（距风机最远点）开始。

（4）管路压力损失平衡计算。一般的空调通风系统要求两支管的压力损失差不超过15%，以保证实际运行中各支管的风量达到设计要求。

当并联支管的压力损失差超过上述规定时，可通过调整支管管径；增大压力损失小的那段支管的流量；调节阀门的开度增大压力损失小的那段支管的压力损失等方法进行压力平衡。

（5）风机选择。要选用低噪声风机，考虑风机消声的同时，不仅要达到室内噪声标准，而且室外进、排风处的噪声也要满足环保的要求；选择风机时，风量、风压裕量不应过大；根据运行工况的分析，确定经济合理的台数；有条件时可采用变频风机，以减少运行费用。

（6）风机的风量附加。风机的风量除应满足计算风量外，还应增加一定的管道漏风量，漏风附加率小于10%。在管网计算时，不考虑风管的漏风量。

（7）风机的压力附加。风机的全压为系统管网的总压力损失，通常空调通风系统的管网总压力损失考虑10%左右的附加值。

3.4.3.4　风系统风机选型计算需要注意的问题

风机通常与空调风管路系统相连接。在空调风管路系统中，风机的工作状况不仅取决于风机本身的性能，还与管网系统的阻力特性有关。在进行风机选型计算时，需要将风机的风量-压力（压头）性能曲线与管路系统的风量-阻力性能曲线综合在同一张图上，两条曲线的交点即为风机在空调风系统中的实际工作点，风机的技术参数应参照此工作点选取。需要指出的是，此时管路系统的总阻力包括进（出）风口的阻力损失，以及出风口的动压。

3.5　主要空调设备性能及设计选型

在空调工程中，为了实现不同的空气处理过程，需要使用不同的空气热、湿处理设备。常用的空调设备有：风机盘管机组、新风空调箱、组合式空气处理机组、各类加湿器、过滤器等。

3.5.1　风机盘管机组的性能与特点

在空调工程中,风机盘管机组(简称 FCU)大多是与已处理过的新风相结合应用。风机盘管机组主要由盘管(一般为 2～3 排)、风机(前向多翼离心风机或贯流风机)组成,其风量一般在 $250～2500\mathrm{m^3/h}$ 范围内。

1. 主要性能参数

(1) 名义供冷量、名义供热量。机组在规定工况下的总制冷量、供给的总热量(W 或 kW)。

(2) 风量。风机盘管机组提供的送风量($\mathrm{m^3/h}$)。一般分为高、中、低三档,设计时通常按中档取值。

(3) 机组余压。机组克服自身阻力后在出风口处的余压值(Pa)。由于风机盘管机组都是直接向室内送风,机组余压都较小;如果须接风管或有其他特殊要求时,则应选用高静压型的风机盘管机组或是向制造厂商特别提出。

(4) 水阻力。空调水系统的水进入和离开机组内盘管的静压差(Pa)。在计算空调水系统的压力损失、选择水泵时,需要这个参数。

(5) 输入电功率。驱动机组内风机转动的电机输入功率(一般是 220V 二相电源)(W)。

2. 设计选型原则

(1) 通常,机组规定的工况包含:盘管的进风干球温度、湿球温度;盘管的进/出水温度(一般,冷盘管为 7/12℃;热盘管为 60/50℃);盘管的供水量等一些参数。当实际使用的工况与产品技术样本上提供的不符时,应予以修正。

(2) 空调系统的冷量,应是三大部分冷负荷的总和:各空调房间或区域的冷负荷、新风冷负荷以及由于风机、风管、水泵、冷水管和水箱温升等引起的附加冷负荷。

(3) 空调系统的热量除保证房间设计温度外,还应计入新风负荷、加湿所需耗热量等。

(4) 系统送风量,除应满足根据设计计算得的送风量和送风状态外,还要满足对新风量的要求。

(5) 机组的机外余压,应能满足克服风管的摩擦压力损失、局部压力损失以及出口动压损失之和的要求。

3. 运行与调节

风机盘管机组的调节主要采用风量调节和水量调节,但在实际运行中,大多数采用风量调节。值得注意的是,风机盘管机组的进、出水温度及温差对冷量的影响较大。例如,当风机盘管机组风量不变且平均水温相同,而冷水进/出口温度由 7/12℃变为 6/13℃时,风机盘管机组的制冷量减少 12%。一般来说,盘管的排数越多,因水温差增加而引起的冷量变化越小[2]。

另外,风机盘管机组夏季制冷工况处理空气后的冷凝水,是通过凝结水盘靠重力排放至排水道中的。因此,冷凝水的有效排放,对保证风机盘管机组夏季制冷工况下的正常运行至关重要。

3.5.2　新风空调箱的性能与特点

新风空调箱是以冷、热水或蒸汽为媒质,对室外新风进行加热、冷却与减湿处理。其内部构造类同风机盘管机组，也是由盘管、风机组成。小型新风空调箱（风量 $L<$ 5000m³/h）多为吊顶式，便于安装在顶棚内，不占用建筑面积；而较大的卧式新风空调箱的外形则类似于小型组合式空调机组，其主要性能参数的内容也类同于风机盘管机组，但有所不同的是：

（1）由于新风空调箱处理的全是新风，盘管的进、出口空气比焓降大，一般在 34kJ/kg 以上，而风机盘管机组的进、出口空气比焓降一般在 20kJ/kg 左右。因此，新风空调箱盘管的排数一般为 4～8 排，远多于风机盘管机组的 2～3 排。通常，冷盘管的进/出水温度为 7/12℃；热盘管的进/出水温度为 60/50℃。

（2）通常，室外新风由新风空调箱集中处理后，再通过风管分送到各空调房间或区域，风管系统可能较长，因此机组余压较大。新风空调箱的机组余压应是克服了机箱内盘管的压力损失后的箱体出风口处的余压值，该余压值足以将新风送至距风机最远处的新风送风口。另外，考虑到设计计算和施工安装过程中可能造成的误差，以及由于漏风所形成的附加压力损失等因素，机箱的机外余压宜考虑 10%～15% 的附加值。

（3）新风空调箱的输入电源一般为 380V 的三相电源。

3.5.3　组合式空气处理机组的性能与特点

组合式空气处理机组以冷、热水或蒸汽为媒质，由完成对空气的过滤、加热、冷却、加湿、减湿、消声、热回收、新风处理和新、回风混合等功能的箱体组合而成，其主要性能参数的内容也类同于风机盘管机组。

机组各功能段的工作特点：

（1）箱体。箱体的作用是支撑和固定各种功能器件（如表面式加热器、表面式冷却器、过滤器、喷水室等），并使之相互连接成一整体，以完成空气处理功能。制作箱体的材料可以是金属材料（普通金属薄板），也可以是非金属材料（玻璃钢）。

（2）新、回风混合段。该段是用来连接新风进口和回风管道，使新风和回风在该段中均匀混合。通常，在新风口和回风口上安装调节阀，调节新风量和回风量的比例。

（3）粗效过滤段。该段通常设置在新、回风混合段之后，用于滤掉 $10～100\mu m$ 的大颗粒尘粒。过滤器的滤速直接影响过滤效率和阻力，而过滤器的阻力包括滤料阻力（与滤速有关）和结构阻力（与过滤器的框架结构形式和迎面风速有关）。通常，粗效过滤器的滤速的量级为 m/s，粗效过滤器的形式有平板式、折叠式和袋式。

（4）表面式空气加热器和表面式空气冷却器段。目前，集中式空调系统中采用的表面式空气加热器大多是翅片管式的结构形式，光管式空气加热器已很少采用；而在集中式空调系统中的组合式空气处理机组中，采用较多的则是将表面式空气加热器与表面式空气冷却器合二为一的表面式空气换热器，即冷、热媒可以通用。

通常，表面式冷却器的冷水流速 $w=0.6～1.8m/s$，空气质量流速 $v_\rho=2.5～3.5kg/$（m²·s），冷水的进水温度应比空气出口的干球温度至少低 3.5℃，冷水的温升通常为 2.5～6.5℃。

（5）加湿器。空气加湿的方法有：1）喷低压饱和干蒸汽的等温加湿，主要设备有干蒸汽加湿器、电热式加湿器、电极式加湿器等；2）喷循环水的等焓加湿，主要设备有喷水室、高压喷雾加湿器、离心加湿器、超声波加湿器、表面蒸发式加湿器等。加湿器通常安装在风机段之前。

(6) 喷水段。喷水室与表面式空气加热器不同,它是一种直接接触式的热湿处理设备,它不仅能实现对空气的加热、冷却、加湿和减湿等多种处理,还具有空气净化能力,兼表面式空气换热器段、中效过滤段、加湿段三段之功能。喷水室在民用建筑中应用较少,而在工业部门,如纺织厂、卷烟厂中应用较为广泛。

(7) 风机段。应尽量采用低噪声风机,可采用高效双进风离心式风机,风机段内设置轻型可调节的减振装置。风机的风压选择至关重要,风机实际使用时能否达到要求的风量,与其风压的选择是密切相关的。组合式空气处理机组的机外余压,应是克服了箱体内各段的压力损失后的、在箱体出风口处的余压值。通常在选择风机的压力、风量参数时,还要考虑 1.05~1.10 的安全系数。

(8) 消声段。组合式空气处理机组的噪声源主要是风机。风机的噪声包括空气动力噪声、机械振动噪声以及两者相互作用所产生的混合噪声。此外,还有由于电动机的空气隙中交变力相互作用而产生的电磁噪声。因此,为了减少风机噪声对空调房间或区域的干扰和影响,可在风机段后设置消声器。

(9) 中效过滤段。当空调房间对含尘量有一定要求时,通常规定含尘量为 0.15~0.25mg/m³。在表面式空气换热器段之后设置该段,在前面的粗效过滤段配合之下,滤掉 1~10μm 的尘粒。通常,中效过滤器的滤速为 dm/s 量级,中效过滤器的形式有平板式、袋式、分隔板式等。通常设置在组合式空气处理机组的出口附近,即送风段之前。

3.5.4 主要设备的设计选型

(1) 风机盘管机组的选型计算。实际上主要是表面式空气换热器的选型计算。在风机盘管机组的空气处理过程中,主要有等湿冷却过程、减湿冷却过程和等湿加热过程。其设计选型计算方法可参见文献 [6] 以及相关生产厂商的产品资料。

(2) 新风空调箱的选型计算。新风空调箱的选型计算包括两方面的内容:表面式空气换热器的热工计算、阻力计算和风机的配置选型计算。其中,表面式空气换热器的热工计算和阻力计算方法参见文献 [2] 和 [6] 以及相关生产厂商的产品资料;风机的配置选型计算方法参见第 3.4.3.4 节。

(3) 组合式空气处理机组的选型计算。由于组合式空气处理机组涉及的设备较多,因此它的选型计算内容也较多,根据所配各段的功能不同,可能涉及的内容有:表面式空气换热器的热工计算和阻力计算、喷水室的热工计算和阻力计算、风机的配置选型计算、加湿器的配置计算、过滤器的配置计算。

1) 表面式空气换热器的热工计算和阻力的计算方法参见文献 [2] 和 [6] 以及相关生产厂商的产品资料。需要指出的是,在根据设备技术样本资料确定表面式空气换热器型号时,一定要注意产品资料中关于表面式空气换热器的进出口参数是否与理论热工计算的参数一致。如果不一致,需要进行修正。

2) 喷水室的热工计算和阻力的计算方法参见文献 [2] 和 [6]。在根据设备产品资料确定喷水室喷嘴型号及排管布置时,同样要注意产品资料中关于喷淋段的进出口参数是否与理论热工计算的参数一致。如果不一致,也需要进行修正。

3) 风机的配置选型计算方法参见 3.4.3.4。需要指出的是,风机的阻力应包括组合式空气处理机组及与之连接风管系统的阻力。

4) 加湿器的配置计算方法参见文献 [2] 和 [6] 以及相关生产厂商的产品资料。

加湿器有等温加湿型（蒸汽加湿）和等焓加湿型（水雾加湿）之分，在确定加湿方式时要充分考虑涉及对象的适应性。

5）过滤器的配置计算方法参见文献 [2] 和 [6]、第 5 章以及相关生产厂商的产品资料。

3.6　空调设备及管道的保冷与保温、消声与隔振

3.6.1　空调设备及管道的保冷与保温

空调设备、风道与冷热水管道的保冷、保温设计，是为了保持供冷、供热生产能力以及输送能力，减少冷热量的损失，节省能源。另外，对于供冷设备及其管道，保冷还是为了防结露；对于表面温度过高的管道或设备，保温还可防止人被烫伤或辐射强度过高而造成对人的损害。

工程中常用的保温材料有：膨胀珍珠岩、岩棉、矿渣棉、玻璃纤维棉、聚苯乙烯泡沫塑料、聚氨酯发泡材料、发泡橡塑材料等。

1. 保冷、保温材料的基本性能

（1）密度。密度是绝热材料的重要性能指标之一，密度越小的材料必定有越多的气孔，由于气体的导热系数比固体的导热系数小得多，故绝热材料的密度越小，导热系数就越小。但要注意的是，对于纤维材料，当密度小到一定值时，导热系数反而随密度的减少而增大，这是因为材料中的气孔导致了辐射、对流传热的增强。

（2）气孔率。衡量材料体积被气体充实的程度的指标。气孔有开口和闭口之分，对于保冷材料应为闭孔材料。

（3）吸水率、吸湿率、含水率。应优先采用湿阻因子大、吸水率低的绝热材料。

（4）透气性。为材料在各种条件下让空气或水蒸气以及其他气体透过的性能。为保护绝热材料，一般在保冷、保温的外表面涂以低透气性的憎水保护层或密封良好的金属保护层。

（5）导热系数。是绝热材料最重要的性能之一，它反映了一定条件下材料传递热量大小的特性，该值的大小与材料的密度、含水率以及温度等因素有关。

2. 保冷材料的主要技术指标

（1）25℃时的导热系数 $\lambda \leqslant 0.064\mathrm{W/(m \cdot K)}$；

（2）密度 $\rho \leqslant 180\mathrm{kg/m^3}$；

（3）含水率（质量）$\leqslant 0.2\%$；

（4）应为不燃性或难燃性，氧指数不小于 30。

3. 设备和管道的保冷、保温层厚度计算

（1）供冷或冷热共用时，按文献 [4] 中附录 J 选用，也可按文献 [8] 中经济厚度或防止表面凝露保冷厚度方法计算确定；

（2）供热时，按文献 [8] 中经济厚度方法计算确定；

（3）凝结水管，按文献 [4] 中附录 J 选用，也可按文献 [8] 中防止表面凝露保冷厚度方法计算确定；

（4）目前工程中，空调水管常采用发泡橡塑材料，其厚度必须根据环境空气的参数进

行计算，不能轻易地按产品样本上的推荐值取用。

3.6.2 空调设备及管道的消声与隔振设计

空调通风系统中的噪声主要分为风机、空调机等机械设备产生的噪声，气流产生的噪声，入射到风管内而传入室内的噪声等。

民用建筑空调通风系统的减振设计包括两部分：一是设备减振，它们包括冷水机组、空调机组、水泵、风机（包括落地式安装和吊装风机）以及其他可能产生较大振动的设备；二是管道的隔振，主要是防止设备的振动通过水管及风管进行传递。

1. 噪声及振动标准

当系统运行产生的噪声超过一定允许值后，将影响人员的正常工作、学习、休息以及影响房间功能（如电视和广播的播演室、录音室），甚至影响人体健康。

国家标准《民用建筑隔声设计规范》GB 50118—2010 对住宅、学校、旅馆、医院等四类建筑物室内的允许噪声作了规定（参见文献 [3]）；并且在文献 [3] 中，还列出了一般建筑的允许噪声标准参考值以及特殊建筑的允许噪声标准参考值。

另外，国家标准《声环境质量标准》GB 3096—2008 规定了城市五类区域的环境噪声最高限值（参见文献 [3]）。

上述这些标准，都是进行消声、隔振设计与计算的依据。

2. 设备噪声及隔振处理

空调通风设备噪声主要分为风机噪声、水泵噪声和压缩机噪声。

（1）风机设备的噪声值应由制造厂商提供，当缺少实测资料时可按公式估算（参见文献 [3]、[6] 和 [7]）。应尽量选择较低转速的风机设备，以减少噪声和振动的产生。

（2）水泵噪声主要取决于水泵所配电机产生的噪声，当缺少实测资料时可按公式估算（参见文献 [3]）。应尽量选择较低转速的水泵设备，以减少噪声和振动的产生。

（3）风机传动方式应优先选直连式，其次是联轴器传动和三角皮带传动。风机布置时应保持风机入口气流均匀，在出口直管段 1m 之内不宜设阀门等附件。

（4）空调通风设备应做隔声处理，如加隔声罩、在设备壳体内衬吸声材料、在风机进出口装消声器。

（5）减振台座的设计与减振器的选型与计算参见文献 [3]、[6] 和 [7]。

（6）对不带有隔振装置的设备，当其转速小于或等于 1500r/min 时，宜选用弹簧隔振器；转速大于 1500r/min 时，可选用橡胶等弹簧性材料的垫块或橡胶隔振器。

3. 水管系统的消声与隔振设计

水泵、冷水机组、风机盘管机组、新风空调箱、组合式空调机组等设备与水管连接时，通常是在连接处用一小段软管连接。

水管敷设时，在管道支架、吊卡、穿墙处作隔振处理，通常在管道与支架、吊卡间垫软材料，采用隔振吊架（有弹簧型、橡胶型）。

4. 风管系统的消声设计

空调通风风道上的消声措施，应根据：噪声源噪声及风道内空气气流的附加噪声的值，先减去噪声衰减的值，再减去使用房间或周边环境允许的噪声标准的值，并结合所计算噪声的频谱特点，选择消声器的形式和段数。

（1）设计步骤。空调通风系统的消声设计通常在系统的设备、管路、风口等管件基本设计完成后进行，基本设计步骤为：1）根据房间用途确定房间的允许噪声值的 NR 评价曲线；2）计算通风机的声功率级；3）计算管路系统各部件的噪声衰减量，并计算风机噪声经管路衰减后的剩余噪声；4）求房间内某点的声压级；5）根据 NR 评价曲线的各频带的允许噪声值和房间某点各频率的声压级，确定各频带必需的消声量；6）根据必需的消声量选择消声器。参见文献［6］和［7］。

值得注意的是，对于噪声有严格要求的房间，或风管系统中风速过大时，还需对气流噪声进行校核计算。

（2）消声器的选择原则。1）消除高频噪声应采用阻性消声器；2）消除中低频噪声应采用抗性消声器；3）当要求提供较宽的消声频谱范围时，应采用阻抗复合消声器；4）高温、高湿、高速等环境应采用抗性消声器；5）消声器选择还应考虑其防火、防飘散、防霉等性能；6）消声器内空气流速不宜小于 6m/s；确有困难时，不应超过 8m/s。

（3）消声器的设置。对风系统有消声要求时：1）空调通风机组的进出口风管上至少应设置一段消声器，以防止风管出机房后由于一些部件的隔声不力引起的传声；2）当机房外的风道有足够的直管长度时，其余的消声器宜设于此风道上（主管或支管）。

（4）当一个风系统带有多个房间时，应尽量加大相邻房间风口的管路距离；当对噪声有较高要求时，宜在每个房间的送、回风及排风支管上进行消声处理，以防止房间互相串声。

（5）声学要求较高的房间，宜设置独立的空调通风管道系统。

3.7　空调系统的节能

随着人民生活水平不断提高，民用建筑物能耗在我国总能耗中所占比重已越来越大，建筑物能耗主要包括供暖、通风、空调、热水供应、照明、电梯、烹饪等，而其中尤以供暖、通风与空调能耗所占的比例大。据分析统计，2000 年我国建筑能耗约占全社会总能耗的 10%，而且这种比例还将进一步上升。我国建筑业目前正处于繁荣时期，房屋建筑规模巨大，每年建成的房屋面积高达 16 亿～20 亿 m²。随着人们对建筑环境的要求越来越高，供暖、通风与空调所消耗的能源也将越来越多。

绿色建筑是一个系统工程，必须在系统利用的各个环节，从规划设计到系统运行管理的全过程中贯彻绿色建筑的理念，才有可能取得节能的效果。作为空调系统节能的措施，可以从以下几个方面着手。

3.7.1　建筑物本体的节能

（1）在进行建筑规划时，合理选择和确定建筑物的朝向、外形和外表颜色。

（2）在进行建筑物外围护层的构造设计时，应增强或改善外围护结构的保温性能，提高外围护结构的热工特性，防止外墙内部结露，减小外墙内表面温度波动。

（3）充分发挥窗户的隔热和节能功能。在空调的外围护结构热负荷中，透过玻璃窗的太阳辐射得热和通过玻璃窗的传热量所形成的热负荷通常占了其中的大部分。因此，对于一般的空调建筑物，应根据所设计建筑物所在地区的气候特征，尽量采用各种形式的节能玻璃。比如，最简单的可采用双层玻璃窗的构造形式，还可采用单框双层真空玻璃窗、吸热玻璃窗、热反射玻璃窗、低辐射玻璃窗（Low-e 玻璃窗）等新型节能玻璃窗，以减小窗的传热量。

3.7.2 空调系统分区

（1）按照房间功能和房间朝向分区

不同功能的房间在负荷性质、使用时间、使用方式、参数控制等方面都存在较大区别，因此，空调系统宜进行分区设置。此外，相同功能的房间，在不同朝向的情况下，也可能存在负荷性质不同的情况，如：最大设计负荷出现的时刻不同。因此，进行空调系统设计时，需要进行详细的综合分析。按照房间功能和房间朝向分区，可为日后的运行管理创造基础。

（2）高大空间分区

高大空间，在民用建筑中通常是指因建筑室内景观或者其他特殊需求而设计的中庭、大厅等空间，在工业建筑中通常是由于工艺需求而建造的高大厂房。通常情况下，高大空间并不需要整个空间全部维持为某一固定不变的室内参数。民用建筑的中庭、大厅等场所仅地面有人员活动，只要维持人员活动区域的舒适性参数，就可以满足要求；工业建筑中，一般只要求维持工艺设备所处空间的环境参数。因此，将高大空间的空调范围缩小必将有利于整个建筑的节能。

常用的高大空间分区空调技术有分层空调和分区空调两种。前者是通过在一定高度设置水平射流，同时上部排风，依靠水平射流层使得高大空间分为上下两个参数明显不同的空气层。相比之下，后者的分区效果不是特别明显，室内参数沿高度方向呈渐变分布，更适合民用建筑中高大空间的舒适性空调，常用的技术包括：地板送风技术、底层送风技术和置换通风技术。

（3）内、外分区

在进深较大的民用建筑中，如：大型商场、开敞式办公建筑，由于室内各种热源（人员、灯光、设备等）的存在，有可能存在冬季室内得热大于室内围护结构热损失的情况。另外，部分大开间、大进深办公建筑在施工完成后，出于个性化需求会在平行于外立面的方向设置分隔墙，由此造成无外围护结构的房间在冬季只有得热而无散热，存在冬季供冷需求。上述两种情况都导致建筑客观上形成了负荷特性差异明显的空调内区和外区。内区由于无外围护结构，室内环境几乎不受室外环境的影响，常年需要供冷；外区则由于与室外空气相邻，围护结构的负荷随季节改变有较大的变化，夏季需要供冷而冬季需要供热。因此，《公共建筑节能设计标准》GB 50189—2015 明确规定：内、外分区宜分别设置空气调节系统。

同时，《公共建筑节能设计标准》GB 50189—2015 规定：空气调节内、外区应根据室内进深、分隔、朝向、楼层以及围护结构特点等因素划分。通常，内外区分界线有两种划分方法：

1）负荷平衡法：此方法适用于进深和室内冷负荷都比较大且通常不再进行二次分隔的房间，如：大型商场。具体计算方法是：在冬季工况下，假设室内空调冷负荷为 C_L（W），通过围护结构的散热量为 Q_r（W），已知房间面积为 A（m²），则室内空调冷负荷指标为 $C_l = C_L/A$（W/m²），外区面积为 $A_w = Q_r/C_l$（m²）。根据热平衡原理，冬季供冷量为 $Q_l = C_L - Q_r$（W）。

2）房间分隔法：此方法多适用于办公室。因为对于办公建筑而言，房间分隔是一个重要因素，设计中需要灵活处理。如果在垂直于进深方向有明确的分隔，并且这种分隔后有外窗部分的房间进深已经不大，那么分隔墙一般为内、外分区的分界线。对于没有明确分隔的大开间办公室，根据国外有关资料介绍，通常可将距外围护结构 3～5m 范围内的区域划为外区，其所包围的为内区。

3.7.3 合理选择采暖、通风与空调系统

前述的变风量（VAV）系统、变露点送风系统、变水量（VWV）系统、水环热泵系统、变制冷剂流量（VRV）系统等都具有节能的特点，但是不同的建筑环境控制场合特点不同，其负荷特性、使用特点、调节要求、管理要求、建筑特点等也不同。因此，在系统的选择与划分时，要使系统与被控制的环境达最佳的配合，并应充分考虑运行时调节和管理的要求。

3.7.4 空调系统运行节能

（1）合理确定新风量。在工程应用中新风量的大小主要根据室内允许的 CO_2 浓度确定，为了兼顾空调系统的卫生要求和节能需要，在满足室内卫生要求的前提下，按最小新风量运行。

（2）防止过冷和过热。室温的过冷或过热往往是由于自动控制不完备、设备选用不恰当或空调分区不合理所引起的。

（3）改变空调设备启动、停止时间，在预冷、预热时停止取用新风。

（4）过渡季节，对供冷运行，当室外空气的焓小于室内空气的焓时，应该采用全新风运行。

（5）提高输能效率。通过减小管道输送流体的流量、降低系统阻力、提高风机和水泵的效率等途径，可以减小风机和水泵的轴功率，进而减少它们的功耗。为此，在工程中可采取以下措施：

1）对冷水、冷却水、空调送风等采用大温差输送，以减少水流量和送风量，从而降低输送过程的能耗。

2）采用低流速输送空调水或空调风。

3）采用输送效率高的载能介质。通常，水管道的输送效率高于风管道。

4）选用效率高、部分负荷调节特性好的动力设备。空调系统中的设备大部分时间在部分负荷状况下运行，因此，常常把设备的最高效率点选在峰值负荷的 70%～80% 附近。当系统在非峰值负荷工况运行时，通过阀门调节或风机、水泵等的台数调节，或是风机、水泵等的变频调节，改变空调系统的流量以满足其调节要求。

（6）空调系统或供暖系统所消耗的能量大部分都是在冷、热源系统中消耗的。因此，应合理地选用冷、热源系统及方式，采用能量利用系数高的冷、热源设备。

（7）空调系统及设备的自动化控制和调节。

3.7.5 空气能量回收系统

空调系统中处理新风所需的冷（热）负荷占建筑物总冷（热）负荷的比例很大，为了有效地减少处理新风所需的冷热负荷，建议采用空气—空气能量回收装置回收空调排风中的热量或冷量，用来预热（冷）新风和给新风加（除）湿。

1. 回收空气能量的来源

（1）从排风中回收能量。空调系统排风中包含一定的能量，用以预热（冷）新风，可

节省新风耗能。夏季，可利用室内低温低湿的排风冷却干燥室外高温高湿的新风；冬季，可利用室内高温高湿的排风加热加湿室外低温干燥的新风。

（2）回收空调冷凝热。空调系统冷却水可以作为低温热源，利用热泵技术进行空气能量回收。夏季，从冷凝水中回收的热量可为再热器或热水系统提供加热量；对于大型公共建筑，内区发热量大，常年供冷，冬季和过渡季，从冷凝水中回收的热量可为外区供暖。

2. 空气能量回收装置

国家标准《空气-空气能量回收装置》GB/T 21087 将空气能量回收装置按换热类型分为显热回收型和全热回收型两类。显热回收装置只能回收空气中的显热，常见的有板式或板翅式空气能量回收装置、热管式空气能量回收装置等；全热回收装置既可回收显热，也可回收潜热，常见的有板翅式全热空气能量回收装置、转轮式全热空气能量回收装置等。图 3-25 为空气能量回收装置及其系统基本原理图。不同类型热回收装置的工作原理、性能特点、设计计算、注意

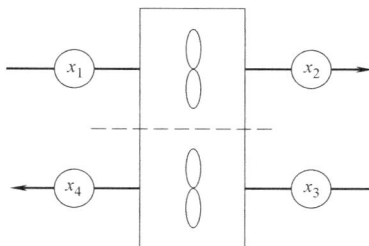

图 3-25 热回收装置及
其系统基本原理图

事项可参考《实用供热空调设计手册（第二版)》，限于篇幅本节不做详细论述。

3. 空气能量回收系统的设计

（1）空气能量回收效率 η

如图 3-25 所示，当新风、排风风量相等，空气能量回收效率 η 用新风状态参数的变化量与新风、排风入口状态参数差之比来表示，表达式为：

$$\eta = \frac{x_1 - x_2}{x_1 - x_3} \tag{3-19}$$

式中，x_1 和 x_2 可表示为新风的进口和出口的温度、湿度或焓；x_3 可表示为排风的进口温度、湿度或焓；对应计算得到的是显热（温度）、潜热（湿度）、全热（焓）交换效率。《公共建筑节能设计标准》要求"排风热回收装置的额定热回收效率不应低于 60%"。当空气能量回收装置结构一定，且新、排风量和室内排风状态参数不变时，影响空气能量回收效率 η 的主要因素是室外新风状态参数。空气能量回收装置实际运行过程中，其空气能量回收效率并不能始终保证额定效率值，而是随室外新风状态参数发生变化，冬、夏季运行空气能量回收效率变化可能较大。显然，空气能量回收效率越高，说明系统的投入产出比大，能较快收回投资成本。常用空气能量回收装置性能和适应对象参见表 3-13。

常用空气热回收装置性能和适用对象 表 3-13

项目	热回收装置形式					
	转轮式	液体循环式	板式	热管式	板翅式	溶液吸收式
热回收形式	显热或全热	显热	显热	显热	全热	全热
热回收效率	50%～85%	55%～65%	50%～80%	45%～65%	50%～70%	50%～85%
排风泄漏量	0.5%～10%	0	0～5%	0～1%	0～5%	0
适用对象	风量较大且允许排风与新风间有适量渗透的系统	新风与排风热回收点较多且比较分散的系统	仅需回收显热的系统	含有轻微灰尘或温度较高的通风系统	需要回收全热且空气较清洁的系统	需回收全热并对空气有过滤的系统

（2）空气能量回收系统设计步骤

1）确定可进行空气能量回收的排风量，合理选取显热或全热空气能量回收装置；

2）分析热空气能量回收装置效率，计算空气能量回收系统的节能量；

3）概算空气能量回收系统初投资和节能费用，并进行投资回收期的分析，判断其经济性；

4）如果节能效果不能满足要求，可对空气能量回收装置重新选型并进行设计计算。

（3）空气能量回收系统的设计条件[12]

《民用建筑供暖通风与空气调节设计规范》GB 50736—2012 规定：设有集中排风的空调系统，且技术经济合理时，宜设置空气-空气能量回收装置。《公共建筑节能设计标准》GB 50189—2015 进一步明确规定：设有集中排风的建筑，新风与排风温差 $\Delta t \geqslant 8$℃时；新风量 $L_o \geqslant 4000 \mathrm{m}^3/\mathrm{h}$ 的空调系统或送风量 $L_s \geqslant 3000 \mathrm{m}^3/\mathrm{h}$ 的直流式空调系统，以及设有独立新风和排风的系统，宜设置排风管空气能量回收装置。排风空气能量回收装置的额定空气能量回收效率不低于 60％。

4. 空气能量回收系统设计应注意的问题

（1）新、排风中显热和潜热能量的构成比例是选择显热或全热空气能量回收装置的关键因素。严寒地区、冬季供暖期较长、气候寒冷干燥的地区，以及夏季室外空气比焓低于室内空气设计比焓且室外空气温度又高于室内空气设计温度的温和地区，宜选用显热回收装置；而对于冬季短促、夏季炎热潮湿的夏热冬冷地区，空调系统新风负荷中潜热负荷所占比例较大时，选用全热回收装置的节能效果更好。

（2）阻力损失 Δp。空气能量回收系统在进行空气能量回收过程中，将以消耗进、排侧风机电量为代价回收热量。显然，两侧流体的风速越大，系统阻力损失 Δp 也随之增大，进而导致风机耗电量增大，这将影响空气能量回收系统节能收益。在进行空气能量回收装置及其系统选型计算时，要充分考虑这一因素。

（3）回收空气能量 q。由于室外新风状态参数以及空气能量回收效率 η 决定了空气能量回收装置回收空气能量 q 的多少，而这两者在空气能量回收系统运行期间并不是定值，是不断变化的。在进行空气能量回收系统的技术经济比较时，应充分考虑当地气象条件、能量回收系统的使用时间等因素，在满足节能标准的前提下，如果系统的回收期过长，则不应采用能量回收系统。

（4）空气能量回收装置的计算，还应考虑积尘的影响，并对是否结霜或结露进行核算。从工程应用中发现，空气能量回收装置的空气积灰对热回收效率的影响较大，设计中应予以重视，并考虑能量回收装置的过滤器设置问题。对室外温度较低的地区（如：严寒地区），应对热回收装置的排风侧是否出现结霜或结露现象进行核算。当出现结霜或者结露时，应采取预热等措施。

3.8　空调系统设计实例

空调系统设计的核心，是按设计要求和基础资料进行全面系统的技术设计，方案比较和理论分析、计算（包括：使用专业软件计算，并且作公式计算与软件计算比较）及具体技术措施的确定，系统的管路布置和设备的选择等等。

空调系统设计内容应包括：空调负荷计算、气流组织设计（方案、技术与经济分析、送风参数、风量及换气次数）、空调系统的分区、空气处理装置（含水系统）的设计与选型；空调风管系统的设计，包括：风管系统布置（管径尺寸，选择送、回、新、排风口型式）、风管系统阻力计算和消声设计计算；选择风机、空调机房的布置与设计。

3.8.1 主要设计资料

3.8.1.1 建筑概况

设计对象为一幢办公建筑，位于北京地区，正南北朝向。相关建筑资料参见附录 2。本节重点以该建筑标准层（四层）作为设计实例说明对象（见图 3-26）。

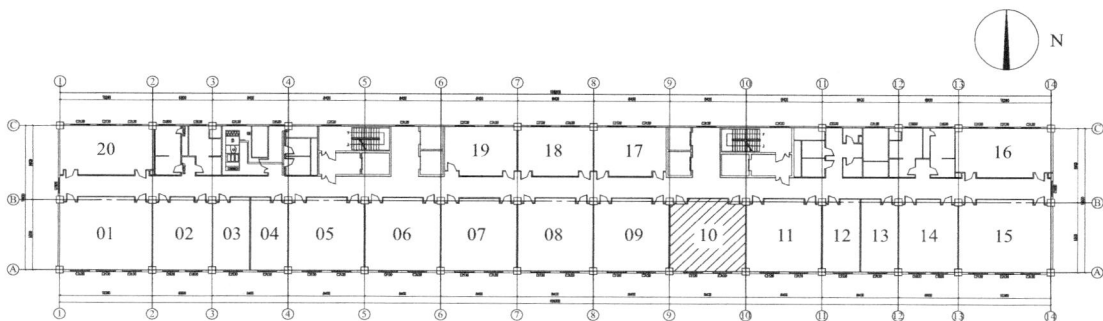

图 3-26 标准层建筑平面图

北京地区属于寒冷地区，根据《北京公共建筑节能设计标准》DB/11 687—2015 规定，该类建筑的体形系数不宜大于 0.4（本建筑的体形系数 $S=0.14$）；各朝向的外墙窗墙面积比应不大于 0.75（本建筑的窗墙比 $C<0.20$）。围护结构传热系数和遮阳系数限值可参照附录 1-3（本建筑均满足要求，计算值参见本书第 2.9 节）。

本节重点介绍夏季空调制冷工况的设计计算过程；冬季供暖工况，参照本书第 2.9 节。

3.8.1.2 基本工艺条件

参照附录 2。

3.8.1.3 室内外设计参数

1. 室内设计参数

根据《民用建筑供暖通风与空气调节设计规范》GB 50736—2012，民用建筑长期逗留区域空气调节室内计算参数如表 3-14 所示。

室内设计参数　　　　　　　　　　　　　　表 3-14

参数	热舒适等级	温度（℃）	相对湿度（%）	风速（m/s）
办公室、会议室、休息室	Ⅰ级	24~26	40~60	≤0.25
走廊、大厅	Ⅱ级	26~28	≤70	≤0.3

2. 夏季室外设计参数

（1）室外计算日逐时温度。计算日逐时温度参照文献［13］取值（见表 3-15）。

（2）标准气象年全年设计计算参数。根据文献［14］，北京地区全年室外干球温度及相对湿度逐时变化如图 3-27 所示，全年太阳直射辐射和散射辐射逐时变化如图 3-28 所示。北京地区属于寒冷地区，夏季室外干球温度日平均值最高为 27℃左右，出现在 7 月；冬季室外干球温度日平均值最低为 -5℃左右，出现在 1 月；相对湿度日平均值处于 35%至 75%之间，最低值和最高值分别出现在 3 月和 8 月。

夏季室外计算日逐时温度　　　　　　　　　　　表 3-15

时刻	1	2	3	4	5	6	7	8	9	10	11	12
温度(℃)	25.50	25.24	24.88	24.62	24.44	24.97	26.12	27.54	28.87	30.02	31.17	32.14
时刻	13	14	15	16	17	18	19	20	21	22	23	24
温度(2)	27.54	28.87	30.02	31.17	32.14	32.85	33.20	33.11	32.40	32.05	31.08	29.84

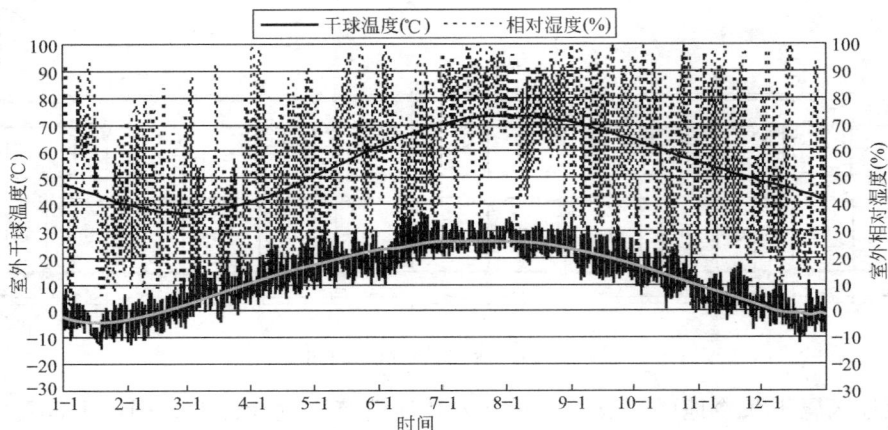

图 3-27　全年室外干球温度及相对湿度变化曲线图

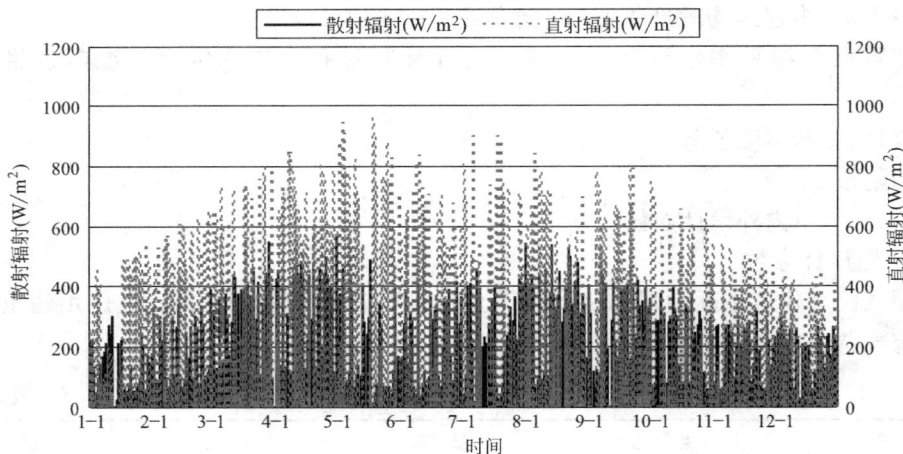

图 3-28　全年太阳直射辐射和散射辐射变化曲线图

3.8.2　围护结构传热系数计算

（1）建筑物外围护结构主要构造及其热工性能，参照附录 2。

（2）传热系数计算，参照本书第 2.9 节。

3.8.3　主要房间作息时间设定

根据建筑使用用途，各主要房间人员、设备以及灯光照明的作息（开关）时间的设定如图 3-29 所示。

(a)

(b)

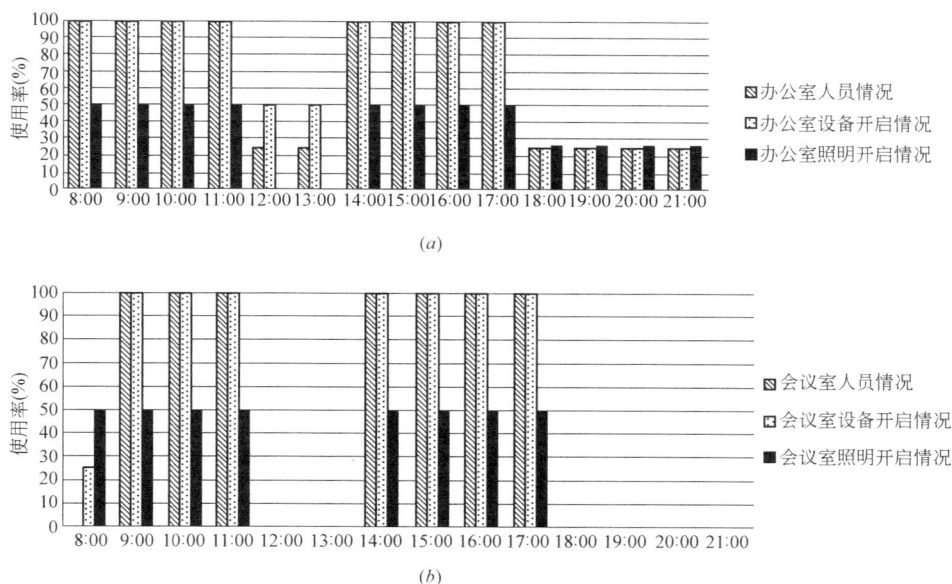

图 3-29　主要房间人员、设备、灯光照明作息时间
(a) 办公室；(b) 会议室

3.8.4　计算房间夏季空调负荷

3.8.4.1　空调房间负荷

为方便说明，本计算选取图 3-26 中朝南的涂有阴影线的 10 房间作为计算房间。假定计算房间的上、下层以及左、右相邻房间均为空调房间，忽略邻间传热冷负荷；忽略建筑空气渗透等冷负荷（详细计算过程可参考文献［5］的例题 2-5、文献［11］的例题 2-3）。

1. 计算条件

（1）屋顶：结构见本书第 2.9 节，$K=0.49$ W/(m² · ℃)；

（2）南窗：玻璃窗为双层 6mm 厚普通玻璃，窗户有效面积系数 $C_a=0.75$，内遮阳为中间色百叶窗；

（3）南墙：结构见本书第 2.9 节，$K=0.56$W/(m² · ℃)；

（4）内墙：邻室温度均相同；

（5）室内设计温度：$t_n=26$℃；

（6）室内满员时人员密度为 8m²/人（作息时间根据图 3-29 设定）。

2. 计算房间夏季设计日空调逐时冷负荷计算

（1）外围护结构冷负荷

1）南外墙冷负荷

根据式（3-1）计算，式中冷负荷计算温度 t_{wlq} 查阅文献［4］，即可得到南外墙冷负荷逐时计算值。

2）南外窗传热引起冷负荷

根据式（3-1）计算。外窗的传热系数 $K_{wc}=2.8$W/(m² · K)；外窗面积 $F=1.8\times0.9\times6=9.72$m²；同上查得外窗冷负荷计算温度 t_{wlc}，即可得到南外窗传热冷负荷逐时计算值。

115

3）窗户日射得热形成的冷负荷

根据式（3-2）计算。由文献［13］查表得玻璃窗的遮阳系数 $C_s = 0.74$，选择窗内遮阳设施为中间色的活动百叶窗，查得其遮阳系数 $C_n = 0.60$，则综合遮阳系数 $C_z = C_s \times C_n = 0.74 \times 0.60 = 0.44$；北京的纬度为北纬 $39°38'$，查得北纬为 $40°$ 时南向日射得热因数最大值 $D_{j\max} = 312 \text{W/m}^2$；查得北京地区有内遮阳的窗玻璃冷负荷系数逐时值 C_{cLC}，即可得到南外窗日射得热引起的冷负荷逐时计算值。

（2）内隔墙传热

本案例设定走廊温度为 28℃，室内与走廊之间存在温度为 2℃ 的稳定传热。根据本书第 2.9 节，内隔墙 $K = 1.31 \text{W/(m}^2 \cdot \text{K)}$，故内隔墙传热量为 $Q = KF\Delta t = 1.31 \times 37.8 \times 2 = 99 \text{W}$。

（3）内部发热冷负荷

1）人员散热引起的冷负荷

人员散热引起冷负荷根据式（3-4）计算。查表得人体显热散热量和潜热散热量分别为 $q_s = 67.5 \text{W/}$人 和 $q_L = 40.7 \text{W/}$人；取群集系数 $n' = 0.96$。根据图 3-29，正常工作时段 8：00～12：00、14：00～17：00，办公室在室人员按 100% 考虑；午休时段 12：00～14：00 和加班时段 17：00～21：00，办公室在室人员按 25% 考虑。人员散热引起的冷负荷分成两部分计算，即 75% 的人员于 8：00 进入室内，12：00 离开室内，再于 14：00 进入室内，17：00 离开室内；25% 的人员由 8：00 进入室内，21：00 离开室内。查得人体显热散热冷负荷系数逐时值，即可得到人员散热引起的冷负荷逐时计算值。

2）设备散热形成的冷负荷

室内设备散热总负荷根据式（3-6）计算。根据图 3-29，正常工作时段在 8：00～12：00、14：00～17：00，设备开启率为 100%，$Q = 1386 \text{W}$；午休时段 12：00～14：00 中，设备开启率为 50%，$Q = 693 \text{W}$；加班时段 17：00～21：00，设备开启率为 25%，$Q = 346 \text{W}$。查得有罩设备散热冷负荷系数逐时值，即可得到设备散热形成的冷负荷逐时计算值。

3）照明散热形成的冷负荷

室内照明散热总负荷根据式（3-5）计算。明装荧光灯的镇流器消耗功率系数 $n_1 = 1.2$，灯罩隔热系数 $n_2 = 0.55$，则 $C_{zm} = 1.2 \times 0.55 = 0.66$。考虑到计算房间位于南向，自然采光条件比较好，正常工作时段 8：00～12：00 和 14：00～17：00，照明设备开启率按 50% 考虑，$Q_{zm} = 276 \text{W}$；午休时段 12：00～14：00 照明全部关闭；加班时段 17：00～21：00，照明设备开启率按 25% 考虑，$Q_{zm} = 138 \text{W}$。查得照明散热冷负荷系数逐时值，即可得到照明散热形成的冷负荷逐时计算值。

（4）房间总冷负荷

将（1）～（3）各对应时刻的冷负荷汇总并相加，即得房间的总冷负荷（见表 3-16）。

（5）计算结果分析

由表 3-17 可知，计算房间逐时冷负荷的综合最大值出现在 15：00（3283W）。其中，由外墙、外窗、内墙传热和窗日射得热引起的围护结构冷负荷为 1040W，占总负荷的 31.6%；由人员、照明和设备散热形成的冷负荷为 2243W，占总负荷的 68.3%。

表 3-16

计算房间总逐时冷负荷（W）

时间	8：00	9：00	10：00	11：00	12：00	13：00	14：00	15：00	16：00	17：00	18：00	19：00	20：00	21：00
外墙	134	132	129	127	124	123	121	120	120	120	121	123	124	127
窗传热	95	117	136	158	177	193	201	201	199	191	177	158	139	125
窗日射	160	240	340	460	440	630	651	620	540	280	240	170	130	110
内墙	99	99	99	99	99	99	99	99	99	99	99	99	99	99
人员	382	646	688	713	185	189	472	673	706	727	197	199	199	110
设备	1095	1275	1303	1317	665	665	1344	1344	1344	1358	339	339	339	69
照明	108	189	199	206	0	0	224	226	229	231	117	118	119	74
总负荷	2073	2698	2894	3080	1690	1899	3112	3283	3237	3006	1290	1206	1149	714
总负荷 围护结构	488	588	704	844	840	1045	1072	1040	958	690	637	550	492	461
总负荷 内部发热	1585	2110	2190	2236	850	854	2040	2243	2279	2316	653	656	657	253

3. 计算房间夏季设计空调逐时湿负荷计算

计算房间湿源只有人员散湿，计算时刻的人体散湿量按式（3-9）计算，计算房间总人数按 10 人考虑，作息规律见图 3-29（a）；成年男子小时散湿量为 61g/(h·人)，群集系数取 0.96[6]。计算房间人体散湿负荷见表 3-17。

计算房间逐时湿负荷 D_r 表 3-17

时间	8：00	9：00	10：00	11：00	12：00	13：00	14：00
φ	0.96	0.96	0.96	0.96	0.96	0.96	0.96
n_t	10	10	10	10	2	2	10
$G[g/(h·人)]$	61	61	61	61	61	61	61
$D_r(kg/h)$	0.586	0.586	0.586	0.586	0.117	0.117	0.586
时间	15：00	16：00	17：00	18：00	19：00	20：00	21：00
φ	0.96	0.96	0.96	0.96	0.96	0.96	0.96
n_t	10	10	10	2	2	2	2
$G[g/(h·人)]$	61	61	61	61	61	61	61
$D_r(kg/h)$	0.586	0.586	0.586	0.117	0.117	0.117	0.117

3.8.4.2 新风负荷

1. 新风量计算

根据第 3.1.8 节，计算房间为办公室，新风量标准按 30m³/(h·p)。标准层总新风量为 4590m³/h。标准层各空调房间所需新风量列于表 3-18。

标准层各空调房间所需新风量 表 3-18

房间类型	房间编号	人数	新风量（m³/h）
办公室	01,15	11	2×330
	02,14	7	2×210
	03,04,12,13	5	4×150
	05～11	9	7×270
	17,18,19	6	3×180
	16,20	8	2×240
合计 G_w			4590(1.53kg/s)

2. 新风负荷

将新风从室外空气状态点 W（t_w＝33.6℃，ϕ_w＝55.7%）冷却除湿至室内空气状态点等焓线上的机器露点 L（t_L＝21.5℃，ϕ_L＝90%），空气处理过程如图 3-30 所示，典型房间新风冷负荷为：

$$Q_w＝G'_w(h_w－h_N)＝1.2kg/m^3×270m^3/h×(82.4－58.6)kJ/kg÷3600＝2.142kW$$

3.8.4.3 DeST 软件计算

为方便快捷地计算其他房间的夏季空调负荷，采用 DeST 软件对计算房间冷负荷进行计算并与手算结果进行对比验证。利用 DeST 软件建立此办公建筑模型，室内设计参数如表 3-14 设置，室外设计参数采用软件自带标准气象年全年设计计算参数，围护结构构造形式及热工性能参照本书附录 2 及第 2.9 节所述，主要房间作息时间设定如图 3-29 所示。

通过 DeST 软件计算得到的计算房间逐时建筑冷负荷如图 3-31 所示，计算房间设计日逐时冷负荷的综合最大值出现在 15：00，为 3444W，计算结果与手算结果偏差为 5%，

在误差允许范围内。下一节将利用
DeST 软件对建筑其他房间冷负荷进
行计算。

3.8.5 标准层夏季空调负荷

标准层各空调房间负荷采用
DeST 软件进行计算，计算结果列入
表3-19。由表3-19可知，标准层房间
建筑冷指标在 70～90W/m² 范围内。
标准层新风冷负荷为 36.414kW，新
风量为 4590m³/h，根据标准层计算

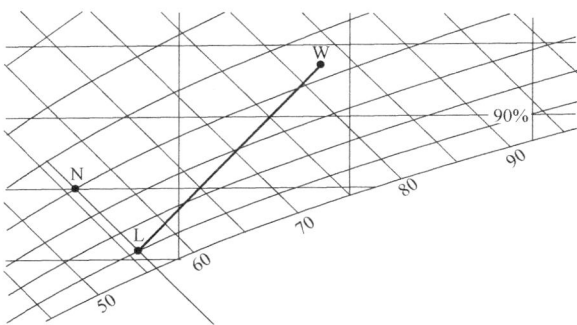

图 3-30　新风处理过程图

得到的新风冷负荷和新风量可进行新风机组的选型，详见本书第3.8.8.3节。

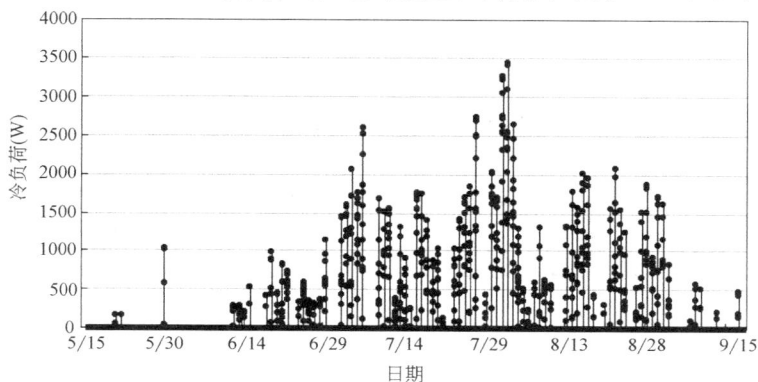

图 3-31　计算房间逐时建筑冷负荷

标准层夏季空调负荷计算汇总　　　　　　　　　　　　　表 3-19

房间类型	房间号	面积(m²)	设计温度(℃)	空调房间冷负荷(W)	人数	人员新风量(m³/h)	新风冷负荷(W)	最大冷负荷(W)	冷指标(W/m²)
办公室	01	89	26	4429	11	330	2618	7047	79
	02	57		2874	7	210	1666	4540	80
	03	37		2076	5	150	1190	3266	88
	04	37		2076	5	150	1190	3266	88
	05	73		3444	9	270	2142	5586	77
	06	73		3444	9	270	2142	5586	77
	07	73		3444	9	270	2142	5586	77
	08	73		3444	9	270	2142	5586	77
	09	73		3444	9	270	2142	5586	77
	10	73		3444	9	270	2142	5586	77
	11	73		3444	9	270	2142	5586	77
	12	37		2076	5	150	1190	3266	88
	13	37		2076	5	150	1190	3266	88
	14	57		2874	7	210	1666	4540	80
	15	89		4429	11	330	2618	7047	79
	16	60		2332	8	240	1904	4236	71
	17	50		1896	6	180	1428	3324	66
	18	50		2695	6	180	1428	4123	82
	19	50		2695	6	180	1428	4123	82
	20	60		2695	8	240	1904	4599	77

3.8.6　整栋建筑夏季空调冷负荷计算

利用 DeST 软件计算得到整栋建筑供冷季逐时冷负荷，计算结果如图 3-32 所示。该建筑的供冷季空调设计冷负荷为 1444kW，即 410RT，建筑冷指标为 101W/m²。从图中可以看出 6 月中旬至 8 月底，冷负荷维持在一个较高的水平。相较而言，5 月和 9 月的负荷较小。

3.8.6.1　典型日建筑负荷特性分析

图 3-33 为典型日（8 月 3 日）整栋建筑冷负荷特性分析。由图可知，由于工艺要求，

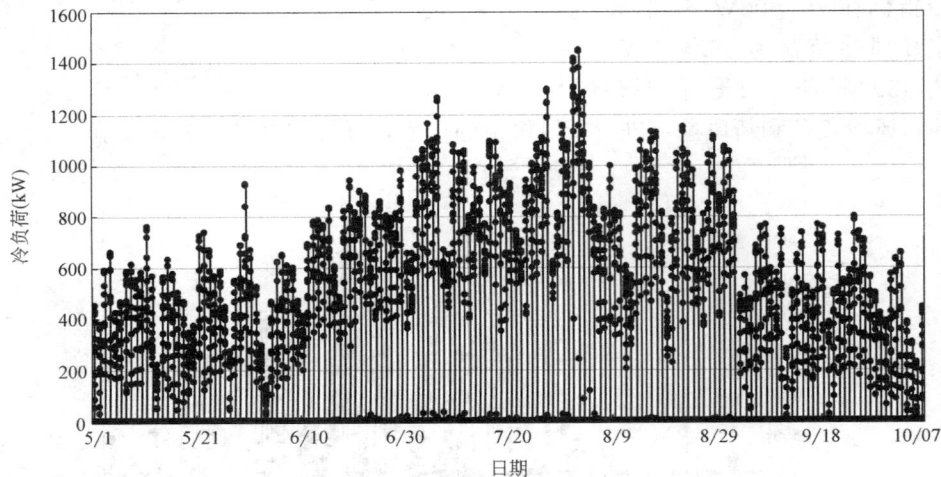

图 3-32　建筑供冷季逐时冷负荷

此办公建筑在夜间 21：00～次日 6：00 时间段没有负荷；上午 7：00 开始出现冷负荷，为 250kW 左右；上午 8：00～11：00 建筑冷负荷在 1200kW 左右，且变化不大。中午由于建筑内人员和灯光照明设备等减少，建筑冷负荷相应减少，12：00 时冷负荷为 1050kW 左右。下午 13：00～15：00 时段，由于太阳辐射和室外空气温度的影响，建筑冷负荷逐渐增大，并在 15：00 达到最大值，为 1444kW，随后建筑冷负荷逐渐降低。夜间 19：00～20：00 时段，建筑冷负荷维持在 1000kW 左右。通过对整栋建筑典型日建筑冷负荷特性进行分析，对指导制冷机组的选型配置与系统的运行调节具有重要意义。

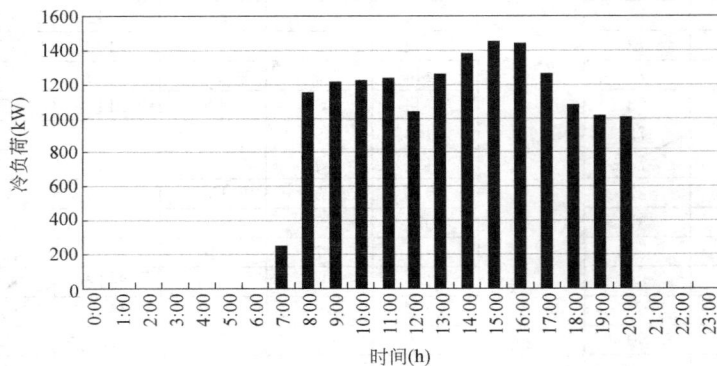

图 3-33　典型日建筑冷负荷特性

3.8.6.2 不同朝向房间负荷特性分析

从图 3-34 和图 3-35 不同朝向房间的负荷特性可以看出，在房间面积相同的情况下，南向房间的逐时冷负荷最大为 6.96kW，北向房间的逐时冷负荷最大为 5.03kW。南向房间的逐时冷负荷大于北向房间，主要是因为夏季南向房间受到太阳辐射的影响，而北向房间围护结构几乎不受到太阳的直射辐射。从负荷的趋势线可以看出，不同朝向的典型房间负荷随月份的变化是一致的，均在 8 月份达到最大。

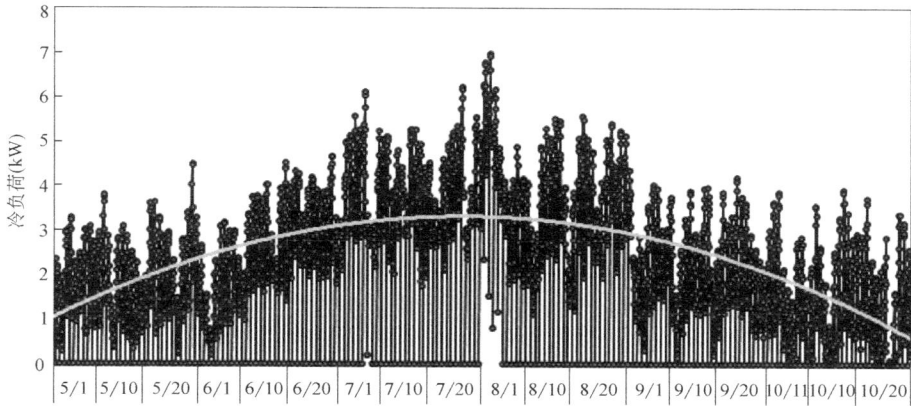

图 3-34 南向典型房间负荷特性

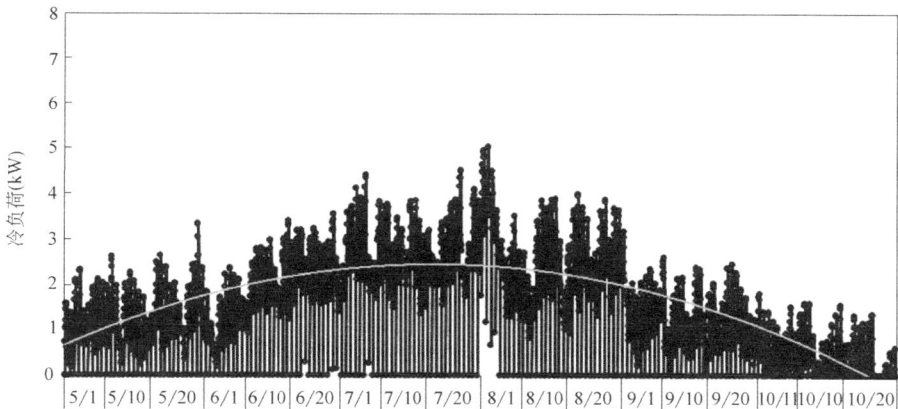

图 3-35 北向典型房间负荷特性

3.8.6.3 不同功能房间负荷特性分析

图 3-36 为典型设计日办公室与会议室冷负荷特性对比分析。由图可知，办公室的冷负荷特性与第 3.8.6.1 节规律相同，而会议室建筑冷负荷在上午时段和下午时段均大于办公室，最大冷负荷指标达到 127W/m²。根据会议室作息时间设定，中午和晚上时段均没有人员使用，会议室冷负荷为 0。通过对不同功能房间负荷特性进行分析，可以为建筑空调系统的划分和管路布置提供参考依据。

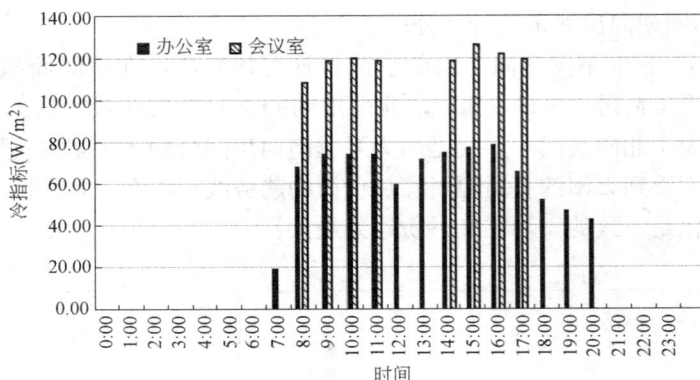

图 3-36 办公室与会议室冷负荷特性对比分析

3.8.7 空调系统设计方案确定

1. 冷源

根据该办公建筑的功能特点以及空调冷负荷特性，考虑采用水冷式电制冷机组。冷冻水供/回水为 7/12℃。制冷机房详细设计方法参第 6 章。

2. 空调末端系统与新风系统

(1) 房间用途

该办公建筑有办公室、会议室、档案室、电子档案室、消防安全控制室、音像资料编辑室、传达室等不同用途的房间（表 3-20）。但其中主要以办公用房为主，占到 90% 以上。

办公楼各层房间用途   表 3-20

层数	房 间 用 途
一层	办公室、会议室、档案室、电子档案室、消防安全控制室、音像资料编辑室、传达室
二层	办公室、会议室、
三层	办公室、会议室、配套用房
四～十一层	办公室、会议室

(2) 空调系统方案比选

在同一栋建筑物内，各区域在围护结构、朝向和计算时间上的差异产生了不同的围护结构瞬时负荷，各区域功能和使用情况的差异也造成了不同的室内负荷。在负荷分析的基础上，根据空调负荷差异性，以及考虑到办公建筑的房间用途，应选择恰当的空调系统。工程中常用到一次回风空调系统、风机盘管加新风系统等。为确保空调系统方案选择的合理性，本节对待选方案进行了分析。

1) 一次回风空调系统

一次回风系统管道复杂，对建筑安装空间与安装高度有较高要求。本建筑受层高与吊顶空间的限制，一层、二层以及标准层办公房间不适合采用，一层共享空间采用一次回风系统。

2) 风机盘管加新风系统

风机盘管加新风空调系统是空气—水空调系统中的一种主要形式，其特点是：使用灵活，能进行局部区域的温度控制，操作简单，并且可以根据房间负荷调节，运行方便。如果房间不用时，可停止风机盘管运行，有利于全年节能管理。

本工程以办公室房间为主，对空气温度的精度控制以及空气洁净度的要求不高，一般需要独立控制。本工程拟采用风机盘管机组加新风空调系统，新风不承担室内负荷，利用新风机组将新风处理到室内空气状态点的等焓线上。新风机组布置在同层的空调机房内，直接从墙外引新风。处理后的新风直接送至人员活动区，避免了新风与风机盘管机组送风混合后送入空调房间导致的压力平衡等问题。由于本工程只考虑夏季供冷问题，因此，新风机组不宜采用热回收形式，新风与回风温差较小，其热回收效率不高。但如果考虑冬季供热问题，宜采用带热回收形式的新风机组。

经过对待选方案的优缺点分析，本工程最终中庭拟采用一次回风空调系统，其他房间拟采用风机盘管加新风系统。空调水系统采用异程式管道系统，利用同层的两个管道竖井布置空调水垂直干管，并分左右两个环路连接各房间的风机盘管；风机盘管和新风机组的冷凝水管集中后就近排至卫生间地漏。房间风机盘管机组和风管布置如图 3-37 所示，空气处理过程如图 3-38 所示，新风管道布置方案如图 3-39 所示，空调水系统布置方案如图 3-40 所示。

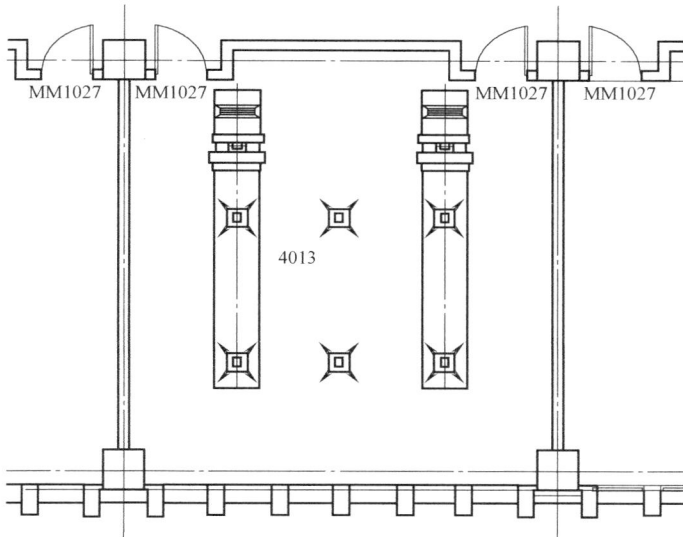

图 3-37 房间风机盘管机组及系统布置示意图

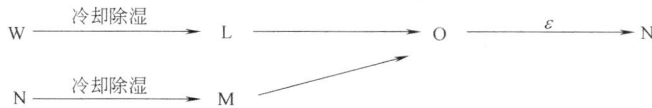

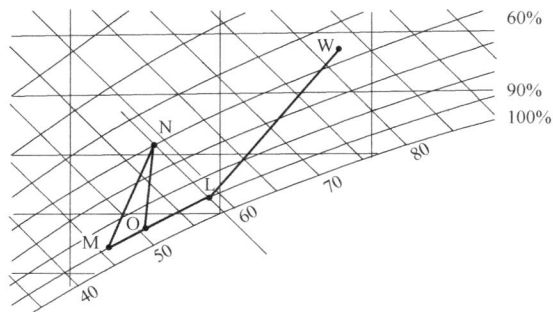

图 3-38 空气处理过程图

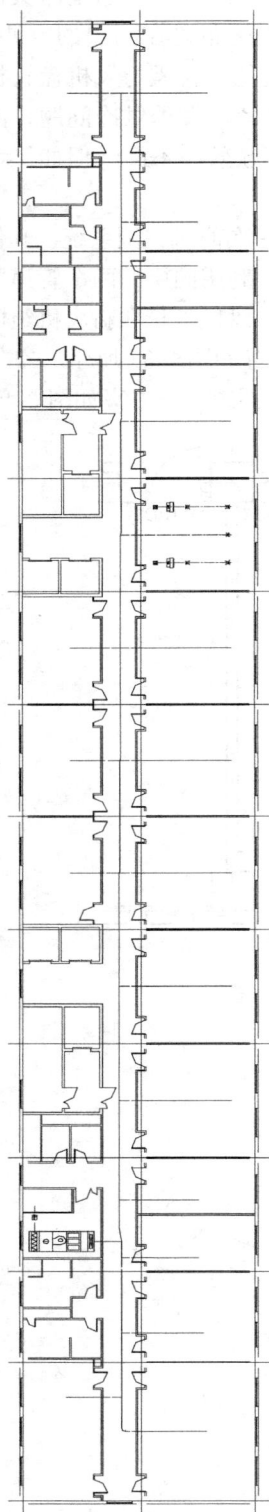

图 3-39　标准层空调新风系统管道布置示意图

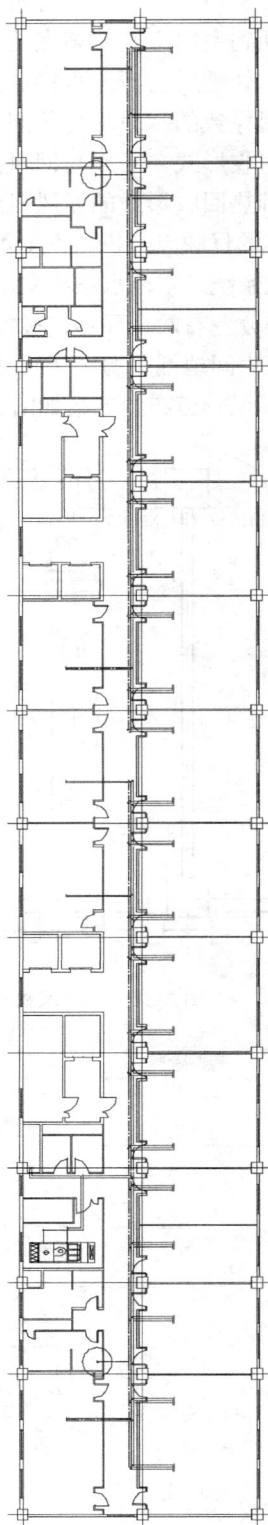

图 3-40　标准层空调水系统管道布置示意图（图中圆圈表示冷凝水管接至卫生间地漏）

3.8.8 空调机组选型计算

3.8.8.1 风机盘管机组设计计算（以计算房间为例）

1. 相应参数的计算

1）根据表 3-16、表 3-17 计算的余热量和余湿量，可得该房间的热湿比值。

$$\varepsilon = \frac{\Delta Q}{\Delta W} = \frac{3.6 \times 3283}{0.586} = 20168$$

2）采用可能达到的最低参数送风，过 N 点作 ε 线，按最大送风温差 7.1℃与 $\varphi = 90\%$ 线相交，即得送风点 O，则总送风量为：

$$G = \frac{Q}{h_N - h_O} = \frac{3.283}{58.6 - 52.5} = 0.54 \text{kg/s}$$

3）风机盘管机组的风量：要求的新风量 $G_W = 0.09 \text{kg/s}$，则风机盘管风量

$$G_F = G - G_W = 0.54 - 0.09 = 0.45 \text{kg/s}$$

4）风机盘第机组出口空气的焓 h_M

$$h_M = \frac{G h_O - G_W h_L}{G_F} = \frac{0.54 \times 52.5 - 0.09 \times 58.6}{0.45} = 51.3 \text{kJ/kg}$$

2. 空气处理过程

根据图 3-38，可得到各点的空气状态参数：室内空气状态点 N（$t_N = 26℃$，$\varphi_N = 60\%$）、室外空气状态点 W（$t_W = 33.5℃$，$\varphi_W = 57.7\%$），新风机组机器露点 L（$t_L = 21.5℃$，$\varphi_L = 90\%$），风机盘管机组机器露点 M（$t_M = 18.4℃$，$\varphi_M = 90\%$），房间空调系统送风状态点 O（$t_O = 18.9℃$，$\varphi_O = 90\%$）。

3. 选型计算

由以上分析计算可知，计算房间冷负荷 $Q = 5425 \text{W}$，风机盘管机组的风量为 1890m³/h。结合图 3-39，每个风机盘管机组的冷负荷为 2713 W，送风量为 945m³/h。表 3-21 和表 3-22 是与计算参数匹配的风机盘管机组技术参数以及相应的接管尺寸。

某厂家生产的风机盘管机组选型参数 表 3-21

选型	额定风量（m³/h）	额定冷量（kW）	水压降（kPa）	机外余压（kPa）	水流量（m³/h）
参数	1020	4.86	40	0.03	0.936

注：1. 制冷量测试工况为：进风干球温度 27℃，湿球温度 19.5℃，进水温度 7℃，出水温度 12℃。

2. 额定风量是在干工况条件下测得，余压是指机外静压。

管道尺寸设计选型 表 3-22

送风管管道		回风管管道	
风速（m/s）	断面尺寸	风速（m/s）	断面尺寸（mm×mm）
2.94	630mm×150mm	2.35	630×200

标准层其他各房间风机盘管的选型计算同样依步骤 1～3 的方法进行。

3.8.8.2 共享空间机组设计计算

1. 相应参数的计算

1）已知共享空间的余热量和余湿量，计算室内热湿比。

$$\varepsilon=\frac{\Delta Q}{\Delta W}=\frac{20598\times1000}{0.2289}=89987$$

2）确定送风状态点。

过 N 点作 $\varepsilon=89987$ 的直线与设定的 $\varphi=90\%$ 的曲线相交得 L 点：$t_L=19.2℃$，$h_L=51.7\mathrm{kg/kg}$。取 $\Delta t_o=6.8℃$，得送风点 O 为：$t_o=19.2℃$，$h_o=51.7\mathrm{kg/kg}$。

3）求风量。

$$G=\frac{Q}{h_W-h_o}=\frac{20.598}{58.9-51.7}=2.86\mathrm{kg/s}(10305\mathrm{kg/h})$$

4）由新风比 0.15（即 $G_W=0.15G$）和混合空气的比例关系可直接确定出混合点 C 的位置。

$$h_C=62.5\mathrm{kJ/kg}$$

5）空调系统所需的冷量

$$Q_O=G(h_C-h_L)=2.86\times(62.5-51.7)=30.9\mathrm{kW}$$

2. 空气处理过程

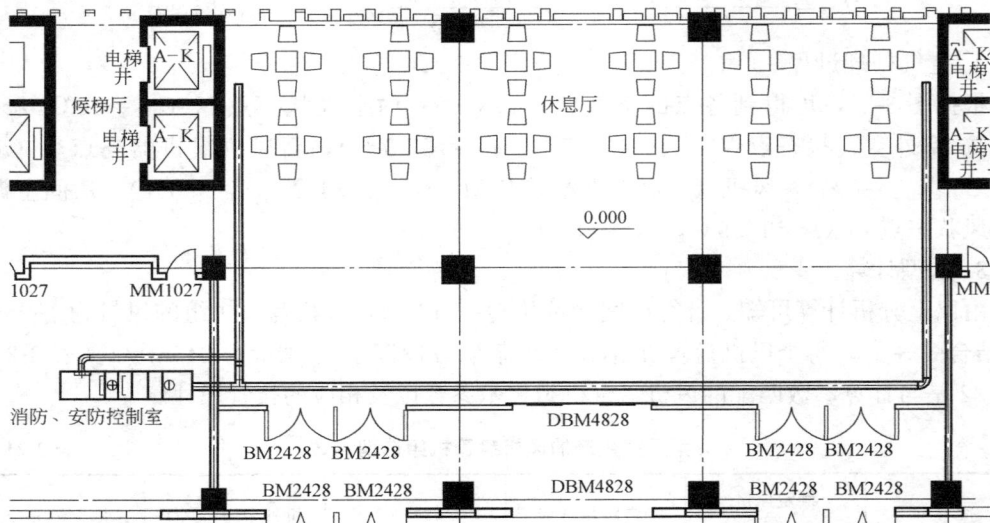

图 3-41　房间一次回风机组及系统布置示意图

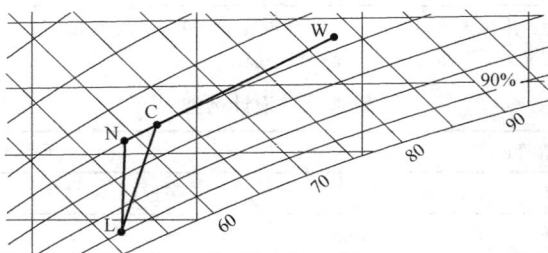

图 3-42　空气处理过程图

图 3-41 为共享空间一次回风机组及系统布置示意图，图 3-42 为对应的一次回风系统空气处理过程图。

根据图 3-42，可得到各点的空气状态参数：室内空气状态点 N（$t_N=26℃$，$\varphi_N=$

60%)、室外空气状态点 W（$t_W = 33.5℃$，$\varphi_W = 57.7\%$），空调机组机器露点 L（$t_L = 19.2℃$，$\varphi_L = 90\%$），空气混合点 C（$t_C = 27.1℃$，$h_C = 62.5$kJ/kg），房间空调系统送风状态点 L（$t_L = 19.2℃$，$\varphi_L = 90\%$）。

3. 选型计算

由上述共享负荷计算结果可知，计算房间冷负荷 $Q = 20598$W。由以上分析计算可知，空调机组的风量为 8587.5m³/h。结合图 3-42，则空调机组的冷负荷为 64900W，送风量为 8587.5m³/h。表 3-23 是与计算参数匹配的空调机组技术参数。

某厂家生产的空调机组选型参数　　　　　　　　　　表 3-23

选型	额定风量 （m³/h）	额定冷量（kW）	机外余压（kPa）	制冷剂充入量（kg）	机组尺寸（mm×mm）
参数	10000	44	0.5	17.8	1810×1650

3.8.8.3 新风机组设计计算

（1）新风量计算

根据本书第 3.1.8 节，计算房间为办公室，新风量标准按 30m³/(h·p)。标准层各空调房间所需新风量列于表 3-18。

$$G_W = \sum_{N=1}^{20} \rho G = 1.2\text{kg/m}^3 \times 4590\text{m}^3/\text{h} \div 3600 = 1.53\text{kg/s}$$

（2）新风负荷

将新风从室外空气状态点 W（$t_W = 33.5℃$，$t_s = 26.4℃$，$\phi_W = 57.7\%$）冷却除湿至室内空气状态点等焓线上的机器露点 L（$t_L = 21.5℃$，$\phi_L = 90\%$），空气处理过程如图 3-43 所示，典型房间新风负荷为：

$$Q_W = G_W(h_W - h_N) = 1.53\text{kg/s} \times (82.4 - 58.6)\text{kJ/kg} = 36.414\text{kW}$$

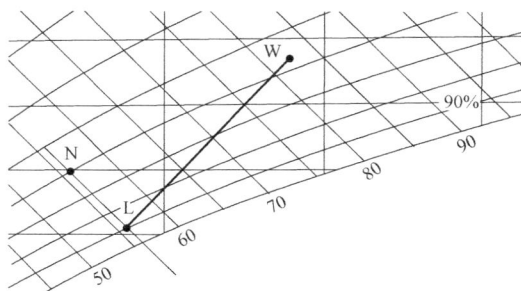

图 3-43　新风处理过程图

（3）新风机组选型

标准层新风机组的冷负荷为 36.414kW，风量为 4590m³/h，故选取变风量新风机组一台，型号 DBFP5。详见表 3-24，该机组额定风量 5000m³/h，全新风工况下的额定冷量为 65.9kW，通过调节冷冻水流量来实现冷量的需求。风机选型计算详见本书第 3.8.10.1 节。

某厂家生产的新风机组选型参数　　　　　　　　　　表 3-24

型号	风量 （m³/h）	额定冷量 （kW）	水流量 （m³/h）	水阻力 （kPa）	重量 （kg）	噪声 （dB）	重量 （kg）	机组尺寸 mm×mm×mm
DBFP5	5000	65.9	9.44	55.7	149	60.5	450	1750×990×380

3.8.9　气流组织计算

3.8.9.1　计算房间气流组织计算

本设计拟考虑上送上回的送风方式，空调房间 8.4m×8.2m，净高 3m，送风量为风机盘管机组送风量综合，即 0.13m³/s。送风口采用方形散流器，回风口采用单层百叶风口，安装在房间吊顶上，共布置 4 个散流器，如图 3-37 所示。综合考虑新风及回风气流，每个散流器承担 3×3m 的送风任务。

(1) 初选散流器。本例按 v_0=3m/s 左右选取风口，选用颈部尺寸为 150mm×150mm 的方形散流器，颈部面积为 0.0225m²，则颈部风速为：

$$v_0 = \frac{0.13}{2 \times 0.0225} = 2.89 \text{m/s}$$

散流器实际出风口面积约为颈部面积的 90%，即：A=0.0225×0.9=0.02025m²。

散流器出口风速 v_s=2.89/0.9=3.2m/s

(2) 按下式计算射流末端速度为 0.5m/s 的射程：

$$x = \frac{K v_s A^{1/2}}{v_x} - x_0 \tag{3-20}$$

式中　x——自散流器中心为起点的射流水平距离，m；

　　　v_x——在 x 处的最大风速，m/s；

　　　x_0——平送射流原点与散流器中心的距离，多层锥面散流器取 0.07m；

　　　v_s——散流器出口风速，m/s；

　　　A——散流器的有效流通面积，m²；

　　　K——送风口常数，多层锥面散流器为 1.4，盘式散流器为 1.1。

则：$x = \dfrac{1.4 \times 3.2 \times 0.02025^{1/2}}{0.5} - 0.07 = 1.27 \text{m}$

(3) 按下式计算室内平均速度

$$v_m = \frac{0.381x}{(L^2/4 + H^2)^{1/2}} \tag{3-21}$$

式中　L——散流器服务区边长，m；当两个方向长度不等时，可取平均值；

　　　H——房间净高，m；

　　　x——射程，m。

则：$v_m = \dfrac{0.381 \times 1.27}{(3^2/4 + 3^2)^{1/2}} = 0.14 \text{m/s}$

如果送冷风，则室内的平均风速为 0.17m/s；送热风时，平均风速为 0.11m/s。

3.8.9.2　共享空间气流组织计算

本设计拟考虑中送下回的送风方式，空调房间 25.2m×12.8m，净高 12.6m，送风量为空调机组送风量综合，即 4.1m³/s。送风口采用喷口，安装在一楼和二楼之间。回风口采用单层百叶风口。

(1) 首先确定送风射程 x 及送风落差 y。两侧采用球形喷口送风，送风射程定位 x=12m，送风落差 y=4.4m，初选直径为 d_s=0.26m 的侧送球形喷口。

(2) 计算出阿基米德数

y/d_s=4.2/0.26=16　　　x/d_s=12/0.26=46

$$Ar = \frac{y/d_s}{\left(\frac{x}{d_s}\right)^2 \left(\frac{0.51ax}{d_s} + 0.35\right)} = 0.0037$$

式中　a——喷口紊流系数，取值 0。

（3）计算出喷口处风速

$$v = \sqrt{\frac{gd\Delta t}{A_r T_n}} = 4.4 \mathrm{m/s}$$

式中　g——重力加速度，$\mathrm{m/s^2}$；

　　　T_n——射流附近温度，℃；

　　　Δt——送风温差取 6℃；

　　　v——喷口处风速，一般为 4～8m/s，否则需重新假设喷口直径或者喷口角度另行
　　　　　计算，直到符合要求为止。

（4）计算喷口个数

$$N = \frac{L}{3600 v \pi d_s^2 / 4} = 4$$

（5）计算射流末端轴心速度 v_p 和射流平均速度 v_p。

$$v_s = v \frac{0.48}{\frac{ax}{d_s} + 0.145} = 0.42 \mathrm{m/s}$$

$$v_p = 1/2 v_s = 0.21 \mathrm{m/s}$$

此平均速度满足夏季舒适型空调空气调节区平均不大于 0.3m/s 的要求。

3.8.10　系统水力计算

3.8.10.1　风管系统水力计算

1. 最不利环路阻力计算根据图 3-44 新风管道布置图

（1）系统管段编号。如图 3-44 所示，首先进行管段编号（出新风机组为 1，顺序向后）。

（2）设计风速的选取。采用假定流速法计算，参照表 3-11 选取各管段的推荐风速值。

（3）风管尺寸的选取。在选定风速后，风管的面积经计算可得到。计算公式为：

$$F = (Q/3600)/v$$

式中　F——风管的面积，$\mathrm{m^2}$；

　　　Q——风管的风量，$\mathrm{m^3/h}$；

　　　v——选定的风速，m/s。

根据计算得到的风管面积，选取对应尺寸的风管。在选取风管时，尽量选取长宽比适中的管径，最大长边与短边之比为 4。

（4）风速验证。在选取好风管尺寸后，计算选定风管的面积。再用上面的公式计算出风管的实际风速，验证实际风速是否在规定的范围之内。由于风管有各种阻力，计算时风速可以比选定的稍大。回风管的风速比送风管的稍低，送、回风管风速和尺寸的选取见表 3-22。

（5）风管阻力计算。确定各管段的长度、连接方式和各个调节部件。选择最不利环路和最近环路，计算各环路阻力，并通过管道断面尺寸、风速以及加设阀门等方法进行平衡。假设由 1-2-3-4-5-6-7-8-9-10-11-12-13-14 构成，管段阻力计算方法参照式（3-17）和式（3-18）。以标准层新风系统右分支为例进行计算，表 3-25 为各管段阻力计算结果。

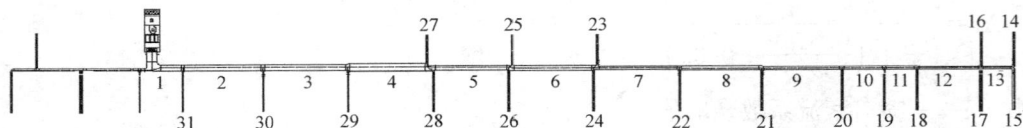

图 3-44 空调风系统管段编号图

标准层新风管道水力计算表 表 3-25

管段	流量	长度	尺寸	风速	比摩阻	沿程阻力	蝶形风阀局阻系数	其他局阻系数	局部阻力	总阻力
1	3660	1.96	630×320	5.04	0.57	1.12	0	0	0	1.1172
2	3510	4.97	630×320	4.84	0.53	2.63	0	0	0	2.6341
3	3240	7.72	500×320	5.625	0.79	6.10	0	0.05	0.953	7.05197
4	2970	8.01	500×320	5.156	0.66	5.29	0	0	0	5.2866
5	2520	7.8	500×250	5.6	0.95	7.41	0	0.05	0.945	8.3547
6	2070	8.01	500×250	4.6	0.95	7.61	0	0	0	7.6095
7	1620	7.28	400×200	5.625	1.26	9.17	0	0.05	0.953	10.126
8	1350	7.77	400×200	4.69	0.8	6.22	0	0	0	6.216
9	1080	4.64	320×160	5.86	1.79	8.31	0	0.05	1.034	9.33986
10	930	4.81	320×160	5.05	1.33	6.40	0	0	0	6.3973
11	780	2.21	320×160	4.23	0.94	2.08	0	0	0	2.0774
12	570	7.89	250×120	5.28	2.05	16.18	0	0.05	0.839	17.0136
13	285	2.5	160×120	4.12	1.55	3.88	0	0.05	0.512	4.387
14	165	5.76	120×120	3.18	1.1	6.34	0	0.6	3.656	9.99
15	120	4.16	120×120	2.31	0.59	2.45	0	0.62	1.993	4.4477
16	165	5.76	120×120	3.18	1.1	6.34	0	0.7	4.265	10.601
17	120	4.16	120×120	2.31	0.59	2.45	0	0.78	2.508	4.9621
18	210	5.73	160×120	3.04	1.76	10.08	2	0.9	16.13	26.213
19	150	5.62	120×120	2.89	0.91	5.11	4	0.75	23.90	29.018
20	150	5.62	120×120	2.89	0.91	5.11	6	0.78	34.12	39.232
21	270	5.67	160×120	3.91	1.39	7.88	3	0.73	34.36	42.239
22	270	5.67	160×120	3.91	1.39	7.881	4	0.74	43.66	51.54
23	270	5.6	160×120	3.91	1.39	7.784	5	0.76	53.06	60.84
24	180	3.99	120×120	3.47	1.3	5.187	7	0.78	56.44	61.628
25	270	5.6	160×120	3.91	1.39	7.784	6	0.78	62.45	70.235
26	180	3.99	120×120	3.47	1.3	5.187	8	0.77	63.62	68.81
27	270	5.54	160×120	3.91	1.39	7.700	7	0.78	71.66	79.3628
28	180	3.99	120×120	3.47	1.3	5.187	9	0.8	71.10	76.29
29	270	5.54	200×120	3.13	1.39	7.700	12	0.78	75.44	83.136
30	270	5.47	200×120	3.13	1.39	7.603	12	0.8	75.55	83.157
31	150	5.47	120×120	2.89	0.91	4.978	16	1	85.55	90.53

经计算，最不利环路总阻力为 97.6Pa，由 1-2-3-4-5-6-7-8-9-10-11-12-13-14 构成。

2. 各分支环路阻力平衡校核计算

新风管道系统各分支环路构成、阻力及其与最不利环路的不平衡率计算结果如表3-26所示。

由计算结果可见，各环路与最不利环路的压力损失差均未超过15%，满足水力平衡要求。

其他环路阻力损失及不平衡率　　　　　　　　　　表 3-26

环路编号	环路构成	总阻力(Pa)	不平衡率(%)
1	1-31	91.64	6.11
2	1-2-30	86.91	11.0
3	1-2-3-29	93.94	3.75
4	1-2-3-4-27	95.45	2.2
5	1-2-3-4-28	92.37	5.36
6	1-2-3-4-5-25	94.68	3.0
7	1-2-3-4-5-26	93.25	4.45
8	1-2-3-4-5-6-23	92.90	4.82
9	1-2-3-4-5-6-24	93.68	4.01
10	1-2-3-4-5-6-7-22	93.72	3.97
11	1-2-3-4-5-6-7-8-21	90.63	7.14
12	1-2-3-4-5-6-7-8-9-20	96.97	0.65
13	1-2-3-4-5-6-7-8-9-10-19	93.15	4.56
14	1-2-3-4-5-6-7-8-9-10-11-18	92.42	5.3
15	1-2-3-4-5-6-7-8-9-10-11-12-17	88.19	9.65
16	1-2-3-4-5-6-7-8-9-10-11-12-13-15	92.06	5.68
17	1-2-3-4-5-6-7-8-9-10-11-12-13-16	93.83	3.87
18	1-2-3-4-5-6-7-8-9-10-11-12-13-14	97.6	0.00

新风机组的机外余压至少应为97.6Pa。为克服阻力，取1.1的安全系数得到风机的设计扬程。所以风机扬程 $H = 1.1 \times 97.6 = 107.4$Pa，对所选机组风机提供的压头进行校核，看是否满足所需压头。

3.8.10.2 空调水系统设计计算

1. 最不利环路阻力计算 根据图3-45空调水系统布置图。空调冷冻水系统的管路水力计算是在已知水流量和推荐流速下，确定水管管径，计算水在管路中流动的沿程损失和局部损失，确定水泵的扬程和流量（基本计算方法参照式（3-14）～式（3-16），推荐流速参照表3-8）。

考虑到空调水系统为异程系统，为了确保各分支环路之间的平衡，应通过管道管径尺寸、流速以及加设阀门等方法进行平衡。以标准层右环路的一个分支为例进行计算，表3-27为各管段阻力计算结果。

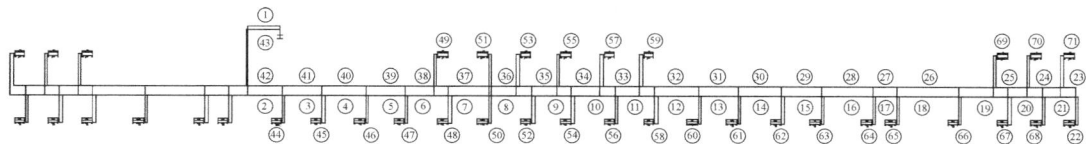

图 3-45 空调水系统管段编号

左环路水管水力计算表 表 3-27

管段编号	冷负荷(W)	流量(kg/h)	管段长度(m)	管径(mm)	流速(m/s)	比摩阻(Pa/m)	摩擦损失(Pa)	局部阻力系数	风盘局阻(kPa)	局部损失(kPa)	总阻力(kPa)
1	127024	21848.13	10.48	80	1.18	229.17	2403	0	5.01	2.56	7.57
2	97667	16798.72	3.94	80	0.91	138.09	545	0	2.32	0.65	2.97
3	93832	16139.1	4	80	0.87	127.87	511	0	2.06	0.04	2.10
4	89997	15479.48	4.4	80	0.83	118.04	519	0	1.83	0.04	1.86
5	86162	14819.86	4	80	0.8	108.6	434	0	1.61	0.03	1.64
6	82327	14160.24	4.4	65	1.08	243.77	1073	0	3.45	0.07	3.52
7	76062	13082.66	4	65	1	209.27	837	0	2.74	0.06	2.80
8	69797	12005.08	4.4	65	0.92	177.39	781	0	2.13	0.05	2.18
9	63512	10924.06	4	65	0.84	148.02	592	0	1.62	0.04	1.66
10	57227	9843.04	4.4	65	0.75	121.28	534	0	1.19	0.03	1.23
11	50962	8765.46	4	65	0.67	97.24	389	0	0.85	0.03	0.88
12	44697	7687.88	4.4	50	0.97	270.56	1190	0	2.08	0.06	2.14
13	40862	7028.26	4	50	0.89	227.74	911	0	1.60	0.05	1.65
14	37027	6368.64	4.4	50	0.8	188.57	830	0	1.20	0.04	1.24
15	33192	5709.02	4	50	0.72	153.05	612	0	0.87	0.03	0.91
16	29357	5049.4	5.2	50	0.64	121.19	630	0	0.61	0.03	0.64
17	25517	4388.92	2.4	50	0.55	92.94	223	0	0.41	0.02	0.43
18	21677	3728.44	6.3	40	0.78	252.36	1590	0	0.94	0.03	0.97
19	14967	2574.32	5	32	0.74	280.02	1400	0	0.72	0.04	0.76
20	9978	1716.22	3.4	32	0.5	130.02	442	0	0.22	0.02	0.24
21	4989	858.11	3.84	25	0.39	110.09	423	0	0.09	0.37	0.46
22	2913	501.04	6.41	20	0.4	173.22	1111	30	0.09	0.83	30.92
23	4989	858.11	3.75	25	0.39	110.09	413	0	0.09	0.19	0.28
24	9978	1716.22	3.4	32	0.5	130.02	442	0	0.22	0.02	0.24
25	14967	2574.32	5	32	0.74	280.02	1400	0	0.72	0.04	0.76
26	21677	3728.44	6.3	40	0.78	252.36	1590	0	0.94	0.03	0.97
27	25517	4388.92	2.4	50	0.55	92.94	223	0	0.41	0.02	0.43
28	29357	5049.4	5.2	50	0.64	121.19	630	0	0.61	0.03	0.64
29	33192	5709.02	4	50	0.72	153.05	612	0	0.87	0.03	0.91
30	37027	6368.64	4.4	50	0.8	188.57	830	0	1.20	0.04	1.24
31	40862	7028.26	4	50	0.89	227.74	911	0	1.60	0.05	1.65
32	44697	7687.88	4.4	50	0.97	270.56	1190	0	2.08	0.06	2.14
33	50962	8765.46	4	65	0.67	97.24	389	0	0.85	0.03	0.88
34	57227	9843.04	4.4	65	0.75	121.28	534	0	1.19	0.03	1.23
35	63512	10924.06	4	65	0.84	148.02	592	0	1.62	0.04	1.66

续表

管段编号	冷负荷(W)	流量(kg/h)	管段长度(m)	管径(mm)	流速(m/s)	比摩阻(Pa/m)	摩擦损失(Pa)	局部阻力系数	风盘局阻(kPa)	局部损失(kPa)	总阻力(kPa)
36	69797	12005.08	4.4	65	0.92	177.39	781	0	2.13	0.05	2.18
37	76062	13082.66	4	65	1	209.27	837	0	2.74	0.06	2.80
38	82327	14160.24	4.4	65	1.08	243.77	1073	0	3.45	0.07	3.52
39	86162	14819.86	4	80	0.8	108.6	434	0	1.61	0.03	1.64
40	89997	15479.48	4.4	80	0.83	118.04	519	0	1.83	0.04	1.86
41	93832	16139.1	4	80	0.87	127.87	511	0	2.06	0.04	2.10
42	97667	16798.72	3.42	80	0.91	138.09	472	30	2.32	1.29	33.61
43	127024	21848.13	9.69	80	1.18	229.17	2220	30	5.01	1.47	36.47
44	3835	659.62	7.21	20	0.53	289.56	2087	30	0.19	32.28	62.47
45	3835	659.62	7.21	20	0.53	289.56	2087	30	0.19	32.28	62.47
46	3835	659.62	7.21	20	0.53	289.56	2087	30	0.19	32.28	62.47
47	3835	659.62	7.21	20	0.53	289.56	2087	30	0.19	32.28	62.47
48	3835	659.62	6.41	20	0.53	289.56	1857	30	0.19	13.62	43.81
49	2430	417.96	8.73	20	0.34	123.86	1082	30	0.05	13.67	43.72
50	3835	659.62	6.41	20	0.53	289.56	1857	30	0.19	15.32	45.51
51	2430	417.96	8.73	20	0.34	123.86	1082	30	0.05	6.15	36.20
52	3835	659.62	6.41	20	0.53	289.56	1857	30	0.19	15.32	45.51
53	2450	421.4	8.73	20	0.34	125.74	1098	30	0.05	6.25	36.30
54	3835	659.62	6.41	20	0.53	289.56	1857	30	0.19	15.32	45.51
55	2450	421.4	8.73	20	0.34	125.74	1098	30	0.05	6.25	36.30
56	3835	659.62	6.41	20	0.53	289.56	1857	30	0.19	15.32	45.51
57	2430	417.96	8.73	20	0.34	123.86	1082	30	0.05	6.15	36.20
58	3835	659.62	6.41	20	0.53	289.56	1857	30	0.19	15.32	45.51
59	2430	417.96	8.73	20	0.34	123.86	1082	30	0.05	6.15	36.20
60	3835	659.62	7.21	20	0.53	289.56	2087	30	0.19	3.57	33.77
61	3835	659.62	7.21	20	0.53	289.56	2087	30	0.19	3.57	33.77
62	3835	659.62	7.21	20	0.53	289.56	2087	30	0.19	3.57	33.77
63	3835	659.62	7.21	20	0.53	289.56	2087	30	0.19	3.57	33.77
64	3840	660.48	7.21	20	0.53	290.27	2092	30	0.19	3.58	33.78
65	3840	660.48	7.21	20	0.53	290.27	2092	30	0.19	3.58	33.78
66	6710	1154.12	7.21	25	0.52	191.54	1381	30	0.22	1.92	32.14
67	2913	501.04	6.41	20	0.4	173.22	1111	30	0.09	0.83	30.92
68	2076	357.07	8.73	20	0.29	92.76	810	30	0.03	0.42	30.46
69	2913	501.04	6.41	20	0.4	173.22	1111	30	0.09	0.83	30.92
70	2076	357.07	8.73	20	0.29	92.76	810	30	0.03	0.42	30.46
71	2076	357.07	8.73	20	0.29	92.76	810	30	0.03	0.42	30.46

经计算，最不利环路总阻力为 169.993kPa，由 1-2-3-4-5-6-7-8-9-10-11-12-13-14-15-16-17-18-19-20-21-22-23-24-25-26-27-28-29-30-31-32-33-34-35-36-37-38-39-40-41-42-43 构成。

2. 各分支环路阻力平衡校核计算

空调水系统各分支环路构成、阻力及其与最不利环路的不平衡率计算结果如表 3-28 所示。

由计算结果可见，各环路与最不利环路的压力损失差均未超过 15%，满足水力平衡要求。

其他环路阻力损失及不平衡率　　　　　　表 3-28

环路编号	环 路 构 成	总阻力(kPa)	不平衡率(%)
1	1-2-44-42-43	143.09	13.80
2	1-2-3-45-41-42-43	147.29	11.27
3	1-2-3-4-46-40-41-42-43	149.16	10.14
4	1-2-3-4-5-47-39-40-41-42-43	154.31	7.04
5	1-2-3-4-5-6-48-38-39-40-41-42-43	142.69	14.04
6	1-2-3-4-5-6-49-38-39-40-41-42-43	142.60	14.09
7	1-2-3-4-5-6-7-50-37-38-39-40-41-42-43	144.88	12.72
8	1-2-3-4-5-6-7-51-37-38-39-40-41-42-43	149.99	9.64
9	1-2-3-4-5-6-7-8-52-36-37-38-39-40-41-42-43	154.35	7.01
10	1-2-3-4-5-6-7-8-53-36-37-38-39-40-41-42-43	145.15	12.56
11	1-2-3-4-5-6-7-8-9-54-35-36-37-38-39-40-41-42-43	157.67	5.02
12	1-2-3-4-5-6-7-8-9-55-35-36-37-38-39-40-41-42-43	148.46	10.56
13	1-2-3-4-5-6-7-8-9-10-56-34-35-36-37-38-39-40-41-42-43	160.12	3.54
14	1-2-3-4-5-6-7-8-9-10-57-34-35-36-37-38-39-40-41-42-43	150.82	9.14
15	1-2-3-4-5-6-7-8-9-10-11-58-33-34-35-36-37-38-39-40-41-42-43	161.88	2.48
16	1-2-3-4-5-6-7-8-9-10-11-59-33-34-35-36-37-38-39-40-41-42-43	152.57	8.08
17	1-2-3-4-5-6-7-8-9-10-11-12-60-32-33-34-35-36-37-38-39-40-41-42-43	150.14	9.55
18	1-2-3-4-5-6-7-8-9-10-11-12-13-61-31-32-33-34-35-36-37-38-39-40-41-42-43	157.72	4.99
19	1-2-3-4-5-6-7-8-9-10-11-12-13-14-62-30-31-32-33-34-35-36-37-38-39-40-41-42-43	160.20	3.49
20	1-2-3-4-5-6-7-8-9-10-11-12-13-14-15-63-29-30-31-32-33-34-35-36-37-38-39-40-41-42-43	162.01	2.40
21	1-2-3-4-5-6-7-8-9-10-11-12-13-14-15-16-64-28-29-30-31-32-33-34-35-36-37-38-39-40-41-42-43	163.30	1.62

续表

环路编号	环 路 构 成	总阻力(kPa)	不平衡率(%)
22	1-2-3-4-5-6-7-8-9-10-11-12-13-14-15-16-17-65-27-28-29-30-31-32-33-34-35-36-37-38-39-40-41-42-43	164.15	1.11
23	1-2-3-4-5-6-7-8-9-10-11-12-13-14-15-16-17-18-66-26-27-28-29-30-31-32-33-34-35-36-37-38-39-40-41-42-43	164.47	0.92
24	1-2-3-4-5-6-7-8-9-10-11-12-13-14-15-16-17-18-19-67-25-26-27-28-29-30-31-32-33-34-35-36-37-38-39-40-41-42-43	164.77	0.74
25	1-2-3-4-5-6-7-8-9-10-11-12-13-14-15-16-17-18-19-68-25-26-27-28-29-30-31-32-33-34-35-36-37-38-39-40-41-42-43	164.30	1.02
26	1-2-3-4-5-6-7-8-9-10-11-12-13-14-15-16-17-18-19-20-69-24-25-26-27-28-29-30-31-32-33-34-35-36-37-38-39-40-41-42-43	165.25	0.45
27	1-2-3-4-5-6-7-8-9-10-11-12-13-14-15-16-17-18-19-20-70-24-25-26-27-28-29-30-31-32-33-34-35-36-37-38-39-40-41-42-43	164.79	0.73
28	1-2-3-4-5-6-7-8-9-10-11-12-13-14-15-16-17-18-19-20-21-71-23-24-25-26-27-28-29-30-31-32-33-34-35-36-37-38-39-40-41-42-43	165.40	0.36

3.8.10.3 冷凝水管道设计计算

1. 冷凝水管布置设计

风机盘管冷凝水管道应保持一定的坡度，不宜小于 0.01，且应就近排放。标准层冷凝水管布置如图 3-46 所示。

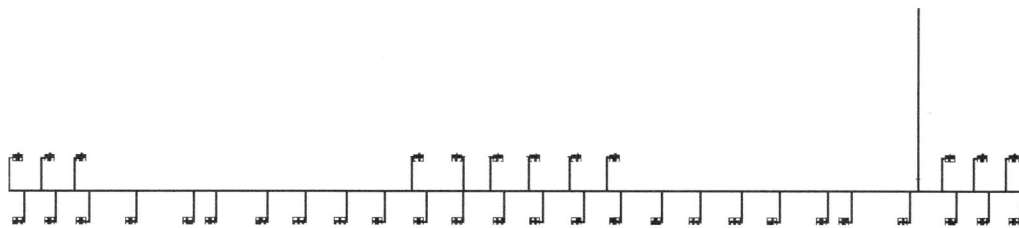

图 3-46 标准层风机盘管冷凝水管布置

2. 冷凝水系统管径确定

标准层的冷负荷为 7.67kW，根据本书第 3.4.2.4 节及表 3-9，每 1h 约产生 3.068kg 的冷凝水，相应的冷凝水管管径可按 25mm 选取。其他层的冷凝水系统管径可参照同样的方法确定。

3.9 施工图构成

根据空调系统设计的基本步骤，在完成了上述设计计算工作后，下面的工作就是如何把设计的思想变成实际工程中可以具体实施的设计蓝图。为了对空调系统的工程设计图纸的设计深度和要求有一个直观的认识，特以下述图纸为范例（图 3-47～图 3-51）[10]，以供参考。

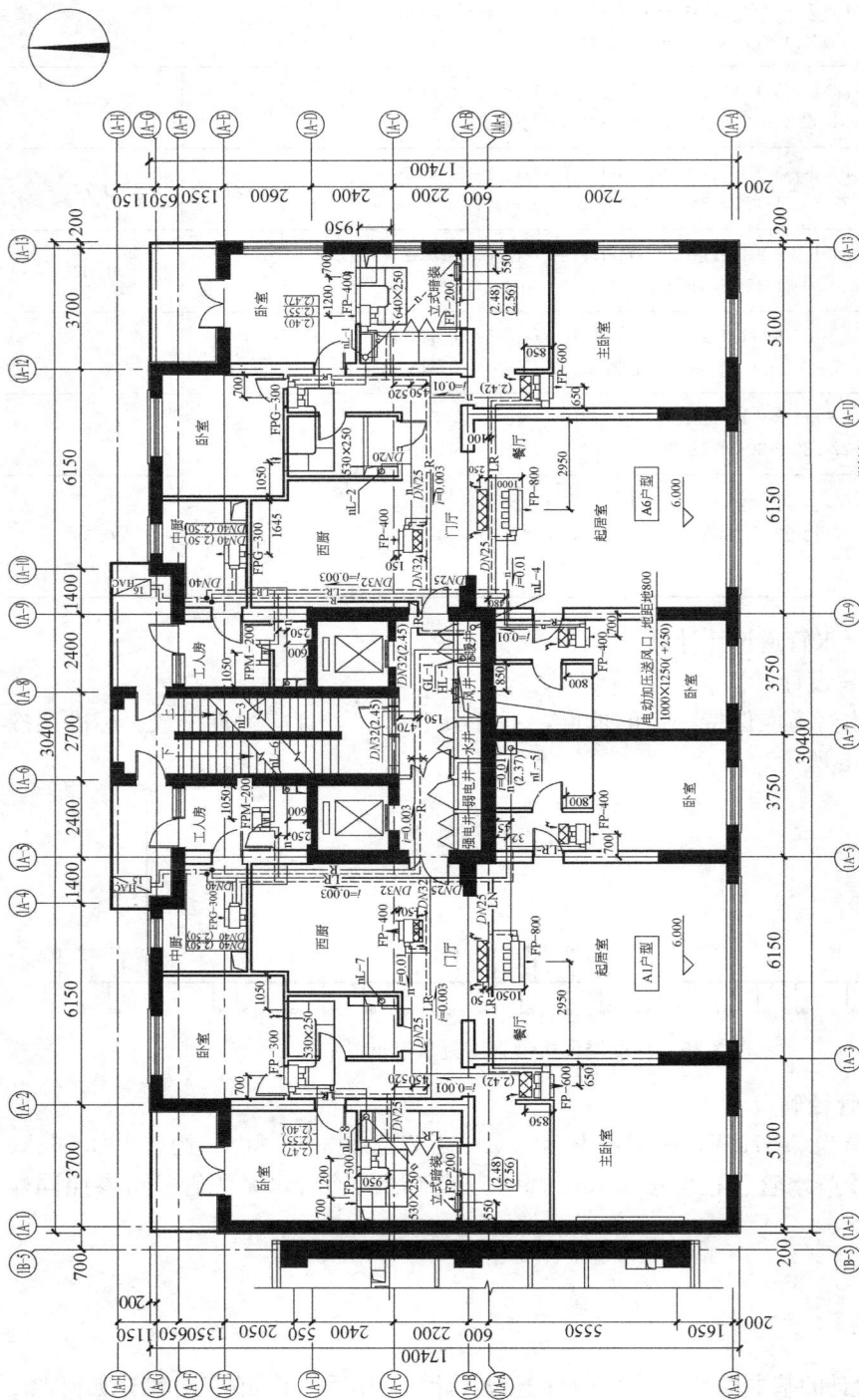

图 3-47　空调平面图

附注:

1. 户式空调系统中,风机盘管安装高为标高顶板距300mm吊装,并与楼板间衬橡胶垫隔减振。

2. 空调水管水平间距为120mm。

3. 风机盘管回风口安装及供回水、凝结水管管径及安装见设备安装详图。

4. 户式空调室外机安装详图见设施—XX。

平面图表要求:

1. 绘出建筑轮廓、主要轴线号、轴线尺寸、室内外标高、房间名称。底层平面图上绘出指北针。

2. 通风、空调平面图用双线绘出空调出风管、单线绘出空调冷热水、凝结水管等管道。(圆形风管注管径、矩形风管注宽×高)、标注水管管径及标高;各种设备及风口安装的定位尺寸及编号;消声器、调节阀、防火阀等各种部件位置及标图;风口的气流方向。回风房同送,注明房同送。

3. 当建筑装修未确定时,风管和水管可先出单线走向示意图,应按规定要求绘制平面图。建筑装修确定后,风量或风机盘管量、规格、管数量应按规定确定后,应按规定要求绘制平面图。

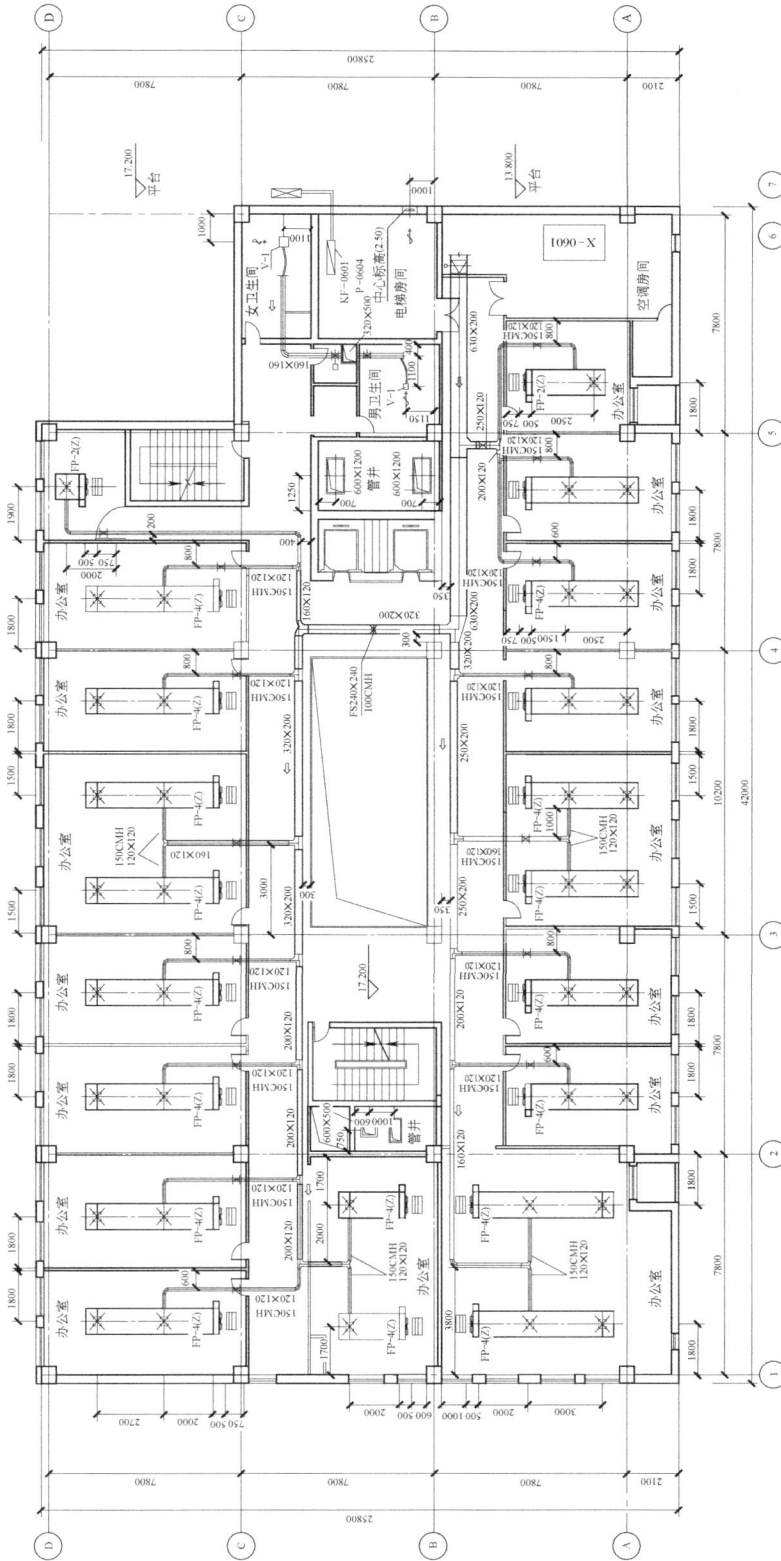

图 3-48　空调风路平面图

【深度规定条文】

1 绘出建筑轮廓、主要轴线号、轴线尺寸、室内外地面标高、房间名称、底层平面图上绘出指北针。

4 通风、空调平面图用双线绘出风管。圆形风口尺寸注管径、矩形风管注宽×高；各种设备及风口安装的定位尺寸和编号、消声器、调节阀、防火阀等各种部件位置及风口的气流方向。

5 当建筑装修设计未确定时，风管……可先出单线走向示意图，注明房间送、回风量或风机盘管数量、规格。建筑装修确定后，应按规定要求绘制平面图。

【补充说明】

1 风机盘管的送风管及送、回风口直在设计及施工说明中或在风机盘管的性能参数表中做统一规定，否则应在平面图中设尺寸对照表。

2 首层明装风口及支风管的风量，以便系统调试。

附注：

1. 风机盘管底标高均匀(2.50)。
2. X-0601 的机房放大图详见设施一12。
3. 图中未标注风管顶标高均为(2.75)。

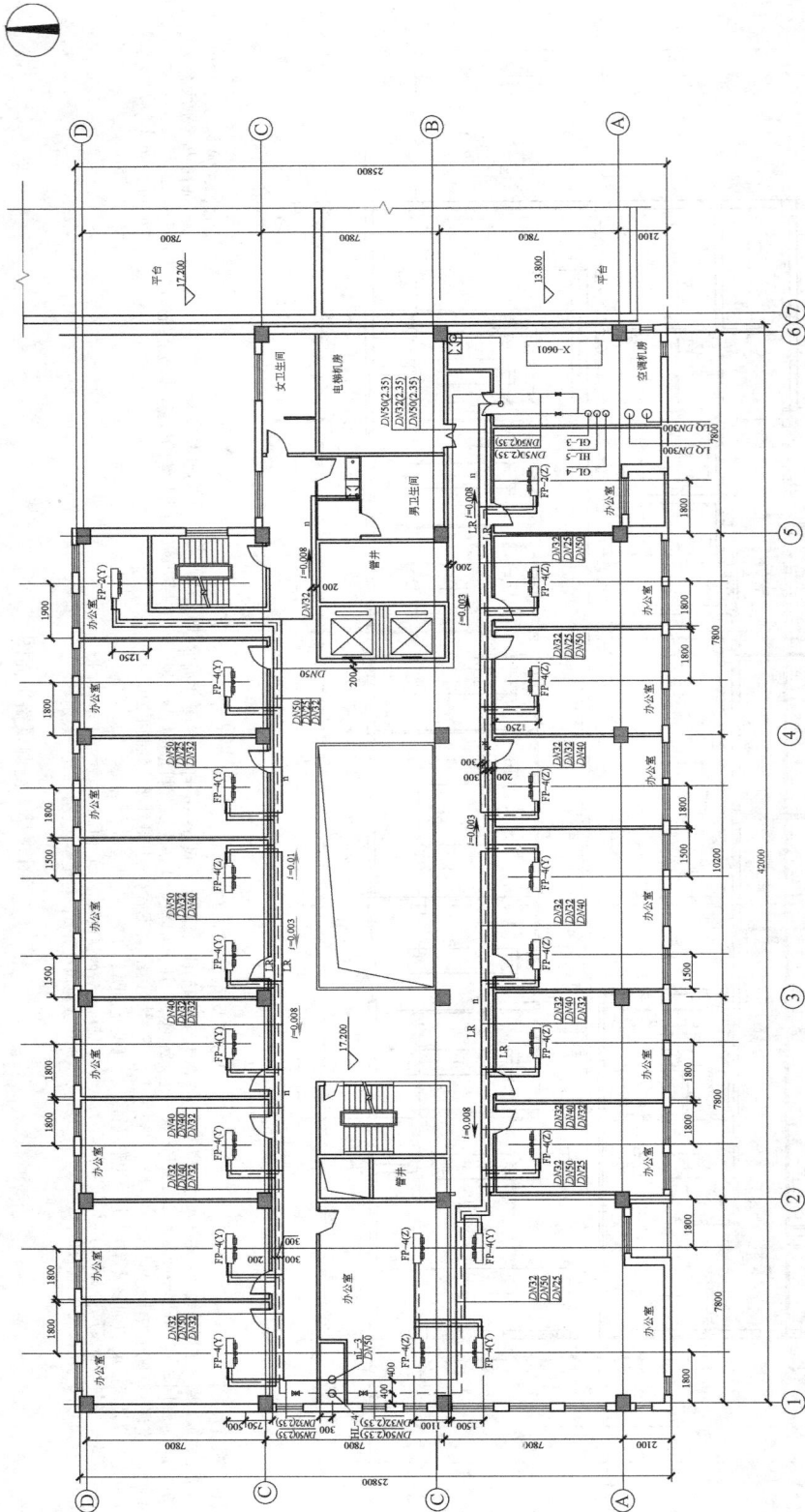

图 3-49　空调水路平面图

【深度规定条文】
第 4.5.7 条　平面图

1 绘出建筑轮廓线、主要轴线号、轴线尺寸、室内外地面标高、房间名称。底层平面图上绘出指北针。

4 通风、空调平面用图……，单线绘出空调冷热水、凝结水等管道……标注水管管径及标高；各种设备……定位尺寸和编号……。

5 当建筑装修未确定时……水管可先出单线走向示意图，注明房间……风机盘管数量、规格。建筑装修确定后，应按规定要求绘制平面图。

【补充说明】
与风机盘管连接的水管尺寸宜在设计及施工说明或风机盘管的性能参数表中做统一规定，否则应在平面图中设尺寸对照表。

附注：
1. 风机盘管底标高均为 (2.50)。
2. X-0601 的机房详大图见设施 -12。
3. 与风机盘管相接的水管径均为 DN20。

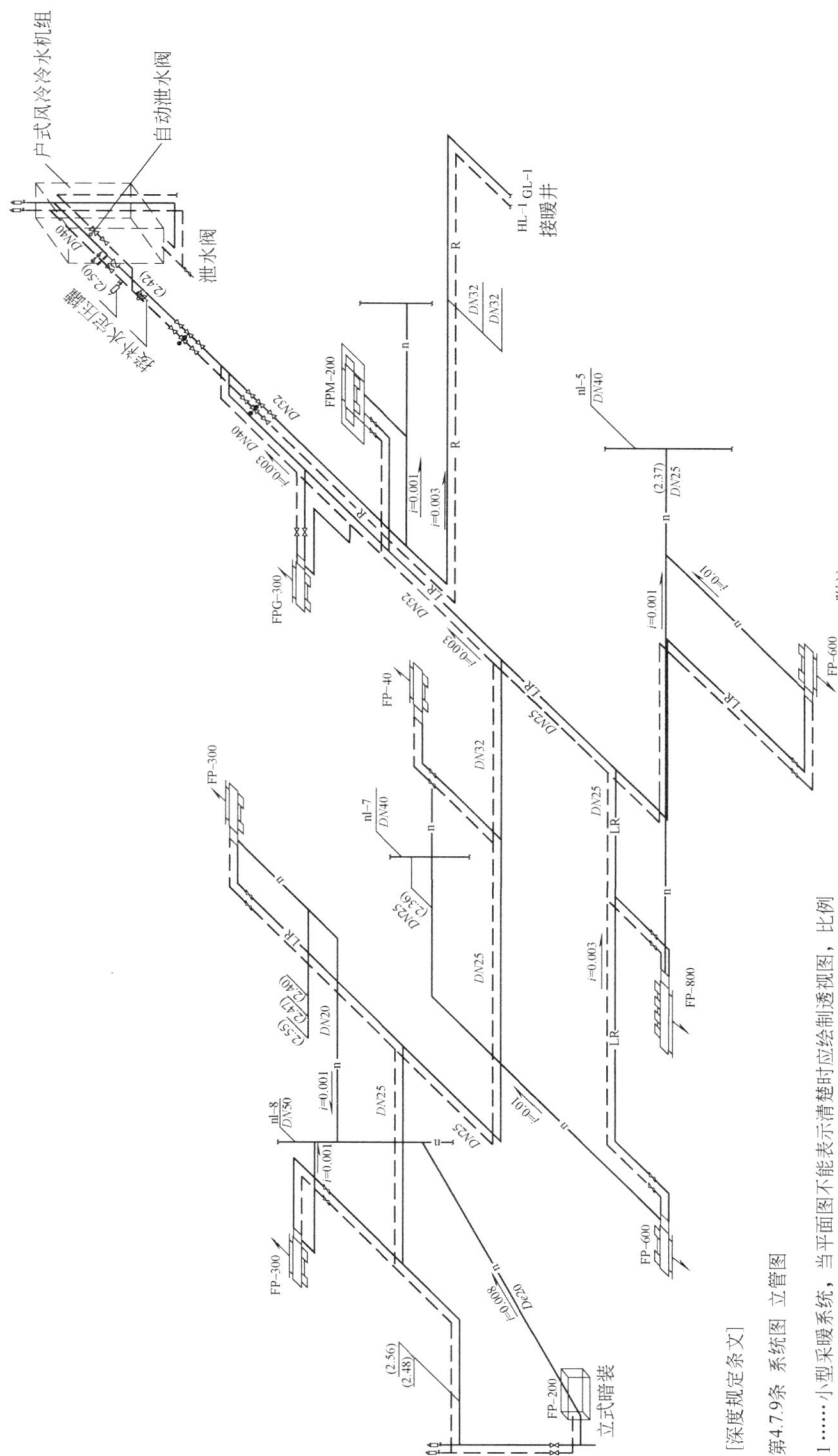

A1 户型水系统图

附注：
1.标高以户内建筑地面为基准。
2.所有接风机盘管的水管管径约为DN20。
3.立式明装/立式暗装风机盘管凝结水管接结在卫生间地面面层以下以8%的坡度敷设。
4.卧式风机盘管安装底标高为(2.40)。
5.分户计量热表设在热力管井中。

图3-50 空调水系统图

[深度规定条文]

第4.7.9条 系统图 立管图

1 ……小型采暖系统，当平面图不能表示清楚时应绘制透视图，比例宜与平面图一致，按45°或30°轴侧投影绘制；……

2 ……空调冷热水系统……应绘制系统流程图。系统流程图应绘制出设备、阀门、控制仪表、配件，标注介质流向、管径及设备编号。流程图可不按比例绘制，但管路分支应与平面图相符。

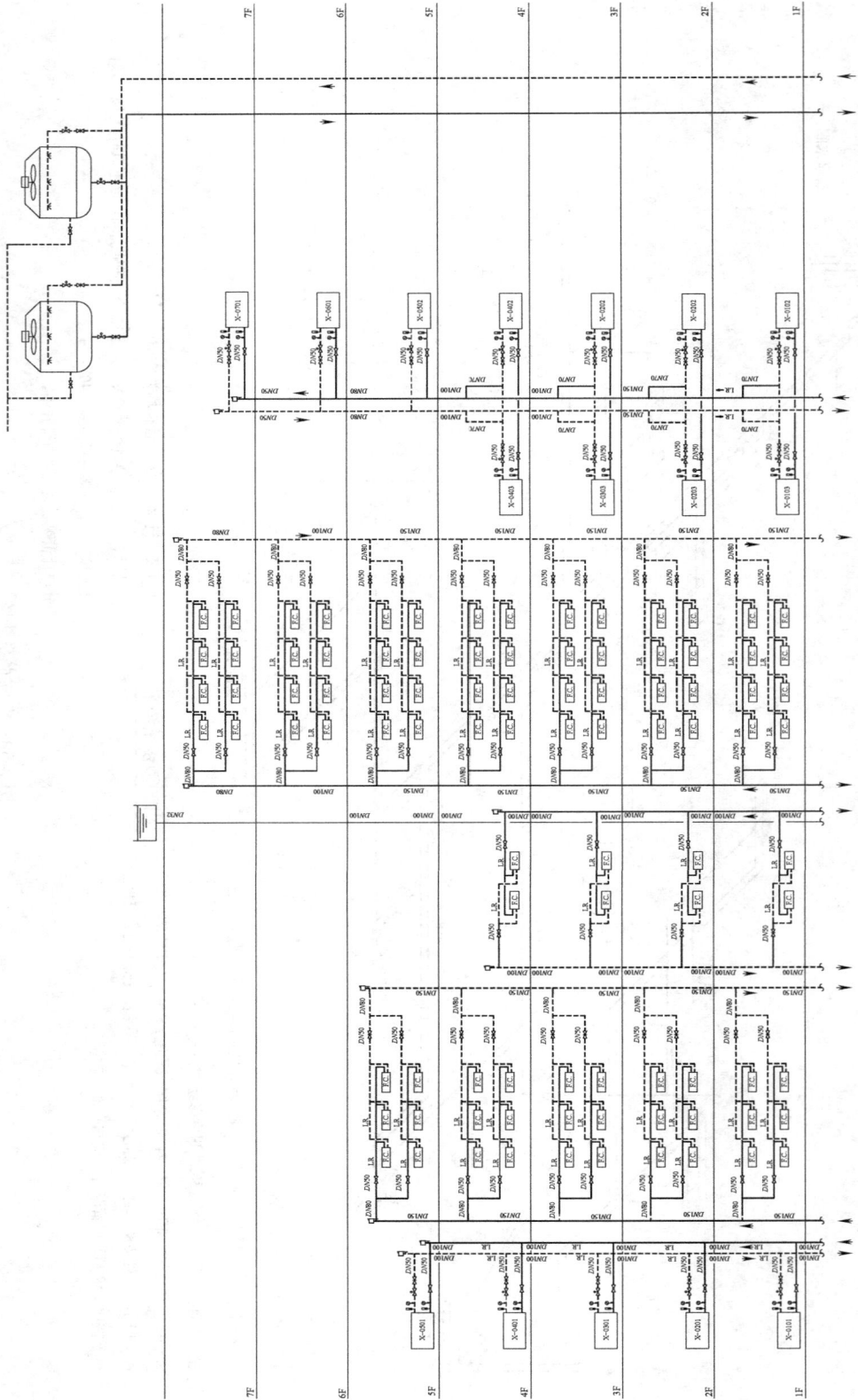

图 3-51 空调水路系统流程图

本章标准规范

［1］ 民用建筑供暖通风与空气调节设计规范 GB 50736. 北京：中国建筑工业出版社.

［2］ 设备及管道绝缘热设计导则 GB/T 8175. 中国标准出版社.

［3］ 公共建筑节能设计标准 GB 50189. 中国建筑工业出版社.

本章参考文献

［1］ 陈在康，丁力行 编. 空调过程设计与建筑节能. 北京：中国电力出版社，2004.

［2］ 全国勘察设计注册工程师公用设备专业管理委员会秘书处. 全国勘察设计注册公用设备工程师暖通空调专业考试复习教材（第三版－2017）. 中国建筑工业出版社，2017.

［3］ 中国建筑标准设计研究所 编. 全国民用建筑工程设计技术措施. 暖通空调·动力. 北京：中国计划出版社，2009.

［4］ 居住建筑节能设计标准. DBJ01-602-2004. 北京市建筑设计标准化办公室，2004.

［5］ 赵荣义，范存养，薛殿华、钱以明 编. 空气调节（第四版）北京：中国建筑工业出版社，2009.

［6］ 陆耀庆主编. 实用供热空调设计手册（第二版）（上、下册）北京：中国建筑工业出版社，2008.

［7］ 陆亚俊，马最良，周平华编. 暖通空调. 北京：中国建筑工业出版社，2002.

［8］ 马最良，姚杨 编. 民用建筑空调设计. 北京：化学工业出版社，2009.

［9］ 中国建筑标准设计研究院. 民用建筑工程暖通空调及动力施工图设计深度图样（04K601）. 中国建筑标准设计研究院，2004.

［10］ 北京公共建筑节能设计标准，DB11/687－2009. 北京市建筑设计标准化办公室，2009.

［11］ 薛殿华编. 空气调节. 北京：清华大学出版社，2007.

［12］ 中国气象局气象信息中心气象资料室，清华大学建筑技术科学系著. 中国建筑热环境分析专用气象数据集. 北京：中国建筑工业出版社，2005.

［13］ 关文吉 主编. 供暖通风空调设计手册. 北京：中国建筑工业出版社，2016.

［14］ 付海明，江阳 著. 建筑环境与设备系统设计实例及问答. 北京：机械工业出版社，2011.

第4章 通风及防排烟系统设计

4.1 通风系统设计概述

设置通风系统的目的是以通风换气的方法防止大量热、蒸汽或有害气体向人员活动区散发，防止有害物质对环境及建筑物的污染和破坏。民用建筑中通风主要用于排除建筑物内的余热、余湿及室内散发的有害物及污秽气体。

4.1.1 通风系统的分类

1. 自然通风、机械通风和复合通风

按通风动力的不同，通风系统可分为机械通风、自然通风及自然通风与机械通风相结合的复合通风系统。自然通风是利用室内外空气的温度差所产生的热压或室外风力作用而产生的风压为动力的通风方式。机械通风是借助于通风机所产生的动力而使空气流动的通风方式。由于自然通风不需要设置动力装置，主要通过合理适度地改变建筑形式，利用热压和风压作用形成有组织气流，满足室内要求，因此，自然通风是一种经济有效的通风方式，但其不足之处在于自然进入建筑物内的空气无法预先处理，从室内排出的空气也无法进行净化处理。另外，其通风效果受室内外环境的影响较大，通风效果不稳定。为增加自然通风系统的可靠运行和保险系数，并提高机械通风系统的节能率，一种自然通风与机械通风交替或联合运行的复合通风系统应运而生。复合通风系统是指自然通风和机械通风在一天的不同时刻或一年的不同季节里，在满足热舒适和室内空气质量的前提下交替或联合运行的通风系统。

2. 全面通风和局部通风

根据通风设置范围的不同，通风系统又分为全面通风系统和局部通风系统。对于可能突然放散大量有害气体或有爆炸危险气体的建筑物，应设置事故通风系统。所谓全面通风就是对整个房间进行通风换气，以达到消除室内余热、余湿及有害物的目的。全面通风系统可以利用自然通风的方法实现，也可利用机械通风或复合通风的方法实现。对于全面通风，送风力求缓慢均匀，可充分利用自然力。对于常规系统无法解决的场合，如地下停车场、建筑物高大空间、体育场馆、展览中心、仓库、车间等可考虑采用诱导通风系统。局部通风是利用局部气流，使局部工作地点不受有害物的污染，造成良好的空气环境。与全面通风系统相比，这种通风方法所需要的风量小、效果好，是防止工业有害物污染室内空气和改善作业环境最有效的通风方法，设计时应优先考虑。局部通风又分为局部排风和局部送风两大类。

4.1.2 通风系统的设计原则

1. 通风方案的选择

(1) 自然通风、机械通风和复合通风

依据《民用建筑采暖通风与空气调节设计规范》，自然通风系统、机械通风系统及复合通风系统的设置可参考下列原则进行[3]：

1) 消除建筑物内的余热、余湿，进行室内污染物的浓度控制，应优先考虑自然通风，但对于室外空气污染和噪声污染严重的地区，不宜采用自然通风。当自然通风不能满足要求时，应设置机械通风系统或自然通风与机械通风结合的复合通风。采用机械通风系统时，重要房间或重要场所的通风系统应具备防止以空气传播为途径的疾病通过通风系统交叉传染的功能。

2) 住宅通风应优先考虑自然通风，当利用自然通风不能满足室内卫生要求时，应采用机械通风或自然通风与机械通风结合的复合通风系统，室外新风应先进入人员的主要活动区。

3) 大空间建筑及住宅、办公室、教室等易于在外墙上开窗并通过室内人员自行调节实现自然通风的房间，宜采用自然通风和机械通风结合的复合通风系统。复合通风中自然通风量不宜低于联合运行风量的 30%。复合通风系统设计参数及运行控制方案应经技术经济及节能综合分析后确定。

（2）全面通风和局部通风

依据《民用建筑供暖通风与空气调节设计规范》，全面通风与局部通风的设置原则为：

1) 对建筑物内放散热、蒸汽或有害物质的设备，宜采用局部排风。当不能采用局部排风或局部排风达不到卫生要求时，应辅以全面通风或采用全面通风。

2) 凡属下列情况之一时，应单独设置排风系统：①两种或两种以上的有害物质混合后能引起燃烧或爆炸时；②混合后能形成毒害更大或腐蚀性的混合物、化合物时；③混合后能使蒸汽凝结并聚集粉尘时；④散发剧毒物质的房间和设备；⑤建筑物内设有储存易燃易爆物质的单独房间或有防火防爆要求的单独房间；⑥有防疫的卫生要求时。

2. 风管及风道系统设计

通风系统风管系统的设计可参考本书第 3 章的有关内容。同时应注意民用建筑的厨房、卫生间宜设置竖向排风道，竖向排风道应具有防火、防倒灌、防串味及均匀排气的功能，并应采取支管回流和竖井泄漏的措施，顶部应设置防止外风倒灌装置；住宅建筑的厨房、无外窗的卫生间，应设置机械排风系统或预留机械排风系统开口，且应留有必要的进风面积。

若系统设置机械送风系统，则机械送风系统室外进风口的位置，应符合下列要求：

（1）应设在室外空气比较洁净的地方；

（2）应避免进风、排风短路；

（3）进风口的下缘距室外地坪不应小于 2m，设在绿化地带时，不宜低于 1m；

（4）降温用的进风口，宜设在建筑物的背阴处。

建筑物全面排风系统吸风口的布置，应符合下列规定：

（1）位于房间上部区域的吸风口，除用于排除氢气与空气混合物时，吸风口上缘至顶棚平面或屋顶的距离不大于 0.4m；

（2）用于排除氢气与空气的混合物时，吸风口上缘至顶棚平面或屋顶的距离不大于 0.1m；

（3）用于排除密度大于空气的有害气体时，位于房间下部区域的排风口，其下缘至地板间距不大于 0.3m；

（4）因建筑结构造成有爆炸危险气体排出的死角处，应设置导流设施。

4.1.3　通风系统的设计步骤

通风系统的设计在不违反有关设计规范的情况下，应遵循可靠、简单、经济的原则。系统设计时应考虑到设计系统的可安装性、可检测性、可调节性及可维护性。

就一般情况而言，通风系统的设计大体可参考如下步骤进行：

（1）阅读相关资料，了解设计要求；

（2）确定可行性方案；

（3）针对所确定的方案，计算系统所需的通风量；

（4）进行系统的风量与热量平衡计算，如果设置机械送风系统，需确定送风参数，设置相应的送风系统，预选风机；

（5）布置风管和设备，绘制管道系统布置图；

（6）计算管路阻力，确定管径，选定风机型号；

（7）绘制施工图，编写设计施工说明书。

4.2　环境标准、卫生标准与排放标准

通风系统设计的主要目的是为了改善室内环境，将建筑室内不符合卫生标准的污浊空气排至室外，将新鲜空气或经过净化符合卫生要求的空气送入室内。了解室内、外的环境标准要求以及允许排放的污染气体标准是通风系统设计的基础。

4.2.1　环境空气标准

我国现执行的《环境空气质量标准》GB 3095 中规定了环境空气质量功能区划分、标准分级、污染物项目、取值时间及浓度限值、采样分析方法及数据统计的有效性。标准规定环境空气质量功能区分成两类：一类区为自然保护区、风景名胜区和其他需要特殊保护的地区；二类区为居住区、商业交通居民混合区、文化区、工业区和农村地区。一类区适用一级浓度限值；二类区适用二级浓度限值。各类地区环境空气中污染物的浓度限值给出了明确规定，表 4-1 中列出了环境空气污染物基本项目浓度限值，表 4-2 列出了环境空气污染物其他项目浓度限值。

2012 年我国采用空气质量指数（AQI）替代原有的空气污染指数（API）来评定城市环境空气质量，两指数之间的主要区别如表 4-3 所示。

根据《环境空气质量指数（AQI）技术规定（试行）》HJ 633—2012，将空气质量指数（AQI）范围划分为 0～50、51～100、101～150、151～200、201～300 和 >300 六档，依次对应于空气质量一级～六级的六个指数级别。指数级别越大，说明污染越严重，对人体健康的影响越明显。显然，空气质量指数（AQI）与原来发布的空气污染指数（API）相比，检测的污染物指标更多，采用分级限制标准更严，其评价结果更加客观。其中，与大气雾霾形成主要相关的 PM2.5（直径小于等于 2.5μm 的颗粒物）也列入其中。表 4-4 给出了空气质量指数及对应的污染物项目浓度限值，表 4-5 中给出了空气质量指数范围及相关信息。

环境空气污染物基本项目浓度限值 表 4-1

污染物项目	平均时间	浓度限制		浓度单位
		一级标准	二级标准	
二氧化硫(SO₂)	年平均	20	60	μg/m³
	24h 平均	50	150	
	1h 平均	150	500	
二氧化氮(NO₂)	年平均	40	40	μg/m³
	24h 平均	80	80	
	1h 平均	200	200	
一氧化碳(CO)	24h 平均	4	4	mg/m³
	1h 平均	10	10	
臭氧(O₃)	日最大 8h 平均	100	160	μg/m³
	1h 平均	160	200	
颗粒物(粒径≤10μm)	年平均	40	70	
	24h 平均	50	150	
颗粒物(粒径≤2.5μm)	年平均	15	35	
	24h 平均	35	75	

环境空气污染物其他项目浓度限值 表 4-2

污染物项目	平均时间	浓度限制		浓度单位
		一级标准	二级标准	
总悬浮颗粒物(TSP)	年平均	80	200	μg/m³
	24h 平均	120	300	
氮氧化物(NOₓ)	年平均	50	50	
	24h 平均	100	100	
铅(Pb)	1h 平均	250	250	
	年平均	0.5	0.5	
苯并[a]芘(BaP)	季平均	1	1	
	年平均	0.001	0.001	
	24h 平均	0.0025	0.0025	

我国空气污染指数 API 与空气质量指数 AQI 的区别 表 4-3

指数	依据标准	评价的污染物	发布频率
API	GB 3095—1996	SO₂、NO₂、PM₁₀、O₃、CO 等 5 项	日均值(1 天 1 次)
AQI	GB 3095—2012	SO₂、NO₂、PM₁₀、PM₂.₅、O₃、CO 等 6 项	小时均值(1h 1 次)＋日报

4.2.2 室内环境空气质量标准

为了衡量房屋是否合乎人居环境健康要求,卫生部制定了《室内空气质量标准》GB/T 18883,检测要求室内门窗关闭时间为 12h。该标准涉及室内环境物理性、化学性、生物性、放射性等共 19 项指标,详见表 4-6 所示。

空气质量分指数及对应的污染物项目浓度限值　　　　表 4-4

空气质量指数 AQI	污染物浓度					
	SO_2(1h 平均, $\mu g/m^3$)	NO_2(1h 平均, $\mu g/m^3$)	PM_{10}(24h 平均, $\mu g/m^3$)	CO(1h 平均, $\mu g/m^3$)	O_3(1h 平均, $\mu g/m^3$)	PM2.5(24h 平均, $\mu g/m^3$)
0～50	0～150	0～100	0～50	0～5	0～160	0～35
51～100	151～500	101～200	51～150	6～10	101～160	36～75
101～150	501～650	201～700	151～250	11～35	161～215	76～115
151～200	651～800	701～1200	251～350	36～60	216～265	116～150
201～300	—	1201～2340	351～420	61～90	266～800	151～250
＞300	—	2341～3090	421～500	91～120	801～1200	251～350

注：1. SO_2、NO_2、CO 的 1h 平均浓度限值仅用于实时报，在日报中需使用相应污染物的 24h 平均浓度值；2. SO_2 的 1h 平均浓度值高于 $800\mu g/m^3$ 时，不再进行空气质量分指数计算，SO_2 的空气质量分指数按 24h 平均浓度计算的分指数报告；3. O_3 的 8h 平均浓度值高于 $800\mu g/m^3$ 时，不再进行空气质量分指数计算，O_3 的空气质量分指数按 1h 平均浓度计算的分指数报告；4. 污染物项目的空气质量分指数计算方法按照《环境空气质量指数（AQI）技术规定（试行）》HJ 633—2012 规定的方法计算。

空气质量指数范围及相关信息　　　　表 4-5

空气质量指数（AQI）	空气质量指数级别	空气质量状况	对健康的影响
0～50	一级	优	空气质量令人满意，基本无空气污染
51～100	二级	良	空气质量可接受，但某些污染物可能对极少数异常敏感人群的健康有较弱影响
101～150	三级	轻度污染	易感人群症状有轻度加剧，健康人群出现刺激症状
151～200	四级	中度污染	进一步加剧易感人群症状，可能对健康人群的心脏、呼吸系统有影响
201～300	五级	重度污染	心脏病和肺病患者症状显著加剧，运动耐受力降低，健康人群中普遍出现症状
＞300	六级	严重污染	健康人运动耐受力降低，有明显强烈症状，提前出现某些疾病

　　针对用于民用建筑工程和室内装修工程环境质量验收监测，住房和城乡建设部制定了《民用建筑工程室内环境污染控制规范》GB 50325—2010。该规范规定了民用建筑工程室内环境控制的基本技术要求；规定了材料、工程勘察设计、工程施工和验收的具体技术要求，以使民用建筑工程的室内环境污染得到有效控制。该规范对建筑商、装修商具有强制性，民用建筑工程及室内装修工程室内环境质量验收时间要求是在项目竣工至少 7 天以后，工程交付使用前进行。该规范规定，室内环境质量验收不合格的民用建筑工程，严禁投入使用。该规范还对甲醛、苯、氨、TVOC（总挥发性有机物）和氡（Rn-222）等 5 项指标进行了限定，如表 4-7 所示。

《室内空气质量标准》GB/T 18883 中的主要指标　　　　表 4-6

序号	参数类别	参　数	单　位	标准值	备　注
1	物理性	温度	℃	22～28	夏季空调
				16～24	冬季供暖
2		相对湿度	%	40～80	夏季空调
				30～60	冬季供暖
3		空气流速	m/s	0.30	夏季空调
				0.20	冬季供暖
4		新风量	$m^3/(h \cdot 人)$	30	
5	化学性	二氧化硫 SO_2	mg/m^3	0.50	1h均值
6		二氧化氮 NO_2	mg/m^3	0.24	1h均值
7		一氧化碳 CO	mg/m^3	10	1h均值
8		二氧化碳 CO_2	%	0.10	1h均值
9		氨 NH_3	mg/m^3	0.20	1h均值
10		臭氧 O_3	mg/m^3	0.16	1h均值
11		甲醛 HCHO	mg/m^3	0.10	1h均值
12		苯 C_6H_6	mg/m^3	0.11	1h均值
13		甲苯	mg/m^3	0.20	1h均值
14		二甲苯	mg/m^3	0.20	1h均值
15		苯并[a]芘	mg/m^3	1.0	日平均值
16		可吸入颗粒	mg/m^3	0.15	日平均值
17		总挥发性有机物 TVOC	mg/m^3	0.60	8h均值
18	物理性	菌落总数	cfu/m^3	2500	依据仪器定
19	放射性	氡 222Rn	Bq/m^3	400	年平均值

《民用建筑工程室内环境污染控制规范》GB 50325—2010 中的主要指标　　　　表 4-7

污染物	I类民用建筑工程	II类民用建筑工程
氡(Bq/m^3)	≤200	≤400
游离甲醛(mg/m^3)	≤0.080	≤0.10
苯(mg/m^3)	≤0.090	≤0.090
氨(mg/m^3)	≤0.20	≤0.20
TVOC(mg/m^3)	≤0.50	≤0.60

注：1. I类民用建筑工程：住宅、医院、老年建筑、幼儿园、学校教室等；II类民用建筑工程：办公楼、商店、旅馆、文化娱乐场所、书店、图书馆、展览馆、体育馆、公共交通等候室、餐厅、理发店等。2. 表中污染物浓度限量，除氡外均指室内测量值扣除同步测定的室外上风向空气测量值（本底值）后的测量值。3. 表中污染物浓度测量值极限值的判定，采用全数值比较法。

4.2.3　卫生标准

为保护工业企业建筑环境内劳动者和工业企业周边环境居民的安全与健康，工业企业设计应符合相关卫生标准的要求。目前实施的标准为《工业企业设计卫生标准》GBZ 1—2010 和《工作场所有害因素职业接触限值》GBZ 2.1—2007、GBZ 2.2—2007。

卫生标准中规定的工作场所污染因素的职业接触限值，是职业性污染因素的接触限值，指劳动者在职业活动过程中长期反复接触对机体不引起急性或慢性有害健康影响的容许接触水平。有害物质的容许浓度按《工业场所有害因素职业接触限值　第 1 部分：化学有害因素》GBZ 2.1—2007 的规定执行。该标准规定化学有害因素的职业接触限值包括：时间加权平均允许浓度（PC-TWA）、短时间接触容许浓度（PC-STEL）和最高允许浓度（MAC）三类。时间加权平均允许浓度（PC-TWA）是以时间为权数规定的 8h 工作日、40h 工作周的平均允许接触浓度；短时间接触容许浓度（PC-STEL）是在遵守 PC-TWA 前提下允许短时间（15min）接触的浓度；最高允许浓度（MAC）是工作地点在一个工作日内，任何时间有毒化学物质均不应超过的浓度。对于工作场所空气中粉尘允许浓度，该标准规定采用时间加权平均允许浓度（PC-TWA），工作场所空气中粉尘允许浓度限值参见 GBZ 2.1—2007 中表 2。

生产场所工作人员的隔热要求和有关局部送风措施与计算等规定，具体参考《工业建筑供暖通风与空调设计规范》GB 50019—2015 中的相关章节。

4.2.4　排放标准

为了防止工业废水、废气、废渣对大气、水源和土壤的污染，保障环境生态条件，我国在实施的《大气污染物综合排放标准》GB 16297—1996 中规定了 33 种大气污染物的排放限制，同时规定了标准执行中的各项要求。该标准适用于现有污染源大气污染物排放管理，以及建设项目的环境影响评价、设计、环境保护设施竣工验收及其投产后的大气污染物排放管理。

4.3　常用通风系统设计

4.3.1　全面通风系统的设计

1. 全面通风系统设计的一般原则

（1）散发热、湿或有害物质的车间或其他房间，当不能采用局部通风或采用局部通风仍达不到卫生要求时，应辅以全面通风或采用全面通风；

（2）设计全面排风时，应尽量采用自然通风的方式。当采用自然通风不能满足室内安全、卫生、环保要求或生产要求时，应设置机械通风或自然与机械联合通风；

（3）民用建筑的厨房、厕所、盥洗室和浴室等，宜设置自然通风或机械通风进行全面换气。普通民用建筑的居住、办公室等宜采用自然通风；

（4）设置集中供暖且有机械排风的建筑物，当采用自然补风不能满足室内卫生条件、生产要求，或在经济上不合理时，宜设置机械送风系统。设置机械送风系统时，应进行热量、风量平衡计算。对每班运行不足 2h 的局部排风系统，当排风量可以补偿并不影响室内安全、卫生、环保要求时，可不设机械送风补偿所排出的风量；

（5）在进行冬季全面通风换气的热量、风量平衡计算时，应分析具体情况并充分考虑下列各因素：

1）在允许范围内适当提高集中送风温度，但一般不超过 40℃；当与供暖结合时，送风温度不宜低于 35℃，不得高于 70℃；

2）利用已计入热负荷的冷风渗透量；

3）利用建筑物内部的非污染空气作为补风；

4）对于允许短时过冷或采用间断排放的室内，可以不考虑热平衡和空气平衡的计算原则；

5）当相邻房间未设有组织进风装置时，可利用部分冷风渗透作为自然补风；

6）用于选择机械送风系统加热器的冬季室外参数应采用供暖室外计算温度；消除余热、余湿用的全面通风耗热量可采用冬季通风室外计算温度。

（6）确定热负荷时，应与工艺密切配合，在了解生产过程、收集工艺资料的基础上，根据实际情况统计散热量。

1）冬季散热量：①按最小负荷班的工艺设备散热量计入得热；②不经常散发的散热量，可不计算；③经常而不稳定的散热量，应采用小时平均值。

2）夏季散热量：①按最大负荷班的工艺设备散热量计入得热；②经常而不稳定的散热量，按最大值考虑得热；③白班不经常的散热量较大时，应予以考虑。

（7）室外进风必须满足环境空气质量标准要求；

（8）机械送风系统室外进风口的位置应符合下列要求：

1）设在室外空气比较洁净的地点；2）设在排风口的上风侧，应低于排风口；3）进风口的底部距室外地坪不宜低于 2m，当设在绿化带时，不宜低于 1m；4）降温用的进风口宜设在建筑物的背阴处；5）避免进、排风短路。

2. 全面通风所需通风量的确定

（1）在通风空调工程中，如果产生的有害物是余热，则消除余热所需的通风量为：

$$G_e = \frac{Q}{c_p(t_e - t_i)} \tag{4-1}$$

式中　G_e——通风量，kg/s；

　　Q——余热量，kW；

　　c_p——空气的比热，kJ/(kg·℃)；

　　t_e——排出空气的温度，℃；

　　t_i——送入空气的温度，℃。

（2）如果产生的有害物是余湿，则消除余湿所需的通风量为：

$$G_e = \frac{W}{d_e - d_i} \tag{4-2}$$

式中　G_e——通风量，kg/s；

　　W——室内余湿量，g/s；

　　d_e——排出空气的含湿量，g/kg干空气；

　　d_i——送入空气的含湿量，g/kg干空气。

（3）消除其他有害物所需的通风量为：

$$G_e = \frac{\rho M}{c_e - c_i} \tag{4-3}$$

式中　G_e——通风量，kg/s；

　　M——污染物发生量，g/s；

　　ρ——空气密度，kg/m³；

c_e——排出空气中有害物浓度，g/m^3；

c_i——送入空气中有害物浓度，g/m^3。

（4）室内同时散发数种有害物质时，通风量的确定应符合有关工业企业设计卫生标准的有关规定。如果室内同时散发余热、余湿和有害物质时，通风量应取其中所需的最大空气量确定；当散发的有害物的数量无法具体确定时，通风量可按换气次数确定，也可按国家现行的各相关行业标准执行。所谓换气次数，是指通风量 $G(m^3/s)$ 与房间体积 V（m^3）的比值，即 $n=G/V$。若已知换气次数，可按下式确定通风量：

$$G=nV \tag{4-4}$$

不同类型建筑及房间的换气次数可参考不同类型建筑的设计标准、设计技术规定、技术措施等。

正确计算散热、散湿及有害物的发生量，是合理确定通风量的基础。建筑物内散热量、散湿量以及有害气体散发量的计算可参考有关规范、手册及现场测量数据。

3. 空气平衡和热平衡

在用通风方法控制有害物污染、改善房间的空气环境时，必须考虑通风房间的空气平衡和热平衡，才能达到设计要求[1-3]。

（1）空气平衡

对于通风房间，不论采用哪种通风方式，单位时间进入室内的空气质量应和同一时间内排出的空气质量保持相等，即通风房间的空气质量要保持平衡，用公式表示为：

$$G_{zj}+G_{jj}=G_{zp}+G_{jp} \tag{4-5}$$

式中　G_{zj}——自然进风量，kg/s；

　　　G_{jj}——机械进风量，kg/s；

　　　G_{zp}——自然排风量，kg/s；

　　　G_{jp}——机械排风量，kg/s。

（2）热平衡

要使通风房间温度保持不变，必须使室内的总得热量等于总失热量，保持室内热量平衡，即：

$$(\sum Q_h-\sum Q_s)+L_p c_p \rho_n(t_n-t_{wo})$$
$$=L_{xh}c_p\rho_n(t_s-t_n)+L_{js}c_p\rho_{ws}(t_{js}-t_{wo}) \tag{4-6}$$

式中　$\sum Q_h$——围护结构、材料吸热等的总耗散量，kW；

　　　$\sum Q_s$——室内设备和散热器等的总散热量，kW；

　　　L_p——局部和全面排风量，m^3/s；

　　　L_{xh}——再循环空气量，m^3/s；

　　　c_p——空气比热，其值为 $1.01kJ/(kg \cdot K)$；

　ρ_{ws}、ρ_n——当温度为 t_{ws}、t_n 时空气的密度，kg/m^3；

　　　t_{wo}——室外供暖或通风计算温度，℃；

　　　t_n——室内温度，℃；

　　　t_s——再循环送风温度，℃；

　　　t_{js}——机械送风温度，℃；

　　　L_{js}——机械送风量，m^3/s。

4. 全面通风房间的气流组织

为避免或减轻大量余热、余湿或有害物质对卫生条件较好的人员活动区产生影响，合理进行气流组织设计是通风设计的关键。全面通风的效果不仅取决于通风量的大小，还与通风过程气流组织的好坏有关。通风气流组织设计的原则：应使室内气流从有害物浓度较低的地区流向浓度较高的地区，特别是应使气流将有害物质从人员停留区带走。

在设计气流组织时，考虑的主要方面有：有害物源的分布及特性、送回风口的位置及其形状等。进行通风气流组织设计时，应符合下述原则：

（1）全面通风的进、排风应避免使含有大量热、湿或有害物质的空气流入作业地带或人员经常停留的地方。送入房间的清洁空气应先进操作地点，再经污染区排至室外。

（2）当要求空气清洁的房间周围环境较差时，应保持室内正压；散发粉尘、有害气体或有爆炸危险物质的房间应保持负压。

（3）机械送风系统的送风方式，应符合下列要求：

1）散发热或同时散发热、湿和有害气体的工业建筑，当采用上部或上下部同时全面排风时，宜送至作业地带；

2）散发粉尘和密度大于空气的气体和蒸汽，而不同时散发热的生产厂房及辅助建筑物，当下部地带排风时，宜送至上部区域；

3）当固定工作地点靠近有害物质散发源，且不可能安装有效的局部排风装置时，应直接向工作地点送风；

4）同时散发热、蒸汽和有害气体，或仅散发密度比空气小的有害气体的生产建筑，除设局部排风外，宜在上部区域进行自然或机械的全面排风，其排风量不宜小于每小时 1 次换气。当房间高度大于 6m 时，排风量可按每平方米地面面积 $6m^3/h$ 计算；

5）当采用全面排风消除余热、余湿或其他有害物质时，应分别从建筑物内温度最高、含湿量最大或有害物质最多的区域排风，全面排风风量应符合：

① 当有害气体和蒸汽密度比空气轻，或虽比室内空气重，但建筑物散发的显热全年均能形成稳定的上升气流时，宜从房间上部区域排出；

② 当有害气体和蒸汽密度比空气重，但建筑物散发的显热全年均不能形成稳定的上升气流或挥发的蒸汽吸收空气中的热量导致气体或蒸汽沉积在房间的下部区域时，宜从房间上部区域排出总排风量的 1/3，从下部区域排出总排风量的 2/3，且不应小于每小时 1 次换气；

③ 当人员活动区有害气体与空气混合后的浓度未超过卫生标准，且混合后气体的相对密度与空气相近时，可只设上部或下部区域排风。

④ 建筑物全面排风系统吸风口的布置一般应符合下列规定：a. 位于房间上部区域的排风口，用于排除余热、余湿和有害气体（含氢气除外）时，吸气口上缘至顶棚平面或屋顶的距离不大于 0.4m；b. 用于排除氢气与空气混合物时，吸风口上缘至顶棚平面或屋顶的距离不大于 0.1m；c. 位于房间下部区域的排风口，其下缘至地板间的距离不大于 0.3m；d. 有害或有爆炸危险气体排出的死角区域应设置导流设施。

4.3.2 自然通风系统设计

自然通风是利用热压和风压作用，不消耗机械动力的、经济的通风方式。由于自然通风易受室外气象条件的影响，特别是风力的作用很不稳定，所以自然通风主要在热车间排除余热的全面通风中采用。某些热设备的局部排风也可以采用自然通风。当工艺要求进风需经过滤和净化处理时，或进风能引起雾或凝结水时，不得采用自然通风。放散极毒物质的生产厂房、仓库，严禁采用自然通风。

随着建筑节能、绿色建筑的要求日益严格，民用建筑合理利用自然通风已经提上设计日程，即：优先利用自然通风实现室内污染物浓度控制和消除建筑物余热、余湿。当利用自然通风不能满足要求时，则采用机械通风。

自然通风设计时，应对建筑进行自然通风的潜力进行分析，依据气候条件确定自然通风策略并优化建筑设计。

1. 自然通风的通风量

（1）热压作用下的自然通风量

1）对于室内发热量较均匀，空间形式较简单的单层大空间建筑，热压作用下的自然通风量可依据以下简化算法进行计算：

$$G_n = \frac{Q}{c_p (t_p - t_{wf})} \qquad (4\text{-}7)$$

式中　G_n——热压作用下自然通风的通风量，kg/s；

$\quad\quad Q$——散至室内的全部余热，kW；

$\quad\quad c_p$——空气比热，其值为 1.01kJ/(kg·K)；

$\quad\quad t_p$——排风温度，℃；

$\quad\quad t_{wf}$——夏季通风室外计算温度，℃。

上述计算方法是在下列简化条件下进行的：①空气在流动过程中是稳定的；②整个房间的空气温度等于房间的平均温度；③房间内空气流动的路径上没有任何障碍物；④只考虑进风口进入的空气量。

2）住宅和办公建筑中，考虑多个房间或多个楼层之间的通风，可采用多区域网络法或 CFD 模拟进行计算。

3）建筑体型复杂或室内发热量明显不均匀的建筑，可用 CFD 模拟计算。有关 CFD 的详情可参考本书第 8 章的相关内容。

（2）风压作用下的自然通风量的确定

建筑物周围的风压分布与该建筑的几何形状和室外风向有关。风向一定时，建筑物表面的某点的风压值可根据下式计算：

$$p_w = C_{wp} \frac{\rho_w v_w^2}{2} \qquad (4\text{-}8)$$

式中　p_w——风压，Pa；

$\quad\quad C_{wp}$——风压系数；

$\quad\quad v_w$——室外风速，m/s；

$\quad\quad \rho_w$——室外计算空气密度，kg/m³。

迎风面的风速受风本身以及在建筑表面风向偏转的影响而具有正的风压系数，建筑物的顶部和背风面由于在顶部和迎风墙面相交处产生边界层从建筑表面分离而具有负的压力系数。建筑物侧面的风压系数可正可负，取决于它们相对于主导风向的倾角。通常室外风速按基准高度室外最多风向的平均风速确定。基准高度是指气象学中观测地面风向和风速的标准高度。根据《地面气象观测规范》QX/T 51-2007，该高度应距地面 10m。

风压作用下的通风量，可按下式计算：

$$G_w = v_w \sqrt{\frac{(C_{wi}-C_{wo})}{\left(\frac{1}{A_i^2 C_i^2} + \frac{1}{A_o^2 C_o^2}\right)}}$$ (4-9)

式中　G_w——风压作用下的通风量，kg/s；

C_{wi}、C_{wo}——进风口、排风口处风压系数；

C_i、C_o——进风口、排风口的流量系数；

A_i、A_o——进风口、排风口的面积，m²；

v_w——室外风速，m/s。

风压作用通风量确定的基本原则如下：

1）分别计算过渡季和夏季的自然通风量，并按其最小值确定；

2）室外风向按计算季节中当地室外最多风向确定；

3）室外风速按基准高度室外最多风向的平均风速确定；

4）当建筑迎风面与计算季节的最多风向成 45°～90°角时，该面上的外窗或有效开口面积可作为进风口进行计算。

2. 自然通风设计的基本原则[3]

（1）以自然进风为主的建筑物的主进风面，宜布置在夏季主导风向侧。当放散粉尘或有害气体时，在其背风侧的空气动力阴影区内的外墙上，应避免设置进风口。屋顶处于正压区时，应避免设排风天窗。利用穿堂风进行自然通风的建筑物，其迎风面与夏季主导风向宜成 60°～90°角，且不应小于 45°。

自然通风应采用阻力系数小、噪声低、易于操作和维修的进、排风口或窗扇。严寒地区的进、排风口应考虑采取保温措施。

（2）夏季自然进风用的进风口，其下缘距室内地面的高度不宜大于 1.2m。自然进风的进风口应远离污染源 3m 以上。当进风口高于 2.0m 时，应考虑对进风效率的影响，进风效率可查有关手册；冬季自然进风的进风口，当其下缘距室内地面高度小于 4m 时，应采取防止冷风吹响人员活动区的措施。

（3）民用建筑的厨房、厕所、盥洗室和浴室等，宜采用自然通风。当利用自然通风不能满足室内卫生要求时，应采用机械通风。普通民用建筑的卧室、起居室（厅）以及办公室等，宜采用自然通风。采用自然通风的生活、工作房间的通风开口有效面积不应小于该房间地板面积的 5%；厨房的通风开口有效面积不应小于该房间地板面积的 10%，并不得小于 0.60m²。

（4）当常规自然通风不能提供足够风量时，可采用捕风装置加强自然通风。捕风装置一般安装在建筑物的顶部，其通风口位于建筑物上部 2～20m 的位置；当建筑物利用风压有局限或热压不足时，可采用太阳能诱导通风等方式强化自然通风；当采用常规自然通风难以排除建筑内的余热、余湿或污染物时，可采用屋顶无动力风帽装置以提高室内的通风换气效果。

（5）自然通风的进、排风口风速可按表 4-8 选取，自然通风风道内的风速应按表 4-9

选取。

（6）夏季自然通风应采用流量系数大、易于操作和维修的进、排风口或窗扇。

（7）位于夏热冬冷或夏热冬暖地区，工艺散热量小于 23W/m³ 的厂房，当屋顶离地面平均高度小于或等于 8m 时，宜采取屋顶隔热措施。当采用通风屋顶隔热时，其通风层长度不宜大于 10m，空气层高度宜为 20cm。对于上述地区，工艺散热量大于 23W/m³ 和其他地区的室内散热量大于 35W/m³，以及不允许天窗空口气流倒灌时，均应采用避风天窗。

（8）利用天窗排风的工业建筑，选用的避风天窗应便于开关和清扫。

自然通风系统进排风口空气流速 表 4-8

部位	进风百叶	排风口	地面出风口	顶棚出风口
风速（m/s）	0.5~1.0	0.5~1.0	0.2~0.5	0.5~1.0

自然通风风道内风速 表 4-9

部位	进风竖井	水平干管	通风竖井	排风道
风速（m/s）	1.0~1.2	0.5~1.0	0.5~1.0	1.0~1.5

4.3.3 复合通风

复合通风是在满足热舒适和室内空气品质的前提下，自然通风和机械通风交替或联合运行的通风系统。

1. 复合通风系统的主要形式

复合通风系统的主要形式包括三种：自然通风与机械通风交替运行、带辅助风机的自然通风和热压/风压强化的机械通风。

（1）自然通风与机械通风交替运行

该系统是指自然通风系统与机械通风系统并存，由控制策略实现自然通风与机械通风之间的切换。比如：在过渡时间启用自然通风，冬夏季则启用机械通风；或者在白天开启机械通风而夜晚开启自然通风。

（2）带辅助风机的自然通风

该系统是指以自然通风为主，且带有辅助送风机或排风机的系统。比如：当自然通风驱动力较小或室内负荷增加时，开启辅助送、排风机。

（3）热压/风压强化的机械通风

该系统是指以机械通风为主，并利用自然通风辅助机械通风的系统。比如：可选择压差较小的风机，由自然通风的热压/风压驱动来承担一部分压差。

复合通风适用场合包括：净高大于 5m 且体积大于 10000m³ 的大空间建筑及住宅、办公室、教室等易于在外墙上开窗，并通过室内人员自行调节实现自然通风的房间。采用复合通风系统时，应注意协调好与消防系统的矛盾。

2. 复合通风系统的设计要求

复合通风系统在机械通风和自然通风系统联合运行下，及在自然通风系统单独运行下的通风换气量，按常规方法难以计算，需要采用计算流体力学或多区域网络法进行数值模拟确定。自然通风和机械通风所占比重需要通过技术经济及节能综合分析确定，并由此制定对应的运行控制方案。为充分利用可再生能源，自然通风的通风量在复合通风系统中应占一定比重，自然通风量宜不低于复合通风联合运行时风量的30%，并根据所需自然通风量确定建筑物的自然通风开口面积。

高度大于15m的建筑采用复合通风系统时，需要考虑不同工况下的气流组织，避免因温度分层问题引起建筑内不同区域之间出现明显差异的通风效果，在分析气流组织的时候可以采用CFD技术。人员过渡区域及有固定座位的区域要重点核算。

3. 复合通风的运行控制设计

复合通风系统应根据控制目标设置控制必要的监测传感器和相应的系统切换启闭执行机构。复合通风系统通常的控制目标包括消除室内余热余湿和满足卫生要求，所对应的监测传感器包括温湿度传感器及CO_2、CO监测传感器等。自然通风、机械通风系统应设置切换启闭的执行机构，依据传感器监测值进行控制，可以作为楼宇自控系统（BAS）的一部分。复合通风应首先利用自然通风，根据传感器的监测结果判断是否开启机械通风系统。控制参数不能满足要求，即：室内污染物浓度超过卫生标准限值，或室内温湿度高于设定值，例如：当室外温湿度适宜时，通过执行机构开启建筑外围护结构的通风开口，引入室外新风带走室内的余热、余湿及有害污染物，当传感器监测到室内CO_2浓度超过$1000\mu g/g$，或室内温湿度超过舒适范围时，开启机械通风系统。此时，系统处于自然通风和机械通风联合运行状态。当室外参数进一步恶化，如：温湿度升高导致通过复合通风系统也不能满足消除室内余热、余湿要求时，应关闭复合通风系统，开启空调系统。

4.3.4 置换通风系统设计

1. 置换通风的基本原理

置换通风是将处理或未经处理的空气，以低速、低紊流、小温差的方式，直接送入室内人员活动的下部。送入室内的空气先在地板上均匀分布，随后流向热源形成热气流以烟羽流的形式向上流动，在上部空间形成滞留层，从滞留层将余热或污染物排出室外（见图4-1）。置换通风的竖向气流流型以浮力为基础，室内污染物在热浮力的作用下向上流动。

置换通风在稳定状态时，室内空气在流态上形成上下两个不同的区域：上部紊流混合区和下部单向流动区。两个区域分界面的高度取决于送风量、热源特性及其在室内的分布情况。设计置换通风系统时，该分界面应控制在人员活动区以上，以确保人员活动区内空气质量及热舒适性。

2. 置换通风系统的特点

传统混合通风以稀释原理为基础，而置换通风以浮力控制为动力。与传统的混合通风系统相比，置换通风的主要优点表现在：

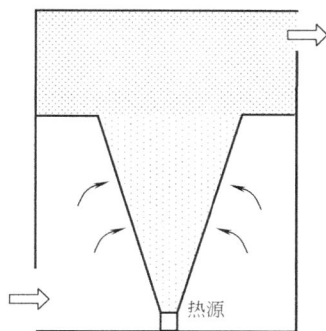

图4-1 置换通风工作原理图

（1）在相同设计温度下，活动区所需的供冷量较少；

（2）利用免费供冷的周期比较长；

（3）活动区域内的控制质量较好。

缺点：由于出口速度较小，安装空气分布器需占用较多墙面。

符合下列条件，可设置置换通风：

（1）有热源或热源与污染源伴生；

（2）室内单位面积的冷负荷小于 $120W/m^2$；污染物温度比周围环境温度高，密度比周围空气小，室内气流没有强烈的扰动；

（3）人员活动区空气质量要求严格，但对室内温湿度参数的控制精度无严格要求，送风温度比周围环境的空气温度低；

（4）地面至平顶的高度大于 3m 的高大房间；

（5）建筑、工艺及装修条件许可且技术经济比较合理。

3. 置换通风系统的设计原则

采用置换通风时，应符合下列条件：

（1）房间净高宜大于 2.7m；

（2）送风温度不宜低于 18℃；

（3）空调区单位面积冷负荷不宜大于 $120W/m^2$；

（4）污染源宜为热源，且污染物气体密度较小；

（5）室内人员活动区 0.1～1.1m 高度的空气垂直温差不宜大于 3℃；

（6）空调区内不宜有其他气流组织。

为满足活动区人员的热舒适要求，保证室内的空气品质，置换通风系统的设计，应符合下列规定：

（1）坐着时，头脚温差不大于 2℃；

（2）站立时，头脚温差不大于 3℃；

（3）人员活动区内气流分布均匀，吹风风速不满意率 $PD \leqslant 15\%$，热舒适不满意率 $PPD \leqslant 15\%$；

（4）置换房间内的垂直方向上的温度梯度小于 2℃/m；

（5）民用建筑送风口设置高度不超过 0.8m，置换通风器的出口风速不宜大于 0.2m/s；工业建筑置换通风口高度设置不限，出口风速不宜大于 0.5m/s；

（6）除系统送风温度接近室内温度外，通常工作区人员坐着时的停留处空气流速不超过 0.2m/s；

（7）置换送风口附近不应有大的障碍物且尽可能布置在冷负荷较集中的地方；

（8）排风口应尽可能设置在室内最高处，回风口应设置在室内热力分层高度以上。

4. 置换通风系统送风量及送风温度的确定

（1）送风温度的确定

当建筑屋室内采用置换通风时，室内的温度梯度一般由三部分组成：出风后地表层的温升 $\Delta t_{01} = t_{01} - t_s$，工作区温度梯度 $\Delta t_n = t_{11} - t_{01}$，室内上部温升 $\Delta t_p = t_p - t_{11}$。室内送排风温差 $\Delta t = t_p - t_s$，该值表示送风吸收室内全部的热量。工作区温差 $\Delta t_s = \Delta t_{01} + \Delta t_n = k\Delta t + c\Delta t$，该值由地面区温升和停留区温升两部分组成。上部区温升 Δt_p 表示房间顶部热量被顶部气流所吸收。

置换通风的送风温度可由以下经验公式估算：

$$t_s = t_{11} - \Delta t_n \left| \frac{1-k}{c} - 1 \right| \tag{4-10}$$

式中　c——停留区温升系数，$c = \Delta t_n / \Delta t$；

k——地面温升系数，$k = \Delta t_{01} / \Delta t$。

停留区温升系数 c 可根据房间用途确定，地面温升系数 k 可根据房间用途及单位面积送风量确定，如表 4-10 和表 4-11 所示。

不同类型房间停留区的温升系数　　　　　　　　　　　表 4-10

停留区的温升系数	地表面部分的冷负荷比例（%）	房间用途
0.16	0～20	天花板附近照明的场合；博物馆、摄影棚
0.25	20～60	办公室
0.33	60～100	置换诱导场合
0.40	60～100	高负荷办公室、冷却吊顶、会议室

不同类型房间地面区的温升系数　　　　　　　　　　　表 4-11

地面区的温升系数	房间单位面积送风量[$m^3/(m^2 \cdot h)$]	房间用途及送风情况
0.50	0～20	仅送最小新风量
0.33	20～60	使用诱导式置换通风器的房间
0.20	60～100	会议室

（2）送风量的确定

送风量的确定应取下列四项中的最大值：1）卫生新风，满足现行规范、标准的最小新风量要求；2）保持空调区正压和确保空调区的换气次数不低于 $5h^{-1}$；3）按室内空气质量设计所需的送风量；4）按室内舒适性设计所需的送风量。

冬季有大量热负荷需要的建筑外部区域，不适宜采用置换通风系统；内部湿负荷较大的场合不适合采用置换通风系统。

4.3.5 厨房、卫生间通风系统设计

1. 住宅建筑厨房、卫生间通风系统设计

（1）设计原则

1）住宅内的通风换气应首先考虑自然通风，在无自然通风条件或自然通风不能满足要求的情况下，应设机械通风或自然通风与机械通风结合的复合通风系统。

2）住宅建筑的厨房、无外窗的卫生间应采用机械排风系统或预留机械排风系统开口，且应留有必要的进风面积。当厨房或卫生间的外窗关闭或卫生间无外窗时，需通过门进风，应在门下部设置有效截面积不小于 $0.02m^2$ 的固定百叶，或距地面留出不小于 30mm 的缝隙。

3）住宅建筑的厨房、卫生间宜设置竖向排风道，竖向排风道应具有防火、防倒灌、防串味及均匀排气的功能，并应采取支管回流和竖井泄漏的措施，顶部应设置防止外风倒灌装置。排风道的设置和安装应符合《住宅厨房排放道》JG/T 3044 的要求。

（2）通风量的确定

住宅建筑厨房、卫生间的通风换气次数不应小于 $3h^{-1}$。

（3）排风道的设计

排风道的设计过程为：先假定一个烟道内截面尺寸，计算流动总阻力，再根据排油烟机性能曲线校核是否能满足要求；若不满足，修正烟道内截面尺寸，直至满足要求。

排风道阻力计算可采用简化算法，设计计算时采用总局部阻力等于总沿程阻力的方法，其沿程阻力的计算公式为：

$$P_m = \alpha \left[(n-1) H \cdot \frac{R_{mp}}{2} + (N-n+1) H \cdot R_{mp} \right] \tag{4-11}$$

式中　P_m——排烟道纵沿程阻力损失，Pa；

　　　α——修正系数，$\alpha = 0.84 \sim 0.88$；

　　　n——同时开机的用户数；

　　　H——建筑层高，m；

　　　R_{mp}——对应于系统总排放量的烟道比摩阻，Pa/m；

　　　N——住宅总层数。

竖向风道内截面尺寸的确定：在一定的同时开机率、一定的用户排油烟机性能下，确定满足最不利用户（最底层）一定排放量时的最小烟道截面尺寸，或先假设烟道气体流速并采用下列公式估算排烟道尺寸：

1）排风道截面总风量的计算：

$$L_s = \sum_{j=1}^{m} \left(c_j \sum_{i=1}^{n} L_i \right) \tag{4-12}$$

式中　L_s——总风量，m³/s；

　　　c_j——同时使用系数，$c_j = 0.4 \sim 0.6$；

　　　L_i——一户排风量，m³/s；

　　　n——一～六层住户数；

　　　m——同时使用系数的数量。

2）排风道截面积：

$$A = \frac{L_s}{v} \tag{4-13}$$

式中　A——排风道截面积，m²；

　　　L_s——总风量，m³/s；

　　　v——排风道内气体流速，m/s。

2. 公共厨房的通风设计

（1）设计原则

依据《民用建筑供暖通风与空气调节设计规范》，公共厨房和公共卫生间的通风应符合如下规定：

1）发热量大且散发大量油烟和蒸汽的厨房设备应设排气罩等局部机械通风设施，其他区域当自然通风达不到要求时，应设置机械通风。

2）采用机械排风的区域，当自然补风满足不了要求时，应采用机械补风。厨房相对于其他区域应保持负压，补风量应与排风量相匹配，宜为排风量的 80%～90%。严寒或寒冷地区宜对机械补风采取加热措施。

3）产生油烟设备的排风应设置油烟净化设施，其油烟排放浓度及净化设备的最低去除效率不应低于国家现行相关标准规定。

4）厨房排油烟风道不应与防火排烟风道共用。

5）排风罩、排油烟风道及排风机设置安装应便于油、水的收集和油污清理，且应采取防止油烟气味外溢的措施。

（2）厨房通风量的确定

1）根据换气次数要求确定送风量

在总结工程设计及使用的基础上，设计人员可参照如下标准选取换气次数以估算厨房的通风量：①中餐厅：40～50h^{-1}；②西餐厅：30～40h^{-1}；③职工餐厅：25～35h^{-1}。

当按吊顶下的房间体积计算风量时，换气次数取上限；若按楼板下的房间体积计算风量时，换气次数取下限。按换气次数计算的风量只能在扩初阶段作估算用。

2）根据局部排风罩风量计算排风量

此时厨房排风量的大小取决于灶具的数量、罩子形式、罩面风速等。排风罩的最小排风量按下式计算：

$$L = 1000P \cdot H \tag{4-14}$$

式中　P——罩口的周边长（靠墙的边不计），m；

　　　H——罩口距灶面的距离，m。

应控制罩口的吸风速度不小于 0.5m/s。

3）根据厨房热平衡计算排风量

通过送入厨房内的空气带走厨房的余热，可改善厨房的工作条件。此时，排风量 L（m^3/h）的计算公式为：

$$L = \frac{Q}{0.348(t_p - t_j)} \tag{4-15}$$

式中　t_p——室内排风设计温度。一般夏季取 35℃，冬季取 15℃；

　　　t_j——室外通风计算温度，℃；

　　　Q——厨房内总发热量（显热），W。

$$Q = Q_1 + Q_2 + Q_3 + Q_4$$

式中　Q_1——厨房设备散热量，W，最好按工艺提供数据确定，或参考手册选取；

　　　Q_2——人员散热量，W；

　　　Q_3——照明散热量，W；

　　　Q_4——围护结构热负荷，W。

如果厨房的通风功能为消除油烟、异味、余热、余湿时，建议厨房的通风量按方法2）和3）计算，得到相应的排风量 L_2 和 L_3，取两者之中的较大值。方法1）仅为设计计算时控制指标或扩初设计阶段作为估算用。若 $L_2 > L_3$，厨房设备仅设炊事设备的局部排风；若 $L_2 < L_3$，厨房除炊事设备的局部排风量外，还应在厨房上部设置全面排风系统，其排风量为 $L_3 - L_2$。即使 $L_2 > L_3$，也应设全面排风设备，可在炉灶未运行时使用。也有资料提出，厨房和饮食制作间的热加工间的通风换气量宜按热平衡计算，计算所得排风量 L_3 的 65% 通过排气罩排至室外，其余的 35% 则由厨房的全面排风系统排出。

（3）厨房通风系统设计注意事项

厨房局部排风的排气罩的设计应符合下列要求：

排气罩的平面尺寸应比炉灶尺寸大 100mm 左右，排气罩下沿距灶面的距离不宜大于

1.0m，排气罩的高度不宜小于 600mm。排气罩下沿四周应有集油、集水沟槽，采用 1～2mm 不锈钢板或镀锌钢板制作。

厨房排风尤其是中餐厨房宜经净化后排风。按照国家标准《饮食业油烟排放标准》GB 18483—2001 的要求，厨房所排油烟最高允许排放风浓度为 2.0g/m³，净化设备的最低去除效率小型不宜低于 60%，中型不宜低于 75%，大型不宜低于 85%。目前对油烟的处理方法一般有水处理吸收、用吸附过滤材料除油烟和高压静电除油烟等。

排油烟风道的排放口宜设置在建筑物顶端并采用防雨风帽，以把这些有害物排入高空，利于稀释。

厨房排风管的水平段应设不小于 0.02 的坡度，坡向排气罩。水平风道宜设置清洗检查孔，以利于清洁人员定期清除风道中沉积的油污、油垢。为防止污浊空气或油烟处于正压渗入室内，宜在顶部设总排风机。

4.3.6 公共卫生间、浴室的通风设计

1. 设计原则

公共卫生间应设置机械排风系统。公共浴室宜设气窗，无条件设气窗时，应设独立的机械排风系统；应采取措施保证浴室、卫生间对更衣室及其他公共区域的负压。

2. 通风量的确定

公共卫生间、浴室及附属房间采用机械通风时，其通风量按表 4-12 推荐的换气次数确定：

公共卫生间、浴室及附属房间机械通风换气次数 表 4-12

名称	公共卫生间	淋浴	池浴	桑拿或蒸气浴	浴室单间或喷头小于 5 个的淋浴间	更衣室	走廊、门厅
换气次数（h⁻¹）	5～10	5～6	6～8	6～8	10	2～3	1～2

4.3.7 设备机房的通风

机房设备由于可能会产生大量的余热、余湿、泄漏有毒气体或可燃气体等，靠自然通风往往不能满足使用和安全要求，一般应设机械通风系统，并尽量利用室外空气为自然冷源排除余热、余湿。不同季节采用不同的运行策略，以利于节能。

1. 制冷机房的通风

（1）设计原则

1）制冷机房设备间排风系统宜独立设置且应直接排向室外。冬季室内温度不宜低于 10℃，夏季不宜高于 35℃，冬季值班温度不应低于 5℃。

2）机械排风宜按制冷剂的种类确定事故排风口的高度。当设于地下制冷机房，且泄漏气体密度大于空气时，排风口应上、下分别设置。

3）制冷机房采用自然通风时，机房所需的自由开口面积可按下式计算：

$$A_R = 0.138G_R^{0.5} \tag{4-16}$$

式中　A_R——制冷机房自然通风的开口面积，m²；

　　　G_R——机房中最大制冷系统灌注的制冷工质质量，kg。

（2）通风量的确定

1）氟制冷机房应分别计算通风量和事故通风量。当机房内设备发热量数据不全时，通风量可取 $4\sim6h^{-1}$，事故通风量不应小于 $12h^{-1}$，事故排风口上沿距室内地坪距离不应大于 $1.2\,m$。

2）氨制冷站应设置机械排风和事故通风系统。通风量不应小于 $3h^{-1}$，事故通风量宜按 $183m^3/（m^2\cdot h）$ 计算，且最小排放量不应小于 $34000m^3/h$。事故排风机应选用防爆型，排风口应位于侧墙高处或屋顶。

3）直燃溴化锂制冷机房宜设置独立的送、排风系统。燃气直燃溴化锂制冷机房的通风量不应小于 $6h^{-1}$，事故通风量不应小于 $12h^{-1}$。燃油溴化锂制冷机房的通风量不应小于 $3h^{-1}$，事故通风量不应小于 $6h^{-1}$，机房的送风量应为排放量与燃烧所需的空气量之和。

2. 柴油发电机房的通风

柴油发电机房宜设置独立的送、排风系统，其送风量应为排放量与发电机组燃烧所需的空气量之和。柴油发电机燃烧的空气量，可按柴油发电机额定功率 $7m^3/kWh$ 计算。

3. 变配电室的通风

变配电室宜设置独立的送、排风系统。设在地下的变配电室送风气流宜从高低压配电区流向变压器区，从变压器区排至室外。排风温度不宜高于 $40℃$。当通风无法保障变配电室设备工作要求时，宜设置空调降温系统。

4. 其他设备用房的通风

泵房、热力机房、中水处理机房、电梯机房等采用机械通风时，其换气参数可参照表 4-13 选用。

部分设备机房的机械通风换气次数[3]　　　　　　　　　表 4-13

机房名称	清水泵房	软化水间	污水泵房	中水处理机房	蓄电池室	电梯机房	热力机房
换气次数（h^{-1}）	4	4	8~12	8~12	10~12	10	6~12

4.3.8 地下车库通风系统设计

现代地下停车场面积大，内部结构复杂。地下停车场一般除汽车出入口外并无其他与室外相通的孔洞，高密度的车位和频繁的车辆进出，易积聚油蒸汽而引发火灾或爆炸，还会使车辆发动机启动、运转时产生的一氧化碳等有毒废气超标，影响车库内人员的健康，设置高效的通风系统是地下停车场内部良好空气质量的保证。另外，地下车库内一旦发生火灾，高温烟气会因无法排放而在车库内蔓延，如果不迅速排出室外，容易造成人员的伤亡，也会给消防人员的扑救工作带来困难，因此，还必须设置排烟系统。从某种意义上讲，地下车库有无良好的机械通风，是预防火灾和人员中毒的重要条件。

1. 通风量的确定

车库内 CO 的最高浓度大于 $30g/m^3$ 时，应设机械通风系统。地下汽车库应设置独立的送、排风系统。当汽车库设有开敞的车辆出、入口时，可采用机械排风、自然进风的通风方式。当不具备自然进风条件时，应同时设机械进、排风系统。室外排风口应设于建筑下风向，且远离人员活动区并宜做消声处理。

机械进、排风系统的进风量应小于排风量，一般为排风量的 $80\% \sim 90\%$。对于全部或部分为双层或多层停车库的情形，排放量按稀释浓度法计算；单层停车库的排放量宜按稀释浓度法计算，如无计算资料时，可参考换气次数法估算。

(1) 换气次数法

1) 排风量按换气次数不小于 $6h^{-1}$ 计算，送风量按换气次数不小于 $5h^{-1}$ 计算；

2) 当层高小于 3m 时，按实际高度计算换气体积；当层高≥3m 时，按 3m 高度计算换气体积。

车库通风的目的是为了稀释汽车排放的有害物以使车库内有害物的浓度达到卫生要求的允许浓度。通风风量的计算应与有害物的散发量及散发时的浓度有关，而与房间的体积并无确定的数量关系。换气次数法并没有将通风量与污染物的散发情况相联系，因此，由此方法计算出的通风量的实际通风效果无法考证。一般情况下应按稀释浓度法计算通风量。

(2) 稀释浓度法

当采用稀释浓度法计算排放量时，建议采用如下公式：

$$L_{cp} = \frac{G_{CO}}{y_1 - y_0} \tag{4-17}$$

式中　L_{cp}——车库所需的排风量，m^3/h；

　　　G_{CO}——车库内排放 CO 的量，mg/h；

　　　y_1——车库内 CO 的允许浓度，一般为 $30\ mg/m^3$；

　　　y_0——室外大气中 CO 的浓度，一般取 $2 \sim 3\ mg/m^3$。

$$G_{CO} = My \tag{4-18}$$

式中　M——车库内汽车排出气体的总量，m^3/h；

　　　y——典型汽车排放 CO 的平均浓度（mg/m^3），根据中国汽车尾气排放现状，通常情况下取 $55000\ mg/m^3$。

$$M = \frac{T_1}{T_0} m \cdot \tau \cdot k \cdot n_c \tag{4-19}$$

式中　n_c——车库内设计车位数；

　　　k——车位利用系数，即 1h 内出入车库的车辆数与设计车位数之比，一般取 $0.5 \sim 1.2$；

　　　τ——车库内汽车的运行时间，一般取 $2 \sim 6min$；

　　　m——单台车单位时间的排气量，m^3/min，为简化计算，一般取 $0.02 \sim 0.025\ m^3/(min \cdot 台)$；

　　　T_1——库内车的排气温度，$500 + 273 = 773K$；

　　　T_0——库内以 20℃计的标准温度，K。

一般地下停车库内排放 CO 的多少与所停车的车型、产地、型号、排气温度及停车启动时间有关，地下停车库一般按停放小汽车设计。

2. 地下车库的通风方式及控制

当采用接风管的机械进、排风系统时，应注意气流分布均匀，减少通风死角。车流量随时间变化较大的车库，通风机宜采用多台并联或采用变频风机以进行通风量的调节。当车库层高较低，不易布置风管，为防止气流不畅，杜绝死角，可采用诱导式通风系统。

无风道射流诱导通风系统由多台有序排列的射流风机配合送风风机、排风风机组成。无风道射流风机如图 4-2 所示。射流风机机组喷嘴喷出的定向高速空气射流，诱导室外的新风或室内经过预处理的空气，在无风道的条件下将其送到环境需要的区域，并以适当合理的系统设计布置，实现室内最佳的气流组织，达到经济高效的通风换风效果。

使用无风道射流诱导通风系统时，可省去设计、制造、安装风管及其他配套工程方面的费用，这部分费用比使用的诱导风机机组昂贵得多，而且以整个层面为通风风道，送风风机、排风风机所需要风压比使用管道时小得多，这样就可以选用大风量较低风压的风机，使所需功率降低，大幅地降低了运行成本和投资费用。当送排风机停止运转时，诱导风机仍可运转，起到局部通风换气的作用。图 4-3 为车库诱导式通风系统的示意图。

图 4-2　无风道射流风机外观图

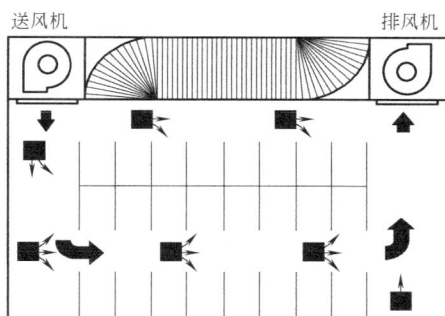

图 4-3　车库诱导式通风系统平面示意图

诱导式通风系统一般每台风量为 $600 \sim 700 m^3/h$，喷嘴形式有导管式和方向球形两种。每种又有单喷嘴、双喷嘴和三喷嘴之分，可根据需要选择。

诱导通风机的数量一般按每台负担 $150 \sim 250 m^2$ 的面积选择。当汽车库隔墙及障碍物较多，且为自然进风、机械排风的情况下，应按下限选择诱导通风机的数量。当基本无障碍物，送风口和排风口处的气流较顺畅，且为机械进、排风的情况下，按上限选择。

设置机械通风系统的停车库，当车流量变化有规律时，可按时间设定风机开启台数；无规律时，宜采用 CO 浓度传感器联动控制多台并联风机或可调速风机运行的方式，以达到节能的效果。当采用传统的机械进、排风系统时，CO 传感器宜分散设置。当采用诱导式通风系统时，传感器应设在排风口附近。

地下停车场通风系统管路的水力计算及相关设备的选择可参照本书第 3 章及本章通风系统设计部分的相关内容。

严寒和寒冷地区，地下车库宜在坡道出入口设置热空气幕。

4.3.9　事故通风系统设计

对于可能突然放散大量有害气体或有爆炸危险气体的场所，应设置事故通风系统。事故通风系统不包括火灾时通风排烟。

1. 事故通风系统通风量的确定

事故通风的通风量宜根据放散物的种类、安全及卫生浓度要求，按全面排风计算确定，且换气次数应不小于 $12 h^{-1}$。

2. 事故通风系统的设计原则

(1) 事故通风系统应根据放散物的种类，设置相应的检测报警及控制系统。事故通风的手动控制装置应在室内外便于操作的地点分别设置。

(2) 放散物包含有爆炸危险性气体时，应设置防爆通风设备。

(3) 事故排风宜由经常使用的通风系统和事故通风系统共同保证，两种系统的通风量应分别计算。当事故通风量大于经常使用的通风系统的风量时，宜设置双风机或变频调速风机。但在事故发生时，必须保证事故通风的要求。

(4) 事故排风的室内吸风口和传感器位置应根据放散物的位置和密度合理设计事故排风的室内吸风口，应设在有害气体或爆炸危险性物质放散量可能最大或聚集最多的地点。对事故排风的死角处，应设导流措施。当发生事故向室内散发密度比空气大的气体或蒸汽时，室内吸风口应设在地面以上 0.3～1.0m；放散密度比空气小的气体或蒸汽时，室内吸风口应设在上部地带；放散密度比空气小的可燃气体或蒸汽时，室内吸风口应尽量紧贴顶棚布置，其上缘距顶棚不得大于 0.4m。

(5) 事故排风系统的排风口的布置应从安全角度考虑，防止系统投入运行时排出的有毒及爆炸性气体危及人身安全和由于气流短路对送风空气质量造成影响。一般应符合如下规定：1) 不应布置在人员经常停留或经常通行的地点及邻近窗户、天窗、室门等设施的位置；2) 排风口与机械送风系统的进风口的水平距离不应小于 20m；当水平距离不足 20m 时，排风口必须高出进风口，并不得小于 6m；3) 当排气中含有可燃气体时，事故通风系统排风口应远离火源 30m 以上，距可能火花溅落地点应大于 20m；4) 排风口不应朝向室外空气动力阴影区，不宜朝向空气正压区。排风口的高度应高于周边 20m 范围内最高建筑屋面 3m 以上。

4.3.10　局部排风

1. 局部排风罩种类

局部排风系统是利用局部气流直接在有害物质产生地点对其加以控制或捕集，避免污染物扩散到车间作业地带。与全面通风方法相比，它具有排风量小、控制效果好等优点。因而，在散放热、湿、蒸气或有害物质的建筑物内，应首先考虑采用局部排风。只有不能采用局部排风或采用局部排风后仍达不到卫生标准要求时，再采用全面通风。

按照工作原理的不同，局部排风罩可以分为以下几种类型：

(1) 密闭罩。如图 4-4 所示，密闭罩把有害物源全部密闭在罩内，从罩外吸入空气，使罩内保持负压。它只要较小的排风量就能对有害物进行有效控制。

(2) 柜式排风罩（通风柜）。如图 4-5 所示，它的结构与密闭罩相似，只是由于工艺

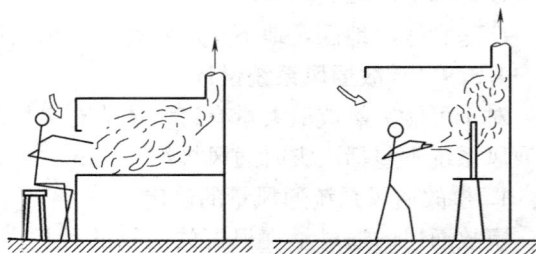

图 4-4　密闭罩　　　　　　　　　图 4-5　柜式排风罩

或操作的要求，罩的一面需要全部敞开。在喷漆作业、粉状物料装袋等场合使用时，操作人员需要直接进入柜内工作，采用大型通风柜。

（3）外部吸气罩。如图4-6所示。由于工艺条件限制，生产设备不能密闭时，可采用外部吸气罩。它是利用排风气流作用，在有害物散发地点造成一定的吸入速度，使有害物吸入罩内。

（4）接受式排风罩。如图4-7所示。生产过程和设备本身会产生或诱导一定的气流运动，如：高温热源上部的对流气流等。排风罩设在污染气流前方，有害物会随气流直接进入罩内，这类排风罩统称接收罩。

图4-6 外部吸气罩

图4-7 接受式排风罩

（5）吹吸式排风罩。如图4-8所示。它是利用射流能量密集、速度衰减慢，而吸气气流速度衰减快的特点，把两者结合起来，使有害物得到有效控制的一种方法。它具有风量小、控制效果好、抗干扰能力强、不影响工艺操作等特点。

2. 局部排风罩的设计原则

在选用或设计排风罩时，应遵循以下原则：

（1）对散发粉尘或有害气体的工艺流程与设备应采取密闭措施。设置局部排风罩时，宜采取密闭罩。在确定密闭罩的吸气口位置、结构和风速时，应使罩内负压均匀，防止污染物外逸。对于散发粉尘的污染源，应避免过多地抽取粉尘。用于防尘系统的密闭罩也称防尘密闭罩。

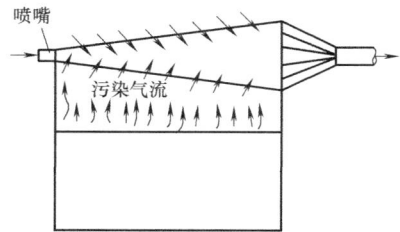

图4-8 吸收式排风罩

（2）当不能或不便采用密闭罩时，可根据工艺操作要求和技术经济条件选择适宜的其他开敞式排风罩。局部排风罩应尽可能包围或靠近有害物源，使有害物源局限于较小的局部空间；还应尽可能减小吸气范围，便于捕集和控制有害物。

（3）吸气点的排风量应按防止粉尘或有害气体扩散到周围环境空间的原则确定，排风罩的吸气宜尽可能利用污染气流的运动作用。

（4）已被污染的吸入气流不允许通过人的呼吸区。设计时要充分考虑操作人员的位置和活动范围。

（5）局部排风罩的配置应与生产工艺协调一致，力求不影响工艺操作。排风罩应力求结构简单、造价低，便于安装和维护管理。

（6）在使用排风罩进行通风换气的地方，要尽可能避免或减弱干扰气流、穿堂风和送风气流等对吸气气流的影响。

3. 局部排风罩的设计计算

（1）密闭罩

1）分类

按照密闭罩和工艺设备的配置关系，防尘密闭罩可分为三类：

① 局部密闭罩：只对局部产尘点进行密闭，其排风量小、经济型好，适用于含尘气流速度低、瞬时增压不大的扬尘点。

② 整体密闭罩：产生设备大部分或全部密闭，只有传动设备留在罩外，用于有振动或含尘气流速度高的设备。

③ 大容积密闭罩（密闭小室）：这种密闭方式适用于多点产尘、阵发性产尘、含尘气流速度大的设备或地点。它的缺点是占地面积大，材料消耗多。

2）排风量计算

密闭罩的排风量可根据进、排风量平衡确定。主要由以下几项构成：

$$L = L_1 + L_2 + L_3 + L_4 \tag{4-20}$$

式中　L——密闭罩的排风量，m^3/s；

$\quad L_1$——物料下落时带入罩内的诱导空气量，m^3/s；

$\quad L_2$——从孔口或不严密缝隙处吸入的空气量，m^3/s；

$\quad L_3$——因工艺需要鼓入罩内的空气量，m^3/s；

$\quad L_4$——在生产过程中因受热使空气膨胀或水分蒸发而增加的空气量，m^3/s。

在上述因素中，L_3 取决于工艺设备的配置，只有少量设备，如：自带鼓风机的混砂机等才需考虑。L_4 在工艺过程发热量大、物料含水率高时才需考虑，如：水泥厂的转筒烘干机等。在一般情况下，上式可简化为：

$$L = L_1 + L_2 \tag{4-21}$$

3）吸风口（点）位置的确定

采用密闭罩后，为防止污染物外逸，还需要对罩内进行排风，消除罩内正压，使罩内形成负压。排风口（点）的位置设置可以采用下列原则进行：

① 排风口应设在罩内压力较高的部位，以利于消除罩内正压。例如：在皮带转运点，当落差大于 1m 时，排风口应设在下部皮带处。斗式提升机输送冷料时，应把吸风口设在下部受料点；当输送物料温度在 150℃ 以上时，因热压作用，只需在上部吸风；物料温度为 50～150℃ 时，需上、下同时吸风。

② 粉状物料下落时，产生飞溅的污染气流一般无法用排风方法抑制。正确的防止方法是避免在飞溅区内有孔口和缝隙，或者设置宽大的密闭罩，使尘化气流到达罩壁上的孔口前，速度大大减弱。因此，在皮带运输机上，吸风口至卸料溜槽的距离至少应保持 300～500mm。

③ 为尽量减少将粉状物料吸入排风系统，吸风口不应设在气流含尘高的部位或飞溅区内。吸风口风速不宜过高，不宜大于下列数值：

物料的粉碎　　　　　　　　2m/s

粗颗粒物料的破碎　　　　　3m/s

细粉料的筛分　　　　　　　0.6m/s

（2）柜式排风罩（通风柜）

按照气流运动特性，柜式排风罩分为吸气式和吹吸式两类。吸气式通风柜具有单纯排风的作用，在工作孔上造成一定的吸入速度，防止有害物外逸。

通风柜的排风量可按下式计算：

$$L=L_1+v \cdot F \cdot \beta \tag{4-22}$$

式中　L_1——柜内污染气体发生量，m^3/s；

v——工作孔上的控制风速，m/s；

F——工作孔或缝隙的面积，m^2；

β——安全系数，$\beta=1.1\sim1.2$。

通风柜的控制风速　　　　　　　　表 4-14

污染物性质	控制风速(m/s)	污染物性质	控制风速(m/s)
无毒污染物	0.25～0.375	剧毒或少量放射性污染物	0.5～0.6
有毒或有危险的污染物	0.4～0.5		

对化学实验室用的通风柜，工作孔上的控制风速可按表 4-14 确定。对某些特定的工艺过程，可参照相关手册。

当罩内发热量大、采用自然排风时，其最小排风量是按中和界高度不低于排风柜上的工作孔上缘来确定的。

通风柜上工作孔的速度分布对其控制效果有很大影响，若速度分布不均匀，污染气流会从吸入速度较低的部位逸入室内。

冷过程通风柜上部排风时，气流的浮生作用较弱，工作孔上的吸入速度一般为平均流速的 150%，而在下部仅为平均流速的 60%，因此，有害气体可能会从下部逸出。为了改善这种状况，应把排风口设在通风柜的下部。

对于产热量较大的工艺过程，柜内的热气流要向上浮升，如果仍像冷过程一样，在下部吸气，有害气体就会从上部逸出。因此，热过程的通风柜必须在上部排风。

对于发热量不稳定的过程，可在上、下均设排风口，随柜内发热量的变化，调节上、下排风量比例，使工作孔上的气流速度尽量均匀。

当通风柜设置于供暖或对温、湿度有控制要求的房间内时，为节约供暖和空调能耗，可采用送风式通风柜。从工作孔上部送入取自室外（或相邻房间）的补给风，送风量约为排风量的 70%～75%。

（3）外部吸气罩

外部吸气罩是利用排风罩的抽吸作用，在有害物发生地点（控制点）造成一定的气流运动，将有害物吸入罩内，加以捕集。控制点上必需的气流速度称为控制风速。

控制风速的大小与工艺操作、有害物毒性、周围干扰气流运动状况等多种因素有关，设计时可参照表 4-15 确定，控制点控制风速选取原则按表 4-16。

控制点的控制风速 v_x　　　　　　　表 4-15

污染物放散情况	最小控制风速(m/s)	举　例
以轻微的速度放散到相当平静的空气中	0.25～0.5	槽内液体的蒸发；气体或烟从敞口容器中外逸
以较低的速度放散到尚属平静的空气中	0.5～1.0	喷漆室内喷漆；断续地倾倒有尘屑的干物料到容器中；焊接

污染物放散情况	最小控制风速(m/s)	举　例
以相当大的速度放散出来，或放散到空气运动迅速的区域	1～2.5	在小喷漆室内用高压力喷漆；快速装袋或装桶；往运输器上给料
以高速放散出来，或是放散到空气运动很迅速的区域	2.5～10	磨削；重破碎；滚筒清理

控制点的控制风速选取原则　　　　　表 4-16

范围下限	范围上限	范围下限	范围上限
室内空气流动小或有利于捕集	室内有扰动气流	间歇生产产量低	连续生产产量高
有害物毒性低	有害物毒性高	大罩子大风量	小罩子局部控制

1) 前面无障碍的排风罩排风量计算

对于四周无法兰边，内径为 d 的圆形吸气口，当控制点在吸气口前方距吸气口的无量纲距离 x/d 等于 1 时，风速仅为吸气口平均流速的 7.5% 左右。而对同样的有法兰边的吸气罩，相同情况下风速约为吸气口平均流速的 11%。可见，尽量减小吸气口的吸气范围，可以在相同的排风量下更好地控制污染物的逸散。

对于四周无边的圆形吸气口

$$\frac{v_0}{v_x}=\frac{10x^2+F}{F} \tag{4-23}$$

对于四周有边的圆形吸气口

$$\frac{v_0}{v_x}=0.75\left[\frac{10x^2+F}{F}\right] \tag{4-24}$$

式中　v_0——吸气口的平均流速，m/s；

v_x——控制点处的吸入速度，m/s；

x——控制点距吸气口的距离，m；

F——吸气口的面积，m²。

式 (4-23) 和式 (4-24) 是根据吸气口的速度分布图得出的，仅适用于 $x\leqslant1.5d$ 的场合。当 $x>1.5d$ 时，实际的速度衰减要比计算值大。

前面无障碍四周无边或有边的圆形吸气口的排风量可按下列公式计算：

四周无法兰：

$$L=v_0F=(10x^2+F)v_x \quad (\mathrm{m^3/s}) \tag{4-25}$$

四周有法兰：

$$L=v_0F=0.75(10x^2+F)v_x \quad (\mathrm{m^3/s}) \tag{4-26}$$

2) 前面有障碍时外部吸气罩排风量计算

如果排风罩设在设备上方，由于设备的限值，气流只能从侧面流入罩内。虽然仍属侧吸罩，但罩口的流线和水平放置的侧吸罩是不同的。上吸式排风罩的尺寸和安装位置按图 4-9 确定。为了避免横向气流的影响，要求 H 尽可能小于或等于 $0.3a$（a 为罩口长边尺寸），其排风量按下式计算

$$L=KPHv_{x1} \quad (\mathrm{m^3/s}) \tag{4-27}$$

式中 P——排风罩口敞开面的周长，m；

        H——罩口至污染源的距离，m；

        v_{x1}——边缘控制点的控制风速，m/s；

        K——考虑沿高度速度分布均匀的安全系数，通常取 $K=1.4$。

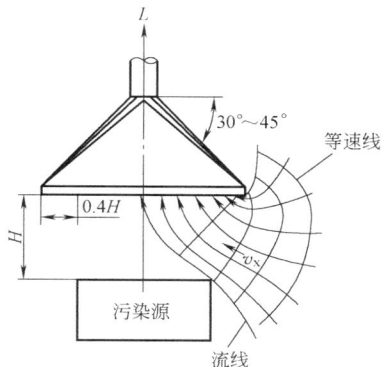

图 4-9 冷过程顶吸式排风罩

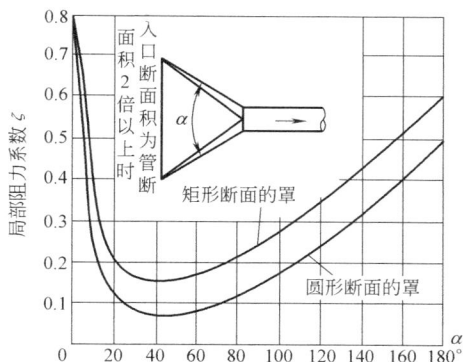

图 4-10 排风罩的局部阻力系数

设计外部吸气罩时，在结构上应注意以下问题：

1) 为了减少横向气流的影响和罩口的吸气范围，工艺条件允许时应在罩口四周设固定或活动挡板。

2) 罩口上的速度分布对排风罩性能有较大影响。扩张角 α 变化时，罩口轴心速度 v_c 和罩口平均速度 v_0 的比值见表 4-17 所示。图 4-10 是不同扩张角下排风罩的局部阻力系数（以管口动压为准），当 $\alpha=30°\sim60°$ 时阻力最小。

不同 α 角下的速度比 表 4-17

α	v_c/v_0	α	v_c/v_0
30°	1.07	45°	1.33
40°	1.13	60°	2.0

（4）槽边排风罩

槽边排风罩是外部吸气罩（侧吸罩）的一种特殊形式，专门用于各种工业槽，它是为了不影响人员操作而在槽边上设置的条缝形吸气口。槽边排风罩分为单侧和双侧两种，单侧用于槽宽 $B<700$mm 时的局部排风，$B>700$mm 时用双侧，$B>1200$mm 时宜采用吹吸式排风罩。圆形罩直径为 $500\sim1000$mm 时，宜采用环形排风罩。

槽边排风罩目前有两种常用的形式，分别为图 4-11 所示的平口式和图 4-12 所示的条缝式。平口式槽边罩因吸气口上不设法兰边，所以吸气范围较大。当槽靠墙布置时，则如同设置了法兰边一样，吸气范围由 $3\pi/2$ 减小为 $\pi/2$，减小吸气范围将相应地减少排风量。条缝式槽边排风罩的特点是占用空间大，吸风口高度为 $E\geqslant250$mm 的称为高截面，$E<250$mm 的称为低截面。增大截面高度如同设置了法兰边一样，可以减小吸气范围。

条缝式槽边排风罩的布置除单侧和双侧外，还可以沿槽池周边合围式布置，称为周边式槽边罩。条缝式槽边排风罩上的条缝口高度沿长度方向不变的，称为等高条缝。条缝口

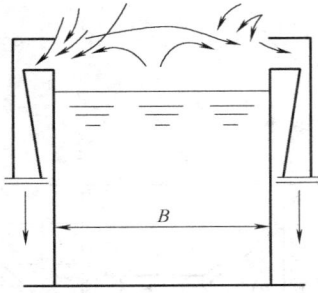

图 4-11　平口式

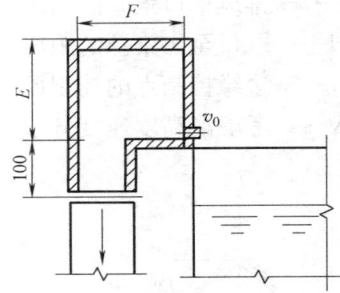

图 4-12　条缝式

高度 h 按下式确定：

$$h=L/3600v_0l \quad (m) \tag{4-28}$$

式中　L——排风罩排风量，m^3/h；

　　　l——条缝口长度，m；

　　　v_0——条缝口上的吸入速度，m/s。

v_0 通常取 7～10m/s，排风量大时允许适当提高吸入速度；一般取 $h\leqslant50mm$。

条缝口上的速度分布是否均匀，对槽边排风罩的控制效果有重大影响。为使速度均匀，可采取以下措施：

1）减小条缝口面积（f）和罩横断面积（F_1）之比，即：通过增大条缝口的阻力，促使速度分布均匀。$f/F_1\leqslant0.3$ 时，可近似认为速度是均匀的。

2）槽长大于 1500mm 时，可沿槽长度方向分设两个或三个排风罩，参见图 4-13 所示。

3）采用楔形条缝口时，楔形条缝的高度可近似按表 4-18 确定。参见图 4-14 所示。

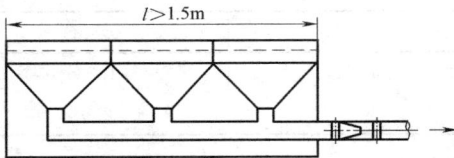

图 4-13　多风口布置

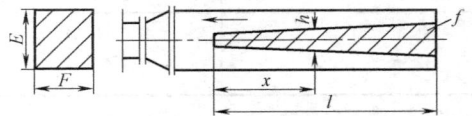

图 4-14　楔形条缝

楔形条缝口高度的确定　　　　　　　　　　　　　　　　表 4-18

f/f_1	$\leqslant0.5$	$\leqslant1.0$
条缝末端高度 h_1	$1.3h_0$	$1.4h_0$
条缝始端高度 h_2	$0.7h_0$	$0.6h_0$

注：h_0 为条缝口的平均高度。

条缝式槽边排风罩的排风量按下列公式计算：

1）高截面单侧排风：

$$L=2v_{x2}AB\left(\frac{B}{A}\right)^{0.2} \quad (m^3/s) \tag{4-29}$$

2）低截面单侧排风：

$$L=3v_{x2}AB\left(\frac{B}{A}\right)^{0.2} \quad (\text{m}^3/\text{s}) \tag{4-30}$$

3）高截面双侧排风（总风量）：

$$L=2v_{x2}AB\left(\frac{B}{2A}\right)^{0.2} \quad (\text{m}^3/\text{s}) \tag{4-31}$$

4）低截面双侧排风（总风量）：

$$L=3v_{x2}AB\left(\frac{B}{2A}\right)^{0.2} \quad (\text{m}^3/\text{s}) \tag{4-32}$$

5）高截面周边型排风：

$$L=1.57v_{x2}D^2 \quad (\text{m}^3/\text{s}) \tag{4-33}$$

6）低截面周边型排风：

$$L=2.36v_{x2}D^2 \quad (\text{m}^3/\text{s}) \tag{4-34}$$

式中　A——槽长，m；

　　　B——槽宽，m；

　　　D——圆槽直径，m；

　　　v_{x2}——边缘控制点的控制风速，m/s。

条缝式槽边排风罩的阻力：

$$\Delta p=\zeta\frac{v_0^2}{2}\rho \quad (\text{Pa}) \tag{4-35}$$

式中　ζ——局部阻力系数，$\zeta=2.34$；

　　　v_0——条缝口上的空气流速，m/s；

　　　ρ——周围空气密度，kg/m³。

（5）吹吸式排风罩

吹吸式排风罩是把吹、吸气流相结合的一种通风方法，它具有抗干扰能力强、不影响工艺操作、所需排风量小等优点，在国内外得到广泛应用。

由于吹、吸气流运动的复杂性，对于吹吸式排风罩尚缺乏精确的计算方法。目前较常用的有：美国联邦工业卫生委员会（ACGIH）推荐的方法、巴杜林计算方法和流量比法。上述方法可参考相关计算手册。

（6）接受式排风罩

有些生产过程或设备本身会产生或诱导一定的气流运动，带动有害物一起运动，如：高温热源上部的对流气流及砂轮磨削时抛出的磨屑及大颗粒粉尘所诱导的气流等。对这种情况，应尽可能把排风罩设在污染气流前方，让它直接进入罩内。这类排风罩称为接受罩，如图 4-15 所示。

接受罩在外形上和外部吸气罩完全相同，但作用原理不同。对接受罩而言，罩口外的气流运动是生产过程本身造成的，接受罩只起接受作用，它的排风量取决于接受的污染空气量的大小。接受罩的断面尺寸应不小于罩口处污染气流的尺寸，否则污染物不能全部进入罩内，影响排风效果。粒状物料高速运动时所诱导的空气量，由于影响因

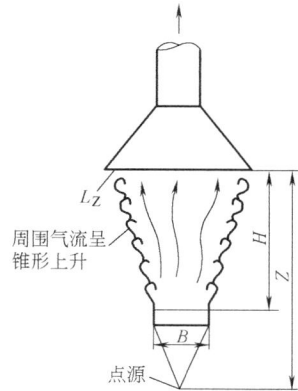

图 4-15　热源上部接受式排风罩

素较为复杂，通常按经验公式确定。

1）热源上部的热射流

热源上部的热射流主要有两种形式：一种是生产设备本身散发的热射流，如：炼钢电炉炉顶散发的热烟气；另一种是高温设备表面对流散热时所形成的热射流。当热物体和周围空间有较大温差时，通过对流散热把热量传给周围空气，空气受热上升，形成热射流。对热射流观察发现，在离热源表面（1～2）B（B—热源直径）处（通常在 $1.5B$ 以下）射流发生收缩，在收缩断面上流速最大，随后上升气流逐渐缓慢扩大。可把它近似看作是从一个假想点源以一定角度扩散上升的气流。

在 $H/B=0.9\sim7.4$ 的范围内，在不同高度上热射流的流量

$$L_Z=0.04Q^{\frac{1}{3}}Z^{\frac{3}{2}} \quad (\mathrm{m^3/s}) \tag{4-36}$$

式中　Q——热源的对流散热量，kJ/s。

$$Z=H+1.26B \quad (\mathrm{m}) \tag{4-37}$$

式中　H——热源至计算断面距离，m；

B——热源上水平投影的直径或长边尺寸，m。

在某一高度上热射流的断面直径为：

$$D_Z=0.36H+B \quad (\mathrm{m}) \tag{4-38}$$

通常，近似认为热射流收缩断面至热源的距离 $H_0\leqslant1.5\sqrt{A_p}$（$A_p$ 为热源的水平投影面积）。当热源的水平投影面积为圆形时，$H_0=1.5\left[\frac{\pi}{4}B^2\right]^{\frac{1}{2}}=1.33B$。因此收缩断面上的流量按下式计算：

$$L_0=0.04Q^{\frac{1}{3}}\left[(1.33+1.26)B\right]^{\frac{3}{2}}=0.167Q^{\frac{1}{3}}B^{\frac{3}{2}} \quad (\mathrm{m^3/s}) \tag{4-39}$$

热源的对流散热量

$$Q=\alpha F\Delta t \quad (\mathrm{J/s}) \tag{4-40}$$

式中　F——热源的对流散热面积，$\mathrm{m^2}$；

Δt——热源表面与周围空气的温度差，℃；

α——对流散热系数，$\mathrm{J/(m^2 \cdot s \cdot ℃)}$。

$$\alpha=A\Delta t^{1/3} \tag{4-41}$$

式中　A——系数，水平散热面 $A=1.7$；垂直散热面 $A=1.13$。

2）热源上部接受罩排风量计算

从理论上说，只要接受罩的排风量等于罩口断面上热射流的流量，接受罩的断面尺寸等于罩口断面上热射流的尺寸，污染气流就能全部排除。但实际中由于横向气流的影响，热射流会发生偏转，可能溢入室内。且接受罩的安装高度 H 越大，横向气流的影响越严重。因此，应用中采用的接受罩，罩口尺寸和排风量都必须适当加大。

根据安装高度 H 的不同，热源上部的接受罩可分为两类，$H\leqslant1.5\sqrt{A_p}$ 或 $H\leqslant1\mathrm{m}$ 的称为低悬罩；$H>1.5\sqrt{A_p}$ 或 $H>1\mathrm{m}$ 的称为高悬罩。

由于低悬罩位于收缩断面附近，罩口断面上的热射流横断面积一般小于（或等于）热源的平面尺寸。因此，在横向气流影响小的场合，排风罩口尺寸应比热源尺寸扩大 150～200mm，而在横向气流影响较大的场合，罩口尺寸可按下式确定：

圆形

$$D_1 = B + 0.5H \quad (m) \quad\quad (4\text{-}42)$$

矩形

$$A_1 = a + 0.5H \quad (m) \quad\quad (4\text{-}43)$$

$$B_1 = b + 0.5H \quad (m) \quad\quad (4\text{-}44)$$

式中　D_1——罩口直径，m；

　A_1、B_1——罩口尺寸，m；

　a、b——热源水平投影尺寸，m。

高悬罩的罩口尺寸按下式确定：

$$D = D_Z + 0.8H \quad (m) \quad\quad (4\text{-}45)$$

接受罩的排风按下式计算：

$$L = L_Z + v'F' \quad (m^3/s) \quad\quad (4\text{-}46)$$

式中　L_Z——罩口断面上热射流流量，m^3/s；

　F'——罩口的扩大面积，即罩口面积减去热射流的断面积，m^2；

　v'——扩大面积上空气的吸入速度，$v' = 0.5\sim0.7m/s$。

对于低悬罩，式（4-46）中 L_Z 即为收缩断面上的热射流流量。

高悬罩排风量大，易受横向气流影响，工作不稳定，设计时应尽可能降低安装高度。在工艺条件允许时，可在接受罩上设活动卷帘。罩上的柔性卷帘设在钢管上，通过传动机构转动钢管，带动卷帘上下移动，升降高度视工艺条件而定。

4.4　防排烟系统设计

建筑物发生火灾后，火灾中产生的烟气甚至是火焰本身将可能会迅速从着火区域向建筑物内的其他非着火区甚至是疏散通道蔓延，严重影响人员的逃生及灭火，因此有效的烟气控制是保护人们生命财产安全的重要手段。所谓的烟气控制是指通过有效的防排烟设计，控制烟气的合理流动，将火灾造成的危险减到最小，其作用主要体现于：（1）为安全疏散创造有利条件；（2）为消防扑救创造有利条件；（3）可控制火势的蔓延。

防排烟系统可分为防烟系统和排烟系统。防烟系统是指采用机械加压送风的方式或自然通风的方式，防止烟气进入疏散通道的系统，分为机械加压送风防烟和可开启外窗的自然排烟防烟。机械加压送风的基本原理是在建筑物发生火灾时，对着火区以外的有关区域进行送风加压，使其保持一定的正压，以防止烟气的侵入。在加压区域与非加压区域之间用一些构件分隔，如墙壁、楼板及门窗等，分隔物两侧之间的压力差使门窗缝隙中形成一定流速的气流，因而有效地防止烟气通过这些缝隙渗漏出来。其目的是为了在建筑物发生火灾时提供不受烟气干扰的疏散路线和避难场所。排烟系统是指采用机械排烟方式或自然排烟方式，将烟气排至建筑物外的系统。

在建筑防火设计中，防、排烟方式并不是单一的。只有将自然排烟、机械排烟、加压防烟几种防排烟方式进行合理的组合，才能达到满意的防排烟效果。

在设计防排烟系统时，应首先分析建筑物的类型、功能特性和防火要求，了解清楚建筑物的防火分区，选定合理的防排烟方案，进行系统设计。设计过程可依图 4-16 所示的框图进行。

防排烟系统设计的相关规定要求应紧密结合最新的建筑设计防火相关规范。

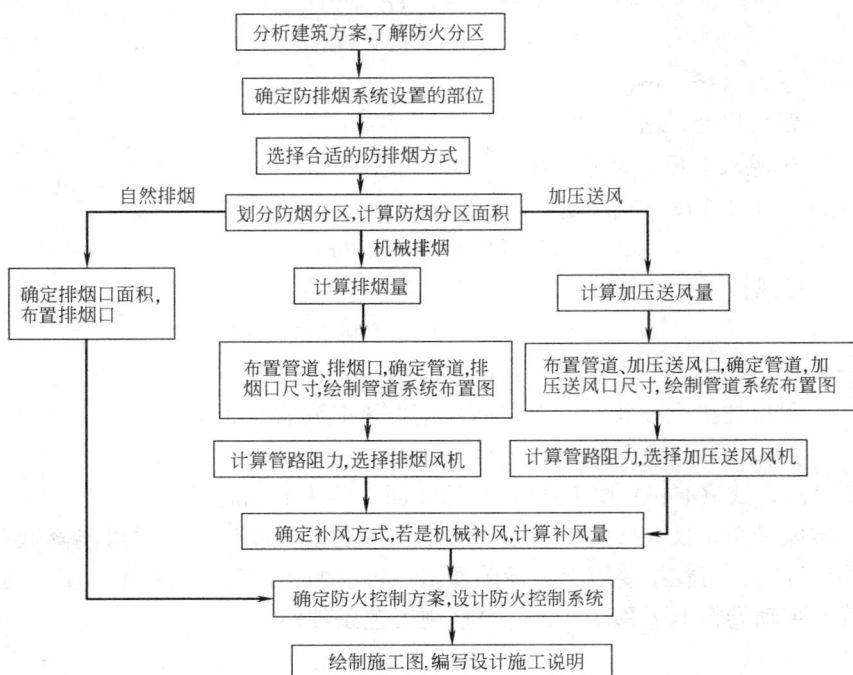

图 4-16　防排烟系统设计程序简图

4.4.1　防火分区和防烟分区

隔断和阻挡是建筑火灾被动式防治技术通常采用的主要手段之一。隔断和阻挡是通过一定的耐火构件，如防火墙、防火卷帘、挡烟垂壁等将建筑平面或空间划分成若干防火、防烟分区，最大限度地将火势和烟气控制在一定的范围内。

1. 防火分区的划分

划分防火分区就是把建筑物平面和空间划分成若干单元，以把火势控制在起火单元。划分防火分区的分隔物可以是防火墙、耐火楼板、防火卷帘等，各分隔物的具体耐火要求可查阅有关规范。

防火分区按照防止火灾向防火分区以外扩大和蔓延的功能可分为：竖向防火分区（防止火灾向上蔓延）和水平防火分区（防止火灾水平蔓延）。根据《建筑设计防火规范》GB 50016—2014 的规定，每个防火分区允许的最大建筑面积不应超过表 4-19 中的规定，设有自动灭火系统的防火分区，其面积可按表中的数值增加一倍。

2. 防烟分区的划分

防烟分区是指采用挡烟垂壁、墙壁或从顶棚下突出不小于 0.5m 的梁划分的防烟空间，其目的是为了能在火灾发生的初期阶段将烟气控制在一定的范围内，以便有组织地将烟气排出室外。常用的划分防烟分区的隔烟设施包括挡烟垂壁和挡烟梁。挡烟垂壁包括防

每个防火分区允许的最大建筑面积   表 4-19

建筑类别	耐火等级	每个防火分区允许的最大建筑面积（m²）	备 注
高层民用建筑	一、二级	1500	对于体育馆、剧场的观众厅，防火分区的最大允许建筑面积可适当增加
单、多层民用建筑	一、二级	2500	
	三级	1200	—
	四级	600	
地下或半地下建筑（室）	一级	500	设备用房的防火分区最大允许建筑面积不应大于1000m²

烟卷帘、活动式挡烟板和固定式挡烟板等。挡烟设施要求采用不燃材料制作，并要求气密性要好。具体各设施的安装和使用要求可参见有关文献、规范。

4.4.2 机械防烟系统设计

根据《建筑设计防火规范》GB 50016—2014，下列场所或部位应设置防烟设施：

（1）防烟楼梯间及其前室；

（2）消防电梯间前室及合用前室；

（3）避难走道的前室、避难层（间）。

建筑高度不大于50m的公共建筑、厂房、仓库和建筑高度不大于100m的住宅建筑，当其防烟楼梯间的前室或合用前室符合下列条件之一时，楼梯间可不设置防烟系统：

（1）前室或合用前室采用敞开的阳台、凹廊；

（2）前室或合用前室具有不同朝向的可开启外窗，且可开启外窗的面积满足自然排烟口的面积要求。

1. 机械加压防烟的设置部位

设置机械加压送风防烟系统的目的是为了在建筑物发生火灾时，提供不受烟气干扰的疏散线路和避难场所。因此，加压部位必须使关闭的门对着火层保持一定的压力差，同时应保证在打开加压部位的门时，在门洞断面处有足够大的气流速度，能有效阻止烟气的入侵。

建筑物的下列场所或部位应设置独立的机械加压送风设施：

（1）不具备自然排烟条件的防烟楼梯间；

（2）不具备自然排烟条件的消防电梯前室或合用前室；

（3）设置自然排烟设施的防烟楼梯间，其不具备自然排烟条件的前室；当前室加压送风口不能设置在前室的顶部或正对前室入口的墙面上时，防烟楼梯间应设加压送风系统；

（4）封闭的避难层（间）、避难走道的前室。

当高层民用建筑的防烟楼梯间及其前室、消防电梯前室或合用前室，在上部利用可开启外窗进行自然排烟，在下部不具备自然排烟条件时，下部的前室或合用前室应设置局部加压送风系统。

对防烟楼梯间及其前室、消防电梯前室或合用前室，由于各部位采用机械加压送风与可开启的外窗自然排烟这两种方式的组合不同，需要根据不同的组合情况，确定设置机械加压送风系统设施的部位，如表4-20所示。

机械加压送风防烟系统组合方式及送风部位设置表　　　　　**表 4-20**

组 合 关 系	防 烟 部 位
不具备自然排烟条件的楼梯间及其前室	楼梯间
不具备自然排烟条件的楼梯间与合用前室	楼梯间、合用前室
不具备自然排烟条件的消防电梯间前室	消防电梯前室
采用自然排烟的楼梯间与不具备自然排烟条件的前室或合用前室	楼梯间前室或合用前室
采用自然排烟的前室或合用前室与不具备自然排烟条件的楼梯间	楼梯间

2. 机械加压送风系统的组成

机械加压送风系统由送、漏、排等几部分组成。

（1）对加压空间的送风。依靠风机将室外空气送入需要加压防烟的空间，所送进的空气必须为来自室外无污染的空气。

（2）加压空间的漏风。建筑物的结构缝隙、开口、门、窗缝隙等都是空气泄漏的途径。加压区与相邻区域之间的压差必然会造成空气由高压侧到低压侧的渗漏，泄漏量的大小取决于加压空间的密封程度。

（3）非正压区域的排泄。空气由正压区渗入相邻非正压区后，推动烟气由外窗或专设的排烟口排出室外。如果不设烟气的排泄途径，则影响正压防烟系统的防烟效果。

3. 机械加压防烟系统加压送风量的确定

（1）加压送风量的计算

前室、合用前室或楼梯间的机械加压送风量应按以下公式计算：

$$L=L_1+L_2+L_3 \tag{4-47}$$

楼梯间：$L=L_1+L_2$，前室或合用前室：$L=L_1+L_3$

式中　L——加压送风量，m^3/s；

$$L_1=A_k\,vN_1 \tag{4-47a}$$

式中　L_1——开启着火层疏散门时为保持门洞处风速所需的送风量，m^3/s；

v——门洞处断面风速，m/s，一般取 $0.7\sim1.2m/s$；

A_k——每层开启门的总断面积，m^2；

N_1——开启门的数量。

楼梯间采用常开风口，当地上楼梯间为 15 层以下时，取 $N_1=2$；当地上楼梯间为 15 层级以上时，取 $N_1=3$；地下楼梯间，设计一层内的疏散门开启，$N_1=1$；当防火分区跨越楼层时，取 $N_1=$跨越楼层数，最大值为 3。

前室、合用前室采用常闭风口，当防火分区不跨越楼层时，$N_1=$系统中开向前室门最多的一层门的数量；当防火分区跨越楼层时，取 $N_1=$跨越楼层数所对应的疏散门数，最大值为 3。

$$L_2=0.827\times A\times \Delta P^{1/b}\times C_1\times N_2 \tag{4-47b}$$

式中　L_2——保持加压部位一定的正压值所需的漏风量，m^3/s；

ΔP——门、窗两侧的压差值，Pa（开启门洞处风速为 0.7m/s、1.0m/s、1.2m/s 时，ΔP 分别取 6.0Pa、12.0Pa、17.0Pa）；

b——指数，一般取 2；

0.827——计算常数；

C_1——不严密处附加系数，一般取 1.25；

A——每层电梯门或疏散门的有效漏风面积，m^2；门缝宽度：疏散门，$0.002\sim$ $0.004m$；电梯门，$0.005\sim0.006m$；

N_2——漏风门的数量。楼梯间采用常开风口，$N_2 =$ 加压楼梯间的总门数 $-N_1$；前室采用常闭风口，$N_2 = 0$；合用前室、消防电梯前室采用常闭风口，当防火分区不跨楼层时，取 $N_2 = 1$；当防火分区跨越楼层时，$N_2 =$ 跨越楼层数，最大值为 3。

$$L_3 = 0.083 \times A_f \times N_3 \qquad (4\text{-}47c)$$

式中 L_3——未开启常闭送风阀门的总漏风量，m^3/s；

A_f——每层送风阀门的总面积，m^2；

0.083——阀门单位面积的漏风量，$m^3/(s \cdot m^2)$；

N_3——漏风阀门的数量。当防火分区不跨越楼层时，取 $N_3 =$ 楼层数 -1；当防火分区跨越楼层时，取 $N_1 =$ 楼层数 $-$ 开启送风阀的楼层数，最大值为 3。

（2）机械加压系统送风量的计算

$$P = 2(F' - F_{dc})(W_m - d_m)/(W_m \cdot A_m) \qquad (4\text{-}48)$$
$$F_{dc} = M/(W_m - d_m)$$

式中 A_m——门的面积，m^2；

d_m——门的把手到门闩的距离，m；

M——闭门器的开启力矩，$N \cdot m$；

F'——门的总推力，N，一般取 110N；

F_{dc}——门把手处克服闭门器所需的力，N；

W_m——单扇门的宽度，m。

（3）加压送风量控制标准

防烟楼梯间、前室的机械加压送风量应由式（4-47）计算确定，当系统负担建筑高度大于 24m 时，可按表 4-21 至表 4-23 选取。当计算值和表中值不一致时，应按两者中较大值确定。

消防电梯前室的加压送风量，前室、合用前室（楼梯间采用自然通风）的加压送风量

表 4-21

系统负担高度 $H(m)$	消防电梯前室的加压送风量 (m^3/h)	前室、合用前室（楼梯间采用自然通风）的加压送风量(m^3/h)
$24 \leqslant h < 50$	$13800 \sim 15700$	$16300 \sim 18100$
$50 \leqslant h < 100$	$16000 \sim 20000$	$18400 \sim 22000$

封闭楼梯间、防烟楼梯间（前室不送风）的加压送风量 表 4-22

系统负担层高度	加压送风量(m^3/h)
$24 \leqslant h < 50$	$25400 \sim 28700$
$50 \leqslant h < 100$	$40000 \sim 46400$

防烟楼梯间及其合用前室的分别加压送风量　　　　表 4-23

系统负担层高度	加压送风量(防烟楼梯间/合用前室) (m³/h)
24≤h<50	17800～20200/10200～12000
50≤h<100	28200～32600/12300～15800

说明：表 4-21～表 4-23 的风量按开启 2.00m×1.60m 的双扇门确定。当采用单扇门时，其风量可乘以系数 0.75 计算；当设有多个疏散门时，其风量应乘以开启疏散门的数量，最多按 3 扇疏散门开启计算；表 4-22 至表 4-24 未考虑防火分区跨越楼层的情况，当防火分区跨越楼层时，应按式（4-47）重新计算；风量上下限选取应按层数、风道材料、防火门漏风量等因素综合比较确定；建筑高度≤50m 的建筑采用直灌式加压送风时，其送风量应按计算值或表中的送风量增加 20% 来确定。

4. 机械加压防烟系统的设计要求

（1）机械加压送风机可采用轴流风机或中、低压离心风机，其安装位置应使新风入口不受烟火威胁。风机的送风量应按门开启时，规定风速所需的送风量和其他门漏风量以及未开启常闭送风阀漏风量之和计算。

（2）除直灌式送风方式外，楼梯间宜每隔二至三层设置一个常开式百叶送风口，前室、合用前室应每层设一个常闭加压送风口，并应设手动开启装置。

（3）送风口不宜设置在被门挡住的部位，送风口的风速不宜大于 7m/s。

（4）送风管道应采用不燃材料制作。当采用金属风道时，管内风速不应大于 20m/s；当采用非金属材料风道时，风速不应大于 15m/s；当采用土建风道时，风速不应大于 10m/s。

（5）加压送风管道应避免穿越有火灾可能的区域，当建筑条件限制需穿越有火灾可能的区域时，风管的耐火极限应不小于 2h。

（6）送风井道应采用耐火极限不小于 1h 的隔墙与相邻部位分隔，当墙上必须设置检修门时，应采用乙级防火门。

（7）建筑高度超过 100m 的高层建筑，其送风系统应竖向分段设计。

（8）剪刀楼梯间可合用一个送风井道，其风量应按两个楼梯间风量计算，送风口应分设一个常开式百叶风口；分设送风井道的两个楼梯间应分别每隔一层设一个常开式百叶送风口。

（9）封闭避难层（间）的机械加压送风量应按避难层（间）净面积每平方米不少于 30m³/h 计算。避难走道前室的机械加压送风量应按通过前室入口门洞的风速为 1.0m/s 计算确定。

（10）机械加压送风系统的全压，除计算最不利环路管道压力损失外，尚应有余压。余压应符合下列要求：

1）防烟楼梯间、封闭楼梯间与走道之间的压差应为 40～50Pa；

2）前室、合用前室、消防电梯间前室、封闭避难层（间）为 25～30Pa。

（11）当加压送风系统的余压超过规范规定的余压值较多时，宜设泄（限）压装置，如：设置带防火阀的泄压阀；通过在楼梯间或前室适宜位置的压力传感器，控制加压送风机出口的旁通阀，旁通出多余压力。

4.4.3 自然排烟系统设计

自然排烟是利用火灾时产生的热烟气流的浮力和外部风力作用通过建筑物的对外开口把烟气排至室外的排烟方式。自然排烟系统的主要优点是：构造简单，经济，不需要专门的排烟设备及动力设施，火灾时不受电源中断的影响；运行维修费用低；排烟口平时可兼作换气使用。其存在的问题是排烟效果不稳定，排烟效果易受室外气温、风向、风速及建筑本身的密封性和热作用的影响。此外，对建筑设计也有一定的制约。

1. 自然排烟系统的设置

（1）建筑高度不超过50m的公共建筑、工业建筑和建筑高度小于等于100m的住宅建筑，其防烟楼梯间及其前室、消防电梯前室及合用前室宜采用可开启外窗的自然通风方式，但可开启外窗面积应满足以下条件：

1）防烟楼梯间前室、消防电梯前室自然通风有效面积不应小于2.0m²，合用前室不应小于3.0m²；

2）靠外墙的封闭楼梯间和防烟楼梯间每5层内可开启外窗或开口的有效面积不应小于2.0m²，并应保证该楼梯间最高部位设有不小于1.0m²的可开启外窗或开口；

3）采用自然通风方式的避难层（间）应设有不同朝向的可开启外窗，其有效面积不应小于避难层（间）地面面积的2%，且每个朝向的自然通风面积不应小于2.0m²；

（2）室内净空高度大于6m且面积大于500 m²的中庭、营业厅、展览厅、体育馆、客运站、航站楼等公共场所采用自然排烟时，应采取下列措施之一：

1）应设置与火灾自动报警系统联动的自动排烟窗；

2）无火灾自动报警系统应设置集中控制的手动排烟窗；

3）设置常开排烟口。

（3）自然排烟的窗口应设置在房间的外墙上方或屋顶上，并应设置距地高度为1.3～1.5m的开启装置。防烟分区内任一点距自然排烟口的水平距离不应大于30m。

2. 自然排烟设计中应考虑的因素

自然排烟设计应与建筑专业共同研究确定。由于自然排烟的效果受外界因素影响较多，因此在设置自然排烟时，需重点考虑：（1）风压的影响；（2）热压的影响；（3）建筑物本身严密性的影响；（4）风向的影响。

有关各因素的具体影响可参见有关参考文献。

4.4.4 机械排烟系统设计

机械排烟是使用排烟风机进行强制排烟，与自然排烟利用火灾时产生的热压，通过可开启的外窗把烟气排至室外不同，机械排烟系统需设置专用的排烟口、排烟管道及排烟风机把火灾中产生的烟气排出室外。机械排烟的优缺点和自然排烟相反，其排烟效果稳定，但需增加设备和系统的投资。机械排烟系统示意图如图4-17所示。

根据《建筑设计防火规范》GB 50016—

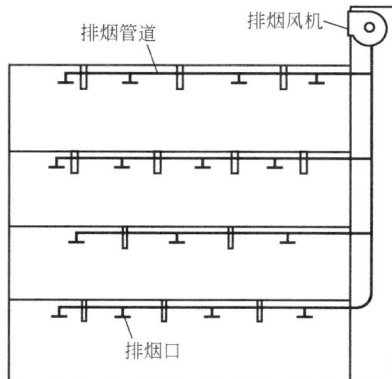

图 4-17 机械排烟系统示意图

2014 的规定，民用建筑的下列场所或部位应设置排烟设施：

（1）设置在一、二、三层且房间建筑面积大于 $100m^2$ 的歌舞、娱乐、放映、游艺场所，设置在四层及以上楼层、地下或半地下的歌舞、娱乐、放映、游艺场所；

（2）中庭；

（3）公共建筑内建筑面积大于 $100m^2$ 且经常有人停留的地上房间；

（4）公共建筑内建筑面积大于 $300m^2$ 且可燃物较多的地上房间；

（5）建筑内长度大于 20m 的疏散走道。

1. 机械排烟系统的排烟方式

机械排烟可分为局部排烟和集中排烟两种排烟方式。局部排烟方式是在每个需要排烟的部位设置独立的排烟风机进行直接排烟；集中排烟方式是将建筑物划分为若干个区，在每个区内设置排烟风机，通过排烟风道排烟。

局部排烟方式投资大，且排烟风机分散，维修管理麻烦，所以很少采用。若采用时，一般和通风换气相结合，平时可兼作通风排风使用。

根据补风方式的不同，机械排烟又分为机械排烟—自然进风与机械排烟—机械进风两种方式。

2. 机械排烟系统的组成

机械排烟系统一般是由挡烟垂壁、排烟口、防火排烟阀门、排烟道、排烟风机、排烟出口以及电气控制等设备组成。

3. 排烟量的确定

当排烟系统负担多个防烟分区时，其风量应按最大一个防烟分区的排烟量、风管（风道）的漏风量及其他防烟分区未开启排烟阀（口）的漏风量之和计算。

防烟分区的储烟仓高度不应小于空间净空高度的 10%，且不应小于 500mm，同时应保证疏散所需的清晰高度。

（1）排烟量，一般公共建筑的排烟量可按表 4-24 进行估算。

排烟量计算表   表 4-24

条件和部位	单位排烟量 $[m^3/(h \cdot m^2)]$	换气次数 (h^{-1})	备 注
建筑面积不大于 $500m^2$ 的房间	60	—	或设置不小于室内面积 2% 的排烟窗
建筑面积不大于 $500m^2$ 的房间，小于或等于 $2000m^2$ 的办公室	—	8	排烟量不应小于 $30000m^3/h$，或设置不小于室内面积 2% 的排烟窗
当公共建筑仅需在走道或回廊设置排烟时	—	—	机械排烟量不应小于 $13000m^3/h$，或在走道两端（侧）均设置面积不小于 $2m^2$ 的排烟窗，且两侧排烟窗的距离不应小于走道长度的 2/3
当公共建筑室内与走道或回廊均设置排烟时	60	—	或设置面积不小于走道、回廊面积 2% 的排烟窗

（2）商场和其他公共建筑的排烟量不应小于表 4-25 中的数值。

（3）除以上规定的场所外，其他场所的排烟量或排烟窗面积应依据相关规范，按照烟羽流模型，根据火灾功率、清晰高度、烟羽流质量流量或烟羽流温度等参数计算确定。

商场和其他公共建筑的排烟量 表 4-25

建筑面积 (m²)	清晰高度 (m)	商场(m³/h)		其他公共建筑(m³/h)	
		无喷淋	设有喷淋	无喷淋	设有喷淋
>500,≤1000		按 12 次/h 换气次数且不应小于 3000m³/h，或设置不小于室内面积 2% 的排烟窗			
>1000	2.5 及以下	140000	50000	115000	43000
	3.0	147000	55000	121000	48000
	3.5	155000	60000	129000	53000
	4.0	164000	66000	137000	59000
	4.5	174000	73000	147000	65000

1) 热释放率的确定

火灾的热释放率可根据下式估算或按表 4-27 确定。

$$Q = \alpha \cdot t^2 \tag{4-49}$$

式中 Q——火灾热释放率，kW；

t——自动灭火系统启动时间，s；

α——火灾增长系数（按表 4-26 取值），kW/s²。

火灾增长系数 表 4-26

火灾类型	典型的可燃材料	增长系数(kW/s²)
慢速火	……	0.0029
中速火	棉质/聚酯垫子	0.012
快速火	装满的邮件袋、木质货架托盘、泡沫塑料	0.0147
超快速火	池火、快速燃烧的装饰家具、轻质窗帘	0.187

热释放率 表 4-27

建筑类别	热释放量 Q(MW)	建筑类别	热释放量 Q(MW)
设有喷淋的商场	3.0	无喷淋的汽车库	3.0
设有喷淋的办公室、客房	1.5	无喷淋的中庭	4.0
设有喷淋的公共场所	2.5	无喷淋的公共场所	8.0
设有喷淋的汽车库	1.5	无喷淋的超市、仓库	20.0
设有喷淋的超市、仓库	4.0	设有喷淋的厂房	1.5
设有喷淋的中庭	1.0	无喷淋的厂房	8.0
无喷淋的办公室、客房	6.0		

说明：室内净高大于 12m 时，应按无喷淋场所对待。

2) 最小清晰高度

走道的清晰高度不应小于其净高的 1/2，其他区域最小清晰高度应按以下公式计算：

$$H_q = 1.6 + 0.1H \tag{4-50}$$

式中 H_q——最小清晰高度，m；

H——排烟空间的建筑净高度，m。

3）烟羽流质量流量的计算

烟羽流通常有轴对称型烟羽流、阳台溢出型烟羽流、窗口型烟羽流和角型烟羽流四种。各羽流的质量流量计算公式如下：

① 轴对称型烟羽流

当 $Z>Z_1$ 时，$\qquad M_\rho=0.071Q_c^{\frac{1}{3}}Z^{\frac{5}{3}}+0.0018Q_c$ $\qquad$ (4-51a)

$Z\leqslant Z_1$ 时，$\qquad M_\rho=0.032Q_c^{\frac{3}{5}}Z$ $\qquad$ (4-51b)

$$Z_1=0.166Q_c^{\frac{2}{5}} \qquad (4-51c)$$

式中 Q_c——火源热释放率的对流部分，一般取值为 $0.7Q$，kW；

Z——燃料面到烟层底部的高度，m（取值应大于等于最小清晰高度）；

Z_1——火焰极限高度，m；

M_ρ——烟羽流质量流量，kg/s。

② 阳台溢出型烟羽流

$$M_\rho=0.36(QW^2)^{\frac{1}{3}}(Z_b+0.25H_1) \qquad (4-52a)$$

$$W=w+d \qquad (4-52b)$$

式中 H_1——燃料至阳台的高度，m；

Z_b——从阳台下缘至烟层底部的高度，m；

W——烟羽流扩散宽度，m；

w——火源区域的开口宽度，m；

d——从开口至阳台边沿的距离，m；$d\neq0$。

当 $Z_b\geqslant13W$ 时，阳台型烟羽流的质量流量可使用公式（4-51）。

③ 窗口型烟羽流

$$M_\rho=0.68\cdot(A_wH_w^{\frac{1}{2}})^{\frac{1}{3}}(Z_w+\alpha_w)^{\frac{5}{3}}+1.59A_wH_w^{\frac{1}{2}} \qquad (4-53a)$$

$$\alpha_w=2.4A_w^{\frac{2}{5}}H_w^{\frac{1}{5}}-2.1H_w \qquad (4-53b)$$

式中 A_w——窗口开口的面积，m²；

H_w——窗口开口的高度，m；

Z_w——开口的顶部到烟层的高度，m；

α_w——窗口型烟羽流的修正系数。

④ 角型烟羽流

当 $Z>Z_1$ 时，$\qquad M_\rho=0.01775\cdot(4Q_c)^{\frac{1}{3}}Z^{\frac{5}{3}}+0.0018Q_c$ $\qquad$ (4-54a)

$Z=Z_1$ 时，$\qquad M_\rho=0.035Q_c$ $\qquad$ (4-54b)

$Z<Z_1$ 时，$\qquad M_\rho=0.008\cdot(4Q_c)^{\frac{3}{5}}Z$ $\qquad$ (4-54c)

式中 Q_c——热释放量的对流部分，一般取值为 $0.7Q$，kW；

Z——燃料面到烟层底部的高度，m；

Z_1——火焰极限高度，m；

M_ρ——烟羽流质量流量，kg/s。

4）排烟量计算

计算出烟羽流的质量流量后，体积排烟量按下式计算：

$$V=M_\rho T_p/\rho_0 T_0 \tag{4-55a}$$
$$T_p=\Delta T_p+T_0 \tag{4-55b}$$

式中　V——排烟量，m^3/s；

ρ_0——环境温度下的气体密度，kg/m^3。通常 $t_0=20℃$，$\rho_0=1.2kg/m^3$；

T_0——环境温度，K；

T_p——烟气层的平均温度，K。

机械排烟系统中，每个排烟口的排烟量不应大于临界排烟量 V_{crit}，V_{crit} 按以下公式计算，且 d_b/D 不宜小于 2。

$$V_{crit}=0.00887\beta d_b^{\frac{5}{2}}(\Delta T_p T_0)^{\frac{1}{2}} \tag{4-56}$$

式中　V_{crti}——临界排烟量，m^3/s；

β——无因次系数。当排烟口设于吊顶并且其最近的边离墙小于 0.5m 或排烟口设于侧墙并且其最近的边离吊顶小于 0.5m 时，β 取 2.0；当排烟口设于吊顶并且其最近的边离墙大于 0.5m 时，β 取 2.8；

d_b——排烟窗（口）下烟气的厚度，m；

T_0——环境温度，K；

ΔT_p——烟层平均温度与环境温度之差，K；

D——排烟口的当量直径，m，当排烟口为矩形时，$D=2ab/(a+b)$；

a，b——排烟口的长和宽，m

4. 机械排烟系统的布置

机械排烟系统的布置应考虑排烟效果、可靠性、经济性等原则。如果一个系统负担的防烟分区和房间数量过多，则可能会出现管路长、布置困难、漏风量大、最远点排烟效果差及系统的可靠性低等问题。实际工程中，较为实用的做法是内走道的机械排烟系统宜竖向设置，房间的机械排烟系统宜按防烟分区设置。

5. 机械排烟系统的设计要求

（1）排烟系统的布置

1）机械排烟系统设置原则：①横向宜按防火分区设置；②竖向穿越防火分区时，垂直排烟管道宜设置在管井内；③穿越防火分区的排烟管道应在穿越处设置排烟防火阀。

2）走道与房间的排烟系统宜分开设置。走道的排烟系统宜竖向布置，房间的排烟系统宜按防烟分区布置。同一个防烟分区，应采用同一种排烟方式。

3）排烟气流、排烟所需要的补风气流及机械加压送风的气流应合理组织，应尽量考虑火灾时烟气的流向与疏散人流的方向相反。

4）机械排烟系统与通风、空调系统宜分开独立设置。若合用时，必须采用可靠的防火安全措施，并应符合排烟系统的要求。应在火灾发生时能将通风和空气调节系统自动切换为排烟系统运行。

5）为防止排烟风机超负荷运转，排烟系统竖向可分成多个系统，但是不能采用将上层烟气引向下层风道的布置方式。

6）每个排烟系统设有排烟口的数量不宜超过 30 个。

7）排烟风机和用于补风的风机，应设置在专用的风机机房或室外屋面上，风机房应采用耐火极限不低于 2.0h 的隔墙和 1.5h 的楼板及甲级防火门与其他部位隔开。

8）机械加压送风防烟系统和排烟补风系统的室外进风口宜布置在室外排烟口的下方，且高差不宜小于 3.0m；当水平布置时，水平距离不宜小于 10m。

（2）排烟口的设置

1）排烟口或排烟阀应按防烟分区设置，应设在防烟分区的蓄烟仓内。

2）排烟口应尽量设置在防烟分区的中心位置，排烟口至该防烟分区最远点的水平距离不应超过 30m。当室内高度超过 6m，且具有自然对流条件时，其水平距离可增加 25%。

3）在排烟支管上应设有超过 280℃ 时能自行关闭的排烟防火阀。

4）排烟口应设在顶棚或靠近顶棚的墙面上，排烟口的设置宜使烟流与人员疏散方向相反，排烟口与附近安全出口相邻边缘之间的水平距离不应小于 1.5m。设在顶棚上的排烟口，距可燃构件或可燃物的距离不应小于 1.0m。

5）排烟口的风速不宜大于 10m/s，且不应大于最大允许排烟量。

6）排烟口或排烟阀应与排烟风机联锁，当任一排烟口或排烟阀开启时，排烟风机应能自行开启。

7）同一分区内设置数个排烟口时，要求做到所有的排烟口能同时开启，排烟量应等于各排烟口排烟量的总和。

8）平时关闭的排烟口和排烟阀应设置手动和自动开启装置。

（3）排烟风道的设计要求

1）排烟风道原则上不应穿越防火分区。垂直穿越各层的竖向风道应采用耐火材料制成，专用或合用管道井，或采用混凝土风道。

2）排烟风道必须采用不燃材料制作。除此外，还应安装牢固，排烟时温度升高不变形、不脱落，并具有良好的气密性。

3）排烟风道应采用非燃材料进行保温隔热。当吊顶内有可燃物时，其排烟管道应采用不燃材料进行隔热，并与可燃物的距离保持不小于 150mm。

4）烟气排出口的布置还应考虑风速、风向、道路状况及周围建筑物等因素，必须避开有燃烧危险的部位并且不能对其他建筑物造成火灾威胁，不能妨碍人员避难、逃生和灭火行动的进行，更不能让排出的烟气被加压送风或补风管通风、空调设备吸入。此外，还应防止雨水、虫鸟等侵入，并要求在排烟时坚固而不脱落。

（4）排烟风机的设计要求

1）排烟风机可采用离心风机或轴流排烟风机，并应在其机房入口处设置当烟气温度超过 280℃ 时能自动关闭的排烟防火阀。排烟风机应保证在 280℃ 时连续工作 30min。

2）排烟风机应设在建筑物的顶部，烟气出口宜向上，并应高于加压风机的进风口，两者垂直距离不应小于 3m 或水平距离不应小于 10m。

3）对于自带发电机的排烟机房，应设计用于排除余热的全面通风系统。

4）机械排烟系统中，当任一排烟口或排烟阀开启时，排烟风机应能自行启动。

5）排烟风机的全压应按排烟系统最不利环路进行计算。选择排烟风机的安全系数，压头宜附加 10%，风量宜附加 20%。

（5）机械排烟系统的补风

1）补风系统可采用机械送风或自然进风方式。

2）补风量不应小于排烟量的 50%，空气应直接从室外引入。补风系统可采用疏散外门、手动或自动可开启外窗等自然补风以及机械补风等方式。

3）补风口与排烟口设置在同一空间内相邻的防烟分区时，补风口位置不限；当补风口与排烟口设置在同一防烟分区时，补风口应设在储烟仓下沿以下，补风口与排烟口水平距离不应少于5m。

4）排烟区域所需的补风系统应与排烟系统联动开启。

5）建筑的地上部分设有机械排烟的走道或小于500m²的房间，可不设补风系统。

6）机械送风口的风速不宜大于10m/s，公共聚集场所补风口的风速不宜大于5m/s；自然补风口的风速不宜大于3m/s。

7）补风管道耐火极限不应低于0.5h，当补风管道跨越防火分区时，应采用耐火极限不小于1.5h的防火风管。

4.4.5 地下车库排烟系统设计

1. 地下车库防火分区和防烟分区的划分

（1）防火分区

根据《汽车库、修车库、停车场设计防火规范》规定，具有一、二级耐火等级的地下停车场，其防火分区的最大允许建筑面积为2000m²，当停车场内设有自动灭火系统时，面积可增加一倍。防火分区的划分原则主要考虑汽车的流通与停放的合理性，且要兼顾到建筑平面分隔的恰当性。

（2）防烟分区

《汽车库、修车库、停车场设计防火规范》规定，地下停车场每个防烟分区的最大建筑面积不宜超过2000m²，且防烟分区不应跨越防火分区。防烟分区的划分原则主要考虑机械排烟系统的配制和排烟量计算的合理性。

2. 排烟系统的设计原则及排烟量的确定

（1）面积超过2000m²的地下汽车库应设置排烟设施。对于上部有条件开启天窗、侧窗，进行自然排烟的单建式汽车库，可采用自然排烟设施。当无自然排烟条件时，应采用机械排烟。

（2）机械排烟系统的排烟量可按照表4-28确定。

汽车库内每个防烟分区排烟风机的排烟量   表4-28

汽车库的净高 （m）	汽车库的排烟量 （m³/h）	汽车库的净高 （m）	汽车库的排烟量 （m³/h）
3.0 及以下	30000	7.0	36000
4.0	31500	8.0	37500
5.0	33000	9.0	39000
6.0	34500	9.0 以上	40500

（3）机械排烟系统可与人防、卫生等排气、通风系统合用。

（4）每个防烟分区应设置排烟口，排烟口宜设在顶棚或靠近顶棚的墙面上，排烟口距该防烟分区内最远点的水平距离不应超过30m。

（5）排烟风机可采用离心风机或排烟轴流风机，并应在排烟支管上设有烟气温度超过280℃时能自动关闭的排烟防火阀。排烟风机应保证280℃时能连续工作30min，排烟防火阀应联锁关闭相应的排烟风机。

（6）机械排烟管道的风速，采用金属管道时不应大于 20m/s；采用内表面光滑的非金属材料风道时，不应大于 15m/s；排烟口的风速不宜大于 10m/s。

（7）汽车库内无直接通向室外的汽车疏散出口的防火分区，当设置机械排烟系统时，应同时设置补风系统，且补风量不宜小于排烟量的 50%。

排烟系统分布与地下停车场的防火分区、防烟分区密切相关，排烟口的分布与启闭要与防烟分区的划分相对应。

地下停车场机械排烟系统其他设计内容可参照本章机械排烟系统设计部分的相关内容。

4.4.6　机械排风与排烟系统的关系

1. 机械排风与机械排烟分开设置

这种系统的优点：两系统按各自的功能要求进行设计，互不影响，独立性强，维护方便；设计单一，没有复杂的技术问题。

缺点：占用空间多，管路复杂，不宜布置；两套系统，一次性投资高；由于排烟系统很少使用，为保证其可靠性，需定期进行设备维护和系统试运行。

2. 机械排风与排烟系统合用

系统的优点：管路简单，投资少。

缺点：由于该系统要适应两种场合，因此控制转换装置较为复杂。

近年来，随着新设备、新技术的出现，排风、排烟合用系统越来越成为地下停车场，尤其是中、小型停车场常用的方式。

（1）排风、排烟系统合用的常见模式

1）排风、排烟风道合用，排风、排烟口合用。

这种系统的优点是排风均匀、排烟点到位，便于及时排烟；缺点是排风与排烟全部靠风口完成，全部风口均应为电控风口，系统造价高，消防控制复杂，可靠性差。

2）排风、排烟风道合用，单独设置排烟、排风口。

这种系统中每个防烟分区设排烟风口，只有必要的部位设置电动排风口。火灾时关闭所有的排风口，排烟口根据消防控制室的指令打开。系统的优点：系统的控制简单可靠；缺点是有时为节省造价，尽量减少电动排风口，容易导致排风不匀。

3）排风、排烟风道干管合用，支管功能分开。

系统干管上不装风口或只装排烟时一次性关闭的电控排风口，支管为排风支管和排烟支管，排风支管上设防烟防火调节阀，排烟支管上设排烟防火阀。系统的优点是电控风口数量少，可靠性高；缺点是设置双重支管，造价高，占用空间多。

4）排风、排烟风道干管合用，支管功能共用。

这种系统干管上不装设排风口或排烟口，只在每个防烟分区设一支管，支管上设置全自动排烟防火阀。系统的优点：系统造价低、控制环节少，可靠性高；缺点是分管截面必须同时排风和排烟要求。

（2）排风、排烟合用系统的设计要求

1）系统的风口、风道、风机等应满足排烟系统的要求。在设置排风（排烟）支管时，应按照规范允许的最大防烟分区来设置排风（排烟）管道，使它既能满足平时排风的需要，也能满足火灾时的排烟需要。

2）当火灾被确认时，应能及时将排风系统自动转换为排烟系统，同时关闭与排烟无关的通风、空调系统。排烟系统设计的排烟量仅能保证同时对两个防烟分区进行排烟，其他未着火防烟分区应关闭排烟口，以免影响着火区的排烟效果。

3）通风排烟系统划分应结合建筑防火分区来考虑，做到既有利于通风系统兼作排烟系统，又不会出现排烟风管跨越防火分区。

4）电控风口、电动风阀的使用要求该系统的自动化程度高，设计时应与电气工程师配合完成自控系统的设计。

4.4.7 防排烟系统的电气控制系统

建筑物发生火灾后，消防系统应能迅速、准确、可靠地投入运行，设置相应的探测、控制系统是十分必要的。

1. 排烟机及送风机的电气控制

排烟机、送风机一般由三相异步电动机控制。其电气控制应按防排烟系统的要求进行设计，通常由消防控制中心、排烟口及就地控制组成。

2. 机械排烟系统的控制程序

（1）不设消防控制室的房间或建筑物，机械排烟的控制程序

1）排烟口与排烟风机联锁，基本的控制程序如图 4-18 所示。

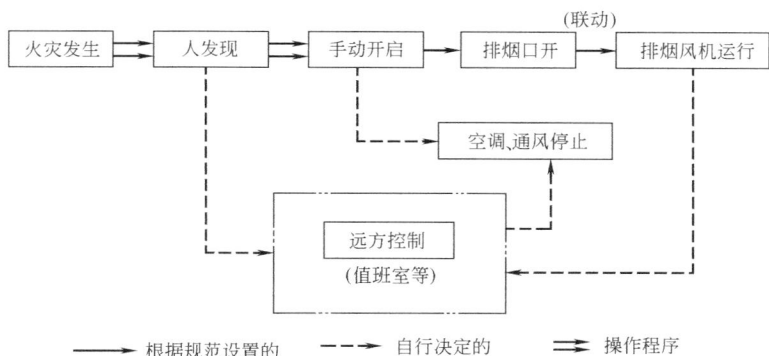

图 4-18　不设消防控制室的基本排烟控制程序

2）火灾报警器动作后，活动式挡烟垂壁动作，并有信号到值班室，同时排烟口和排风机启动，其控制程序如图 4-19 所示。

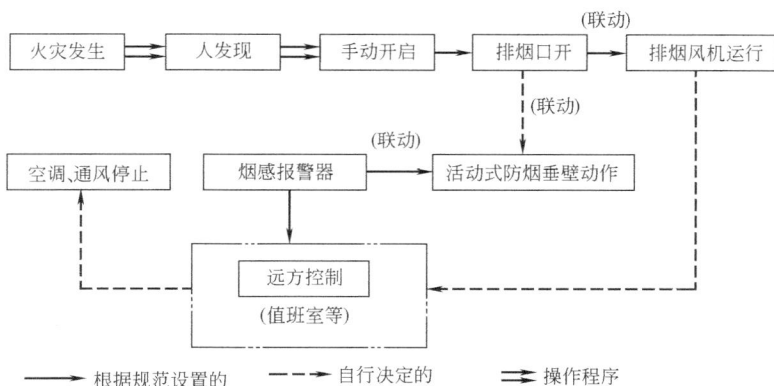

图 4-19　具有活动挡烟壁采用烟感器和排烟口联动的控制程序

（2）设有消防控制室时机械排烟的控制程序

1）火灾时，火灾报警器动作，排烟口、排烟风机、通风及空气调节系统的通风机均由消防控制室集中控制，其控制图见图 4-20（a）。

2）火灾时，火灾报警器动作，消防控制室仅控制排烟口，由排烟口联动排烟风机、通风及空气调节系统的通风机，其控制图见图 4-20（b）。

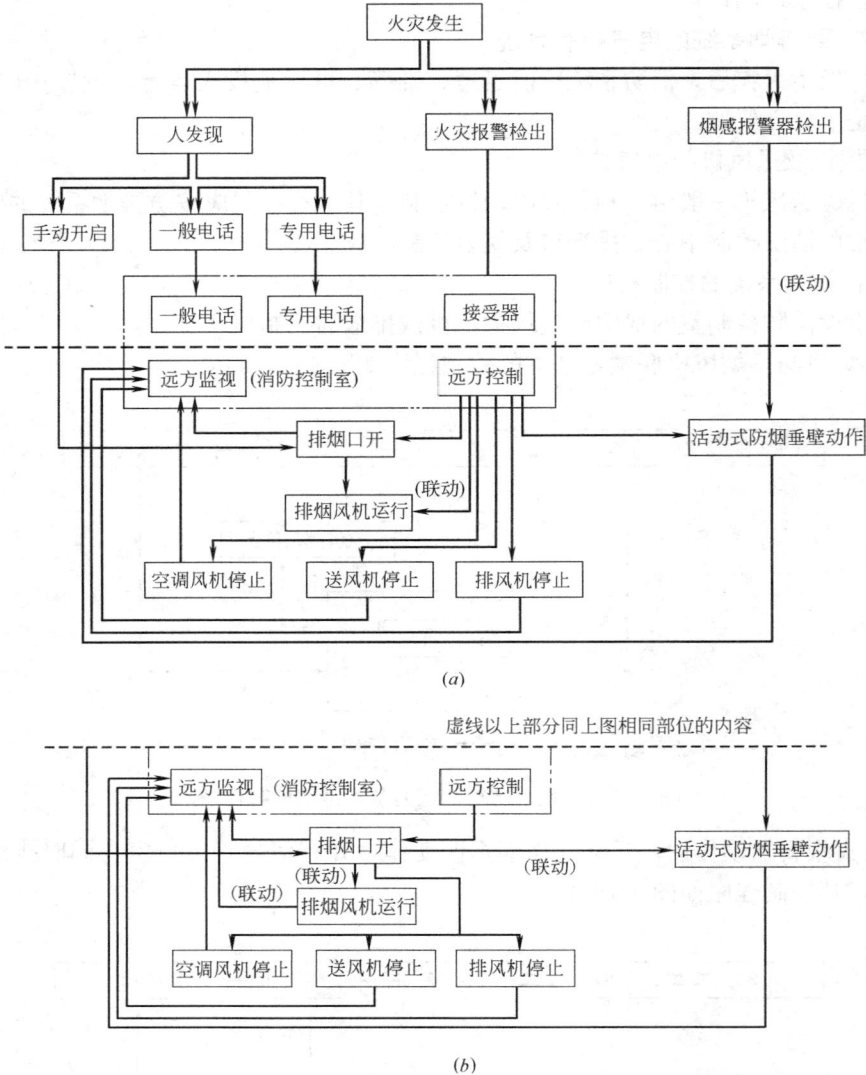

(a)

(b)

图 4-20　设有消防控制室的机械排烟控制程序

3. 机械防烟控制程序（见图 4-21）

4. 备用电源

为保证建筑物防烟排烟设备和其他消防设备（如消防水泵、消防电梯、应急照明、疏散指示标志等）的用电，应用可靠的备用电源。

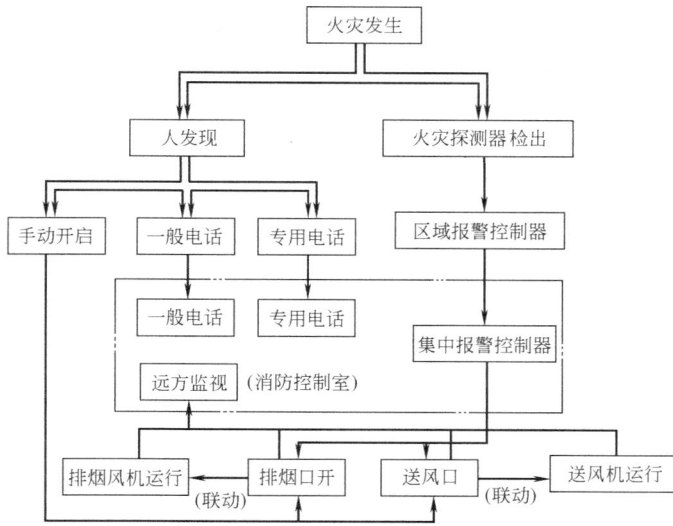

图 4-21　防烟楼梯间前室、消防电梯前室和合用前室的机械加压送风控制程序

4.4.8　性能化防火设计简介

1. 性能化防火设计产生的背景

传统防火设计所依据的处方式防火规范，如我国的《建筑设计防火规范》，是建立在以往火灾案例的经验教训以及火灾相关的理论、实验研究的基础上，同时也综合考虑了当时的科技水平、社会经济发展水平等因素，处方式规范对设计过程的各个方面都作出了具体的规定，在规范建筑物的防火设计、减少火灾带来的损失方面起到了重要的作用。但在实际应用中，处方式防火规范存在着如下问题：

（1）由于历史的原因，现行规范之间和规范中有关条文之间常常出现互不沟通、互相矛盾的现象，设计方法之间无法形成一个完整的闭环系统。

（2）无法给出一个统一的、清晰的整体安全水准。现行规范适用于各类建筑，而各种建筑即使是同类建筑在建筑风格、使用功能等方面也各有不同，无法在现有规范中给予明确的区别。现行规范给出的设计结果无法告诉人们各建筑所达到的安全水准是否一致，当然也无法回答一幢建筑内各安全设计之间能否协调工作，以及综合作用的安全程度如何。

（3）各系统、设施单独设防，缺乏整个消防系统的整体综合考虑，难以达到经济性和合理性的合理匹配。现行的处方式规范常常要求建筑物所有者在建筑耐火结构、防火分区、消防给水、火灾监控、防排烟等方面付出较大的投资，而未能将各个单一的防火、灭火设施的作用统一综合考虑，造成消防技术效能的片面性和投资的极大浪费。

（4）不利于新技术、新材料、新产品的发展和推广使用。处方式规范严格的定量规定妨碍设计人员使用新的研究成果进行设计，尽管这样的设计可能导致系统安全程度的提高和投入的减少，但可能与现行规范不符。

（5）限制了设计人员主观创造力的发展。非灵活太过具体的规范条文常常会僵化设计人员的思维，与此同时，设计人员对规范中未规定或规定不具体的地方，也会因盲目性而导致设计结果的失败。

189

随着建筑技术的进步和建筑艺术的发展，建筑物在结构、形式、造型等方面相比于传统的建筑模式都进行了大的突破和创新，建筑物的功能越来越复杂化和综合化。此时，单纯依靠处方式防火设计已经很难满足建筑防火设计的需要，以明细表的方式规定建筑物的设计要求，容易造成设计方法千篇一律，限制了建筑物的应用功能，也限制了设计人员构思的自由度。在此种背景下，性能化防火设计应运而生。

性能化防火设计是建立在消防安全工程学基础上的一种新型的建筑防火设计方法。它不是根据确定的、一成不变的模式进行设计，而是运用消防安全工程学的原理与方法首先制定整个防火系统应达到的性能目标，并针对建筑物的实际状态，应用所有可能的方法对建筑的火灾危险和即将导致的后果进行定性、定量地预测和评估，以期得到最佳的防火设计方案和最好的防火保护。

2. 性能化防火设计的基本特征

性能化防火设计具有如下基本特征：

（1）目标的确定性。所谓目标的确定性是指公众和整个社会要求不同类型的建筑物在火灾中应达到的基本安全水准，以确保建筑物内的人员和财物在火灾中不受较大的伤害。

（2）方法的灵活性。在建筑安全水准确定的前提下，设计人员可以选择不同的方案保证目标的实现。这些方法包括改变建筑平面布局；减少建筑物内的火灾负荷；调整消防设施；强化消防管理等，也可对各因素进行综合考虑。

（3）评估验证的必要性。对具体的设计结果，应采用一些公认的较成熟的数学模型进行理论验证。这些验证模型可以评估出建筑物的火灾危险程度，可以计算出人员达到生理承受极限状态时所需的时间以及烟气的时间扩散规律等。

3. 性能化防火设计和处方式防火设计的异同

（1）处方式设计直接从规范中选定参数和指标，不必提出任何问题；性能化设计只要能够证明性能要求可以达到，允许改变设计参数和指标；

（2）处方式设计只关心怎样设计方案满足规范要求；性能化设计主要关心如何有效地控制火灾；

（3）对于处方式设计，规范中没有规定的技术和方法不允许使用；性能化设计所提供的性能只要被证明是合适的，就允许采用任何创新性的设计方案和技术；

（4）处方式设计在考虑消防对策时重视单项技术的应用，整体性不强；性能化设计强调各种消防系统的综合优化集成。

4. 性能化防火设计的优缺点

与传统的处方式防火设计相比，性能化防火设计有如下优点：

（1）设计方案更加合理，能够有效地保证建筑设计达到预期的防火安全目标；

（2）设计方法更加灵活，有利于充分发挥设计人员的才能和创造力；

（3）性能化设计要求在分析过程中使用多种分析工具，从而提高了设计的工程精度；

（4）可以在保证相同火灾安全的基础上降低建筑成本；

（5）有利于新技术、新材料、新产品的开发、推广和应用；

（6）有利于设计规范和标准的国际化。

性能化防火设计体现了一种新的消防战略，消防系统是作为一个整体进行考虑的，而不是孤立地进行设计。从总体上来看，性能化设计是防火设计最终的发展方向，理论上性能化防火设计能够提供最优及最经济的防火设计方案，但在实际设计过程中，受诸多影响因素的影响，特别是受当前技术支撑条件的影响，性能化防火设计存在如下的缺点：

（1）性能评判标准尚未得到一致的认可；

（2）设计火灾的选择过程确定性不够；

（3）对火灾中人员的行为假设的成分过多；

（4）性能化设计中使用的工程工具和方法未必完善；

（5）设计者和审查者的素质难以保证；

（6）建筑物的占用状况或使用性质的变更可能使防火需要发生改变，因此，性能化设计需提供详细清楚的技术文件；

（7）与处方式设计相比，性能化设计需要更多的时间进行分析、计算和准备文件。

5. 性能化防火设计的基本步骤

参考美国消防工程学会（SFPE）的《建筑物性能化防火分析与设计工程指南》以及国外的性能化防火设计经验，一般将性能化防火设计分为三个主要阶段：设计准备阶段、定量评估阶段和文件编制阶段。每个阶段又包含若干步骤，具体步骤如图 4-22 所示。

设计准备阶段包括 3 个步骤，主要是确定防火目的及火灾风险承担人可接受的防火目标，将其作为定量的、具体的损失目标。

定量评估阶段主要是对设置的火灾场景、设定火灾曲线及初步方案作出分析，通过对各初步方案的比较和评估，选定最终的设计方案。主要步骤包括：

（1）设置火灾场景和选择设定火灾曲线。火灾场景是对某特定火灾发展全过程的一种语言描述，包括说明起火、火势增大、发展到最大及逐渐熄灭等阶段的特点。火灾场景的建立包括确定性和随机性两方面的内容。在建立火灾场景时，应考虑建筑的平面布局、火灾荷载及分布状态；可能的火源位置；火灾发生时的环境因素等。

（2）评估和修正初步的设计方案。

（3）提出一种或几种初步设计方案，从中选定最终的设计方案。

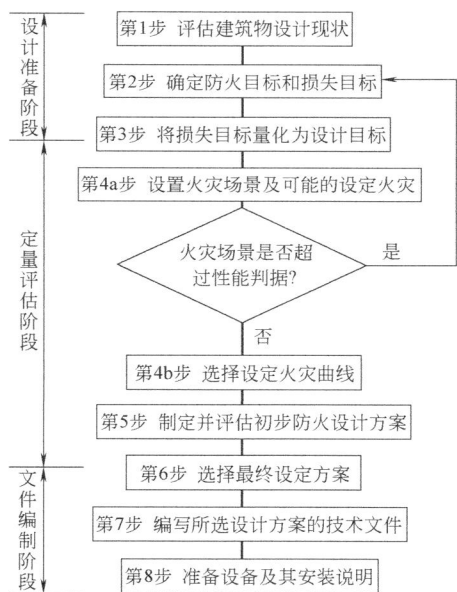

图 4-22　性能化防火设计步骤示意图[14]

文件编制阶段主要对所选定方案的设计细节进行详细的审查，并编写方案中涉及的有关设备的技术文件，主要包括：

（1）为所选定的设计方案编写技术文件。该文件应提供方案分析过程的完整而清晰的记录，包括假设、所用的工具、方法、结果等。主要包括：分析和设计过程的参加者；分析或设计的理由；设计方法说明；背景资料；承险人的目的和目标说明；性能判据；火灾场景；设定火灾；所用的工程工具和方法；设计替代方案；参考的资料、数据等。

（2）准备有关设备的说明书，包括系统设备和设备安装要求的说明，系统检验需要的说明、维护和检查需要的说明等。

4.5　通风及防排烟系统主要设备选型

4.5.1　通风机的选型

1. 通风机的分类

一般通风空调工程中的通风机按其工作原理可分为离心式通风机、轴流式通风机和贯流式通风机三种。按其用途可分为通用、消防排烟用、屋顶、诱导、防腐和防爆型风机；按通风机的转速又分为单速风机和变速风机等。关于通风机分类的详细介绍可参考相关教材或设计手册。

2. 通风机的主要性能参数

（1）风量 L：风机单位时间内输送的气体体积流量，m^3/s 或 m^3/h。

（2）风压 P：单位质量流体通过风机后所获得的能量（或称全压），包括动压和静压两部分，Pa 或 kPa。

（3）有效功率 N_e：通风机在单位时间内传给空气的能量，W 或 kW，用下式计算：

$$N_e = LP \tag{4-57}$$

（4）轴功率 N：电动机传到风机轴上的功率，即风机的输入功率，W 或 kW。

（5）效率 η：风机的有效功率和轴功率之比，又称为风机的全压效率。

$$\eta = \frac{N_e}{N} \tag{4-58}$$

考虑到通风机的机械效率及电机容量安全系数，所需配用的电机功率可按下式计算：

$$N_m = \frac{N}{\eta_m} \cdot m \tag{4-59}$$

式中　　η_m——通风机的机械效率，按表 4-29 选取；

　　　　m——电机容量安全系数，按表 4-30 选取。

通风机机械效率　　　　　　　　　　　　　　表 4-29

传动方式	机械效率 η_m
电动机直联	100
联轴器直联	98
三角皮带传动	95

电机容量安全系数　　　　　　　　　　　　　表 4-30

电机功率（kW）	安全系数 m
<0.5	1.5
$0.5 \sim 1$	1.4
$1 \sim 2$	1.3
$2 \sim 5$	1.2
>5	1.13

（6）转速 n：通风机每分钟的转数，r/min。

（7）比转数 n_s：表示通风机在最高效率点下风量 L、风压 P 及转速 n 之间的关系。

比转数大的通风机，流量大，风压低；比转数小的通风机，流量小，风压高。同一类型的风机，其比转数必然相等。

$$n_s = n \cdot \frac{L^{1/2}}{P^{3/4}} \qquad (4\text{-}60)$$

式中　n_s——比转数；

　　　n——通风机转速，r/min；

　　　L——最高效率点下通风机风量，m^3/s；

　　　P——最高效率点下通风机的风压，mmH_2O。

3. 通风机的选择

通风机的选择，应按下列因素确定：

（1）根据不同的用途确定风机的类型。输送清洁空气时，可选择一般通风换气用通风机；输送有腐蚀性气体时，应选用防腐通风机；输送易燃易爆气体时，要选用防爆通风机或排尘通风机；输送高温烟气时，应选择排烟风机等。

（2）根据所需风量、风压及通风系统的特点，结合通风机的性能曲线和特性确定通风机的类型及型号。

（3）通风机的风量应在系统计算的总风量上附加风管和设备的漏风量。送、排风系统可附加 $5\%\sim10\%$，排烟兼排风系统宜附加 $10\%\sim20\%$。上述附加百分率适用于最长正压管段总长度不大于 $50m$ 的送风系统和最长负压管长度不大于 $50m$ 的排风系统。对于更大的系统，其漏风百分率可适当增加。

（4）采用定转速通风机时，通风机的压力应在计算系统压力损失上进行附加：常规送排风系统可附加 $10\%\sim15\%$，除尘系统可附加 $15\%\sim20\%$，排烟系统可附加 10%；

（5）采用变频风机时，通风机的压力应以系统计算的总压力损失作为额定风压，电动机的功率应在计算值上附加 $15\%\sim20\%$；

（6）设计工况下，通风机效率不应低于其最高效率的 90%。

（7）当通风机输送非标准状态空气时，应对其电动机的轴功率进行验算，核对所配用的电动机能否满足非标准状态下的功率要求，计算公式如下：

$$N_z = \frac{L \cdot P}{3600 \cdot 1000 \cdot \eta_1 \cdot \eta_2} \qquad (4\text{-}61)$$

式中　N_z——电动机的轴功率，kW；

　　　L——通风机的风量，m^3/h；

　　　P——非标准状态下风机所产生的风压（全压），Pa；

　　　η_1——通风机的内效率；

　　　η_2——通风机的机械传动效率。

由于风机样本所提供的性能曲线和性能数据，通常是按标准状态下（大气压力 $101.3kPa$、温度 $20℃$，相对湿度 50%、密度 $1.2kg/m^3$）编制的。当输送介质密度、转数等条件发生改变时，其性能应按下列各式进行换算：

1）改变介质密度 ρ、转速 n 时，有：

$$L = L_0 \frac{n}{n_0} \qquad (4\text{-}62a)$$

$$P = P_0 \left(\frac{n}{n_0}\right)^2 \cdot \frac{\rho}{\rho_0} \qquad (4\text{-}62b)$$

$$N = N_0 \left(\frac{n}{n_0}\right)^3 \cdot \frac{\rho}{\rho_0} \qquad (4\text{-}62c)$$

$$\eta = \eta_0 \qquad (4\text{-}62d)$$

2）大气压力及温度变化时，有：

$$L = L_0 \qquad (4\text{-}63a)$$

$$P = P_0 \cdot \frac{p_b}{p_{b0}} \cdot \frac{273 + t_0}{273 + t} \qquad (4\text{-}63b)$$

$$N = N_0 \cdot \frac{p_b}{p_{b0}} \cdot \frac{273 + t_0}{273 + t} \qquad (4\text{-}63c)$$

$$\eta = \eta_0 \qquad (4\text{-}63d)$$

式中　L ——实际工作条件下风机的风量，m^3/h；

　　　L_0 ——标准状态下或性能表中风机的风量，m^3/h；

　　　N ——实际工作条件下风机的功率，kW；

　　　N_0 ——风机标准状态下或性能表中风机的功率，kW；

　　　η ——实际工作条件下风机的效率；

　　　η_0 ——标准状态下或性能表中风机的效率；

　　　ρ ——实际工作条件下空气的密度，kg/m^3；

　　　ρ_0 ——标准状态下空气的密度，kg/m^3；

　　　p_{b0} ——标准状态下的大气压力，Pa；

　　　p_b ——非标准状态下的大气压力，Pa；

　　　P_0 ——风机在标准状态下的风压（全压），Pa；

　　　t_0 ——标准状态下的空气温度，℃；

　　　t ——实际工作条件下的空气温度，℃。

（8）兼用排烟的风机应符合国家现行建筑设计防火规范中的有关规定。

4. 通风机在通风系统中的工作

（1）特性曲线

在通风系统中工作的通风机，即使转速相同，所输送的风量也可能不同。系统中的压力损失小时，要求通风机的风压小，输送的气体量就大；反之，系统的压力损失大时，要求的风压大，输送的气体量就小。

提供各工况下通风机的全压与风量，以及功率、转速、效率与风量的关系即为通风机的性能曲线。

每种通风机的性能曲线都不相同。通常，用试验测出不同转速下不同风量的静压和功率，然后计算全压、效率等，并做出有关曲线。图 4-23 为某型号通风机的特性曲线。

通风机特性曲线通常包括（转速一定）：全

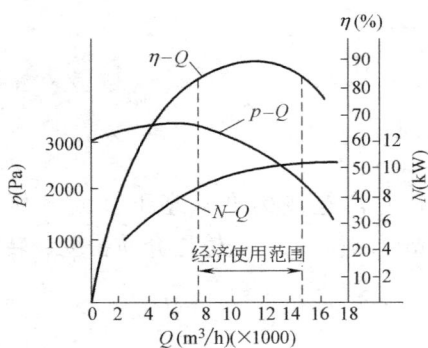

图 4-23　通风机的特性曲线

压随风量的变化；静压随风量的变化；功率随风量的变化；全效率随风量的变化；静效率随风量的变化。一定的风量对应于一定的全压、静压、功率和效率。对于一定的风机类型有一个经济合理的风量范围。

由于同类型通风机具有几何相似、运动相似和动力相似的特性，因此，用通风机各参数的无因次量来表示其特性比较方便，可以用来推算该类风机任意型号的风机性能。

（2）通风系统与风机特性曲线

根据风机的特性曲线可以看出，风机可以在各种不同的风量下工作。在通风系统中，风机将在其特性曲线上的某一点工作，在此点上，风机的风压与系统中要求提供的压力平衡，由此确定分析风量。

在任何给定的风量下，风机的风压由以下三部分组成：

1）系统管网中各种压力损失的综合（见图4-24曲线1）；

2）吸入气体所受压力和压入气体所受压力的压力差：当由大气中吸入气体又压入大气时，这一压力差为零。但在某些情况下，由受压容器吸入气体，或压入某受压容器时，这一压力差一般为常数（图4-24曲线2）；有时也可随风量变化；

3）由管网排出的动压（图4-24曲线3）。

以上三条曲线都与系统的管网特性有关，三

图 4-24　风机的工作特性

条曲线叠加后的总曲线称为"管网全压特性曲线"。管网特性曲线与风机特性曲线的焦点，即为该风机在给定管网中的工作点，这时风机的特性（风量、风压）也就固定了。

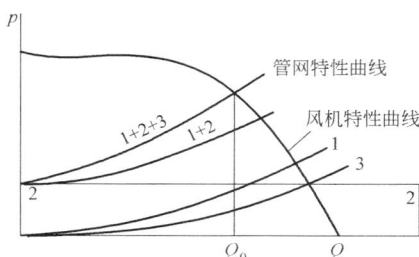

4.5.2　防排烟系统中阀门的选择、设置

防排烟系统中，阀门的选择、设置非常重要，合理地设置各种防火、排烟阀门，不但可以使系统启动迅速、运行自如，而且在必要的时候可以切断火灾区与其他非火灾区的联系，防止火灾的蔓延。防排烟系统中常见的阀门大体可归纳为两类[2,7,9-11]：

1. 防火阀类

一般用于通风空调管道穿越防火分区处。平时开启，火灾时关闭，以防止烟、火沿通风管道向其他防火分区蔓延。

（1）防火阀

该阀平时开启，当气流温度达70℃时温度熔断器动作，阀门关闭，也可手动关闭，手动复位。阀门关闭后可发出关闭讯号至消防控制中心。防火阀与普通百叶风口组合，可构成防火风口。

（2）防火调节阀

防火阀门与一般阀门结合使用，可兼起调节风量的作用，称为防火调节阀。该阀平时常开，阀门叶片可在0~90°内五档调节，气流温度达70℃时温度熔断器动作，阀门关闭，也可手动关闭，手动复位。阀门关闭后可发出关闭讯号至消防控制中心。

（3）防烟、防火调节阀

阀门平时常开，阀门叶片可在0~90°内五档调节，气流温度达70℃时温度熔断器动作，阀门关闭，也可手动关闭，手动复位。也可根据烟感探头的发出的火警信号由控制系统将阀门关闭，阀门关闭后可发出电信号至消防控制中心。

2. 防烟阀类

一般设在专用的排烟风道或兼用风道上。

（1）排烟阀

一般安装在排烟系统的管道上，平时关闭，发生火灾时根据烟感探头发出的信号由控制系统自动开启，也可手动开启，手动复位。阀门开启后可发出电信号至消防控制中心。排烟阀与普通百叶风口或板式风口组合，可构成排烟风口。

（2）排烟防火阀

一般安装在有排烟、防火要求的排烟系统管道上，平时关闭，发生火灾时可根据烟感探头发出的信号由控制系统开启排烟，也可手动开启，手动复位。开启后可发出电信号至消防控制中心。当排烟管道内烟气温度达 280℃时，温度熔断器动作，阀门关闭。

（3）回风排烟防火阀

主要用于排风、排烟合用的管道中。平时阀门常开，用于排风；发生火灾时，控制系统可有选择地关闭或打开进行排烟。当管道内温度达 280℃时，温度熔断器动作，阀门关闭。

几种主要的防烟、防火阀的功能见表 4-31。

防火阀、排烟阀类的种类和功能比较 表 4-31

名　称	排烟阀	排烟防火阀	防火调节阀	防烟防火调节阀
应用范围	安装在排烟系统的管道上	安装在有排烟、防火要求的排烟系统管道上，设于排烟风机吸入口处管道上	安装在有防火要求的通风空调系统管道上，防止火势沿风道蔓延	安装在有防烟、防火要求的通风空调系统管道上，防止烟、火蔓延
基本功能	感温(烟)信号联动，阀门开启，排烟风机同时启动运行； 手动使阀门开启，排烟风机同时启动； 输出阀门开启信号；	当排烟温度超过280℃时熔断器熔断，阀门关闭，排烟风机停止运行	气流温度达 70℃时温度熔断器动作，阀门关闭； 输出阀门关闭信号，通风空调系统风机停止运行； 无级调节风量	感温(烟)信号联动使阀门关闭，通风空调系统停止运行； 手动关闭阀门，风机停机； 气流温度达 70℃时温度熔断器动作使阀门关闭； 输出阀门关闭信号； 按 90°五等分有级调节风量

4.6　通风及防排烟系统设计实例

4.6.1　设计任务书

1. 项目名称：某建筑地下车库的通风系统设计。

2. 设计依据

（1）《民用建筑采暖通风与空气调节设计规范》GB 50736—2012；

（2）《汽车库、修车库、停车场设计防火规范》GB 50067—2014；

（3）《公共建筑节能设计标准》GB 50189—2015；

（4）《车库建筑设计规范》JGJ 100—2015；

（5）国家及地方跟项目有关的相关批文。

3. 项目概况

某建筑的相关详细资料见附录。其中，地下一层包括：地下停车场、值班室及配电室、楼宇控制室、消防水泵房、生活水泵房、制冷机房等设备用房，其平面图如图4-25所示。

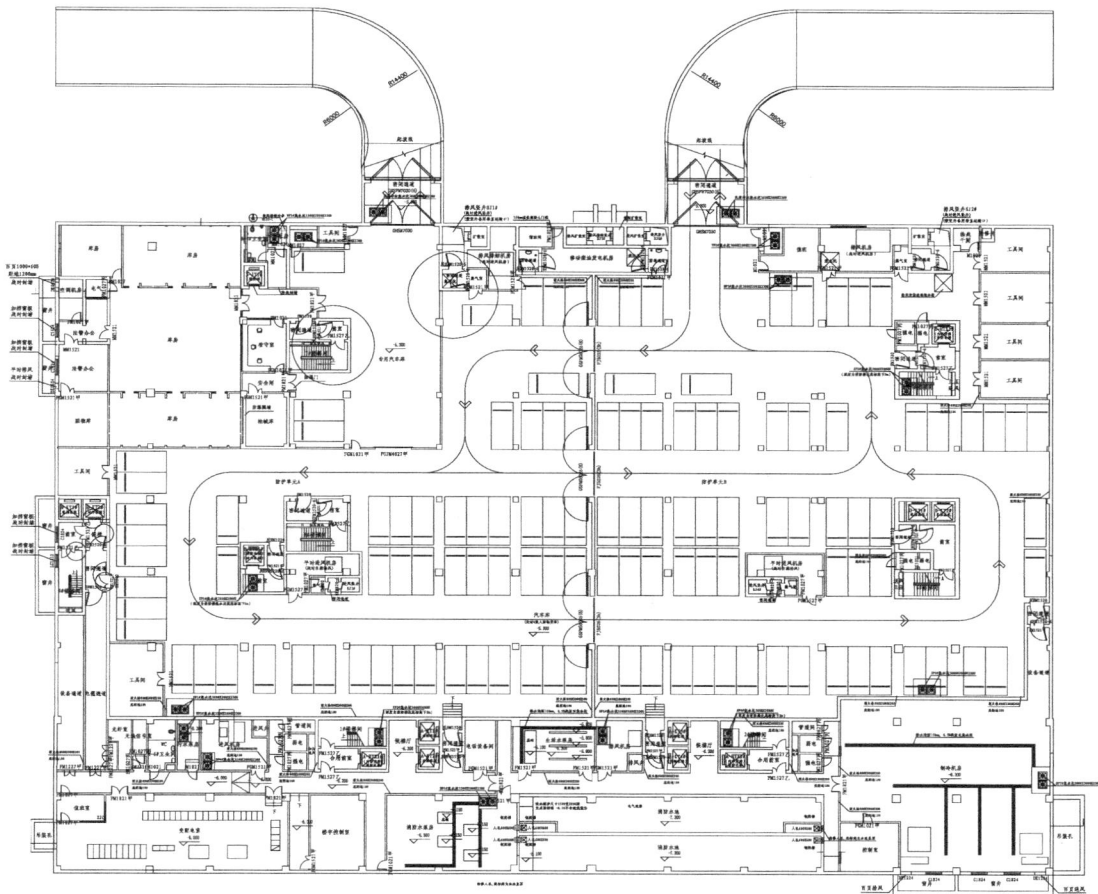

图4-25 地下一层平面图

4. 设计内容

针对车库及内部的辅助设备房内的通风系统进行设计。

4.6.2 车库通风系统的设计

由于地下一层面积大、功能复杂且设有多个防火分区。在设计时应综合考虑其功能、防火、人员分布等因素，为此根据各区域的功能和人员分布特点，将地下一层划分为四个分区，分别设置通风系统。各功能分区如图4-26所示。

分区一：该区内有变配电室、楼宇控制室、消防水泵房、生活水泵房、制冷机房等设备间，需要考虑的因素比较复杂。

分区二、分区三为停车区域。由于整体面积较大，横跨两个防火分区，所以分为两个区域。

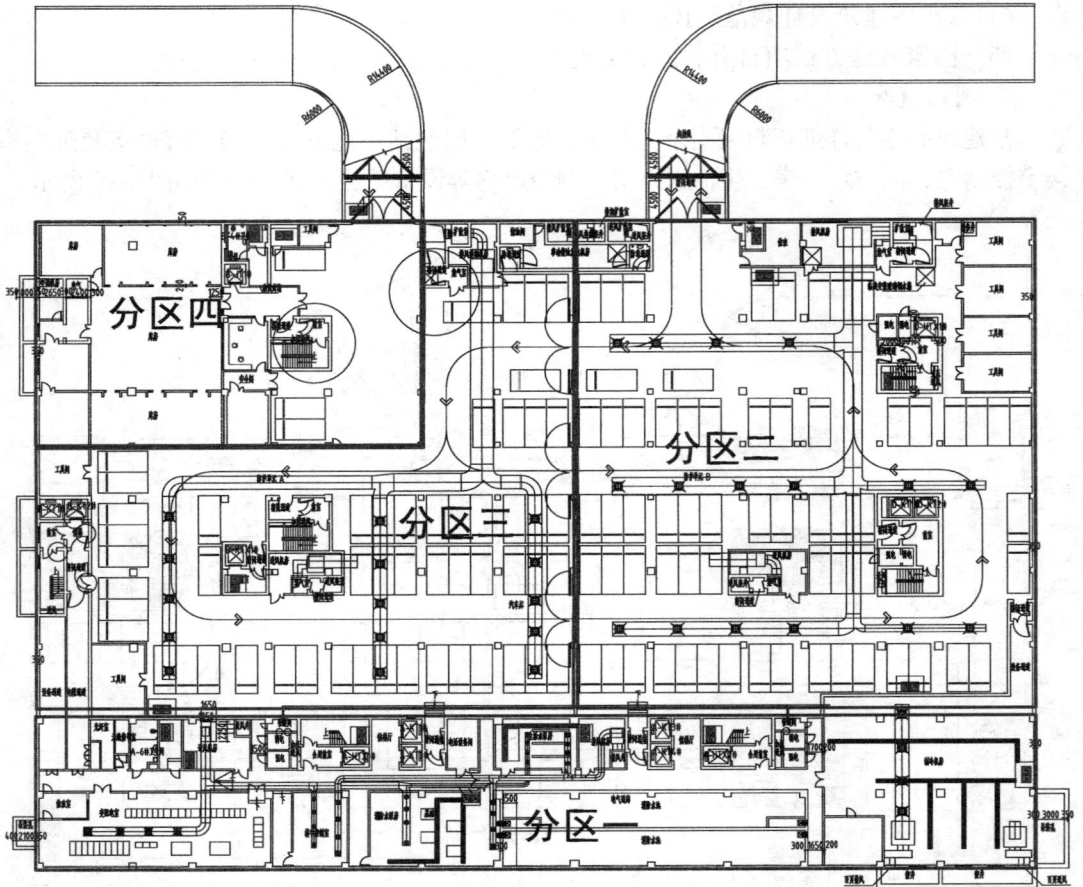

图 4-26　地下一层功能分区示意图

分区四：包括办公室、保安室等人员活动区域与房间，简单的通风并不能满足其内部的空气质量要求。

（1）分区一通风系统设计

1）风量的确定

由于分区一主要是各种设备用房所在地，设备机房处于地下，采用自然通风困难，因此，需采用机械通风系统。依据《建筑供暖通风与空气调节设计规范》，各设备用房的排风量依据表 4-32 中的换气次数来确定。

分区一中设备房的排风量　　　　　　　　　　　　　　　表 4-32

房间名称	换气次数（h⁻¹）	房间名称	换气次数（h⁻¹）
变配电室	8	生活水泵房	4
楼宇自控室	6	制冷机房	6
消防水泵房	4		

由于设备房间需要满足一定的负压，所以送风量为确定的排风量的 80%。

2）风管系统设计

① 分区一中风管布置如图 4-27 所示。

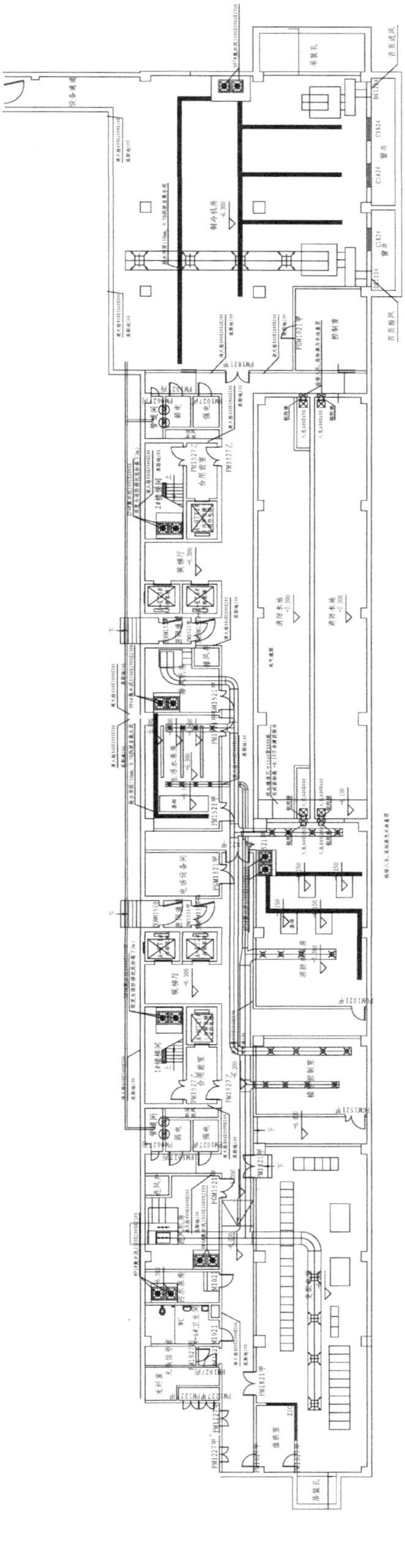

图 4-27 分区一通风系统平面图

变配电室、楼宇自控室、消防水泵房以及生活水泵房的送风排风通过分区一内部的送风机房、排风机房完成。

制冷机房由于距离送排风机房较远，且面积较大。单独设置有风井，送风、排风通过自身的风井完成。

② 分区一通风管道水力计算

（a）送风管路

分区一送风系统图如图 4-28 所示，其水力计算如表 4-33 和表 4-34 所示，其送风系统平衡分析如表 4-35。

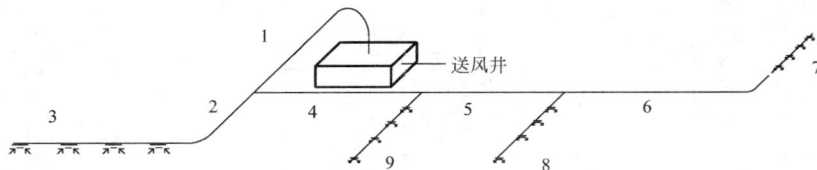

图 4-28　分区一送风系统图

分区一送风系统最不利路径水力计算表　　　　　　　　　　　表 4-33

| 最不利阻力(Pa) | | | | | | | | | 28 |
编号	G(m³/h)	L(m)	形状	D/W(mm)	H(mm)	v(m/s)	ΔP_y(Pa)	ΔP_j(Pa)	ΔP(Pa)
1	19747	5.98	矩形	1000	800	6.86	2.97	0	2.97
4	9099.2	10.42	矩形	1000	630	4.01	2.24	11.93	14.17
5	6534	8.93	矩形	1000	630	2.88	1.04	0	1.04
6	1694	12.41	矩形	630	320	2.33	2.04	6.49	8.54
7	1694	5.69	矩形	630	320	2.33	0.94	0	0.94

分区一送风系统水力计算表　　　　　　　　　　　表 4-34

编号	G (m³/h)	L(m)	形状	D/W(mm)	H(mm)	v (m/s)	ΔP_y(Pa)	ΔP_j(Pa)	ΔP(Pa)
1	19747	5.98	矩形	1000	800	6.86	2.97	0	2.97
2	10648	3.74	矩形	800	800	4.62	1.01	18.74	19.74
3	10648	12.39	矩形	800	800	4.62	3.33	0	3.33
4	9099.2	10.42	矩形	1000	630	4.01	2.24	11.93	14.17
5	6534	8.93	矩形	1000	630	2.88	1.04	0	1.04
6	1694	12.41	矩形	630	320	2.33	2.04	6.49	8.54
7	1694	5.69	矩形	630	320	2.33	0.94	0	0.94
8	4840	6.05	矩形	630	630	3.39	1.22	6.97	8.19
9	2565.2	6.43	矩形	1000	320	2.23	0.82	9.1	9.93

分区一送风系统平衡分析表　　　　　　　　　　　表 4-35

编号	不平衡率	总阻力(Pa)	并联最不利阻力(Pa)	平衡阀阻力(Pa)
3	0	10.54	10.54	0

（b）排风管路

分区一排风系统如图 4-29 所示，其水力计算如表 4-36～表 4-38 所示。

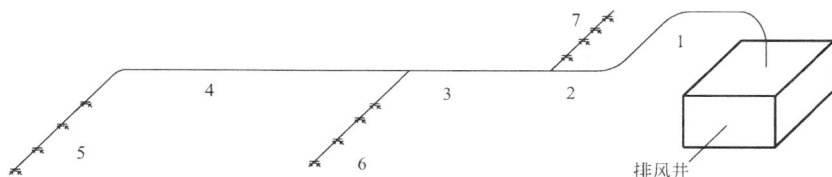

图 4-29 分区一排风系统图

分区一排风最不利路径水力计算表 表 4-36

最不利阻力(Pa)									43
编号	$G(m^3/h)$	$L(m)$	形状	$D/W(mm)$	$H(mm)$	$v(m/s)$	$\Delta P_y(Pa)$	$\Delta P_j(Pa)$	$\Delta P(Pa)$
1	8349	3.12	矩形	630	630	5.84	1.74	23.75	25.49
2	8349	2.32	矩形	630	630	5.84	1.29	0	1.29
3	6776	7.11	矩形	630	630	4.74	2.68	6.8	9.48
4	3025	16.02	矩形	630	630	2.12	1.36	4.56	5.92
5	3025	8.44	矩形	630	630	2.12	0.72	0.27	0.99

分区一排风水力计算表 表 4-37

编号	$G(m^3/h)$	$L(m)$	形状	$D/W(mm)$	$H(mm)$	$v(m/s)$	$\Delta P_y(Pa)$	$\Delta P_j(Pa)$	$\Delta P(Pa)$
1	8349	3.12	矩形	630	630	5.84	1.74	23.75	25.49
2	8349	2.32	矩形	630	630	5.84	1.29	0	1.29
3	6776	7.11	矩形	630	630	4.74	2.68	6.8	9.48
4	3025	16.02	矩形	630	630	2.12	1.36	4.56	5.92
5	3025	8.44	矩形	630	630	2.12	0.72	0.27	0.99
6	3751	7.38	矩形	630	500	3.31	1.65	5.22	6.87
7	1573	4.49	矩形	630	320	2.17	0.65	13.34	13.99

分区一排风平衡分析表 表 4-38

编号	不平衡率	总阻力(Pa)	并联最不利阻力(Pa)	平衡阀阻力(Pa)
2	0	17.68	17.68	0
3	0	16.39	16.39	0
7	0.15	13.99	16.39	2.4

（2）分区二、分区三（地下车库）通风系统设计

1）风量确定

由于没有关于地下车库车辆进出、存放的详细资料，因此，车库排风量按换气次数法进行估算。依据《建筑供暖通风与空气调节设计规范》、《汽车库建筑设计规范》，排风量按换气次数不小于 $6h^{-1}$ 计算，本车库按 $6h^{-1}$ 换气次数确定排风量，送风量按排风量的 80% 确定。

分区二的车库面积为 2341.6m²，分区三的面积为 1778.9m²，车库层高 5m，层高大于 3m，按 3m 计算，因此，分区二的排风量为：

$$L_{p2} = 2341.6 \times 3.0 \times 6 = 42148.8 \text{m}^3/\text{h}$$

分区三的排风量为：

$$L_{p3} = 1778.9 \times 3.0 \times 6 = 32020.2 \text{m}^3/\text{h}$$

2）风管系统设计

① 风管布置：地下车库送风、排风的布置应使气流分布均匀，减少通风死区，送风口宜设置在汽车库主要通道的上部。分区二、分区三的风管布置如图 4-30 和图 4-31 所示。

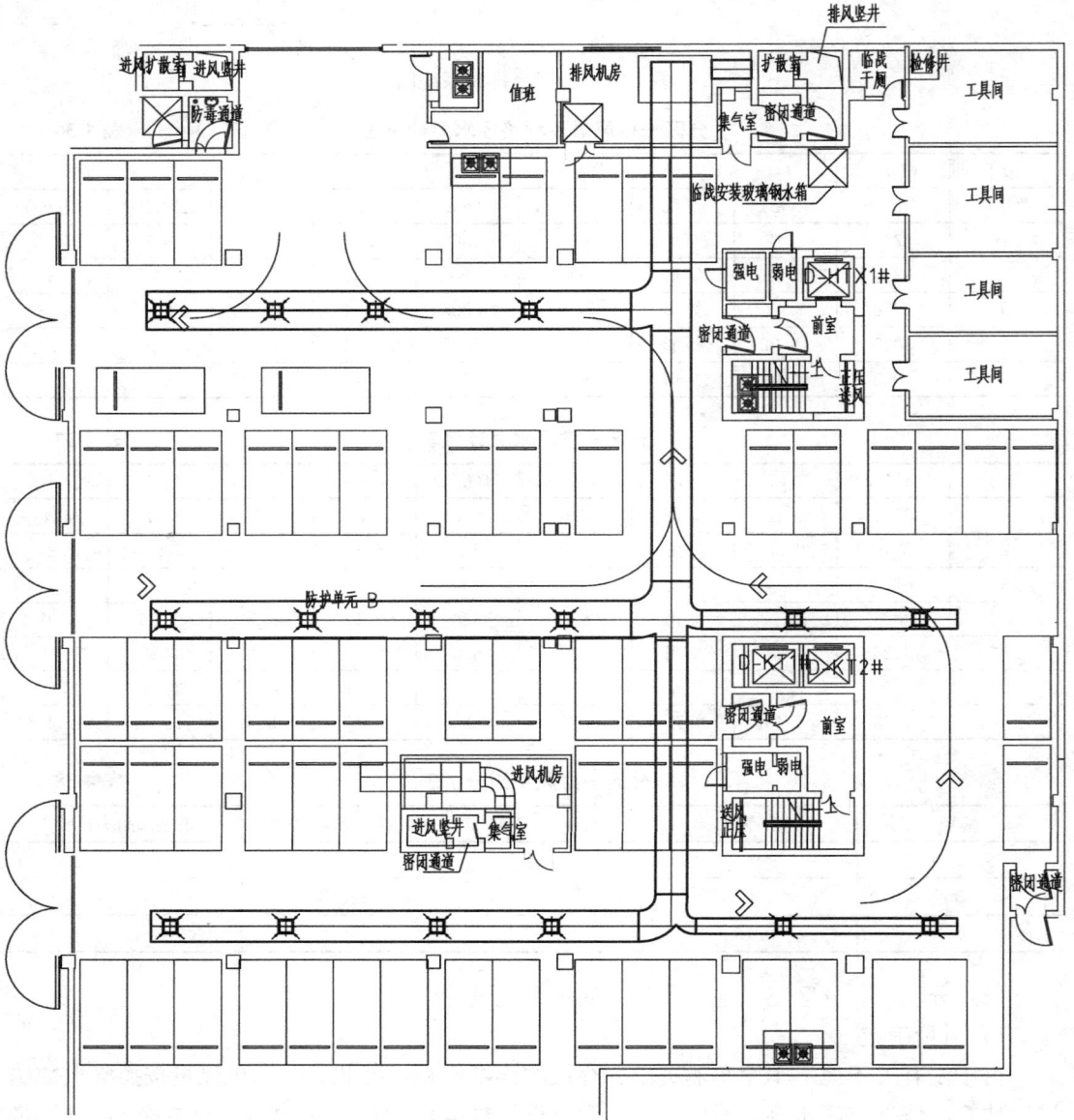

图 4-30　分区二通风系统平面图

注：上端为排风机房，下端为送风机房。

② 分区二通风管道的水力计算：分区二通风系统图如图 4-32 所示。分区二的送风管道直接送至车库内，故无需水力计算。分区二排风系统的系统图如图 4-33 所示，水力计算结果见表 4-39～表 4-41。

③ 分区三通风管道的水力计算：分区三通风系统如图 4-34 所示。分区三的送风管道直接送至车库内，故无需水力计算。分区三排风系统的系统图如图 4-35 所示，水力计算结果见表 4-42～表 4-44。

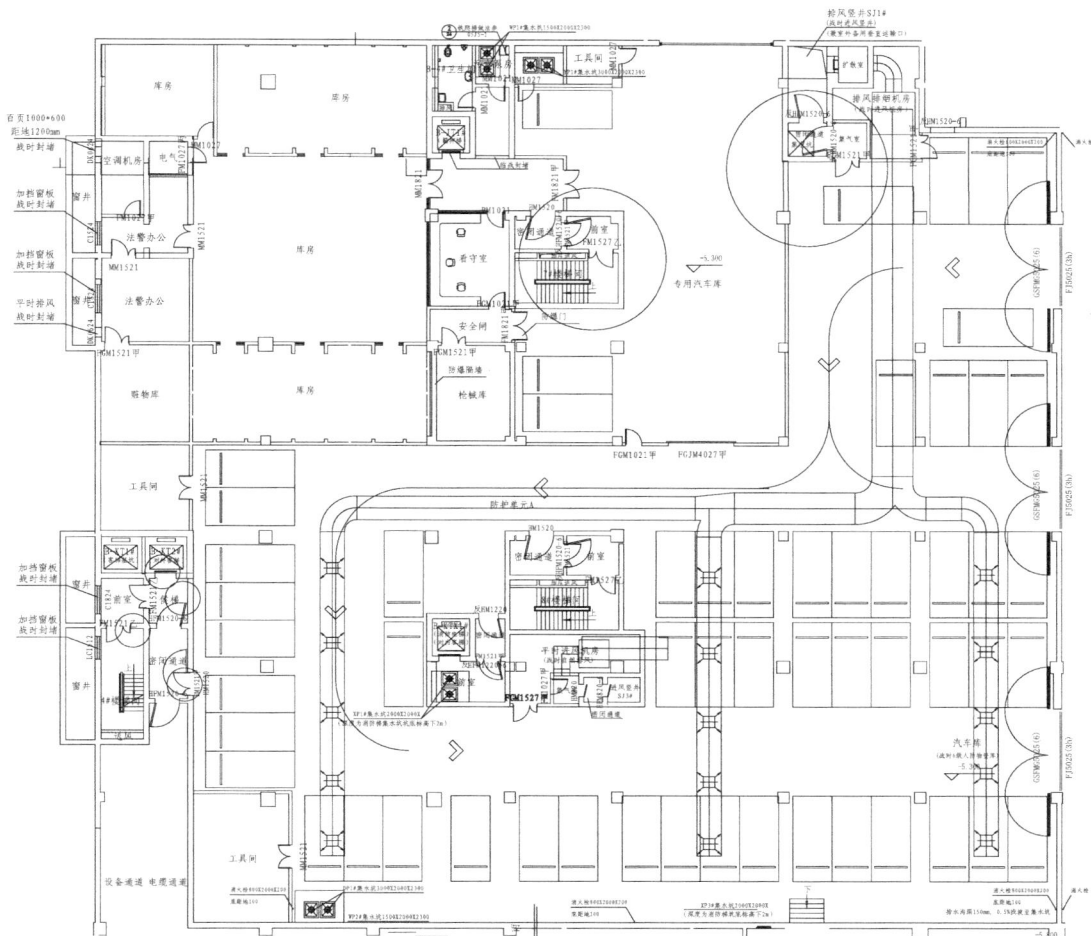

图 4-31 分区三通风系统平面图

注：上端为排风机房，下端为送风机房。

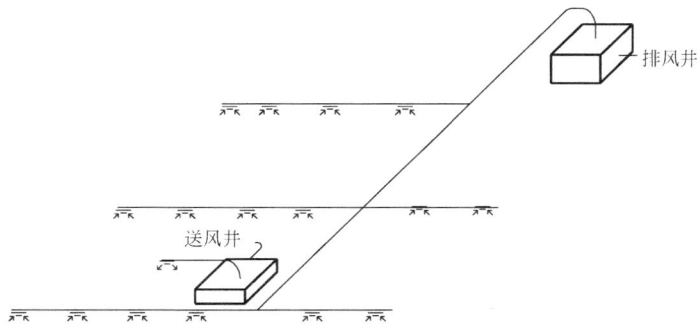

图 4-32 分区二通风系统图

（3）分区四通风系统设计

考虑到分区四内部有较多的人员活动区域且区域比较小，且多为库房。经过经济性考虑，分区四采用独立式分体空调，不仅节省设计安装成本也节省运行成本，可以根据具体情况进行调节使用。

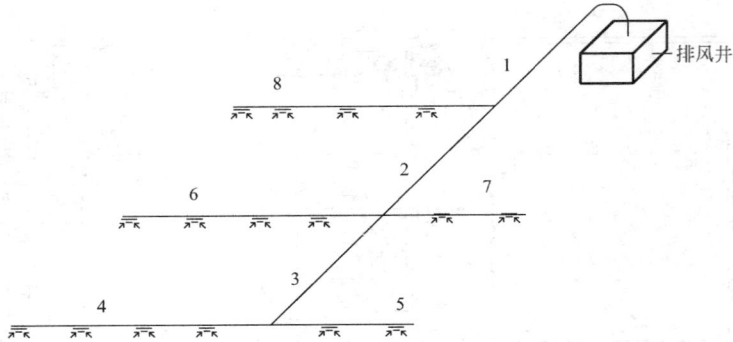

图 4-33　分区二排风系统图

分区二排风系统最不利路径水力计算表　　表 4-39

最不利阻力(Pa)					70.5				
编号	$G(\text{m}^3/\text{h})$	$L(\text{m})$	形状	$D/W(\text{mm})$	$H(\text{mm})$	$v(\text{m/s})$	$\Delta P_y(\text{Pa})$	$\Delta P_j(\text{Pa})$	$\Delta P(\text{Pa})$
1	42149	11.53	矩形	1250	800	11.71	14.2	0	14.2
2	31612	13.89	矩形	1250	800	8.78	9.87	23.33	33.2
3	15806	13.75	矩形	800	800	6.86	7.77	4.21	11.99
4	10537	24.69	矩形	800	800	4.57	6.51	4.6	11.11

分区二排风系统水力计算表　　表 4-40

编号	$G(\text{m}^3/\text{h})$	$L(\text{m})$	形状	$D/W(\text{mm})$	$H(\text{mm})$	$v(\text{m/s})$	$\Delta P_y(\text{Pa})$	$\Delta P_j(\text{Pa})$	$\Delta P(\text{Pa})$
1	42149	11.53	矩形	1250	800	11.71	14.2	0	14.2
2	31612	13.89	矩形	1250	800	8.78	9.87	23.33	33.2
3	15806	13.75	矩形	800	800	6.86	7.77	4.21	11.99
4	10537	24.69	矩形	800	800	4.57	6.51	4.6	11.11
5	5269	13	矩形	800	400	4.57	5.61	4.3	9.91
6	10537	24.44	矩形	800	800	4.57	6.44	13.31	19.75
7	5269	12.75	矩形	800	400	4.57	5.5	15.84	21.34
8	10537	24.41	矩形	800	800	4.57	6.44	46.02	52.46

分区二排风系统水力平衡分析表　　表 4-41

编号	不平衡率	总阻力(Pa)	并联最不利阻力(Pa)	平衡阀阻力(Pa)
2	0	56.29	56.29	0
3	0	23.09	23.09	0
6	0.14	19.75	23.09	3.34

分区三排风系统最不利路径水力计算表　　表 4-42

最不利阻力(Pa)					60				
编号	$G(\text{m}^3/\text{h})$	$L(\text{m})$	形状	$D/W(\text{mm})$	$H(\text{mm})$	$v(\text{m/s})$	$\Delta P_y(\text{Pa})$	$\Delta P_j(\text{Pa})$	$\Delta P(\text{Pa})$
1	32020	23.38	矩形	1000	800	11.12	29.17	0	29.17
2	21346	7.41	矩形	1000	800	7.41	4.27	0	4.27
3	10673	20.8	矩形	800	800	4.63	5.62	0.42	6.03
4	10673	20.78	矩形	800	800	4.63	5.61	14.93	20.54

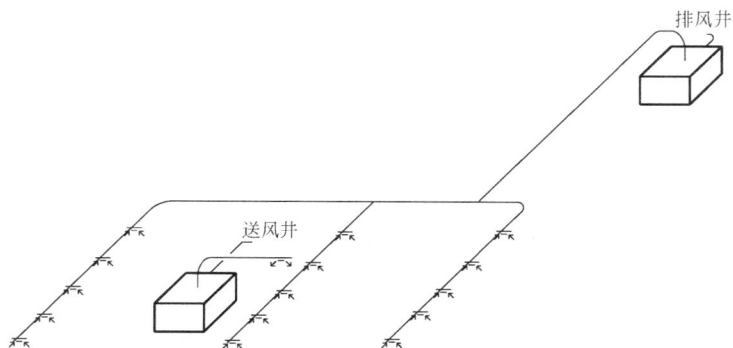

图 4-34 分区三通风系统图

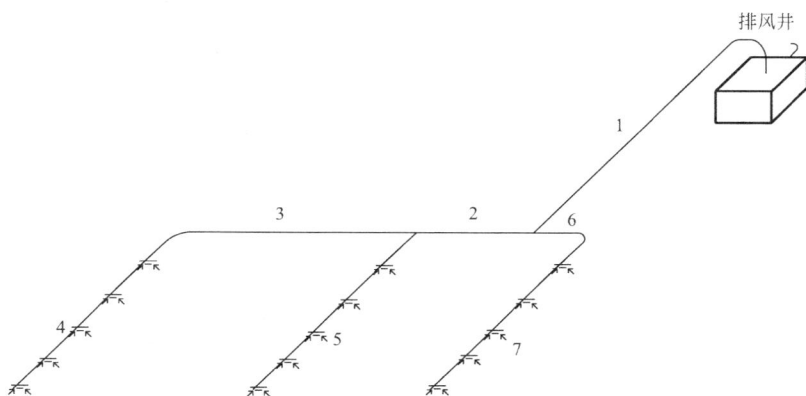

图 4-35 分区三排风系统图

分区三排风系统水力计算表 表 4-43

编号	$G(\text{m}^3/\text{h})$	$L(\text{m})$	形状	$D/W(\text{mm})$	$H(\text{mm})$	$v(\text{m/s})$	$\Delta P_y(\text{Pa})$	$\Delta P_j(\text{Pa})$	$\Delta P(\text{Pa})$
1	32020	23.38	矩形	1000	800	11.12	29.17	0	29.17
2	21346	7.41	矩形	1000	800	7.41	4.27	0	4.27
3	10673	20.8	矩形	800	800	4.63	5.62	0.42	6.03
4	10673	20.78	矩形	800	800	4.63	5.61	14.93	20.54
5	10673	20.48	矩形	800	630	5.88	10.09	13.02	23.11
6	10673	2.21	矩形	800	800	4.63	0.6	24.6	25.2
7	10673	20.78	矩形	800	800	4.63	5.61	0	5.61

分区三排风系统水力平衡分析表 表 4-44

编号	不平衡率	总阻力(Pa)	并联最不利阻力(Pa)	平衡阀阻力(Pa)
2	0	30.84	30.84	0
3	0	26.57	26.57	0
5	0.13	23.11	26.57	3.47

4.7 施工图构成

为了对通风系统的工程设计图纸有一个直观的认识，以图 4-36～图 4-38 为范例，以供参考。

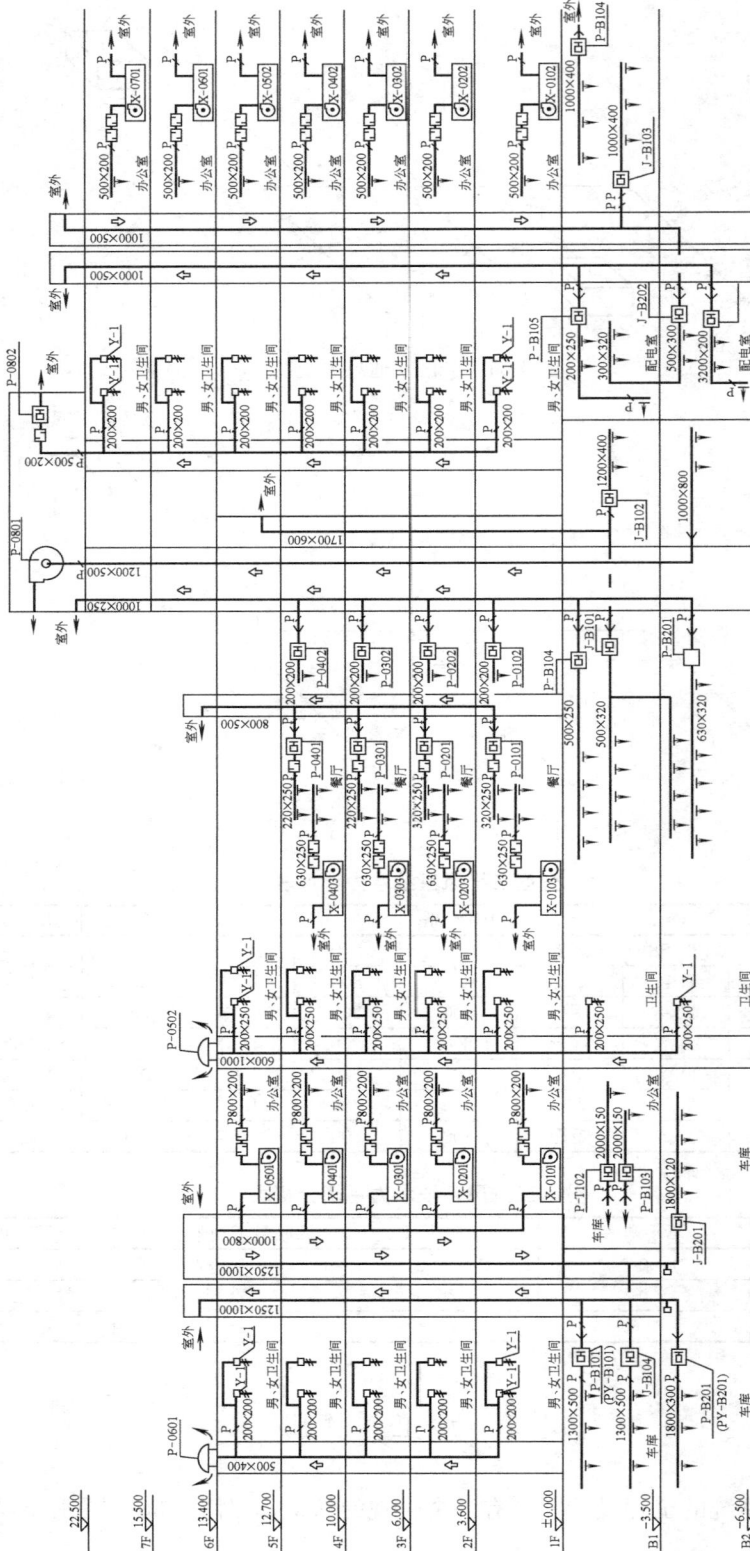

图 4-36　空调通风风路系统流程图

206

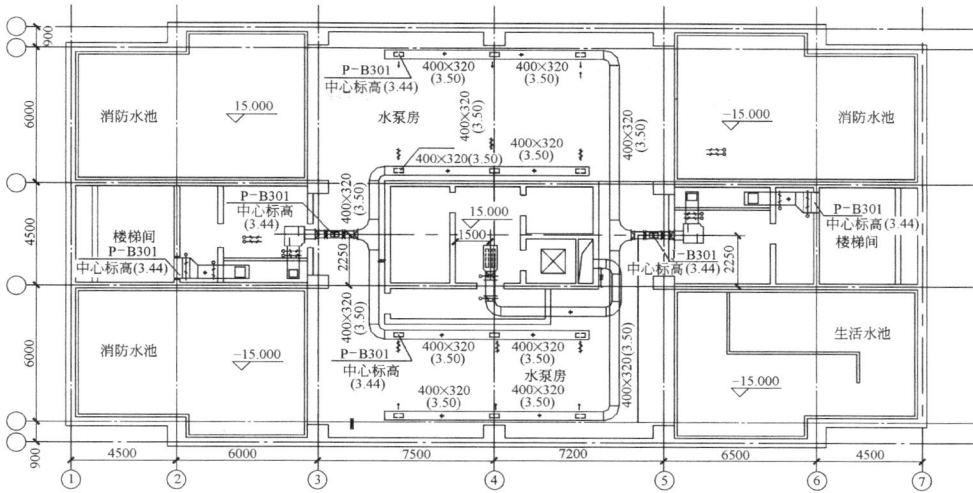

图 4-37 地下三层通风平面图

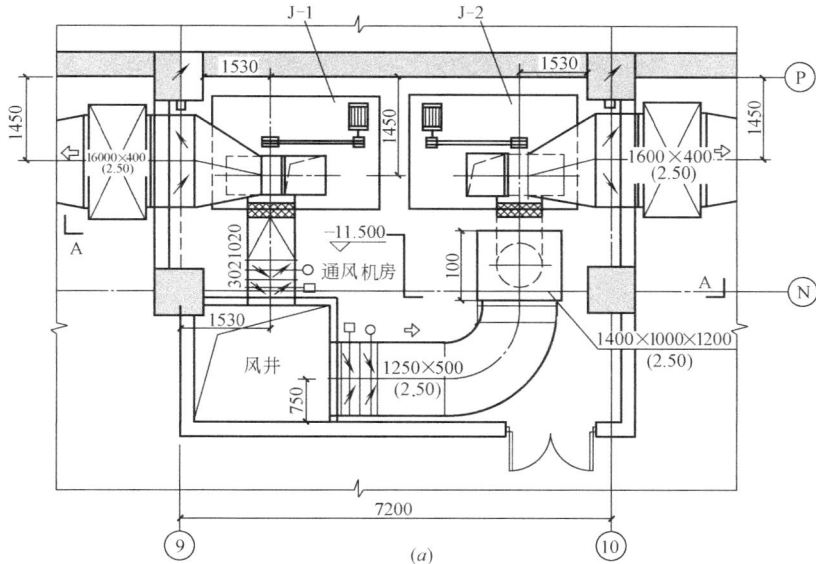

(a)

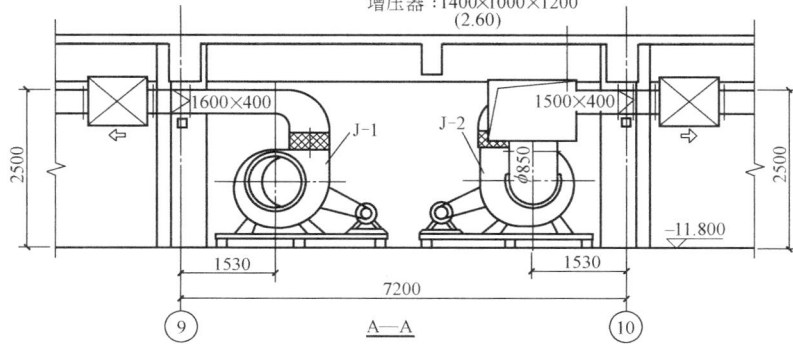

(b)

图 4-38 J-B103, J-B105 风机房大样图（离心式风机）

(a) 平面图；(b) 剖面图

本章标准规范

[1]　环境空气质量标准，GB 3095—2012．北京：中国环境科学出版社，2012．

[2]　环境空气质量指数（AQI）技术规定（试行）：HJ 633—2012，北京：中国环境科学出版社，2012．

[3]　室内空气质量标准，GB/T 18883—2002，北京：中国标准出版社，2003．

[4]　民用建筑工程室内环境污染控制规范，GB 50325—2010，北京：中国计划出版社，2013．

[5]　工业企业设计卫生标准，GBZ—2010，北京：人民卫生出版社，2010．

[6]　工作场所有害因素职业接触限值—第 1 部分：化学有害因素，GBZ 2.1—2007，北京：人民卫生出版社，2007．

[7]　工作场所有害因素职业接触限值—第 2 部分：物理因素，GBZ 2.2—2007，北京：人民卫生出版社，2007．

[8]　大气污染物综合排放标准，GB 16297—1996，北京：中国环境科学出版社，1996．

[9]　建筑设计防火规范，GB 50016—2014，北京：中国计划出版社，2015．

[10]　汽车库、修车库、停车场设计防火规范，GB 50067—2014，北京：中国计划出版社，2015．

[11]　民用建筑供暖通风与空气调节设计规范，GB 50736—2012，北京：中国建筑工业出版社，2012．

[12]　公共建筑节能设计标准，GB 50189—2015，北京：中国建筑工业出版社，2015．

[13]　车库建筑设计规范，JGJ 100—2015，北京：中国建筑工业出版社，2015．

本章参考文献

[1]　孙一坚．简明通风设计手册．北京：中国建筑工业出版社，1997．

[2]　陆耀庆主编．实用供热空调设计手册（第二版）．北京：中国建筑工业出版社，2008．

[3]　杨昌智，刘光大，李念平编．暖通空调工程设计方法与系统分析．北京：中国建筑工业出版社，2005．

[4]　马最良，姚杨主编．民用建筑空调设计（第二版）．北京：化学工业出版社，2010．

[5]　付海明编著．建筑环境与设备系统设计．北京：机械工业出版社，2009．

[6]　张树平主编．建筑防火设计（第二版）．北京：中国建筑工业出版社，2009．

[7]　王学谦主编．建筑防火设计手册．北京：中国建筑工业出版社，2008．

[8]　李引擎．建筑防火工程．北京：化学工业出版社，2004．

[9]　蒋永琨主编．高层建筑防火设计手册．北京：中国建筑工业出版社，2000．

[10]　张吉光，史自强，崔红社编．高层建筑和地下建筑通风与防排烟．北京：中国建筑工业出版社，2005．

[11]　霍然，袁宏永．性能化建筑防火分析与设计．安徽科学技术出版社，2003．

[12]　*ASHRAE Handbook*．Atlanta，GA：American Society of Heating，Refrigerating and Air Conditioning Engineers. 2009．

[13]　李引擎．建筑防火性能化设计．北京：化学工业出版社，2005．

第 5 章　空气净化设计

5.1　空气净化系统概述

5.1.1　洁净室的概念

所谓洁净室，是指除了空气的温度、湿度、压力等各项参数外，还需对空气中悬浮粒子浓度（空气洁净度）实行控制的密闭性较好的房间，以满足精密机械工业、半导体工业、宇航以及原子能工业等对室内环境的要求，所要求控制的微粒直径基本小于 $5\mu m$[1]。

5.1.2　空气净化系统的概念

为了同时满足洁净室对空气温度、湿度、压力以及悬浮粒子浓度（空气洁净度）的要求，除了装有空气热湿处理设备外，还应设置空气净化设备（过滤器、净化器等），这样的系统称为空调净化系统。其中由空气净化设备（过滤器、净化器等）、动力设备、风管及其附件所构成的管网系统称为空气净化系统。

空气净化系统的基本原理是将经过净化设备净化后的清洁空气以足够的数量送入房间内，稀释并排除室内污染物，从而达到室内空气净化的目的。

5.2　空气洁净度等级的确定

空气洁净度等级是衡量洁净室洁净程度的重要参数，现行的洁净室及洁净区的空气悬浮粒子洁净级别的国际标准是 ISO 14644 "洁净室及相关受控环境"系列标准的第一部分"空气洁净度分级"。该标准规定，表示洁净室、洁净区的空气悬浮粒子洁净度应至少包括以下内容，缺一不可。

5.2.1　空气洁净度标准

空气洁净度标准的发展历史已经有 60 多年了。1961 年美国空军制定颁发了世界上第一个洁净室标准 TO. NO. 00-25-203 空军指令《洁净室与洁净工作台的设计与运转特性标准》。1963 年美国颁布了联邦标准 FED-STD-209，并经过一步步地修订和完善后，在1992 年发展为 FED-STD-209E，中国洁净室技术以往所采用的等级标准即参考该标准，具体见表 5-1。

三十多年来，美国联邦标准一直是世界各国洁净室及相关受控环境行业公认的通行标准。美国总服务局于 2001 年发布公告，废止 FS209E，等同采用 ISO 14644 相关标准[4]。这个决定标志着洁净室技术随同世界经济一体化进一步走向国际大同。ISO 14644 的一系列标准是由国际标准化组织技术委员会 TC209 颁布的，我国现行的《洁净厂房设计规范》GB 50073—2013 中等同地采用了这个标准，具体见表 5-2[1]。

美国联邦标准 FS209E　　　　表 5-1

等级名称		最大浓度限值									
		0.1μm		0.2μm		0.3μm		0.5μm		5μm	
		容积单位		容积单位		容积单位		容积单位		容积单位	
国际单位	英制单位	m³	ft³	m³	ft³	m³	ft³	m³	ft³	m³	ft³
M1		350	9.91	75.7	2.14	30.9	0.875	10.0	0.283	—	—
M1.5	1	1240	35.0	265	7.50	106	3.00	35.3	1.00	—	—
M2		3500	99.1	757	21.4	309	8.75	100	2.83	—	—
M2.5	10	12400	350	2650	75.0	1060	30.0	353	10.0	—	—
M3		35000	991	7570	214	3090	87.5	—	28.3	—	—
M3.5	100	—	—	26500	750	10600	300	3530	100	—	—
M4		—	—	75700	2140	30900	875	10000	283	—	—
M4.5	1000	—	—	—	—	—	—	35300	1000	247	7.00
M5		—	—	—	—	—	—	100000	2830	618	17.5
M5.5	10000	—	—	—	—	—	—	353000	10000	2470	70.0
M6		—	—	—	—	—	—	1000000	28300	6180	175
M6.5	100000	—	—	—	—	—	—	3530000	100000	24700	700
M7		—	—	—	—	—	—	10000000	283000	61800	1750

ISO 14644 空气洁净度分级　　　　表 5-2

空气洁净度等级 N	大于或等于表中粒径的最大浓度限值（pc/m³）					
	0.1μm	0.2μm	0.3μm	0.5μm	1μm	5μm
1	10	2				
2	100	24	10	4		
3	1000	237	102	35	8	
4	10000	2370	1020	352	83	
5	100000	23700	10200	3520	832	29
6	1000000	237000	102000	35200	8320	293
7				352000	83200	2930
8				3520000	832000	29300
9				35200000	8320000	293000

同一级别、不同粒径档的空气悬浮粒子的限值之间，不同级别的同一粒径档或不同粒径档的空气悬浮粒子的限值之间，是有内在关联的，其关联特征由式（5-1）表达：

$$C_n = 10^N \times \left(\frac{0.1}{D}\right)^{2.08} \tag{5-1}$$

式中　C_n——大于及等于被控粒径的粒子最大允许浓度，粒子数/m³；

　　　N——国际标准的空气洁净度等级，0.1 为最小允许递增量；

　　　D——在 0.1～5μm 范围内所关注或所选粒径，μm；

　　　0.1——以微米为单位的常数，是 ISO 14644-1 所选用的空气悬浮粒子的最小粒径值。

对于不同的洁净度标准，洁净度等级与最大允许浓度之间的关系是不同的，在工程设计中，可近似确定不同洁净度标准中洁净度等级的相互关系，具体见表 5-3。

不同洁净度标准中洁净度等级的相互关系 表 5-3

空气洁净度标准		空气洁净度等级名称												
美国联邦标准	国际单位	M1	M1.5	M2	M2.5	M3	M3.5	M4	M4.5	M5	M5.5	M6	M6.5	M7
	英制单位		1		10		100		1000		10000		100000	
国际标准			3		4		5		6		7		8	

为叙述的统一起见，本章此后的部分将根据空气洁净度的国际标准 ISO 14644 来表示洁净室的空气洁净度等级。

5.2.2 空气洁净度等级的表示方法

任何一个洁净度等级，可以只要求洁净室中污染物的一个或几个粒径达到浓度限值。例如 5 级可以只要求粒径 $\geq 0.5\mu m$ 微粒的浓度不大于 3530 粒/m^3，也可以要求粒径 $\geq 0.2\mu m$ 微粒的浓度不大于 26500 粒/m^3，或几种粒径的微粒都要求。因此空气洁净度等级的表示应同时注明洁净级别和被控粒径，主要的表达方法有[3]：

（1）5 级（at0.3μm）或 5 级（0.3μm），将被控粒子粒径明确地表述出来，即要求 $\geq 0.3\mu m$ 粒子浓度不大于 10200 粒/m^3。

（2）业主不要求使用英制单位时，（N）□级（□μm），两个方格依次表示为国际标准中的级别和被控粒子的粒径值。

（3）业主要求使用英制单位时，（N）□级（□级、□μm），三个方格依次表示为国际标准中的级别、英制单位级别和被控粒子的粒径值。这种方法更为详细和具体。

5.3 大气含尘浓度及室内发尘量

5.3.1 大气含尘浓度

大气含尘浓度主要采用计数浓度表示，即单位体积空气中含有的粒子个数，法定单位为 PC/L 和 PC/m^3。

大气含尘浓度和大气环境密切相关，它是随地域、时间而变化的。严重污染地区可达 200×10^4 PC/L；一般工业区在 30×10^4 PC/L；环境清洁地区在 $10^4 \sim 10 \times 10^4$ PC/L 范围内；工程所在地如有详细资料可按实际选取。一般工程采用表 5-4 的数据[3]。

大气含尘浓度计算值（PC/L） 表 5-4

粒径(μm) 地区	0.5	0.3	0.1	粒径(μm) 地区	0.5	0.3	0.1
严重污染区	20×10^5			城市郊区	2×10^5		
工业区	3×10^5	3×10^6	3×10^7	清洁地区	1×10^5		

5.3.2 室内发尘量

人员、建筑材料以及设备构成了室内的发尘源，其中人员是主要的发尘源。设备的产尘主要来源于转动设备，一台电动机（300W 以下）1min 内可产生 $0.5\mu m$ 以上微粒为$2\times$

$10^5 \sim 5 \times 10^5$ 粒，相当于一个动作的人的发尘量[4]。

单个人体的发尘量分为静止和活动两种情况，人静止发尘量取 10×10^4 PC/(min·人)，人活动发尘量取 100×10^4 PC/(min·人)。

工作状态下的发尘量根据人体活动综合强度分为四种类别：

第一类　人员全部处于静止状态，人员发尘量取 10×10^4 PC/(min·人)。

第二类　大部分人员处于静止状态，少部分人员处于活动状态，人员发尘量取 30×10^4 PC/(min·人)。

第三类　静止和活动人员约各占一半，人员发尘量取 50×10^4 PC/(min·人)。

第四类　大部分人员处于活动状态，少部分人员处于静止状态，人员发尘量取 70×10^4 PC/(min·人)。医院手术室人员发尘量可按第四类计算。

建筑材料发尘量取 1.25×10^4 PC/(min·m²)。洁净室高度低于 2.5m 时，由此可得出单位容积发尘量 G 值。如果洁净室的高度在 2.5~4.0m 之间，包括人体和建筑材料在内的单位容积总发尘量按表 5-5 选取。

单位容积总发尘量 G [PC/(min·m³)]　　　　　　　　表 5-5

人员密度(P/m³)	一类	二类	三类	四类
0.05	7000	11000	15000	19000
0.10	9000	17000	25000	33000
0.15	1000	23000	35000	47000
0.20	13000	29000	45000	
0.25	15000	35000	55000	
0.30	17000	41000		
计算公式	$5000 + 40000 \dfrac{P}{F}$	$5000 + 120000 \dfrac{P}{F}$	$5000 + 200000 \dfrac{P}{F}$	$5000 + 280000 \dfrac{P}{F}$

注：P—人员数，人；F—洁净室面积，m²。

如果洁净服发尘量较少，洁净室管理水平较高时，由上表查得的数值再乘以 0.7 的系数。

5.4　空气净化系统形式的确定及构成

5.4.1　空气净化系统形式

可以从多个不同的角度对空气净化系统进行分类。根据净化系统对不同空间的控制状况，空气净化系统可分为集中净化和分散净化两种形式，这类似于空调系统中以空气处理设备、风机、风管、风口等所构成的集中式空调和以分体空调机所构成的分散式空调的划分，集中净化和分散净化是空气净化系统最主要的分类方法。根据空气净化设备（过滤器等）的过滤效率，又分为高中效空气净化系统和高效空气净化系统两种形式。根据净化系统在洁净空间所形成的气流组织形式，又有单向流洁净室的空气净化系统和非单向流洁净室的空气净化系统的区分。

值得注意的是，不要将空气净化系统的分类与洁净室形式的分类相混淆。洁净室的形式主要按构造区分，可分为整体式（土建式）、装配式和局部净化式三类[2]。

（1）整体式：利用建筑已有的围护结构，构成一个或若干个洁净房间，一般采用集中空气净化系统，能够达到对室内空气全面净化，也即室内整个工作区成为洁净空气环境的效果。这种形式适用于大型的洁净室。

（2）装配式：由风机过滤器机组、洁净工作台、空气自净器、照明灯具等设备中的一部分或全部，与拼装式板壁、顶棚、地面等预制作，在现场拼装成型。这种形式的洁净室安装、拆卸方便，适用于旧厂房改造的洁净室，但密闭性差，造价也较高。

（3）局部净化式：与整体式洁净室所具有的全面净化状况相反，这种形式的洁净室一般采用分散式净化系统，只在各局部空间保持所要求的洁净度，即产生局部净化的效果。或在低洁净度的洁净室内，对局部区域实现较高洁净度的空气净化，称之为全面净化与局部净化相结合的方式。

空气净化系统形式应根据洁净室面积、净高、位置和消声、减振等要求，经综合技术经济比较后确定。一般面积较大、净高较高、位置集中和消声减振要求严格的洁净室，采用集中式净化系统；反之，可采用分散式净化系统。这两种空气净化系统形式的主要特征及其适用范围如表5-6所列。

集中净化和分散净化的基本特征及适用范围 表5-6

净化系统形式	特 征	适 用 范 围
集中净化	对整个洁净空间造成具有相同洁净度的环境	适合于工艺设备高大、数量很多、且室内要求相同洁净度的场所
分散净化	以局部净化设备（如空气自净器、洁净工作台、栅式垂直层流单元、层流罩等），在一般空调环境中造成局部区域具有一定洁净度级别的环境	适合于生产批量较小或利用原有厂房进行技术改造的场所

5.4.2 集中式空气净化系统的构成

集中式空气净化系统主要有以下三种基本构成[7]：

（1）单风机系统。最常用的系统，基本构成如图5-1所示。

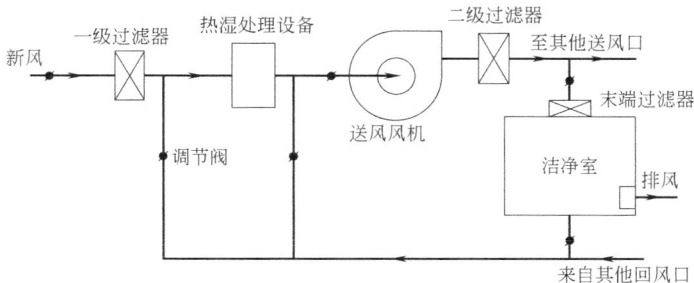

图5-1 单风机空气净化系统的基本构成

（2）双风机串联系统，基本构成如图5-2（a）所示。实际上，目前最常见的空调机组风机与多台循环风机串联的系统就是"空调送风机组＋风机过滤机组FFU"模式，如图5-2（b）所示。它与普通双风机串联系统的区别在于小型循环风机与高效空气过滤器构成一体。

（3）双风机或多风机并联系统。如果洁净室距离空调机房较远，则可将局部空气直接循环系统设置在洁净室的附近，基本构成如图5-3所示。这样做可避免大风量的远距离输送，减少空气的污染[8]。

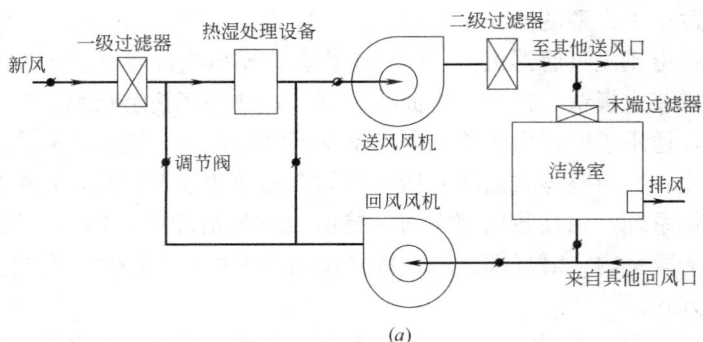

(a)

(*a*) 双风机串联空气净化系统的基本构成

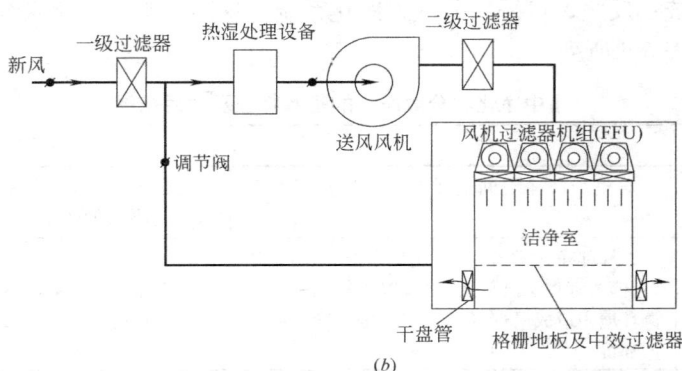

(b)

(*b*) 空调送风机与 FFU 串联空气净化系统的基本构成

图 5-2　双风机串联系统的基本构成

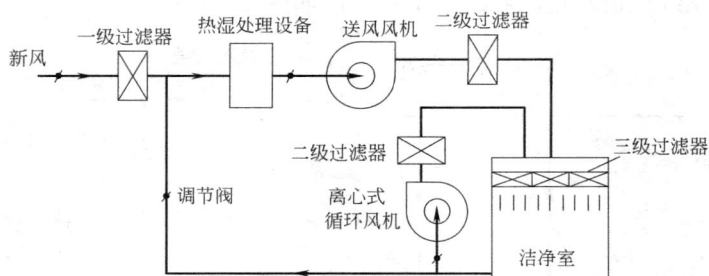

图 5-3　双风机或多风机并联系统的基本构成

（4）设置值班风机的系统。对于间歇运行的洁净室，系统停止运行后，室外污染空气将很快地通过围护结构缝隙和由新风口经回风道渗入洁净室内。基本构成如图 5-4 所示。

（5）新风集中处理系统。多个净化系统，新风集中处理的形式，可以利用新风风机兼做值班风机，不再另设值班送风机。基本构成如图 5-5 所示。

分析以上系统的构成，可以发现它们有共同的特点，即：只有一部分回风经过空气热湿处理设备，而其他部分回风则通过二级过滤器后直接进行再循环。这是由于：一个洁净室除了要求保证洁净度外，还必须对温、湿度等进行控制，而为保证室内空气洁净度所需要的风量比消除室内余热、余湿所需要的风量要大得多。因此，为降低空气处理段的尺寸

214

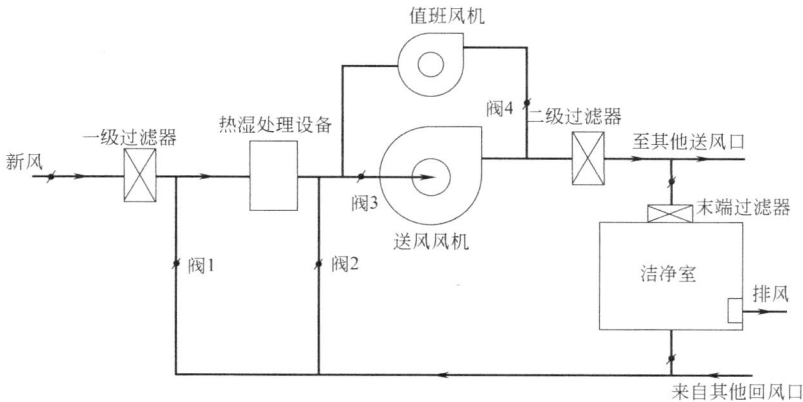

图 5-4　设有值班风机的空气净化系统的基本构成

（正常运行时，调节阀 1、调节阀 2 和调节阀 3 打开，调节阀 4 关闭；洁净室停止
工作时大风机关闭，值班风机运行，调节阀 4 打开，调节阀 1、调节阀 2 和调节阀 3 关闭）

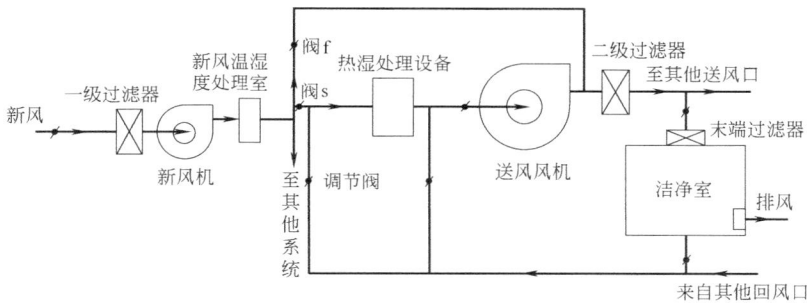

图 5-5　多个空气净化系统新风集中处理的基本构成

（正常运行时，调节阀 f 关闭，其他调节阀打开；洁净室停止工作时，调节阀 f 打开，
其他调节阀关闭，仅新风机组运行，起值班风机作用）

和风机能耗，空气的热湿处理通常只限于新风和部分回风[5]。

新风机的风量按系统的新风量确定，送风机的风量为洁净室的总送风量，值班送风机的风量按维持室内预定正压和温、湿度两者中所需的最大一项换气次数来确定。

风机的风压也需通过管网系统的水力计算确定，但与普通空调系统有所区别的是，管网的水力计算中应考虑粗效、中效和末端过滤器在额定风量下的阻力大小及其随容尘量而增加的变化状况。

5.4.3　分散式空气净化通风系统

分散式空气净化系统通常是指把热湿处理设备与粗、中效及高效空气过滤器集中组合在一个箱体内，分散设置在洁净室内、邻近房间或走廊的空调净化系统[10]。分散式系统一般造价较低，变更较灵活，更适用于改造项目。药品生产管理规范曾规定："对面积较大，洁净度较高，位置集中及消声、振动控制要求严格的洁净室宜用集中式空气净化系统，反之，可采用分散式空气净化系统。"

分散式空调净化系统的基本形式一般分为两种：第一种情况，如图 5-6（a）所示，所采用的净化空调机组内有冷却、去湿、加热、加湿设备及粗、中、高效三级过滤器。机组可设置于洁净室的外间或相邻走道。机组出风口接管道至洁净室侧墙或吊顶，用格栅或其他散流装置向洁净室送风。回风从下侧墙至外间或走廊，然后与经粗效过滤的新风混合后被吸入净化空调机组。新风宜由带小风扇和过滤器的新风机组送入，以保证外间或走廊相对于室外的正压。

另一种情况，如图 5-6 (b) 所示，净化空调机组仅设粗、中效两级过滤器，但有足够的余压用于克服高效过滤器终阻力及管道阻力。此时，高效过滤器可设在送风管道末端出风口处，对保证送入洁净室空气的洁净度更为有利。

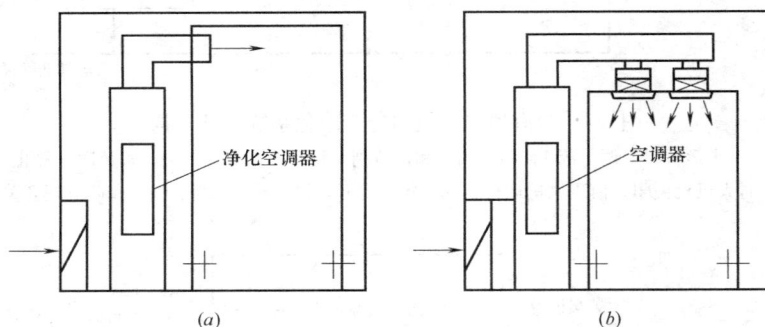

图 5-6　分散式基本形式一

实际工程中，国内较为普遍的方式是按洁净室需要冷、热负荷量选定空调器，另设带中效过滤器的加压风机箱与空调机组串联，回风大部分接至加压风机箱循环使用，少量回至空调机组，与新风混合后一起进行热、湿处理。加压风机箱出口接管道，把空气分配到洁净室吊顶上的各高效过滤器风口[11]，如图 5-7 所示。

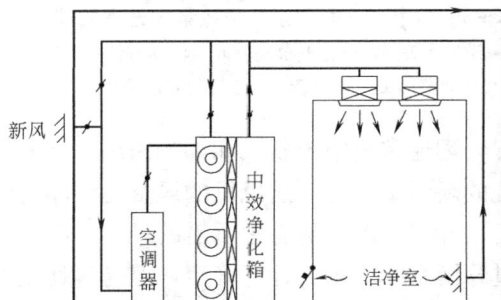

图 5-7　分散式基本形式二

5.4.4　空气净化系统的选择

洁净通风系统的选择应遵循"取长补短"的方法。从不同的角度划分，有不同的系统形式，只要对各种系统的特点及适用场合有清楚的认识，结合生产工艺的特点、工程性质及各种规范的规定，经技术经济比较，就可选出适宜的系统。

当选择空气净化系统时，首先应确定工程的性质，是新建工程还是改造工程；其次，按生产工艺的特点确定洁净室的性质，是生物洁净室还是工业洁净室；最后，结合洁净建筑技术规范的规定选定系统。例如：医院新建洁净手术部的净化空调设计，首先想到是新建工程，设备管道的布置可以不受限制；其次，考虑到各个手术室不能由某一间的停开而相互影响气流压力，所以应该采用集中式系统，但是集中式系统不能灵活控制各个手术室；最后，结合医院的洁净室建筑设计规范，确定选用集中供给新风的分散式系统。

5.5 气流组织设计及风量计算

要达到空气净化的目的，将清洁的空气送入室内是必需的，但除此之外，还应保证有合理的气流组织形式和足够的送风量。合理的气流组织可使通过过滤器净化后进入房间的送风气流直接到达工作区，而污染物颗粒则迅速地从回风口排出；足够的送风量则能够保证对污染物最大程度的稀释。气流组织形式和风量大小对洁净室的洁净度等级起着重要的作用[5]。

5.5.1 气流组织形式

气流组织形式主要是指室内气流的流动状态，它受到空气净化系统送回风口的布置以及送回风口风速大小的影响。根据气流的流动状态，目前工程上采用的主要有单向流和非单向流两种类型的洁净室。

单向流洁净室气流的特征是流线平行，以单一方向流动，并且在横断面上风速一致，在流动过程中的气流流向、流速几乎不变，无涡流。它是靠气流的推出作用，将室内的污染物从整个回风口推出，所以这种洁净室的流型也被称为"活塞流"、"平推流"。图 5-8 表示出单向流洁净室的基本形式。其中，图 5-8（a）为垂直单向流洁净室，它是依靠顶棚满布高效过滤器顶送（高效过滤器占顶棚面积≥60%）或顶棚阻尼层顶送或全孔板顶送，格栅地板满布或均匀局布回风口而实现的；图 5-8（b）为水平单向流洁净室，它是依靠送风墙满布或均匀局布高效过滤器（高效过滤器占送风墙面积≥40%），水平送风，回风墙满布或均匀局布回风口而实现的[2,5]。

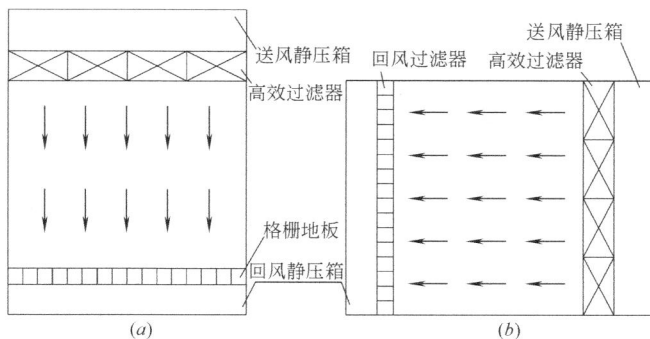

图 5-8　单向流洁净室

非单向流洁净室也称为乱流洁净室，其特点是室内的气流并不都按单一方向流动，洁净室的局部区域会产生涡流。非单向流洁净室主要通过稀释作用达到降低室内污染物浓度的目的。图 5-9 表示出几种典型的非单向流洁净室。图 5-9（a）是顶层均布流线型散流器或间布高效过滤器风口，相对两侧墙下布均匀回风口的方案，是目前非单向流洁净室用得比较多的一种流型；还可在房间顶棚中央设一条孔板，采用孔板顶送的方式，这可使多个高效过滤器的风量在室内形成一条比较均匀的送风带，如图 5-9（b）所示；当由于层高限制而无法采用顶送风时，也可采用图 5-9（c）所示的侧送（同侧下回）的方案，但这种流型的洁净效果很不理想[3,9]。

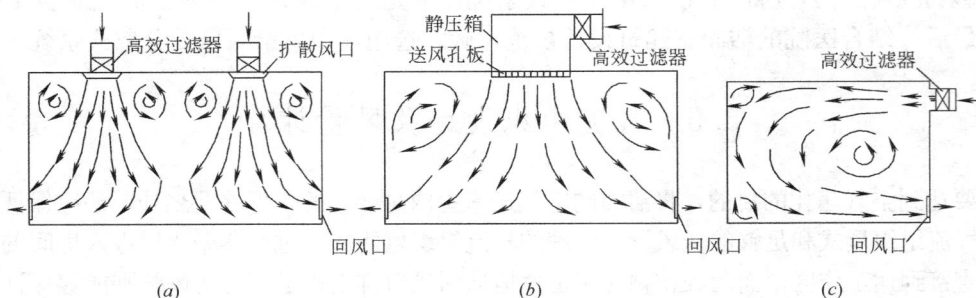

图 5-9 非单向流洁净室

气流组织形式应首先满足洁净室洁净度等级的要求。现行的《洁净厂房设计规范》GB 50073—2013 明确指出，空气洁净度等级要求为 1~4 级时，应采用垂直单向流；空气洁净度等级为 5 级时，应采用垂直单向流或水平单向流；空气洁净度等级要求为 6~9 级时，宜采用非单向流的洁净室形式[1]。

此外，还应考虑洁净室内各种设施的布置对气流组织形式和空气洁净度的影响，并应符合下列要求[1]：（1）单向流洁净室内不宜布置洁净工作台；非单向流洁净室的回风口宜远离洁净工作台。（2）需排风的工艺设备宜布置在洁净室下风侧。（3）室内有发热设备时，应采取措施减少热气流对气流分布的影响。（4）余压阀宜布置在洁净气流的下风侧。

5.5.2 风量计算

1. 送风量计算

在空气洁净度等级的各个影响因素中，送风量的大小也起到不可忽视的作用。显然，送风量越大，污染物被稀释的效果越好，但送风量不可能无限制地加大，还要考虑经济因素的影响和制约。现行的《洁净厂房设计规范》GB 50073—2013 指出洁净室的送风量，应取下列三项中的最大值[1]：（1）为保证空气洁净度等级的送风量。（2）根据热、湿负荷计算确定的送风量。（3）必须向洁净室内供给的新鲜空气量（新风量）。

为保证空气洁净度等级的送风量，单向流洁净室一般按断面风速进行计算，非单向流洁净室一般按换气次数进行计算，具体送风量的大小以及相应的送、回风口的风速如表 5-7 所列[1,3]。

洁净室的送风量及风口风速　　　　　　　　　　表 5-7

空气洁净度等级	断面平均风速 （m/s）	换气次数 （h⁻¹）	送风口风速 （m/s）	回风口风速 （m/s）
1~4	0.3~0.5	—	孔板孔口 3~5 散流器喉口 2~3	$v \leqslant 2.0$
5	0.2~0.5	—		$v \leqslant 1.5$
6	—	50~60	过滤器风口≤0.7 孔板孔口 3~5 散流器喉口 2~3	室内回风口 $v \leqslant 2$ 走廊内回风口 $v \leqslant 4$
7	—	15~25	同上 侧送风口 2~5	
8~9	—	10~15	同上	

注：1. 换气次数适用于层高小于 4.0m 的洁净室。
2. 室内人员少，热源少时，宜采用下限值。

2. 排风量计算

现行的《洁净厂房设计规范》GB 50073—2013 指出，洁净室内产生粉尘和有害气体的工艺设备，应设局部排风装置。排风量按控制风速法进行计算[1]：

$$L=3600 \times v \times B \times h \tag{5-2}$$

式中　L——排风量，m^3/h；

　B 和 h——操作口的断面尺寸，m；

　　v——操作口断面控制风速，m/s，具体数值见表 5-8。

操作口断面控制风速[6]　　　　　　　　　　　　　　　　　表 5-8

有害物性质	断面风速 (m/s)	有害物性质	断面风速 (m/s)	有害物性质	断面风速 (m/s)
无毒有害气体	0.3~0.5	有毒有害气体	0.7~1.0	剧毒有害气体	1.2~1.5

3. 洁净室压差控制

洁净室与周围的空间必须维持一定的压差，以防止室外污染物进入洁净室或室内的污染物溢出而进入到其他洁净空间。洁净室内压力保持高于外部压力，则该洁净室称之为正压洁净室；若洁净室内压力保持低于外部压力，则称之为负压洁净室。

现行的《洁净厂房设计规范》GB 50073—2013 规定，不同等级的洁净室以及洁净区与非洁净区之间的压差不小于 5Pa，洁净区与室外的压差应不小于 10Pa[1]。洁净等级越高，洁净室的压力越大，因此，洁净室的正、负压是相对而言的。

洁净室维持不同的压差值所需要的压差风量宜采用缝隙法或换气次数法确定。对于换气次数法，在 5Pa 压差作用下，房间的压差风量确定为 $1 \sim 2h^{-1}$，在 10Pa 压差作用下的压差风量则为 $2 \sim 4h^{-1}$[1]。

4. 新风量计算

由于洁净室内排风以及压差控制的作用，洁净室内必须有新风量补充。洁净室内的新风量应取下列两项中的最大值[1]：（1）补偿室内排风量和保持室内正压值所需的新鲜空气量之和。（2）保证供给洁净室内每人每小时的新鲜空气量不小于 $40m^3$。

5.6　过滤器的选用

空气净化的基本原理是将清洁的空气送入房间内，从而对室内污染物起到稀释的作用。因此空气过滤器是空气净化系统的核心组成部分。过滤器能够过滤粒径大于某一限值的颗粒灰尘，达到洁净送风空气的目的。因此，了解和掌握空气过滤器的分类标准、基本性能是空气净化系统设计中的重要问题[4]。

5.6.1　空气过滤器的分类标准

根据我国标准规定，空气过滤器按构造型式分为平板式、折褶式、袋式和卷绕式四类；按滤料更换方式分为可清洗和一次性两类；按大气尘粒径分组计数效率（E）和阻力性能可分为粗效、中效、高中效和亚高效过滤器四类，过滤器按效率划分的具体分类标准如表 5-9 所示。

空气过滤器分类性能指标 表 5-9

性能指标 类别	额定风量下的效率 (%)	20%额定风量下的效率 (%)	额定风量下的 初阻力(Pa)	备　注
粗效 中效 高中效 亚高效	粒径≥5μm,80>η≥20 粒径≥1μm,70>η≥40 粒径≥1μm,99>η≥70 粒径≥0.5μm,99.9>η≥95	— — — —	≤50 ≤80 ≤100 ≤120	效率为大气层计 数效率
高效　A 　　　B 　　　C 　　　D	≥99.9 ≥99.99 ≥99.999 粒径≥0.1μm,≥99.999	— ≥99.99 ≥99.999 粒径≥0.1μm,≥99.999	≤190 ≤220 ≤250 ≤280	A、B、C 三类效 率为钠焰法效率, D 类效率为计数 效率

注：钠焰法测试用粒子质量中子直径约为 0.5μm。

5.6.2　空气过滤器的特性指标

评价任何过滤器，最重要的特性指标有四项，即额定风量、效率、阻力和容尘量，以下分别简述这四项特性指标[4]。

1. 额定风量

额定风量是指通过过滤器断面的最大允许风量。

$$L = u \times F \times 3600 \qquad (5\text{-}3)$$

式中　L——额定风量，m^3/h；

　　　F——过滤器迎风面积 m^2，一般是指毛迎风面积而不是净迎风面积；

　　　u——过滤器面风速，m/s，面风速是指过滤器断面上额定气流流速。

对于给定结构形式的过滤器，额定风量的大小反映了过滤器的占地面积及滤料的过滤性能，在相同的截面积下，希望允许的额定风量越大越好，而在低于额定的风量下运行，效率提高，阻力降低。

国内生产的过滤器产品中，有隔板高效过滤器的面风速为 0.77~0.87m/s，无隔板高效过滤器的面风速则为 1.11~1.16m/s。

2. 效率

过滤器的效率表达式为：

$$\eta = \frac{G_1 - G_2}{G_1} = 1 - \frac{N_2}{N_1} \qquad (5\text{-}4)$$

式中　G_1、G_2——过滤器进出口气流中微粒的质量或数量，mg/h 或粒/h；

　　　N_1、N_2——过滤器进出口气流中的含尘浓度，mg/m^3 或粒/L。

对于上述的气流含尘浓度，当被过滤气体中的含尘浓度以计重浓度来表示时，效率为计重效率；以计数浓度来表示，则效率为计数效率；而当含尘浓度用其他物理量相对表示时，则效率为比色效率。由此可以看出，不同方法所表示的效率是不同的，98%的计重效率并不意味着计数效率也为 98%，因此，提到效率必须说明是什么方法的效率。

此外，过滤器效率随粒子粒径也是变化的，例如，对于≥0.3μm 粒子的过滤效率为99.95%时，对于≥0.5μm 粒子的过滤效率可达 99.999%。各类过滤器，粗效过滤器主要用于过滤≥5.0μm 的大颗粒灰尘，效率主要介于 20%和 80%；中效、高中效过滤器主要用于过滤≥1.0μm 的中等粒子灰尘，前者效率介于 40%和 70%，后者介于 70%和 99%；亚高效过滤器主要用于过滤≥0.5μm 的小颗粒灰尘，效率介于 95%和 99.9%；高效过滤

器则主要用于过滤 $\geqslant 0.1\mu m$ 的微小灰尘，效率介于 99.9% 和 99.999%。对应着 $0.5\mu m$ 的小颗粒灰尘，粗效、中效和高效过滤器效率的下限值分别取 15%、25% 和 99.99%。

过滤效率用各粒径的分级效率表示为：

$$\eta = \eta_1 n_1 + \eta_2 n_2 + \cdots + \eta_n n_n \tag{5-5}$$

式中　$\eta_1 \sim \eta_n$——各粒径的分级效率，以小数表示；

$n_1 \sim n_n$——各粒径微粒的含量占全体微粒的比例，以小数表示。

多个过滤器串联可提高空气净化系统的总过滤效率。假设单个过滤器的效率分别为 η_1、η_2、η_3……η_n，则串联过滤器的总效率 η_z 为：

$$\eta_z = 1 - (1-\eta_1)(1-\eta_2)(1-\eta_3)\cdots(1-\eta_n) \tag{5-6}$$

3. 阻力

过滤器的阻力主要由两部分组成：滤料的阻力和过滤器结构的阻力，过滤器进、出口的阻力基本变化不大，可取 5Pa 作为定值附加。通常将滤料阻力和过滤器结构阻力的和称为过滤器全阻力，过滤器全阻力主要随滤速的增加而增加，两者之间的关系为：

$$\Delta P = Cv^m \tag{5-7}$$

$$v = 0.028\frac{Q}{f} \tag{5-8}$$

式中　ΔP——过滤器全阻力，Pa；

v——滤速，也即滤料面积上的通过气流的速度，cm/s；

Q——过滤器的额定风量，m³/h；

f——滤料净面积，即去除粘结等占去的面积，m²；

C、m——系数。

系数 C、m 主要与过滤器的结构形式和滤料性能有关，通常通过实验方法确定。对于国产的高效过滤器，C 约在 3～10 之间，m 在 1.1～1.36 之间。过滤器在额定风量下的初阻力值可由标准查出。比较有实力的生产厂通常会给出风量（或滤速）与阻力的关系曲线。

4. 容尘量

过滤器容尘量是与使用期限有直接关系的指标。通常将运行中的过滤器的终阻力达到其初阻力一倍的数值时，或者效率下降到初始效率的 85% 以下时过滤器上的集尘量，作为该过滤器的标准容尘量，简称容尘量。

5.6.3　集中式空气净化系统中过滤器的选型

作为集中式空气净化系统的核心部分，空气过滤器的选型在很大程度上决定了洁净室的洁净度等级。

空气过滤器的各个性能参数中，确定其额定风量为通过过滤器所需要处理的风量，如一级过滤器的额定风量为新风量，二级过滤器和末端过滤器的风量通常为洁净室的总送风量，但图 5-10 中部分空气就地直接循环的系统是个例外，直接循环系统中二级过滤器的额定风量为局部循环空气，因而主系统中二级过滤器和末端过滤器的额定风量则为洁净室的总送风量减去局部循环的空气量。集中式空气净化系统中各级过滤器的效率主要按以下原则确定：

（1）新风入口设置的一级过滤器主要为粗效过滤器，其作用主要是截留 $5\mu m$ 以上的悬浮性微粒和 $10\mu m$ 以上的沉降性微粒以及其他各种异物，防止其进入系统。

（2）沿管道内气流的流动方向，紧接一级过滤器后设置的二级过滤器通常为中效过滤器，作为空气净化系统末端过滤器的预过滤器，其作用主要是截留 1～$10\mu m$ 的悬浮性微粒，但中效空气过滤器应集中设置在空调系统的正压段（送风机出口处），以防止污染空气渗入空气净化系统而再次污染。

（3）空气净化系统的最末端通常设置高中效、亚高效以及高效过滤器。末端过滤器的形式决定了洁净室的洁净级别，对于 7 级以下的洁净室，采用末端为高效过滤器的高效净化系统；对于 8 级左右的洁净室，除采用高效空气净化系统外，也可采用末端为亚高效过滤器的亚高效净化系统，但要适当增加换气次数 10%～20%；而对于 9 级以上的洁净室，则采用末端为中高效过滤器的中高效净化系统。因此，需要注意不同级别的洁净室不能共用同一个空气净化系统。

（4）当回风含尘浓度较高或有大粒径灰尘、纤维时，要在回风口设粗效过滤器或中效过滤器。

5.7 空气洁净度计算

5.7.1 送风含尘浓度

根据质量守恒的原理，空气净化系统末端的送风含尘浓度 N_s（PC/L）按式（5-9）计算[2,3]：

$$N_s = M(1-s)(1-\eta_{初})(1-\eta_{中})(1-\eta_{末}) + Ns(1-\eta_{中})(1-\eta_{末}) \tag{5-9}$$

由于洁净室室内空气含尘浓度 N（空气洁净度）远低于大气含尘浓度 M，所以上式中的第二项比第一项小得多，因而上式可简化为：

$$N_s \approx M(1-s)(1-\eta_z) \tag{5-10}$$

其中，

$$1-\eta_z = (1-\eta_{初})(1-\eta_{中})(1-\eta_{末}) \tag{5-11}$$

式中　M——大气含尘浓度，PC/L；

N_s——送风含尘浓度，PC/L；

s——回风量与送风量之比；

$\eta_{初}$——初级过滤器效率，%；

$\eta_{中}$——中级过滤器效率，%；

$\eta_{末}$——末级过滤器效率，%；

η_z——各级过滤器串联后的总效率，%。

当回风量与送风量之比为常规设计值时，依据经验，送风的含尘浓度大致如下：

对于一般高效空气净化系统的单向流洁净室：

当 $(1-s)=0.02$ 时，$N_s=0.1$ 粒/L；

当 $(1-s)=0.04$ 时，$N_s=0.2$ 粒/L。

对于一般高效空气净化系统的非单向流洁净室：

当 $(1-s)=0.2$ 时，$N_s=1$ 粒/L；

当 $(1-s)=0.5$ 时，$N_s=2.5$ 粒/L；

当 $(1-s)=1.0$ 时，$N_s=5$ 粒/L。

5.7.2 空气洁净度的均匀分布计算

在均匀分布计算理论中，假定[2,3]：（1）发尘是均匀和稳定的；（2）大气含尘浓度是常数；（3）过滤器过滤效率是常数；（4）新风比是常数；（5）忽略渗入的灰尘量；（6）忽略风管的产尘量；（7）忽略灰尘在风管内和室内的沉降。

在上述假定的基础上，根据质量守恒定律，可建立洁净室内污染物（灰尘）进出的平衡方程，也即在任何一个微小的时间间隔内，室内得到的污染物量（即污染物散发的污染物和送风空气带入的污染物）与从室内排除的污染物量之差应等于整个房间内增加（或减少）的污染物量，即：

$$nVN_s d\tau + Gd\tau - nVNd\tau = Vd\tau \tag{5-12}$$

对方程进行推导和简化，并考虑设备发尘的影响，得出经过足够长的通风时间后，在室内空气含尘浓度达到稳定的状态下，室内洁净度与房间通风换气次数之间的关系为：

$$N = N_s + \frac{60G \times 10^{-3}}{n} \tag{5-13}$$

式中　N——室内空气含尘浓度，PC/L；

　　　N_s——送风空气含尘浓度，PC/L；

　　　G——单位容积发尘量，PC/(min·m³)；

　　　n——房间换气次数，h^{-1}。

5.7.3　空气洁净度的不均匀分布计算

空气洁净度均匀分布计算的基本前提是污染物粒子的空间分布是均匀的，然而在实际情况下，由于多种因素的影响，污染物粒子在空间并非均匀分布的，实测值与计算值之间总存在一定的差异。因此，需要根据实际情况对计算值进行修正。在空气洁净度的不均匀分布计算中，室内空气含尘浓度（室内洁净度）与房间换气次数之间的关系为[2,3]：

$$N = N_s + \psi \frac{60G \times 10^{-3}}{n} \tag{5-14}$$

式中　n——房间换气次数，h^{-1}；

　　　ψ——不均匀系数。

影响室内空气含尘浓度（室内洁净度）不均匀分布的主要因素有：

（1）气流组织方式：侧送风方式的实测值一般高于计算值，而对于局部孔板、顶送、散流器等送风方式，实测值偏离于计算值的正负误差都有。

（2）送风口数量：送风口数量越少，实测值高于计算值的差值越大。

（3）换气次数：换气次数的降低使得实测值高于计算值，反之则使得实测值低于计算值。

考虑上述各个因素的影响，不均匀分布理论将洁净室内的气流分为三个区，即主流区、涡流区和回风口区，并建立相应的数学模型，从而推导出不均匀系数 ψ 值，推导过程比较复杂本文不予详述。工程计算中一般可参照表 5-10 和表 5-11 由换气次数大致决定 ψ[3]。

非单向流的不均匀分布系数 ψ 值　　　　　　　　　　　表 5-10

换气次数 (h^{-1})	非单向流											
	10	20	40	60	80	100	110	120	140	160	180	200
ψ	1.45	1.22	1.16	1.06	0.99	0.90	0.75	0.65	0.51	0.51	0.43	0.43

	单向流		
	送回风过滤器均匀满布	下部两侧回	下部两侧不均匀不等面积回
ψ	0.03	0.05	0.15~0.20

单向流的不均匀分布系数 ψ 值 　　表 5-11

5.8　空气净化系统设计实例

5.8.1　设计概况

1. 设计对象

空气净化系统的设计对象为办公大楼内液晶影像资料加工、保管室及与之相配套的原材料、仪器设备存放室和换鞋、换衣、淋浴、空气喷淋、洁净走廊等辅助用房，整个空调净化区域设于办公大楼的 4 层。

2. 设计参数

（1）室外气象参数：查对应设计地点的室外气象参数。

（2）室内设计参数：查建筑环境与设备工程专业的相应规范，了解甲方对电子仪器加工和存放的相关要求。

3. 设计内容

1）空调冷热负荷计算，办公大楼电子仪器加工、存放室的净化空调设计，洁净室的洁净度校核、自净时间计算。

2）空调制冷机房（冷热源设计），根据加工室和保管室等的冷热负荷确定整座楼的冷热负荷，并确定冷热源方案，选择相关设备，布置制冷机房的相关设备。

5.8.2　净化流程及洁净区平面布置

根据工艺要求，液晶材料加工、保管室的洁净度等级为 ISO-5 级，配套的仪器和材料存放室的洁净度等级为 ISO-8 级。于是，对液晶影像资料及相应的工作管理人员在整个加工和存放过程中的净化采取如表 5-12 和表 5-13 所示的方案。

物料净化 　　表 5-12

楼梯→走廊	→生产材料存放室→传递窗→资料加工室→传递窗→保管室
非洁净区	洁净区

人员净化 　　表 5-13

楼梯→走廊	→换鞋→换衣→淋浴→空气吹淋	→仪器设备存放室→洁净走廊→资料加工室（保管室）
非洁净区	过渡缓冲区	洁净区

依据上述液晶影像资料等物流和人员的净化流程，设计确定整个洁净区域的平面布局如图 5-10 所示。

5.8.3　设计参数及净化形式的确定

1. 室外设计参数

夏季空调室外计算干球温度：35.1℃；

夏季空调室外计算湿球温度：25.8℃；

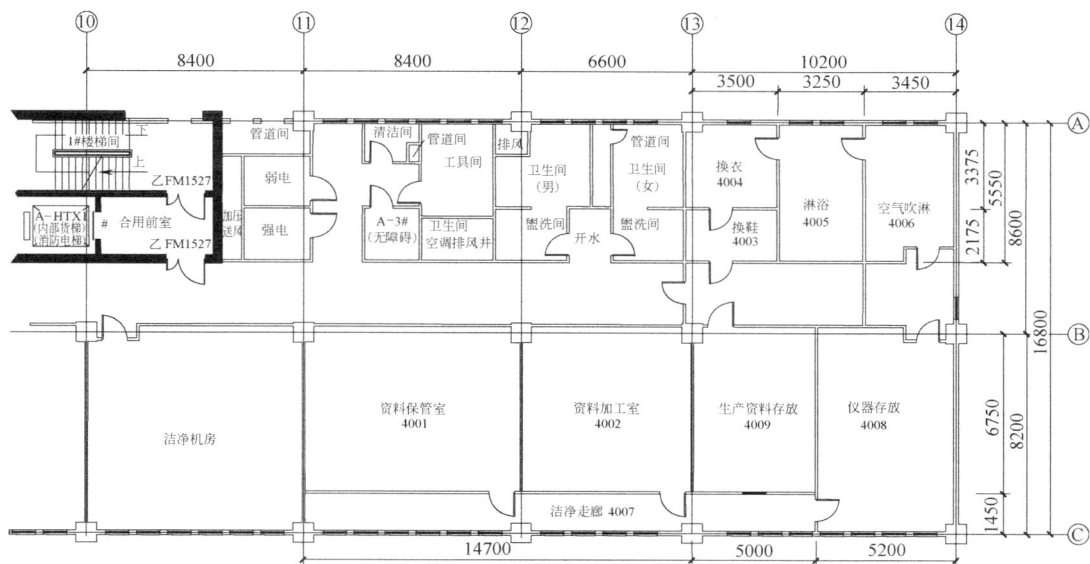

图 5-10　洁净区域平面布置

室外大气含尘浓度：$2 \times 10^5 \, PC/L$（$0.5 \mu m$）。

2. 室内设计参数

洁净区域内各个空调净化房间的设计参数如表 5-14 所示。

房间的空调净化设计参数　　　　　　　　表 5-14

房间名称	洁净等级	设计室温	设计相对湿度	静压	净化形式
资料加工室	ISO-5 级	22～26℃	40%～60%取 60%	正压 15Pa	集中净化
资料保管室	ISO-5 级	22～26℃	40%～60%取 60%	正压 15Pa	集中净化
洁净走廊	ISO-8 级	21～27℃	30%～60%取 60%	正压 10Pa	局部设备净化
生产材料存放	ISO-8 级	21～27℃	30%～60%取 60%	正压 10Pa	局部设备净化
仪器存放	ISO-8 级	21～27℃	30%～60%取 60%	正压 10Pa	局部设备净化

5.8.4　洁净房间气流组织设计

洁净室的气流组织与一般空调房间的气流组织方式有所不同。一般空调房间多采用乱流度大的气流组织形式，利用较少的通风量尽可能提高室内温、湿度的均匀程度，使送风与室内空气充分混合，形成均匀的温度场和速度场，而洁净室气流组织的主要任务是供给足量的清洁空气，稀释并替换室内所产生的污染物质，使室内洁净度保持在允许范围之内。因此，洁净室气流组织设计应遵循以下一般原则：

（1）要求送入洁净房间的洁净气流扩散速度快、气流分布均匀，尽快稀释室内含有污染源所散发污染物质的空气，维持生产环境所要求的洁净度。

（2）使散发到洁净室的污染物质能迅速排出室外，尽量避免或减少气流涡流和死角，缩短污染物质在室内的滞留时间，降低污染物质与产品的接触几率。

（3）满足洁净室内温度、湿度等空调送风要求和人的舒适要求。

遵循上述原则，本案例中洁净度等级为 ISO-5 房间的气流组织设计为垂直单向流，送风顶棚布满高效空气过滤器，断面速度控制为 0.2m/s，回风方式为回风墙局部布置回风口，回风速度控制为 1.0m/s。洁净度等级为 ISO-8 房间的气流组织设计为非单向流，送风方式为带扩散板高效空气过滤器风口顶棚送风，送风量为 20h^{-1}，回风为单侧墙下布置回风口。对于上述两类不同洁净等级的净化房间，在其上部设置排风口，排风管道出口直接通向室外。

5.8.5　空气净化系统风量的计算分析

1. 新风量

按照数量不小于下列三项风量中最大值的原则，确定本案例中空调净化房间的新风量。

（1）保证室内每人 40m^3/h 的新风量；

（2）补偿局部设备和保持室内正压的排风量，本案例中，净化空调房间室内无局部排风设备，局部排风量为 0；

（3）保持净化空调系统一定的新风比所需要的风量，洁净度 ISO-5 级单向流洁净室的新风比定为 2%～3%，取为 2%，洁净度 ISO-8 级非单向流洁净室的新风比取 25%。

2. 排风量

排风量取下列两项的最大值：

（1）房间内无排风设备时，排风量为新风量与保持室内正压所需风量的差值；

（2）保持室内正压所需的风量按压差换气次数计算，本案例中，不同等级洁净区域的压差换气次数取为 1h^{-1}，洁净区与室外的压差换气次数取为 2h^{-1}。

3. 送风量

送风量取下面三项的最大值：

（1）排除、稀释室内污染物的风量，用以保证净化房间的洁净度等级；ISO-5 级单向流洁净室的风量按气流流过房间截面风速 0.2m/s 计算确定，ISO-8 级非单向流洁净室的风量按 20h^{-1} 的换气次数计算确定；

（2）消除室内余热和余湿所需的风量，用以保证室内的温湿度；

（3）向洁净室内供给的新风量。

4. 回风量

回风量为送风量与新风量的差值。

基于上述的计算原则，得到本案例中各个空调净化房间所需风量，具体见表 5-15。

空调净化房间风量汇总　　　　　　　　　　　　　　　　　　　　　　　表 5-15

房间功能	房间体积 （m^3）	压差换气 次数（h^{-1}）	压差新风量 （m^3/h）	人数	人均新风量 （m^3/h）	人员新风量 （m^3/h）	房间送风量 （m^3/h）
资料加工	178.2	1	178.2	4	40	160	32112
资料保管	226.8	1	226.8	4	40	160	40824
洁净走廊	114.3	2	228.6	1	40	40	2286
材料存放	135.0	2	270	1	40	40	2700
仪器存放	170.6	2	341.2	1	40	40	3412

续表

房间功能	保证新风比的房间新风量 (m³/h)	房间新风量 (m³/h)	房间排风量 (m³/h)	房间回风量 (m³/h)
资料加工	642.3	642.3	464.1	31470
资料保管	816.5	816.5	589.7	40008
洁净走廊	571.5	571.5	342.9	1714.5
材料存放	675.0	675.0	405	2025
仪器存放	853.0	853.0	511.8	2559

5.8.6 净化房间空气的热湿处理分析

对于本案例的净化房间，除需保证洁净度外，还应保证室内温湿度的需求。对此，需要进行空调冷负荷的分析计算。

建筑围护结构、室内散热以及新风所产生的显热和潜热冷负荷的具体计算方法和计算步骤详见本书第 3.1 节，各个净化空调房间负荷的计算结果如表 5-16 所示。

净化空调房间的计算冷负荷　　　　　　　　　　　　　　　　表 5-16

房间名称	围护结构负荷（W）	人体显热负荷（W）	室内照明负荷（W）	设备负荷（W）	显热总负荷（W）	潜热负荷（W）	新风负荷（W）
资料加工	0	619	577	3360	4556	417	4889
资料保管	0	619	2237	714	3570	417	621
洁净走廊	2591	106	94	0	2790	68	4351
材料存放	0	91	417	214	722	45	5138
仪器存放	1002	83	504	409	1998	45	6493

影像资料加工室和保管室的洁净度等级相同，故可将这两个房间设置在同一个空气净化系统中。以下以此空气净化系统为例，分析确定室内空气的热湿处理过程如下：

1. 热湿处理的焓湿图表示

为消除室内余热、余湿所需的风量可由式（5-15）计算得到：

$$G = \frac{Q}{h_N - h_O} = \frac{W}{d_N - d_O}1000 \tag{5-15}$$

式中　G——消除室内余热、余湿所需的风量，m³/h；

　　　Q——房间显热冷负荷，W；

　　　W——房间潜热冷负荷，kg/s；

　h_N，h_O——室内设定状态和送风状态点的焓，kJ/kg；

　d_N，d_O——室内设定状态和送风状态点的含湿量，g/kg。

上式的各个要素中，房间显热和潜热负荷、室内设定状态的焓和含湿量已确定，由 $\varepsilon = \frac{Q}{W}$ 求出热湿比线，由房间室温允许波动范围 ±0.5℃ 确定送风温差为 5℃，再依据 5℃ 的送风温差在热湿比线上确定送风状态点的焓和含湿量，由此可计算得出消除各个房间室内余热、余湿所需的风量。计算得出资料加工室和保管室的风量分别为 3186m³/h 和

2492m³/h。

由表 5-17 可知，资料加工室和保管室的为排除、稀释室内污染物所需的风量分别为 32112m³/h 和 40824m³/h，此风量远大于为消除室内余热、余湿所需的风量。因此，空气净化系统采用二次回风的形式。图 5-11 为二次回风系统热湿处理过程在焓湿图上的表示。

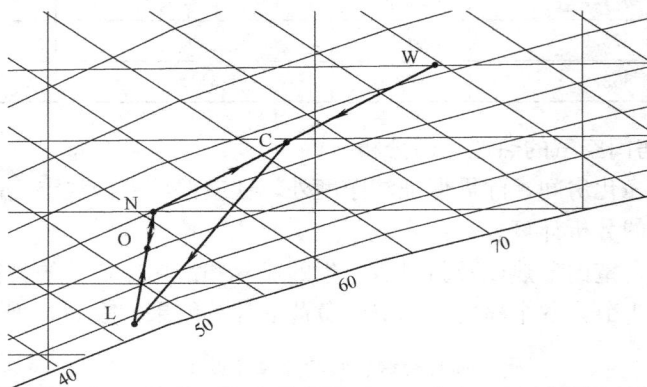

图 5-11　房间二次回风系统热湿处理过程的焓湿图

图 5-12 为各房间二次回风系统热湿处理后实际状态点，其中，N_1、N_2 点分别为校核后资料加工室和资料保管室室内状态点。经计算得，资料加工室室内干球温度为 25.09℃，相对湿度为 59.7%；资料保管室室内干球温度为 24.93℃，相对湿度为 60.2%，均符合设计要求。

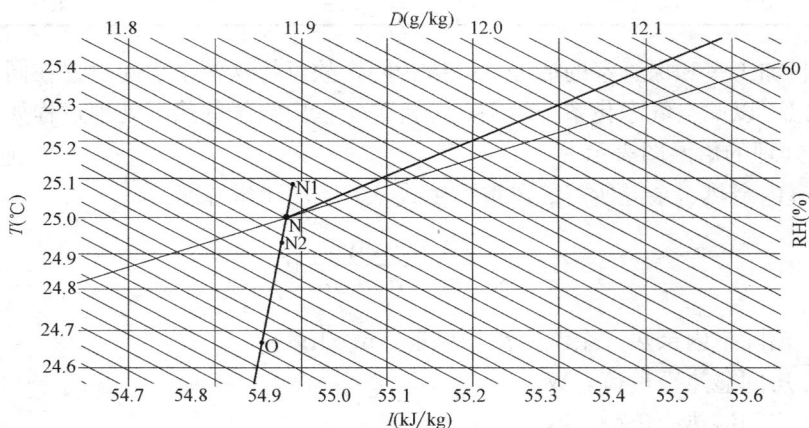

图 5-12　各房间二次回风系统热湿处理后实际状态点

2. 热湿处理参数汇总

（1）系统总风量 G_t

系统总风量 G_t 为排除、稀释影像资料加工室和保管室的室内污染物所需风量之和，根据表 5-17 的数据，计算确定为 72936m³/h。

（2）系统新风量 G_f

系统新风量为影像资料加工室和保管室所需新风量之和，根据表 5-17 的数据，计算确定为 1459m³/h。

（3）通过表冷器或喷淋室的风量 G_L

本案例中，净化空调系统承担影像资料加工室和保管室两个房间的热湿处理，按两个房间的显热和潜热负荷计算出热湿比，并在焓湿图上将该热湿比线延长，与 95% 的相对湿度线相交，得到机器露点 L 点。按照公式 $G_L = \dfrac{Q}{h_N - h_L}$ 计算出通过表冷器或喷淋室的风量为 2964m³/h。

（4）系统二次回风量 G_{r2}

系统二次回风量为系统总风量与通过表冷器或喷淋室风量的差值，为 69890m³/h。

（5）系统一次回风量 G_{r1}

系统一次回风量为通过表冷器或喷淋室的风量与新风量的差值，为 1700m³/h。

（6）新风与一次回风混合后的状态点

根据新风量、一次回风量以及室内和室外状态下的空气焓值和含湿量，按照公式 $i_C = \dfrac{G_{r1}h_N + G_f h_W}{G_{r1} + G_f}$ 计算确定室外新风和一次回风混合后的状态点的焓值为 66.60kJ/kg。

在焓湿图室内和室外空气状态点的连线上，由混合状态空气的焓值确定出新风与一次回风混合后的状态点 C 点。

（7）表冷器或喷淋室的冷量

将新风与一次回风混合后的空气由混合状态点 C 点处理到机器露点 L 点，可按照 $Q = G_L(h_C - h_L)$ 计算得到表冷器或喷淋室的冷量为 20.07kW。

5.8.7 集中式空气净化系统构成及设备选型

1. 集中式空气净化系统构成

本案例中，对洁净度 ISO-5 级的影像资料加工室和保管室采用集中式空气净化系统，该系统主要由空气热湿处理设备，粗效、中效及高效过滤器和送风机构成。其中，集中空气净化系统一次回风的风量设计以满足室内温湿度的要求，二次回风的风量设计以满足净化房间室内洁净度的要求。

此外，本案例的空气净化系统处于间歇运行的状态，系统停止运行后，室外污染空气有可能会很快地通过围护结构缝隙和由新风口经回风道渗入洁净室内。为防止室内空气污染，采用设置值班风机的系统，系统示意图如图 5-3 所示。

2. 过滤器选型

该空气净化系统采用 3 级不同效率的过滤器组合，首先对新风采取一级粗效过滤，然后对过滤后的新风和回风采取二级中效过滤，最后在送风末端对送风进行高效过滤。选择过滤器时考虑的主要指标有：过滤效率、额定风量、过滤器阻力及容尘量。

基于粗效、中效和高效过滤器对于上述 4 个性能指标的要求，再根据其所处理的风量，对于本案例中适用于洁净度 ISO-5 等级的净化空调系统，3 类过滤器的选型分别如下：

（1）粗效过滤器，型号为 YFCX，型号尺寸及相关参数如表 5-17 所示。

粗效过滤器性能参数

表 5-17

型号	宽 (mm)	高 (mm)	厚 (mm)	额定风量 (m³/h)	初阻力 (Pa)	效率(%)(级别) EN779		材　料		
								外框	滤料	防护网
YFCX-001	595	595	46	3200	25	40 计重法	G1	纸 铝合金 镀锌板	G1 级 无纺布	双面喷塑 铁丝网 双面镀锌 铁丝网
YFCX-002	595	595	20	2700						
YFCX-003	595	295	46	1600						
YFCX-004	595	295	20	1300						

　　已计算确定新风量为 1459m³/h，故在其中选取型号为 YFCX-003 的过滤器 1 个。其额定风量为 1600m³/h，过滤器初阻力为 25Pa，计算阻力为 38Pa，对应 5μm 粒径的效率为 40%，生产厂家为广州某净化有限公司。

　　（2）中效过滤器，型号为 YFZX，型号尺寸及相关参数如表 5-18 所示。

中效过滤器性能参数

表 5-18

型号	宽 (mm)	高 (mm)	厚 (mm)	袋数	额定风量 (m³/h)	初阻力 (Pa)	效率(%)(级别) EN779		材　料	
									外框	滤料
YFZX-013	900	595	600	10	4500	50 55 110 120 125	40～50 60～70 80～85 90～95 97～98 (比色法)	F5 F6 F7 F8 F9	铝合金 镀锌板	F5 级 F6 级 F7 级 F8 级 F9 级 (无纺布)
YFZX-014	595	595	600	8	3600					
YFZX-015	595	595	600	6	2700					
YFZX-016	595	295	600	3	1800					
YFZX-017	495	495	600	6	2200					
YFZX-018	495	295	600	3	1100					

　　已计算确定总风量为 72936m³/h，故在其中选取选取型号为 YFZX-013 的过滤器 17 个并联，额定风量为 4500m³/h。过滤器初阻力为 50Pa，计算阻力为 75Pa，对应 1μm 粒径的效率为 60%～70%，生产厂家为广州某净化有限公司。

　　（3）高效过滤器，型号为 YFGX，型号尺寸及相关参数如表 5-19 所示。

高效过滤器性能参数

表 5-19

型号	宽 (mm)	高 (mm)	厚 (mm)	额定风量 (m³/h)	初阻力 (Pa)	效率 (%)		材　料		
							滤料	分隔物	密封胶	外框
YFGX-019	484	484	220	1000	<220	>99.99% 纳焰法	PP 滤纸	玻纤滤纸	铝箔 胶纸板	镀锌板 夹芯木板 不锈钢板 铝合金框
YFGX-019	610	610	150							
YFGX-019	915	610	150	1500						
YFGX-019	630	630	220							
YFGX-019	915	484	220	1800						
YFGX-019	915	630	220	2000						
YFGX-019	1220	630	220	3000						

　　高效过滤器布置在送风系统末端，该系统承担影像资料加工室和资料保管室两个房间的空调净化。影像资料加工室的送风量为 32112m³/h，故选取 11 个 YFGX-025 型过滤器

并联，过滤器额定风量为 3000m³/h，初阻力为 220Pa，计算阻力为 330Pa，效率为 99.99%；影像资料保管室的送风量为 40842m³/h，故选取 14 个 YFGX-025 型过滤器并联，过滤器额定风量为 3000m³/h，初阻力为 220Pa，计算阻力为 330Pa，效率为 99.99%，生产厂家为广州扬帆净化有限公司。

3. 空调机组选型

根据净化空调房间热湿处理所需的风量（露点风量）和冷量来选择空调机组。对于本案例，通过净化空调系统的露点风量为 2964m³/h，空气热湿处理所需冷量为 20.07kW，由此及相关参数选择各空气处理段设备，从而选择一套组合式空调机组。

4. 风机选型

在设计送、回风管网的布置，完成水力计算，确定风管系统沿程和局部阻力后，才可以对风机进行选型。此部分的工作将在最后一小节加以介绍。

5.8.8　空气洁净度计算

1. 送风含尘浓度

按照式（5-16），计算送风含尘浓度如下：

$$N_s \approx M(1-s)(1-\eta_初)(1-\eta_中)(1-\eta_末) \tag{5-16}$$

式中　N_s——送风含尘浓度，PC/L；

　　　M——大气含尘浓度，PC/L，本设计项目地处西安郊区，M 取值为 200000PC/L；

　　　s——回风量与送风量之比，$s=0.98$，见表 5-16 所列；

　　　$\eta_初$——初效过滤器对应 $0.5\mu m$ 小颗粒灰尘的效率，取 15%；

　　　$\eta_中$——中效过滤器对应 $0.5\mu m$ 小颗粒灰尘的效率，取 25%；

　　　$\eta_末$——高效过滤器对应 $0.5\mu m$ 小颗粒灰尘的效率，取 99.99%。

由此，计算得到本案例中净化空调系统的送风含尘浓度为 0.255PC/L。

2. 不均匀分布的空气洁净度计算

考虑污染物粒子在房间内的非均匀分布，由式（5-17）计算确定修正后的室内空气含尘浓度。

$$N = N_s + \psi \frac{60G \times 10^{-3}}{n} \tag{5-17}$$

式中　N——室内空气含尘浓度，PC/L；

　　　n——房间换气次数，h^{-1}；

　　　G——单位容积发尘量，PC/(min·m³)；

　　　ψ——不均匀系数。

不均匀系数 ψ 的取值与房间的气流组织有关，影像资料加工室和保管室的气流组织设计为垂直单向流，下部两侧不均匀回风形式，不均匀分布系数 ψ 取为 0.2。

对于本设计案例，室内尘源为建筑材料和人体，室内人员处于活动的状态，可按式（5-18）计算确定单位时间、单位容积的室内发尘量。

$$G = 0.7 \times \left(5000 + 280000 \frac{P}{F}\right) \tag{5-18}$$

式中　0.7——考虑洁净室管理水平较高时的修正系数；

　　　P——人员数，人；

F——洁净室面积，m^2。

由此，根据净化房间面积和室内人员数可计算确定影像资料加工室和保管室的室内发尘量，具体结果如表 5-20 所示。

净化房间室内发尘量计算结果   表 5-20

房间名称	人员数	房间面积 （m^2）	人体室内停留时间 （min）	室内发尘量 G $[PC/(min \cdot m^3)]$
资料加工室	4	44.6	480	21078.5
资料保管室	4	56.7	480	17327.2

在式（5-18）中各个参数计算确定的情况下，最终得出影像资料加工室和保管室的室内空气含尘浓度分别为 3.06PC/L 和 2.66PC/L。

3. 室内空气洁净度的校核

影像资料加工室和保管室的洁净度等级为 ISO-5 级，其所对应的含尘浓度范围为：粒径不小于 $0.5\mu m$ 的尘粒数应低于 3.5PC/L。

已计算影像资料加工室和保管室对应 $0.5\mu m$ 小颗粒灰尘的含尘浓度分别为 3.06PC/L 和 2.66PC/L，数值上低于 3.5PC/L。因而，本案例中集中空气净化系统的设计可以保证影像资料加工室和保管室所要求的洁净度等级。

5.8.9 风系统设计

净化空调机组处理后的空气经送风管道到送风末端，再经回风管道返回至净化空调机组，同时，部分室内空气由排风管道排至室外，以满足保持洁净房间室内正压的需求。

根据对净化房间气流组织形式的要求及建筑平面布局，对于本案例的集中空气净化系统，确定系统的送风、回风和排风管路平面布置，分别如图 5-13～图 5-15 所示。

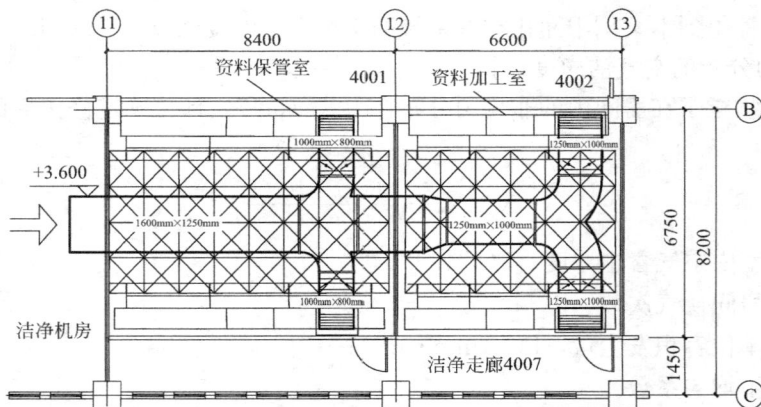

图 5-13 送风管路平面图

对上述的送风、回风和排风管路进行水力计算，确定送风、回风及排风管道的沿程阻力和局部阻力（包含过滤器计算阻力），最后得到管路系统的总阻力为 784Pa，又已知系统的总风量为 72936m^3/h，由此可对风机进行选型。考虑到总风量较大以及适应大范围风量调节的需求，选择两台风机并联。按管路特性曲线和风机性能曲线选择风机，在实际工况下可以满足其扬程要求的额定参数。由此选择风机型号为 4-79 型 10C（E）-830，两台并联，单台额定风量为 36520m^3/h，扬程为 825Pa，满足风管网系统的输配需求。

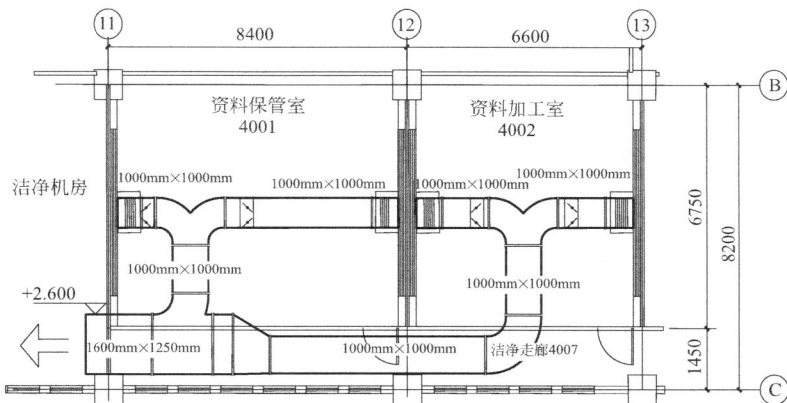

图 5-14 回风管路平面图

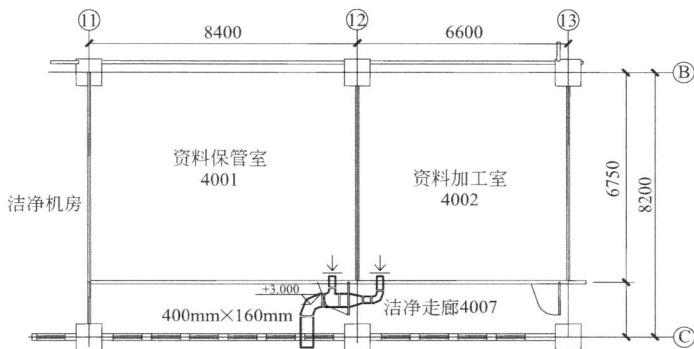

图 5-15 排风管路平面图

本章标准规范

[1] 洁净厂房设计规范. GB 50073—2013. 北京：中国计划出版社，2013.
[2] 医院洁净手术部建筑技术规范，GB 5033—2002. 北京：中国建筑工业出版社，2002.
[3] ISO/TC209. ISO 14644-1. Cleanrooms and Associated Controlled Environments Part1：Classification of Air Cleanliness. Geneva，1999.
[4] 洁净室施工及验收规范，GB 50591—2010. 北京：中国建筑工业出版社，2010.

本章参考文献

[1] 陆亚俊，马最良，邹平华. 暖通空调. 北京：中国建筑工业出版社，2002.
[2] 电子工业部第十设计研究院. 空气调节设计手册. 北京：中国建筑工业出版社，1995.
[3] 涂光备. 洁净室及相关受控环境-理论与实践. 北京：中国建筑工业出版社，2014.
[4] 许钟麟. 空气洁净技术原理. 北京：科学出版社，2003.
[5] 全国勘察设计注册公用设备工程师暖通空调专业考试复习教材. 北京：中国建筑工业出版社，2004.
[6] Wenzhen Lu, Andrew T. Howarth, Nor Adam, Saffa B. Riffat. Modeling and Measurement of Airflow and Aero Particle Distribution in a Ventilated two-zone Chamber. Building and Environment，1996, 31 (5)：417-423.
[7] Jiyang Xia, Dennis Y. C. Loung. A Concentration Correction Scheme for Lagrangian Particle Model and Its Application in Street Canyn Air Dispersion Model. Atmospheric Environment，2001，35：5779-5788.

第6章 冷、热源系统设计

为达到采暖或空调的目的，需要配置相应的冷源或者热源。例如：选择锅炉作为采暖系统热源；选择制冷机组作为空调系统的冷源；或者选择热泵机组作为空调系统的冷热源。

冷热源选择需要综合考虑多方面的因素，在技术可靠、满足系统冷、热量的前提下，系统初投资及今后长期的运转费用是影响决策的重要指标。同时，设备的调节性能、维护管理等因素关系到是否节能、可靠、方便，系统占地面积影响到投资等，所以也是必须考虑的因素。

选择什么形式的冷热源，一般在方案论证阶段即已确定。具体的型号及台数在设计阶段确定。

6.1 冷、热源系统设计的目的与任务，方法与流程，设计成果要求

6.1.1 设计目的与任务

（1）进行建筑环境与能源应用专业相关的基本工程设计技能训练，初步掌握实际工程设计的程序、图纸深度的要求等；树立高度的工作责任感。

（2）掌握冷、热源系统的特点，对于冷、热源系统的分类和结构有一定的了解，熟悉冷、热源系统的设计原则、设计步骤与设计方法。

（3）巩固所学知识，综合和深化基础课、专业课知识，培养分析问题和解决问题的能力，为毕业后从事相关工作打好基础。

6.1.2 设计方法与流程

冷、热源系统的设计包括：冷、热源负荷计算，系统形式的确定，设备的选择与确定等等。设计流程如图6-1所示，详细设计方法请参考本书第6.2节与第6.3节。

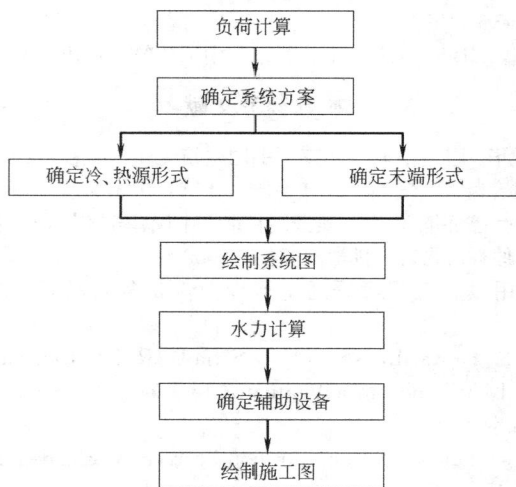

图 6-1 冷、热源系统设计流程

6.1.3 设计成果要求

（1）设计说明书：根据要求的格式编制设计说明书，要求内容完整、叙述清楚。

（2）设计图纸：冷、热源系统的图纸包括：首页（含设计说明和设备材料明细表），冷、热源机房平面布置图，管路布置图，系统原理图等。

6.2 常见冷源系统的特点、设计方法及比较

冷源为系统提供能量主要有两种方式：一种是直接蒸发式；一种是间接冷却式。

直接蒸发式是指制冷系统的蒸发器直接与空气换热，以家用空调为典型代表的窗式空调器、分体式空调器、柜式空调器都是采用这种方式。它们的蒸发器置于室内，直接冷却空气；冷凝器置于室外，向室外空气散热，如图6-2所示。多联机系统也属于这种形式。中央空调系统中由于系统庞大，制冷系统距离用户设备较远，采用直接蒸发式会大大增加制冷系统管路的长度，使系统能耗增加，调节困难，因此大多采用间接冷却式。

间接冷却式是指制冷系统的蒸发器冷却的对象是循环水（冷媒），一般称为空调冷水，利用水泵等设备将冷冻水输送到用户设备，为了保证系统中冷冻水最大限度的利用低温，同时在负荷波动时不冻结，空调冷水供水温度不宜低于5℃，在空调末端设备中空调冷水冷却空气，空调冷水吸收了空气的热量，温度升高，空调冷水供回水温差不应小于5℃；有条件时，宜适当增大供回水温差，空调冷水经循环管路回到蒸发器再次被冷却，如图6-3所示。中央空调系统中典型的用户设备有风机盘管、新风机组、整体式小型空调机组（柜式、卧式、吊顶式等），组合式空调机组等。典型的冷源设备有：活塞式制冷机组、螺杆式制冷机组、离心式制冷机组、溴化锂吸收式制冷机组等。

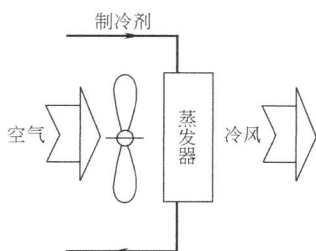

图6-2 直接蒸发

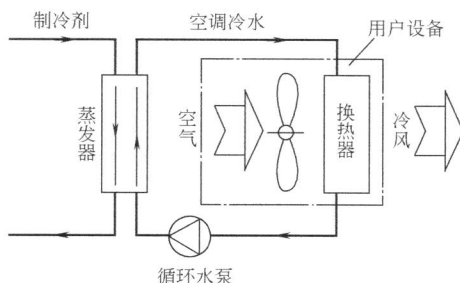

图6-3 间接冷却

6.2.1 常见制冷系统的特点及比较

制冷机组有很多形式，在空调工程中使用的主要有表6-1列出的几种形式。

典型制冷机组的形式 表6-1

制冷原理	主要工作形式	制冷机组	主要能源	适用负荷范围
蒸汽压缩式制冷	回转式	涡旋式机组	电	116kW 以下
		螺杆机组		116kW 至 1758kW
	离心式	离心式机组		1054kW 以上
吸收式制冷	直燃式	单效溴化锂机组	燃油或燃气	230kW 以上
		双效溴化锂机组		
	蒸汽式	单效溴化锂机组	蒸汽或热水	
		双效溴化锂机组	蒸汽	

在电制冷机组中，涡旋式压缩机单机制冷量较小，要适应大负荷的情况必然要增加机组的台数，在管路设计和运行管理上都带来不便，所以适合比较小的负荷。螺杆压缩机单机由于结构特点制冷量不能做得太小，也不能太大，所以比较适合中等负荷。离心机由于结构限制单机制冷最大，很少几台就可以满足大负荷的需要。同样，溴化锂机组由于其结构限制也只能适合大负荷下工作。

根据蒸发器输出冷量的方式和冷凝器被冷却的方式不同，机组又有不同的匹配形式，如图 6-4 及表 6-2 所示。采用冷水系统还是冷风系统，取决于负荷规模。直接输送冷风要求蒸发器与空气直接换热，所以蒸发器换热面积较大，单机不能做得太大；同时，由于空气的密度较低，输送冷风的管道尺寸也就比较大，尤其在大负荷系统中如果直接输送冷风，其管道尺寸非常可观，所以，宁可采用冷水作为中间媒介，达到输送冷量的目的。冷却方式的选择同样与负荷密切相关，风冷式机组不必设冷却水系统，但是由于与空气换热，所以与水冷系统相比其冷凝器面积大得多。同时，由于与空气换热冷凝压力较高，系统的 COP 较低。为了与空气换热，冷凝器必须放在室外，所以要占用较大面积，而在负荷较小时，就体现出优势，节省了冷却水系统。水冷式系统 COP 较高，冷凝器体积小，机组设在室内，但在小负荷的情况下还要增加冷却水系统，其成本和运行管理就没有优势了。

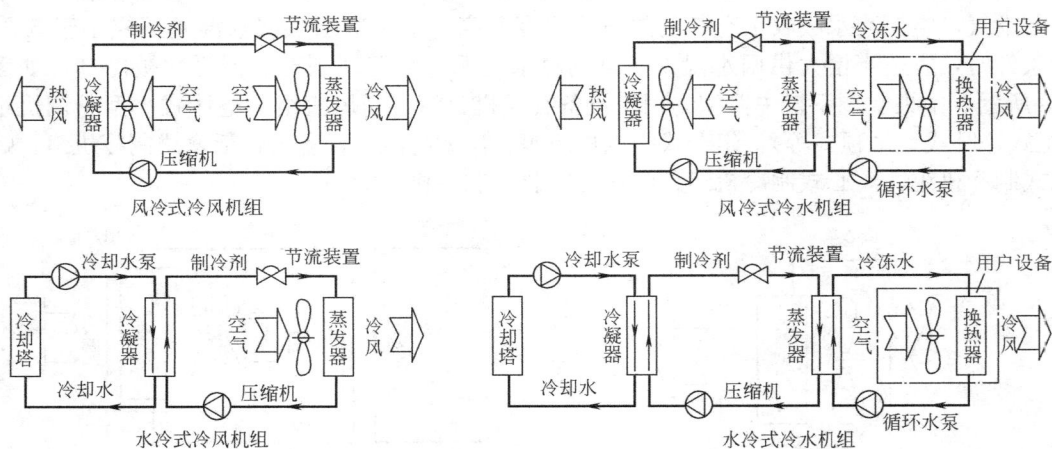

图 6-4 机组的不同匹配形式

机组的不同匹配形式　　　　　　　　　　　　　　　　　　表 6-2

冷凝器冷却方式	蒸发器输出冷量方式	机组名称	与空调系统的关系	一般组合形式
水冷却	冷水	水冷式冷水机组	向空调机组提供冷水	主机设在机房,向室外连接冷却水系统,向室内空调机组提供冷冻水
	冷风	水冷式冷风机组	与空调机组组合在一起	主机与空调机组组合在一起设在机房,向室外连接冷却水系统
空气冷却	冷水	风冷式冷水机组	向空调机组提供冷水	主机设在室外,向室内空调机组提供冷冻水
	冷风	风冷式冷风机组	与空调机组组合在一起	主机设在室外,蒸发器与空调机组组合在一起设在室内

面对这些繁多的形式，如何选择适合工程应用的机组呢？

每一种制冷形式没有绝对的好与坏，适合工程应用、管理方便、节能、环保、节省投资和运行费用才是选择的标准。选择冷源时应遵循下列原则：

（1）空气调节系统的冷源应首先考虑采用天然冷源；无条件采用天然冷源时，可采用人工冷源。

（2）空气调节系统采用人工冷源时，制冷方式的选择应根据建筑物的性质、制冷容量、供水温度、电源、热源和水源等情况，通过技术经济比较确定。民用建筑应采用电动压缩式和溴化锂吸收式制冷。通过技术经济比较合理时，制冷机可选热泵型机组。

（3）制冷机的选择应根据制冷工质的种类、装机容量、运行工况、节能效果、环保安全以及负荷变化情况和运转调节要求等因素确定。

（4）冷水机组的选型应采用名义工况制冷性能系数（COP）较高的产品，并同时考虑满负荷和部分负荷因素，电机驱动压缩机的蒸汽压缩循环冷水（热泵机组），在额定制冷工况和规定条件下，性能系数应符合现行国家标准《公共建筑节能设计标准》GB 50189 的规定，考虑多种因素以及不同压缩方式的技术特点，对制冷性能系数分别作了不同要求：活塞/涡旋式采用第 5 级，水冷离心式采用第 3 级，螺杆机则采用第 4 级。有条件时，鼓励使用《冷水机组能效限定值及能源效率等级》GB 19577—2004 规定的 1、2 级能效的机组（见表 6-3），推荐使用比最低性能系数提高 1 个能效等级的冷水机组。

《冷水机组能效限定值及能源效率等级》GB 19577—2004 　　　　表 6-3

类　型	额定制冷量 CC (kW)	能效等级(COP、W/W)				
		1	2	3	4	5
风冷式或蒸发冷却式	CC≤50	3.20	3.00	2.80	2.60	2.40
	50<CC	3.40	3.20	3.00	2.80	2.60
水冷式	CC≤528	5.00	4.70	4.40	4.10	3.80
	528<CC≤1163	5.50	5.10	4.70	4.30	4.00
	1163<CC	6.10	5.60	5.10	4.60	4.20

由于溴化锂冷水机组以消耗热能作代价达到制冷目的的，所以它的耗电量很小（仅为压缩式的 2%左右），但它的单位制冷量的热耗较大，即其性能系数比较小，国内目前的最高值也仅为 1.2 左右，而压缩式机组则在 3.5 以上。故溴化锂机组只是少用电，并不能节能。所以这种机组的最佳使用条件是有余热、废热的场合或缺电地区，它的发展不可能取代压缩式制冷，而只能相应发展。

标准的单效溴化锂吸收式制冷机，一般以 0.1MPa（表压）左右的低压蒸汽或 100℃左右的热水作为驱动热源。由于蒸汽单效机的能效比在 0.60～0.75 之间，比双效机低（双效机为 1.0～1.23），因此只有在无法获得驱动双效机的热源（一般为 0.4～0.8MPa 表压蒸汽），而只有上述低压蒸汽或热水的场合，才采用单效机。

对于热水型溴化锂冷水机组，通常遇到的热水温度低于 100℃，冷却水温度≥31℃。在这种情况下，制取＜10℃的冷水是不合适的。若实际情况下只有≤95℃的热水作热源，那么冷水机组只能提供≥10℃的空调冷水。若要求热水型冷水机组提供 7℃的空调冷水，则热水温度不应低于 100℃。另外，对于低温热水型机组，其性能系数是很低的，只有普通蒸汽单效机的一半左右（0.35 左右）且冷却水量也较大（见表 6-4）。所以在可能的情况下，尽量不选用低温热水型机组。

典型溴化锂制冷机组的性能参数 表 6-4

机 型	低温热水型 （95/85℃）	蒸汽单效型 （0.1MPa 表压）	蒸汽双效型 （0.6MPa 表压）
性能系数	0.71～0.65	0.66～0.40	1.13～1.03

这里要注意，制冷机组的节能并不代表空调系统一定节能，因为系统里还有风机、水泵等要消耗大量电能，它们取决于系统的阻力特性，需要计算循环水泵的耗电输冷（热）比。

$$EC(H)R = 0.003096 \sum (G \cdot H/\eta_b)/\sum Q \leqslant A(B + \alpha \sum L)/\Delta T \tag{6-1}$$

式中 $EC(H)R$——循环水泵的耗电输冷（热）比；

G——每台运行水泵的设计流量，m^3/h；

H——每台运行水泵对应的设计扬程，m；

η_b——每台运行水泵对应设计工况点的效率；

Q——设计冷热负荷，kW；

ΔT——规定的计算供回水温差，℃；

A——与水泵流量有关的计算系数；

B——与机房及用户的水阻力有关的计算系数；

α——与 $\sum L$ 有关的计算系数；

$\sum L$——从冷热机房至该系统最远用户的供回水管道的总输送长度，m。

6.2.2 制冷系统设计方法

制冷机组及其辅助设备的选择设计的基本设计步骤及其主要设计程序如下：

1. 家用空调选择设计的基本设计步骤及其主要设计程序

家用空调是住宅中应用最为广泛的空调设备，主要类型有：窗式空调、分体空调等。窗式空调的特点主要是：造价低，制冷剂不容易泄漏，当设置有新风装置时可以提高室内空气品质，但是机组噪声对室内影响较大。分体空调主要特点是：室内噪声较小，室内机布置比较灵活，尤其采用一拖多的形式时可以减少室外机数量。

近年来压缩机变频技术已广泛应用在家用空调设备上，采用压缩机变频技术的家用空调可以大大降低室内温度波动，降低能耗。

家用空调的选择比较简单，首先进行负荷计算，然后根据计算结果选择与负荷相匹配的空调机组就可以了。家用空调的负荷计算一般为估算，方法主要是单位面积指标，其指标根据空调地区的室外气象条件、住宅的保温特性等略有不同。公寓、住宅一般为 80～90W/m^2，其他常见的空调形式如"户式空调"及"VRV"等均可划入"中央空调"系统形式。

2. 中央空调选择设计的基本设计步骤及其主要设计程序

第一步：冷负荷计算。根据规范对建筑的热湿负荷进行计算（详见第 3 章）。

第二步：确定系统形式。确定制冷机组冷凝器的冷却方式和蒸发器输出冷量的方式。

第三步：选择制冷机组。根据确定的制冷机组形式和建筑负荷选定制冷机组。

第四步：选择空气处理设备：选择风机盘管、新风机组、组合式空调机组等（详见第3章）。

第五步：绘制系统图，包括制冷机组及辅助设备的完整的系统图。

第六步：水力计算。在室内系统最不利环路水利计算的基础上计入制冷机组及辅助设备的阻力。

第七步：确定辅助设备的参数，选定水泵等辅助设备。

第八步：绘制施工图，完成施工图。

3. 冷负荷计算

（1）冷源的选配基于空调冷负荷计算。规范规定：空气调节区的夏季冷负荷，应按各项逐时冷负荷的综合最大值确定。

（2）根据建筑的空调面积和房间功能进行空调热湿负荷计算及新风负荷计算（详见第3章）。

（3）统计建筑空调总冷负荷。根据建筑空调总冷负荷确定制冷机组容量。

（4）电动压缩式冷水机组的总装机容量，应根据计算的空调系统冷负荷值直接选定，不另作附加；在设计条件下，当机组的规格不能符合计算冷负荷的要求时，所选择机组的总装机容量与计算冷负荷的比值不得超过1.1。

4. 确定系统形式

中央空调系统形式的选择决定了制冷机组输出冷量的形式。

根据负荷特点以及当地的气象条件、技术经济分析等选取冷源的匹配形式。也就是在水冷式冷水机组、水冷式冷风机组、风冷式冷水机组、风冷式冷风机组几种形式中作出选择。

5. 选择制冷机组

根据确定的系统形式以及负荷选择相应功能的制冷机组。

选择制冷机组时还要考虑以下几点：

（1）冷水机组铭牌上的制冷量和耗功率，或样本技术性能表中的制冷量和耗功率是机组名义工况下的制冷量和耗功率，只能作冷水机组初选时参考。冷水机组在设计工况或使用工况下的制冷量和耗功率应根据设计工况或使用工况（主要指冷水出水温度、冷却水进水温度。）按机组变工况性能表、变工况性能曲线或变工况性能修正系数来确定。

（2）由于实际工程中的水质与机组标准工况所规定的水质可能存在区别，而结垢对机组性能的影响很大。目前，冷水机组产品标准对冷水侧和冷却水侧的污垢系数做出了规定，其数值与美国空调制冷协会的 ARI 550/590—1998 标准相一致，即机组冷水侧的污垢系数为 $0.0176m^2 \cdot ℃/kW$，冷却水侧的污垢系数为 $0.044m^2 \cdot ℃/kW$。当实际使用的水质与标准工况下所规定的水质条件不一致时，应进行修正。一般来说，机组运行保养较好时，水质条件较好，修正系数可以忽略；当设计时预计到机组的运行保养可能不及时或水质较差等不利因素时，宜采用合理的污垢系数对供冷（热）量进行修正。

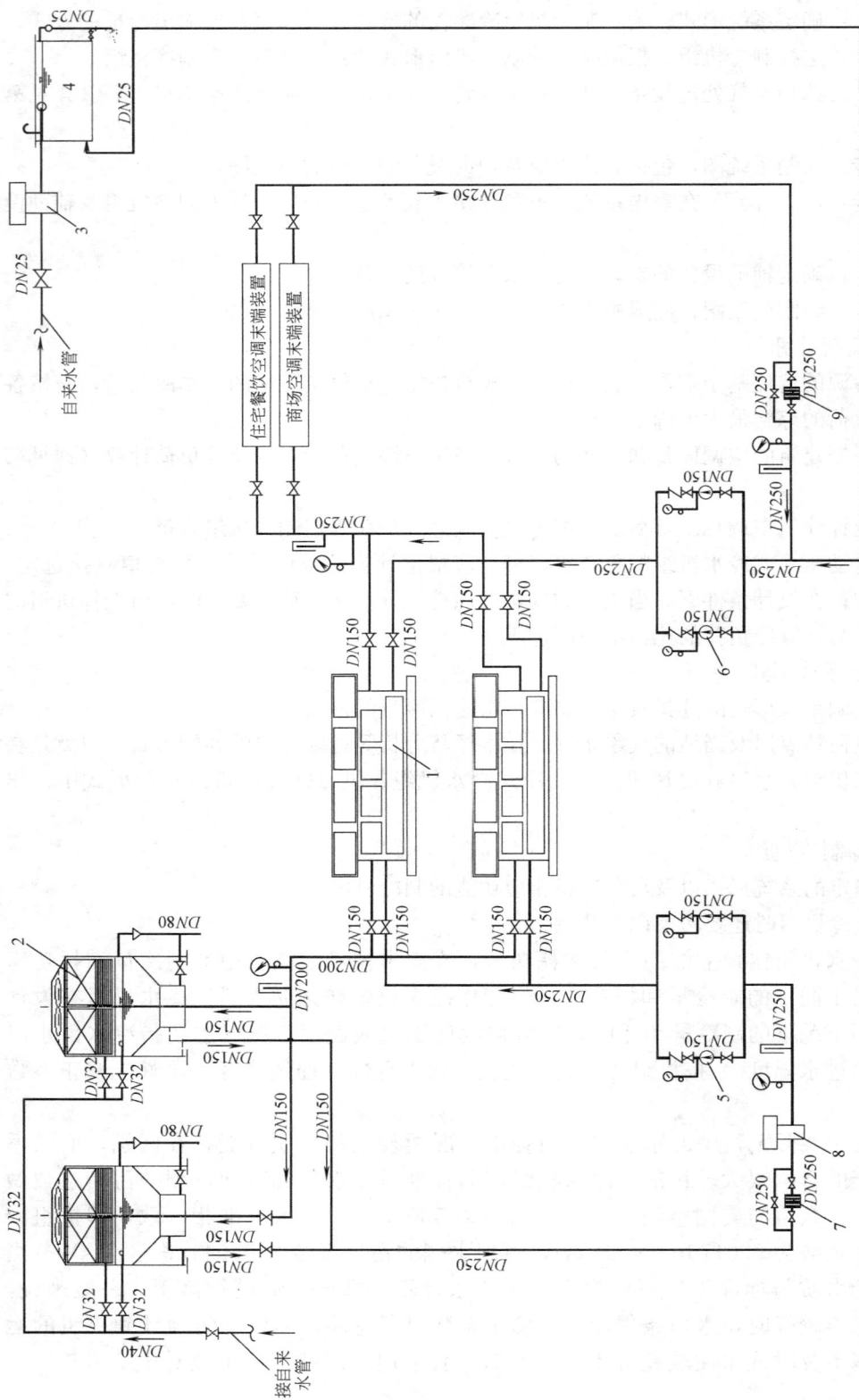

图 6-5　水冷螺杆机组水系统流程图

1—水冷式螺杆压缩机冷水机组；2—冷却塔；3—空调冷水系统电子水处理仪；4—补水箱；5—冷却水泵；6—空调冷水泵；7—冷却水系统过滤器；8—冷却水系统电子水处理仪；9—空调冷水系统过滤器

（3）选择制冷机时，台数不宜过多，一般为2～4台，不考虑备用；多机头制冷机可以选用单台。制冷主机台数可根据建筑业主和建筑所备机房情况进行确定。

冷水机组台数选择应按工程大小，负荷变化规律及部分负荷运行的调节要求来确定。当空气调节冷负荷大于528kW时，不宜少于2台。大工程台数也不宜过多。为保证运转的安全可靠性，当小型工程仅设1台时，应选用调节性能优良、运行可靠的机型，如选择多台压缩机分路联控的机组，即多机头联控型机组。

当采用多个相同型号制冷机时，单机容量调节下限的产冷量大于建筑物的最小负荷时，应选一台小型制冷机来适应低负荷的需要。

并联的冷水机组至少应选一台节能显著（特别是部分负荷）、自动化程度高、调节性能好的冷水机组。

（4）制冷装置和冷水系统的冷损失应根据计算确定：

氟利昂直接蒸发式系统　　　　　　　　5%～10%；

间接式系统　　　　　　　　　　　　　10%～15%。

（5）制冷机房的位置应靠近空气调节负荷中心。

一般应充分利用建筑物的地下室，对于超高层建筑。也可设在设备层或屋顶上。

由于条件所限不宜设在地下室时，也可设在裙房中或与主建筑分开独立设置。

当有合适的蒸汽热源时，宜用汽轮机驱动的离心制冷机，其排气作为吸收机的热源，使离心制冷机与溴化锂吸收制冷机联合运行，提高能源的利用率。

6. 选择空气处理机组

详见第3章。

7. 绘制系统图

水冷式冷（热）水机组水系统流程图如图6-5所示。

8. 水力计算

室内系统水力计算详见第3章。

在室内系统最不利环路水利计算的基础上计入制冷机组及辅助设备的阻力，作为选择水泵的依据。

9. 绘制施工图

6.3　常见供热系统的特点、设计方法及比较

热源为系统提供能量，在民用建筑中输送热量一般以水作热媒，热媒从热源获得热量。热源以城市热电厂和集中锅炉房产生的热水或蒸汽为主，典型设备有：燃煤锅炉、燃油锅炉、燃气锅炉、电锅炉等。燃料主要是煤、石油、天然气、人工煤气、电等。当系统规模较大时，为了降低输送热媒的能耗和投资，从锅炉房送出的是温度较高的一次热媒，经过换热站交换为温度较低的二次热媒供用户使用。

6.3.1　常见供热系统热源的形式、特点及比较

普通小区住宅一般开发商只考虑供暖，高档小区及公用建筑一般要同时考虑冬季供暖和夏季空调。这时就要考虑冬季采暖的方式和热源。

单独供暖一般有以下几种方式可供选择：利用市政热力管道直接或间接供热、自建锅

炉房、水源热泵供热、各户独立供暖。

公共建筑和居住建筑的热源应根据本地区或部门的总体规划，优先使用城市热网或区域锅炉房的集中供热，不具备条件时，可建独立锅炉房。

利用市政热力管道一般新建小区很难做到，但在有条件的地区应优先考虑。利用市政热力管道一般要设置换热站。

自建锅炉房需要考虑燃料问题，民用锅炉房宜首选清洁能。选择燃油或燃气锅炉作为热源，要求建设独立的锅炉房，以保证防火防爆的安全要求。燃油、燃煤锅炉房要考虑燃料存放问题，而且油价的上涨是不可逆转的。燃气要建设输送管道，但一般这不是主要问题，因为各户居民也要使用燃气。电采暖锅炉也是一种选择，需要与供电部门协调容量问题。

常见供热方案的比较见表 6-5。

供热方案比较　　　　　　　　　　　　　　　　表 6-5

	城市或区域集中供热	独立锅炉房集中供热	家用采暖炉独立供暖
热源建设费用	低	高	无
热源设备投资	低	低	高
一次管网投资	有	无	无
二次管网投资	有，基本相同		无
室内系统投资	基本相同		
管理费用	基本相同		低于前者
设备寿命	基本相同		低于前者
系统热损失	大	较大	无
热源效率	基本相同		低于前者
可调节性	差	较差	好

锅炉的选择主要根据采暖系统要求的参数，一般只为建筑采暖设置的锅炉应优先选择热水锅炉，其安全性要比蒸汽锅炉好得多。

各户独立供暖也有多种方式，如电热膜采暖、电热炉采暖、燃气炉采暖、水环热泵采暖等。由于直接用电或燃气实现各户独立供暖成本和运行费用较高，在此不对其进行比较。

热源设备性能及选型计算：

1. 热源设备类型

民用建筑采暖主要采用热水为热媒。供水温度一般为 75℃，为尽量提高换热效率，使散热器平均温度较高，回水温度一般为 50℃。

在中央空调承担冬季供热时，同样广泛使用热水。首先，热水在使用的安全性方面比较好，其次，热水与空调冷水的性质基本相同，传热比较稳定。在空调系统中，许多时候采用冷、热盘管合用的方式（即常说的两管制），可以减少空调机组及系统的造价，同时也给运行管理及维护带来了一定的方便。

热源主要分为两大类：

（1）电热水锅炉

电热水锅炉的优点是使用方便，清洁卫生，无排放物，安全，无燃烧爆炸危险，自动控制水温，可无人值守。但其使用目前受到《公共建筑节能设计标准》GB 50189—2005的限制。除了符合下列情况之一外，不得采用电热锅炉、电热水器作为直接采暖和空气调节系统的热源：

1）电力充足、供电政策支持和电价优惠地区的建筑；

2）以供冷为主，采暖负荷较小且无法利用热泵提供热源的建筑；

3）无集中供热与燃气源，用煤、油等燃料受到环保或消防严格限制的建筑；

4）夜间可利用低谷电进行蓄热且蓄热电锅炉不在日间用电高峰和平段时间启用的建筑；

5）利用可再生能源发电地区的建筑；

6）内、外区合一的变风量系统中需要对局部外区进行加热的建筑。

（2）燃料热水锅炉

燃气、燃油、燃煤热水锅炉的初投资比电热水锅炉略高，但运行费用低。其缺点主要是：第一，安全性差，特别是燃气锅炉。燃气的泄漏会造成工作人员中毒，遇明火会产生燃烧爆炸，因此，燃气锅炉应有单独房间与用电设备，如水泵分隔开，并应有良好的通风供燃气燃烧和稀释机房空气中的燃气浓度。同时还应设泄漏报警器和气体灭火装置。运行中还应有人员值守。第二，燃气、燃油、燃煤热水锅炉有 170～180℃ 以上的高温排烟，需建筑考虑排烟竖井，从合适的地方排烟至室外。燃气、燃油热水锅炉的额定热效率不应低于89%。

燃气、燃油、燃煤热水锅炉房单台锅炉的容量，应确保在最大热负荷和低谷热负荷时都能高效运行。

锅炉台数不宜少于 2 台，当中、小型建筑设置 1 台锅炉能满足热负荷和检修需要时，可设 1 台。

燃煤锅炉除上述问题外，还有燃料储存、输送以及除灰、储灰、烟气除尘脱硫等诸多问题。

2. 换热站

集中供热系统规模较大时，为了减少热媒输送环节的能耗，减小管径，降低投资，一般用高温水或蒸汽作为一次热媒，在送到最终用户之前通过换热站交换为二次热媒，然后送至用户。换热站只有热交换设备，没有锅炉。

6.3.2 热源系统设计方法

第一步：热负荷计算。根据规范计算建筑热负荷，详见第 2 章。

第二步：确定系统形式。确定自建锅炉房或是有条件作换热站。

第三步：选择热源形式。确定燃料类型，锅炉台数。

第四步：选择用户设备，详见第 2 章。

第五步：绘制系统图。绘制包括热源及其辅助设备的系统原理图。

第六步：水力计算。在室内最不利环路水利计算的基础上计入锅炉及其辅助设备的阻力。

第七步：确定辅助设备的参数，详见本章第 6.5 节。

第八步：绘制施工图。

1. 热负荷计算

根据规范计算建筑热负荷，在此基础上，计算锅炉的设计容量。

锅炉的设计容量：　$Q=K(k_1Q_1+k_2Q_2+k_3Q_3+k_4Q_4+k_5Q_5)$　(6-2)

式中　　　　　Q——锅炉房设计热负荷，t/h（蒸气炉）或 MW（热水炉）；

　　　　　　　K——室外热网热损失修正系数，见表6-6；

Q_1、Q_2、Q_3、Q_4、Q_5——分别为采暖空调、通风、生产、生活及锅炉房自用热负荷；

k_1、k_2、k_3、k_4、k_5——分别为上述相应负荷的同时使用系数，见表6-7。

室外热网热损失修正系数　　表6-6

	蒸汽管道	热水管道
架空敷设	1.10~1.15	1.10~1.12
地沟敷设	1.10~1.12	1.05~1.08
直埋敷设	1.12~1.15	1.02~1.06

同时使用系数　　表6-7

同时使用系数	k_1	k_2	k_3	k_4	k_5
推荐取值	1.0	0.7~0.9	0.7~1.0	0.7~1.0	0.8~1.0

2. 确定系统形式

根据国家规范，有条件时应首先利用城市或区域集中供热，因此，换热站应作为首选。当不具备条件时，建独立锅炉房。

民用锅炉房宜首选清洁燃料。燃气优先于燃油，燃油优先于燃煤。至于电锅炉，要根据当地的政策以及技术经济比较确定。

3. 选择热源形式

（1）热水锅炉

用于民用建筑采暖的独立锅炉房应选择热水锅炉。

用于空调冬季供暖的独立锅炉房，同样为热水锅炉。但是，热水的供水温度与空调设备使用的性质及工程地点有一定的关系。目前空调设备大致有两类：一类是用于全空气系统的空调机组，包括新风空调机组；另一类就是用于空气-水系统中的风机盘管机组。从这两类机组的结构上看，前者通常能承受较高的热水温度，而后者因其结构紧凑，加上安装位置所限，散热能力是有限的。水温过高时，其机组内部温度有可能过高，对内部元器件，如电机等会产生一定的影响。因此，一般来说，空调机组可采用较高的热水供、回水温度（95/70℃）；而风机盘管机组则采用较低的热水供、回水温度（60/50℃）。现有风机盘管通常的供热能力也都是以供水温度60℃为标准工况进行测试的。虽然也有一些厂商开发了用于高温热水的风机盘管，但实际工程中应用较为少见。

工程所在地区的地理位置也与热水温度有关，尤其是对于处理新风的空调机组而言，过低的热水温度对于寒冷地区空调机组内的盘管有发生冻裂的危险，这是应值得重视的。

这种情况下可采用不同温度的热水分别用于空调机组和风机盘管，但这样做的结果是使设计变得复杂化，系统初投资增大，对施工和管理维护都会带来一些困难。就目前的实际情况来看，华北及其以南的大部分地区，风机盘管与空调机组采用同一热水温度，即以风机盘管的适应性来决定水温是完全可行的。

经常在一个设计中，既有采暖用户，也有空调冬季供热用户，两者要求的供水温度不一致，这时，可以通过增加一级换热来解决，如图6-6所示。

（2）系统连接方式

热水锅炉，无论是用电还是燃气、燃油及燃煤，都有承压和常压之分。

1）承压热水锅炉：即能承受一定的静水压力，如0.8MPa、1MPa等。承压热水锅炉连接简单，可直接与冷水机组并联，供热供冷通过阀门开关进行转换。当热水温度低于80℃时，冷水、热水可用同一台泵；当热水温度高于80℃时，应用热水泵。但建议在机房位置许可时，即便热水温度低于80℃，冬季供热时最好采用热水泵。一是因为热水的流量与冷水不一致，可以减少电耗；二是热水泵有排气设施，水泵不易产生气蚀。

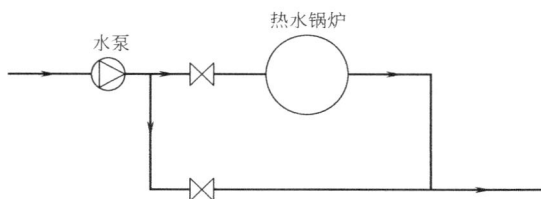

燃气热水锅炉的管路连接方法如图6-7所示。

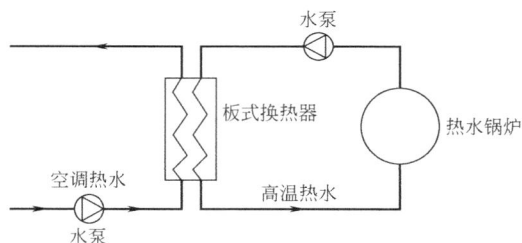

图6-6 空调用热水的获取　　　　图6-7 燃气热水锅炉的管路连接方法

2）常压热水锅炉：即锅炉不能承压。当空调水系统是闭式循环时，采用常压热水锅炉就要通过板式换热器与空调水系统相连。

板式换热器与其他形式的换热器比较有许多优点：① 结构紧凑，传热面积大，重量轻，尺寸小，占地面积小。② 内部合理的流道设计加强了流体扰动，因此，传热效率大幅度提高。水—水换热时的传热系数可达 3500~4000W/(m² · ℃)。③ 很小的传热温差即可传递很大的热量，故特别适用于一、二次热媒温度相差不大的场合。不光是空调热水，也可用于空调冷水的热交换上。④ 扰流状态使结垢速度减慢。维护管理简单，检修时可拆下清洗。⑤ 组合灵活。如果负荷条件与原设计不同时，可增减传热板数来满足新要求的工况。⑥ 承受的工作压力比较高，对高层民用建筑的使用是非常有利的。

但要注意，板式换热器板间距小，要求水质好。另外，安装的要求相对较高，尤其是板片组合，密封垫片与板的配合要准确，否则易发生漏水。

4. 选择用户设备

详见第2章。

5. 绘制系统图

绘制包括热源及其辅助设备的系统原理图。

6. 水力计算

在室内最不利环路水利计算的基础上计入锅炉及其辅助设备的阻力，以此作为选择循环水泵的基本参数。

7. 绘制施工图

6.4　冷、热源一体化设备

6.4.1　土壤源热泵系统

6.4.1.1　土壤源热泵的基本原理及主要特点

1. 基本原理

传统的空调系统通常需分别设置冷源（制冷机）和热源（锅炉），而热泵能够实现夏季供冷和冬季供热两种工况。热泵（制冷机）是通过做功使热量从温度低的介质流向温度高的介质的装置，热泵与制冷机的工作原理是完全相同的，如果以得到高温热量为目的，一般称为热泵，反之则称为制冷机。

土壤源热泵是以土壤为热源或冷源对建筑进行空调的技术。冬季以土壤为热源，通过土壤换热器，将土壤热"取"出来用于采暖或热水供应；夏季以土壤为冷源，将室内的热量提取后释放到土壤中去。土壤源热泵系统的工作原理如图 6-8 所示。土壤源热泵空调系统是一种使用可再生能源的高效节能、环保型的系统[1,2]，已经越来越引起各国的重视，它广泛应用于宾馆酒店、医院、学校等需要热和冷的场合。

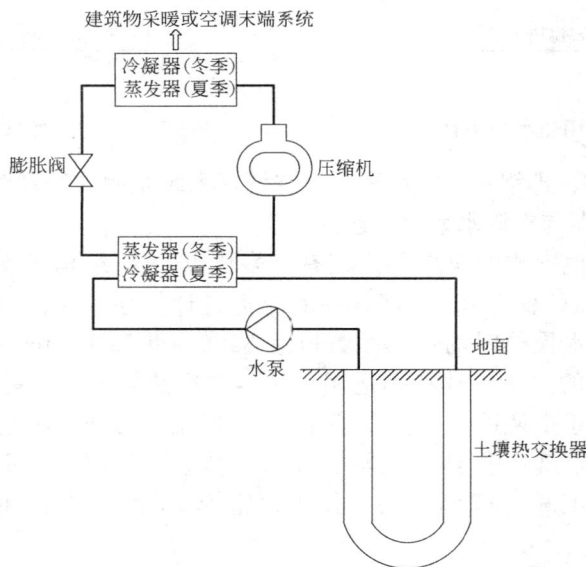

图 6-8　土壤源热泵系统工作原理图

土壤源热泵空调系统主要分三部分：室外土壤热交换器、热泵机组和建筑物采暖或空调末端系统，如图 6-9 所示。通过中间介质（通常为水或者防冻液）作为热载体，使中间介质在土壤热交换器中循环流动，从而实现与土壤进行热交换的目的，而建筑物采暖空调

图 6-9 土壤源热泵空调系统的基本构成

末端的换热介质可以是水或空气。

2. 主要特点

土壤作为热"源"或热"汇"，一机多用，可以全部或部分取代传统空调系统中的冷却塔和锅炉，以减少对环境的"热污染"和空气污染。同时，由于土壤源热泵空调系统没有室外设施，节省建筑空间，对建筑物的外观无影响。因此，这一技术特别适用于景观性建筑、古建筑以及难以设置冷却塔的空调项目，有利于保护这些建筑的立面及周边环境不被破坏，解决无处设置冷却塔或锅炉房的问题。

一定深度的土壤的温度全年波动较小，加上土壤对地表空气温度的波动具有延迟和衰减，因此，土壤源热泵同空气源热泵相比，主要有以下优点：

(1) 全年温度波动小。冬季温度比空气温度高，夏季比空气温度低，冬暖夏凉。因此土壤源热泵的制热、制冷系数要高于空气源热泵，一般可高于 40%，因此可节能和节省费用 40% 左右。

(2) 冬季运行不需要除霜，减少了结霜和除霜的损失。

(3) 在冷热联供全年空调时，大地作为蓄能体，将夏天蓄积的热量用以冬季供暖，冬季蓄积的冷量用以夏季空调，充分利用可再生季节蓄能更能有效地节约电能，进一步提高了空调系统全年的能源利用效率。因此，它是实现可持续发展的绿色建筑的有效技术之一。但是，土壤的传热性能欠佳，且土壤受热干燥后，其导热能力显著下降，故需要较大的传热面积，导致占地面积较大。

6.4.1.2 土壤源热泵空调系统设计

1. 建筑物冷热负荷计算

建筑物冷热负荷计算与常规空调系统冷热负荷计算方法相同，可参考有关空调系统设计部分，在此不再赘述。

2. 选定热泵机组

根据建筑物冷热负荷选择热泵机组，其选定方法可参考有关冷热源部分，在此不再赘述。

3. 冬夏季地下换热量计算

冬夏季地下换热量分别是指夏季向土壤排放的热量和冬季从土壤吸收的热量。可以由下述公式[3]计算：

$$Q_1' = Q_1 \times \left(1 + \frac{1}{COP_1} \right) \tag{6-3}$$

$$Q_2' = Q_2 \times \left(1 + \frac{1}{COP_2} \right) \tag{6-4}$$

式中 Q_1'——夏季向土壤排放的热量，kW；

      Q_1——夏季设计总冷负荷，kW；

Q_2'——冬季从土壤吸收的热量，kW；

Q_2——冬季设计总热负荷，kW；

COP_1——设计工况下水源热泵机组的制冷系数；

COP_2——设计工况下水源热泵机组的供热系数。

说明：对于冷负荷大，热负荷低的地区，夏季适合联合使用地源和冷却塔，冬季只使用地源；而对于热负荷大，冷负荷低的地区，冬季适合联合使用地源和锅炉，夏季只使用地源。这样可减少地源的容量和尺寸，节省投资，尤其适用于改造工程[4]。

4. 土壤热交换器设计

土壤源热泵与其他热泵系统的主要不同点在于系统中设置了土壤热交换器。土壤热交换器设计是否合理直接影响到热泵的性能和运行的经济性。因此，土壤热交换器是土壤源热泵空调系统设计的核心内容。土壤热交换器的设计主要包括：土壤热交换器结构设计以及管路的连接方式，土壤热交换器长度的确定等。

（1）结构设计以及管路的连接方式

根据冬夏季土壤热交换器在地下的吸热量或放热量，确定土壤热交换器的布置方式。土壤热交换器的形式主要有水平埋管和竖直埋管两种。

水平埋管形式是在地面开 1～2m 深的沟，每个沟中埋设 2、4 或 6 根聚乙烯（PE）或聚丁烯（PB）塑料管，但无论任何情况均应埋在当地冰冻线以下，水平埋管主要有单沟单管、单沟双管、单沟二层双管、单沟二层四管、单沟二层六管等形式，如图 6-10 和图 6-11 所示。由于多层埋管的下层管处于一个较稳定的温度场，换热效率好于单层，而且占地面积较少，在实际使用中，往往是单层与多层互相搭配。当室内负荷比较小时，土壤换热器长度比较短，采用单回路管子即可；当室内负荷比较大时，土壤换热器长度比较长时，可以采用串联式或并联式管路。

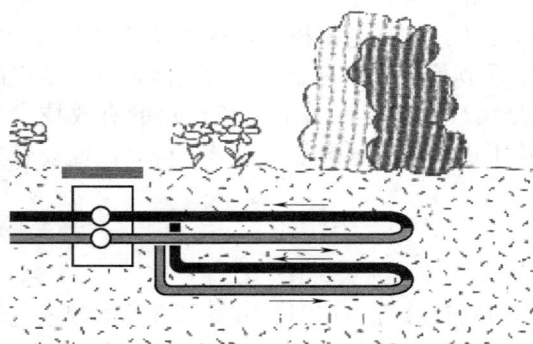

图 6-10　单沟二层双管水平埋管

竖直埋管的形式是在地层中钻直径为 0.1～0.15m 的钻孔，钻孔的深度通常为 10～200m，按埋设深度不同分为浅埋（≤30m）、中埋（31～80m）和深埋（＞80m）。目前使用最多的是在钻孔中设置 1 组（单 U 形管）、2 组（双 U 形管）和简单套管，如图 6-12 和图 6-13 所示，然后用灌井材料填实。

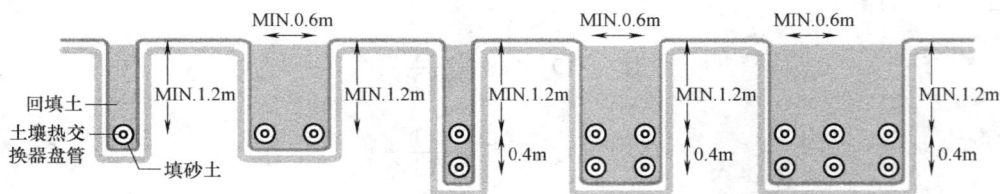

图 6-11　水平埋管管路布置形式

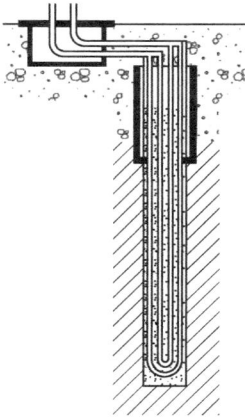

图 6-12 双 U 形垂直埋管

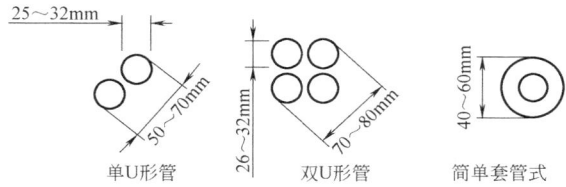

图 6-13 垂直埋管管路布置形式

现场可用的地表面积是选择地热换热器形式的决定性因素。尽管水平布置通常是浅层埋管，可采用人工挖掘，初投资一般会低一些，但它的换热性能比竖埋管小很多，并且往往受可利用土地面积的限制，故在建筑物周围有充足的可以利用的场地时，可以考虑用水平环路，当建筑物周围场地面积受限制时，垂直的回路是理想的选择。同时由于水平埋管受地面温度影响大，地下岩土冬夏热平衡好，因此更适用于单季使用的情况。

（2）埋管长度

土壤热交换器的长度直接影响到热泵机组的性能和系统的初投资，因此合理确定土壤热交换器的长度是土壤源热泵系统经济运行的关键。

目前，确定土壤热交换器长度有两种方法：一是估算法；二是计算机模拟法。所谓估算法就是首先根据冬夏季土壤热交换器在地下的吸热量或放热量，确定地热换热器的布置方式，再利用管材"换热能力"来计算管长。

换热能力即单位埋管深度（垂直埋管）或单位管长（水平埋管）的换热量，一般垂直埋管为 70～110W/m（井深），或35～55W/m（管长），水平埋管为 20～40W/m（管长）[2]。设置土壤热交换器的主要费用是钻孔的费用。因此，正确设计地热换热器埋管的长度对于保证系统的性能和经济性十分重要。由于影响因素很多，数学模型复杂，国内外已开发了一些土壤热交换器设计计算软件，可以避免盲目估算带来的失误。其中地下岩土的热物性对传热能力的影响很大，建议采用现场实测的方法确定地下岩土的热物性。

5. 水力计算

（1）埋管内工作流体。南方：多采用水；北方：使用防冻液。

（2）管内流速（流量）。管内流速控制在 1.22m/s 以下，对更大管径的管道，管内流速控制在 2.44m/s 以下或一般把各管段压力损失控制在4mH₂O/100m 当量长度以下[1]。

（3）管道压力损失计算。与常规空调系统计算方法相同，可参考有关空调系统设计部分，在此不再赘述。

（4）水泵选型。与常规空调系统计算方法相同，可参考有关空调系统设计部分，在此不再赘述。

（5）管材承压能力校核。与常规空调系统计算方法相同，可参考有关空调系统设计部分，在此不再赘述。

6.4.2 地下水源热泵空调系统

6.4.2.1 系统工作原理

地下水源热泵空调系统是一种利用地下浅层地热资源（地下水）的、既可供热又可制冷的高效节能空调系统。通过向系统输入少量的高品位能源（如电能），即可实现低温热能向高温热能的转移。地下水在冬季作为热泵空调系统供暖的热源，把地能中的热量"取"出来，提高温度后，供给室内采暖；而在夏季作为热泵空调系统供冷的冷却源，把室内多余的热量取出来，释放到地能中去。地下水源热泵空调系统的组成如图 6-14 所示。

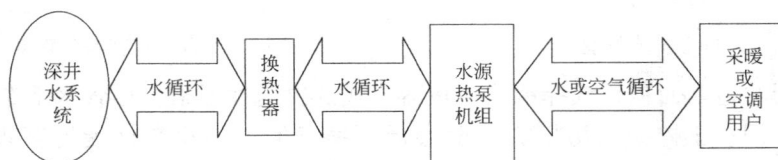

图 6-14　地下水源热泵空调系统的基本构成

其基本原理是：夏季制冷工况时，通过蒸发器使制冷剂蒸发，将建筑空调负荷侧的热量取出，通过压缩机并经由冷凝器将热量释放给井水侧的地下；冬季制热工况时，通过蒸发器使制冷剂蒸发吸取由井水侧井水从地下带出的热量，然后通过压缩机并经由冷凝器将热量释放给建筑空调负荷侧（见图 6-15）。

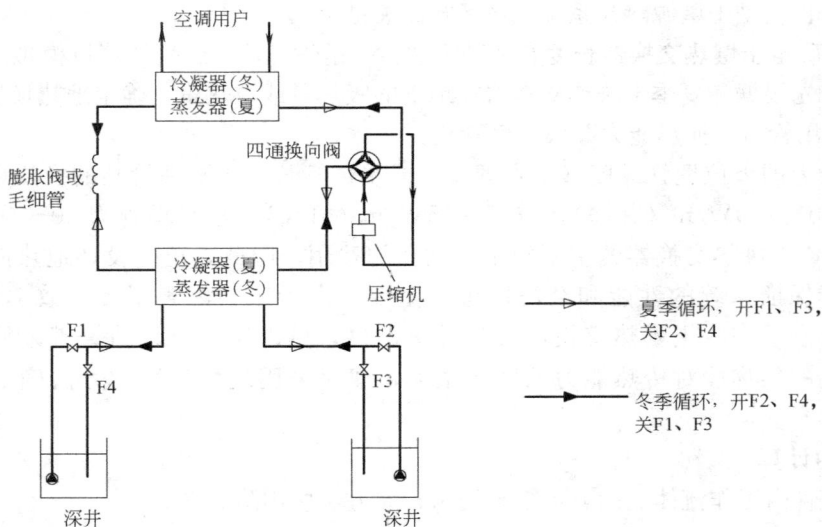

图 6-15　地下水源热泵系统工作原理图

地下水源热泵空调系统的形式按照热泵机组在系统中设置位置的不同划分，大体可分为分散式和集中式两种。

分散式系统即通常所说的水环热泵空调系统，它的基本组成形式如图 6-16 所示，一个闭式的循环水管路将多台水源热泵机组并联在一起；循环水既是系统制冷工况下的冷

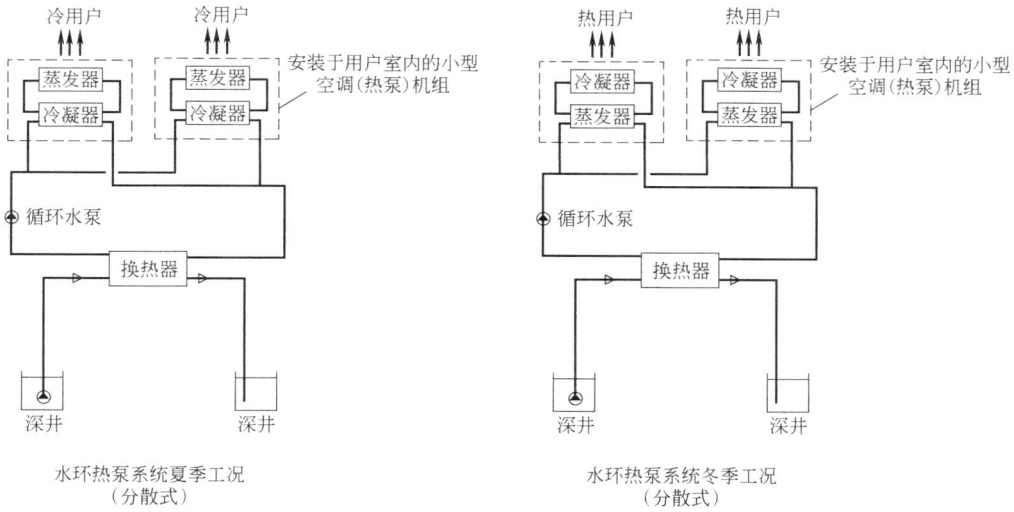

图 6-16 地下水源热泵空调系统原理图（分散式）

源，又是供暖工况下的热源；多台小型的水源热泵机组作为末端装置，相互并联，分散安装于各空调房间内。分散式系统对于要求独立计量电费、使用时间没有规律、经常需要在夜间或节假日独立使用的建筑物比较适用。由于热泵机组安装在各空调房间内，因此各用户可以根据自身使用的需要，任意开启或关闭热泵机组，使用比较灵活，但必须要有良好的隔振减噪措施，以免空调房间内噪声过大。

集中式系统的热泵机组集中安装在空调机房内，集中制备冷、热水，然后通过水泵、循环水管送至各个空调房间的末端装置，与室内空气进行冷热交换；末端装置一般为风机盘管机组。集中式系统的工作原理如图 6-17 所示。集中式系统与分散式系统相比，最大特点是便于系统集中自动控制与管理、调节性能好、运行管理简单。对于使用时间比较有规律、房间负荷特性相似、房间换气要求较高的建筑物，如写字楼、学校、医院等较为适用。

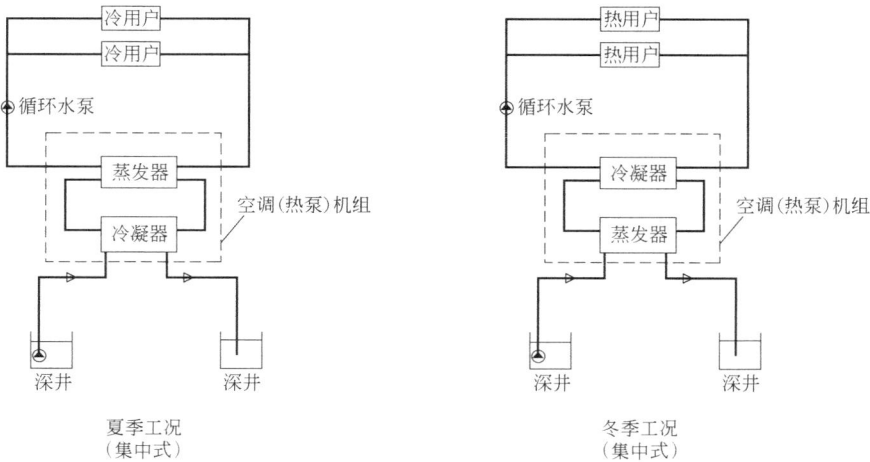

图 6-17 地下水源热泵空调系统原理图（集中式）

6.4.2.2　系统特点

地下水源热泵空调系统的特点主要体现在以下几个方面：

1. 可再生能源利用技术

地下水源热泵空调系统利用地球水体所储藏的太阳能资源作为冷热源进行能量的转换。地表土壤和水体不仅是一个巨大的太阳能集热器，收集了 47% 的太阳辐射能量，是人类每年利用能量的 500 倍（地下水体是通过土壤间接的接受太阳辐射能量），还是一个巨大的动态能量平衡系统，地表的土壤和水体自然地保持所接受和发散的能量相对均衡，这使得人们利用储存于地表的土壤和水体中的太阳能或地能成为可能。因此，人们也说地下水源热泵空调系统实际上利用的是清洁的可再生能源技术。

2. 高效节能

深井水温度常年基本稳定，一般约比当地年平均气温高 1～2℃，如我国的华北地区，深井水温度约为 14～18℃。地下水源热泵机组可利用的水体温度，冬季为 12～22℃，水体温度比环境空气温度高，所以热泵循环的蒸发温度提高，能效比也提高；而夏季水体为 18～30℃，水体温度比环境空气温度低，所以制冷的冷凝温度降低，使得冷却效果好于风冷式和冷却塔式，机组效率提高。据美国环保署 EPA 估计，设计安装良好的水源热泵，平均来说可以节约用户 30%～40% 的供热制冷空调的运行费用。

3. 环保

水源热泵机组的运行只需消耗少量的高品位电能，不需要锅炉房和冷却塔，没有燃烧，没有排烟，因此不会产生有害气体，对大气不造成污染。地下水源热泵空调系统可以建造在居民区内，没有废弃物，不需要堆放燃料废物的场地，且不用远距离输送热量。

4. 一机多用，方便灵活

地下水源热泵空调系统可用来供暖、制冷，还可供生活热水，一套系统可以代替传统的锅炉加空调两套系统。对于同时有制冷和供热需求的建筑而言，不仅可以同时满足两种需求，而且能有效地节约能源，避免了冷热抵消。

6.4.2.3　节能特性

高效节能是地下水源热泵系统最为显著的特点之一，其节能的根本在于，地下水是适于空调系统的良好的热媒体。如前所述，水源热泵机组冬季可利用的地下水体温度为 12～22℃，水体温度比环境空气温度高，所以热泵循环的蒸发温度提高，能效比也提高；而夏季可利用的地下水体温度为 18～30℃，水体温度比环境空气温度低，所以制冷的冷凝温度降低，使得冷却效果好于风冷式和冷却塔水冷式。

作为一种节能装置的热泵机组的节能特性，可以从不同的角度进行评价。热泵机组在制冷工况时的运行特点与传统的制冷机组并无差别，所以对于热泵的节能特性评价，主要是关注其制热方面的性能。

热泵机组的节能特性指标可由其性能系数 COP（Coefficient of Performance）来表示，COP 指的是收益（制热量）与代价（所消耗的机械功或热能）的比值。

1. 热泵机组的 COP

对于蒸汽压缩式热泵，其制热性能系数 COP_2 表示为制热量 Q_H 与输入功率 P 之比：

$$COP_2 = \frac{Q_H}{P} \tag{6-5}$$

根据热力学第一定律，如果不计压缩机向环境的散热，则热泵机组制热量 Q_H 等于从低温热源吸收的热量（也可视为制冷机组的制冷量）Q_C 与输入功率 P 之和。设制冷性能系数 COP_1 为 Q_C 与 P 的比值，则 $COP_1 = \dfrac{制冷量}{压缩机耗功} = \dfrac{Q_C}{P}$，所以

$$COP_2 = \frac{Q_H}{P} = \frac{Q_C + P}{P} = \frac{Q_C}{P} + 1 = COP_1 + 1 \tag{6-6}$$

可见，热泵机组的制热性能系数 COP_2 永远大于 1，因此用热泵供热总比用电能或燃气直接供热节约高位能。

2. 地下水源热泵空调系统的 COP 值

对于地下水源热泵空调系统而言，其节能特性会受到热泵机组及其他诸多因素的影响，比如系统的负荷特性、系统特性、地区气候特点、地下水源条件等。此外，设备的价格和使用寿命，以及能源价格等都会从不同角度影响系统的节能性和经济性。要评价地下水源热泵空调系统是否节能、经济，通常可以从系统性能系数 COP 的基本定义出发，根据系统运行的总收益和总能耗之比作为系统运行节能特性的评价指标。

对于地下水源热泵空调系统而言，系统消耗的能量主要是各种空调用水泵的耗电量、热泵机组的耗电量以及辅助冷源或热源的耗能量；而系统运行的收益就是系统提供给用户的总供冷量或供热量。对于集中式系统，安装于空调房间的末端装置一般为风机盘管；而对于分散式系统，安装于空调房间的末端装置即为小型的水源热泵机组。

（1）集中式系统

系统制冷性能系数 $COP_C = \dfrac{系统供冷量}{系统总能耗}$

$$= \frac{\sum 风机盘管机组供冷量 + 辅助供冷量}{热泵机组耗电量 + 水泵耗电量 + \sum 风机盘管机组耗电量 + 辅助冷源耗电量} \tag{6-7}$$

系统制热性能系数 $COP_H = \dfrac{系统供热量}{系统总能耗}$

$$= \frac{\sum 风机盘管机组供冷量 + 辅助供冷量}{热泵机组耗电量 + 水泵耗电量 + \sum 风机盘管机组耗电量 + 辅助冷源耗电量} \tag{6-8}$$

（2）分散式系统

系统制冷性能系数 $COP_C = \dfrac{系统供冷量}{系统总能耗}$

$$= \frac{\sum 热泵机组供冷量 + 辅助供冷量}{\sum 热泵机组耗电量 + 水泵耗电量 + 辅助冷源耗电量} \tag{6-9}$$

系统制热性能系数 $COP_H = \dfrac{系统供热量}{系统总能耗}$

$$= \frac{\sum 热泵机组供冷量 + 辅助供冷量}{\sum 热泵机组耗电量 + 水泵耗电量 + 辅助冷源耗电量} \tag{6-10}$$

评价地下水源热泵空调系统的性能系数 COP 时，通常以一个供冷季或供热季为一个计算期，此时 COP 值的大小也反映了该系统在整个供热季或供冷季的能量效率。当然，也可根据需要计算某个特定时期内的 COP 值，计算方法相同。

3. 能源利用系数 E

热泵机组的驱动能源有电能、柴油、燃气等。由于各种能源的价格不一样，对于有同样性能系数的热泵机组如果采用的驱动能源不同，则其节能的意义和经济性也会不同。为此，可以用能源利用系数 E 来进行统一的评价。

$$能源利用系数\ E=\frac{热泵机组的供热(冷)量}{热泵机组消耗的初级能源} \tag{6-11}$$

对于以电能驱动的热泵机组，如果热泵机组的性能系数为 COP，发电效率为 η_1，输配电效率为 η_2，则该热泵机组的能源利用系数 $E=\eta_1\eta_2\times COP$；对于燃气热泵机组，如果热泵机组的性能系数为 COP，燃气机的效率为 η，燃气机的排热回收效率为 α，则该燃气热泵机组的能源利用系数 $E=\eta\times COP+\alpha\times(1-\eta)$。

6.4.2.4　应用条件

深井水系统是地下水源热泵空调系统能否高效节能运行的关键部分，而深井水系统往往会受到地下水源、地下水层地质条件等的制约。

1. 对地下水源条件的要求

在不同的地区是否有合适的水源是地下水源热泵空调系统应用的一个关键，水源应该能满足系统所要求的温度、水量和清洁度。如果地下水位较低，则成井费用高，初投资增加，同时深井泵运行时电耗增加，使得系统的效率和经济性降低；如果地下水储量小，井水储量恢复速度慢，则可能导致系统在长时间运行的情况下，不能满足建筑物的冷热负荷要求；而水质较差的地下水则会对空调设备造成腐蚀，若含沙量过大，还会堵塞系统的管道，同时造成回灌井堵塞。

2. 对地下水层地理结构的限制

井水在回灌过程中，如果井孔被堵塞，注水渗透系数会逐渐减小。另外，井水回灌流量越大，所需回灌压力就越大，而回灌压力是时间的增函数。因此，随着回灌的进行，回灌将越来越困难。单眼回灌井回灌量的大小主要取决于含水层的颗粒大小、层次、厚度、渗透能力等。通常，当含水层为厚度大、颗粒粗、地下水位埋深大的粗砂含水层时，单眼回灌井的回灌量可达到单眼抽水井抽水量的 $2/3\sim1/2$ 以上；而对于细砂含水层，单眼回灌井的回灌量只相当于单眼抽水井抽水量的 $1/2\sim1/3$，甚至更低。因此，为了有效保护地下水资源，必须考虑到使用地的地质结构，确保在经济条件下打井可以找到合适的水源，同时保证用后尾水的回灌可以实现。

在等量回灌的前提下，还要确保地下水资源不被污染和破坏。系统投入运行后，应对抽水量、回灌量及其水质进行定期监测。

3. 投资的经济性

由于受到不同地区、不同用户及国家能源政策、燃料价格的影响，以及水源基本条件的不同，一次性投资及运行费用也会随之变化。虽然总的来说地下水源热泵的运行效率较高、费用较低，但与传统的空调制冷、供热方式相比，在不同地区不同需求的条件下，水源热泵的投资经济性会有所不同。

4. 现场条件限制

采用地下水源热泵空调系统，建筑物周围必须具备井群布置条件。一方面，深井涉及地面沉降问题，可能会对邻近的建筑物基础造成影响；另一方面，如果井间距过小，可能会使回灌井和抽水井形成"热短路"。

6.4.3 多联机空调系统

变制冷剂流量多联式空调（热泵）机组（Variable Refrigerant Volume Air-conditioning System，简称 VRV）或多联机空调系统，俗称为一拖几分体式空调。我国标准 GB/T 18837—2002 对多联机作了以下的定义：一台或数台风冷室外机可连接数台不同或相同形式容量的直接蒸发式室内机构成单一制冷循环系统，它可以向一个或数个区域直接提供处理后的空气。VRV 空调系统 20 世纪 80 年代诞生于日本，多联机技术于 20 世纪 90 年代初引入我国。因其具有高效、节能、舒适、控制灵活、占空间小和外形美观等特点，从而广泛应用于办公楼、娱乐场所、商场、宾馆、医院等各类建筑中。

6.4.3.1 多联机空调系统的基本原理及主要特点

多联机空调系统的工作原理与普通蒸汽压缩式制冷系统相同，主要由压缩机、冷凝器、节流机构和蒸发器组成；室外机由压缩机、室外侧换热器、风机和其他附件组成；室内机由风机和室内侧换热器和其他附件组成。变频多联机系统按照不同的房间要求，通过有效控制各个室内机制冷剂供给流量，适时地满足室内负荷变化的需要，从而达到有效性和经济性。

6.4.3.2 多联机空调系统的主要特点

1. 多联机系统有较高的 COP 值

通常情况下，多联机空调系统是由多台高效压缩机组成，并且有较高的 COP 值，一般可达到 4 左右。大多数情况下该系统采用的是涡旋式压缩机。

2. 冷（热）量直接由制冷剂输送

多联机空调系统直接以制冷剂作为传热介质，将制冷系统的蒸发器直接放在需要处理对象的室内空间来吸收余热余湿，从而提高制冷效率，减少了输送耗能及载冷剂输送中能量损失。

3. 结构紧凑、节省空间

多联机系统结构相对紧凑。与传统的中央空调相比，省去了主机房、冷却塔、水输配系统等设备，而且冷剂管路直径小、占空间小、不需要庞大的风管或水管系统。

6.4.3.3 多联机空调系统设计要点

多联机空调系统简单来说包括室内机、室外机以及冷媒配管，大致步骤分为：室内外机形式和容量的确定，室内外机的布置、冷媒配管的设计、冷凝水管的设计。

1. 室内机形式的选择

原则：一般根据空调房间的功能、建筑构造、装潢等条件并考虑良好的气流分布，从而选择合适的室内机形式。

在办公空间中，较常采用顶棚嵌入式和顶棚嵌入导管内藏式的机器。顶棚嵌入式（四向气流）的机型比较适合应用在房间形状较规整，全吊顶的空间，而顶棚嵌入式（双向气流）的机型则经常应用在电梯厅、走道等且全吊顶的空间。顶棚嵌入导管内藏式则可以灵活的配合装潢吊顶进行封口布置，或应对层高较高的挑空空间，其适用范围更广。在住宅空间中，针对不同空间，也有各种室内机灵活对应。由于层高的限制，最常使用的机型为顶棚内藏直吹式（超薄型）和顶棚内藏风管式（超薄型）室内机，其机身厚度仅为 200mm，且运行噪声低。如佣人房、书房等房间面积小且不希望进行吊顶的空间，可直接采用壁挂式的机型；在掏空的客厅以及顶楼的阁楼等空间，还可采用落地型室内机进行对应。

2. 室内机容量

根据各房间的峰值负荷选择相应的室内机，室内机的容量先参照标准工况下的容量。室内机的额定容量是在标准工况下测得的，而随着连接率及温度等设计条件的不同，室内机的实际容量和额定容量也是不一样的。因此，在选择室内机时应予以注意，初定容量时，可选择接近或稍大的机型。

3. 选择室外机

室外机的选择是根据室内机的总容量和该系统的负荷峰值来选择的，并注意室内外机的连接率不超过限定范围。

4. 冷媒配管的尺寸和走向确定

室内外机之间的冷媒配管设计应从最末端的室内机开始，需要确定的是冷媒配管（气管和液管）的尺寸以及分歧管的型号。

对于分歧管与室内机之间的冷媒配管的尺寸是根据室内机的容量大小选择对应的配管尺寸的；对于分歧管间的冷媒管应根据分歧管下游连接的所有室内机的总容量指数，选择配管尺寸（连接配管的尺寸不得大于冷媒主管的尺寸）；对于冷媒配管主配管管径的大小应该与该系统连接的室外机系统的连接配管尺寸相同，即根据室外机的容量选择对应的配管尺寸。

5. 冷凝水管的尺寸和走向确定

（1）在设计冷凝水管时，需要考虑以下两个原则：首先冷凝水应遵循就近排放的原则；其次，为保证冷凝水能顺利排放，冷凝水管需要保证一定的坡度（建议 1% 以上）。

（2）冷凝水管管径的计算。对于与室内机相连的冷凝水管管径和室内机排水管管径一致，即可以通过室内机的排水管管径确定与之相连的冷凝水管管径；对于确定冷凝水集中排水管道的直径，即确定冷凝水管汇流后的排水管径，需根据总体的排水量来确定，排水量可按下游连接的室内机容量进行估算。

6.4.4　直燃型溴化锂吸收式冷、热水机组及其系统

直燃型溴化锂吸收式冷、热水机组就是把锅炉的功能与溴化锂吸收式冷水机组的功能合二为一，简化了热源供应系统，减少了热输送过程中的损失；一机多用，使用范围广。既可以单独供冷，也能实现夏季供冷、冬季供热，必要时还可提供生活用热水；用电量很小，对电力供应紧张的地区可以起到电力调峰的作用；在电价较高的地区，运行费用较电制冷低。

直燃机的缺点除燃气热水锅炉讲到的外，还有：在没有余热、废热可利用时，直燃机节电不节能，即便是双效直燃型溴化锂吸收式制冷机，其一次能源的性能系数也低于离心式电制冷机；直燃机价格贵，初投资高。单台机组制冷量在 100 万 kcal/h 以下时价格更贵。因此，直燃机最好用在制冷量大于 200 万 kcal/h 以上的工程中；如果当地的电价与燃气价的比为 1/3 时，直燃机运行费的节省已显现不出其优越性，即初投资的增加通过

运行费的节约来回收的年限会较长；由于直燃机的冷凝器和吸收器均需要冷却水，因此，与同等冷量的电制冷机组比较，冷却水量将增大 40%～50%，即冷却塔和冷却水泵将增大。

直燃机的供热量一般为供冷量的 80%，它比较适合于空调耗冷量与耗热量在数值上相差不多的地区。在空调热负荷只有夏季冷负荷的 40%～60% 地区，直燃机冬季供热虽然可以调节，但仍然是"大马拉小车"。

6.4.4.1 直燃机选型

直燃型溴化锂吸收式冷、热水机组一般选用 2～4 台，中小型工程选用 2 台，较大型工程选 3 台，大型工程可选 4 台，以便于互为备用和轮换检修。从节能和运行调节的角度考虑，必要时可选不同大小规格的机组搭配的方案。

天然气是直燃机的最佳能源，应优先采用燃气型直燃机。

直燃机在名义工况下的性能系数应符合现行国家标准《直燃型溴化锂吸收式冷（温）水机组》GB/T 18362 的规定，即：

制冷性能系数：　　　　　　　$COP_c = Q_c/(Q_i + A) \geqslant 1.10$　　　　　　　(6-12)

（冷水进/出口温度为 12/7℃；冷却水进/出口温度为 30/35℃）

制热性能系数：　　　　　　　$COP_h = Q_h/(Q_i + A) \geqslant 0.90$　　　　　　　(6-13)

（温水出口温度：60℃）

式中　　Q_c——直燃机制冷量，kW；

　　　　Q_h——直燃机制热量，kW；

　　　　Q_i——加热源耗热量，kW；

　　　　A——消耗电功率，kW。

普通型直燃机的蒸发器、冷凝器的工作压力为 0.8MPa，对设于在高层或超高层建筑物地下室或底层的机组，其承压如超过了 0.8MPa，除了可考虑空调水系统竖向分区外，也可考虑选用加强型高承压机组，工作压力可达 1.6MPa，但机组的价格将有所增加。

直燃机在样本中提供的制冷量、供热量等技术参数是在名义工况下或某一额定工况下的值，只能作为初选机型时参考。机组在设计工况下的制冷量、供热量和加热源耗热量应按生产厂家产品样本中的变工况性能曲线图来确定。

直燃机换热器水侧污垢系数的值，现行国家标准规定的是 0.086m²·℃/kW，当选用国外生产的直燃机时，要注意其污垢系数与我国标准的差异，并应对其制冷量、供热量进行污垢系数修正。

6.4.4.2 直燃机房和燃气热水机房的通风

直燃机房和燃气热水机房应有良好的通风，以避免由于通风不良导致机组运转所需空气量不足，影响机组正常运转。单位燃料燃烧发热量所需空气量一般取为 0.00036m³/kJ。此外，还要保证 3～10h⁻¹ 的正常通风换气次数，以防止形成爆炸混合物和因机房潮湿而腐蚀机组。机房送风系统的送风量为必须燃烧空气量与通风换气量之和。

直燃机和燃气热水机燃料燃烧产生的烟气要通过烟囱和烟道排至室外。烟囱和烟道尺寸的经验公式是：

1. 截面尺寸

$$F=Q/v \qquad (6\text{-}14)$$

式中　F——烟囱（烟道）截面积，m^2；

　　　Q——直燃机或燃气热水机排烟量，工程上一般按燃料单位热量产烟量 0.00043m^3/kJ 估算；

　　　v——烟囱（烟道）内烟气流速，取 3～5m/s。

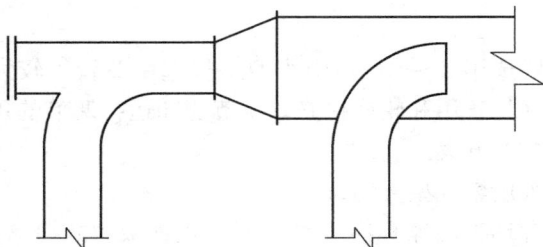

此外，单台直燃机或燃气热水机可直接按生产厂家产品样本给出的排烟口径定为烟囱（烟道）尺寸，但水平方向长度超出 8m 后，每超出 1m，总面积应增大 5%。多台机组共享烟道，其截面可取各支烟道截面之和的 1.2 倍。为减少烟道汇合处烟气干扰，支烟道与共享烟道的连接宜采用插入式。

图 6-18　支烟道与共用烟道的连接

2. 烟囱高度

烟囱高度应大于下式计算值：

$$H=0.6L+1.2N \qquad (6\text{-}15)$$

式中　H——烟囱高度，m；

　　　L——水平烟道长度，m；

　　　N——弯头数，不宜超过 4 个。

要注意，烟囱的排出口在屋面时，应距冷却塔 12m 以上，或高于冷却塔 2m 以上。

6.4.5　太阳能光热空调系统

太阳能光热空调利用太阳能光热来实现对建筑热环境的控制。太阳能光热空调制冷用能在季节上的分布规律高度匹配，即：太阳辐射越强，天气越热，需要的制冷负荷越大时，系统的制冷功率也相应越大。目前，利用太阳能光热转换的吸收式制冷技术较为成熟，国际上一般也采用溴化锂吸收式制冷机，同时，吸附式制冷技术也在逐步发展并日趋完善。与传统的压缩式制冷机相比，太阳能光热空调使用太阳能作为热源，清洁无污染，且制冷剂对大气层无破坏。太阳能光热空调系统对节省常规能源、减少环境污染有重要意义，符合可持续发展战略的要求。

太阳能光热空调主要包括太阳能吸收式空调、太阳能吸附式空调、太阳能除湿式空调、太阳能蒸汽喷射式空调四种类型。实际应用中，比较常见的制冷方式有吸收式制冷和吸附式制冷，目前，太阳能驱动的溴化锂-水吸收式制冷是国内外最为成熟、应用最为广泛的技术。夏季以太阳能集热器作为热源，利用制冷机为房间供冷，制冷机的效率与太阳能集热器供给的热媒温度有关，热媒温度越高，制冷机的性能系数（COP）越高。冬季直接将太阳能集热器所收集的热量输送到用热末端，为房间供热。太阳能光热空调系统可以将夏季制冷、冬季供暖及四季供生活热水结合起来，做到一机多用、四季常用，显著提高了太阳能系统的利用率和经济性。

太阳能光热空调系统由太阳能集热器、储能水箱、制冷机、冷却塔、循环泵、辅助热源及自动化控制系统等部分组成，系统结构如图 6-19 所示。

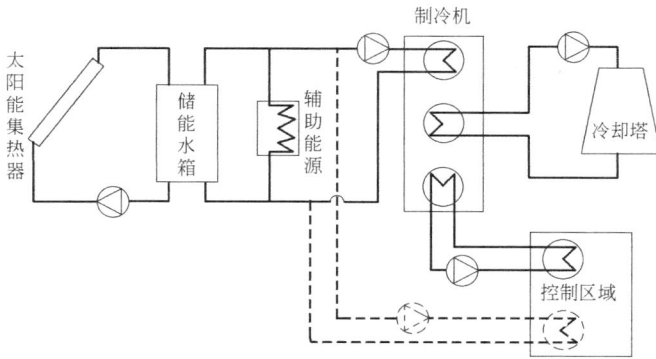

图 6-19 太阳能光热空调系统概图

1. 太阳能集热系统

太阳能集热器是构成太阳能光热空调系统的关键部件，其集热效率及热媒出口温度直接影响着整个系统的效能。热媒温度越高，制冷机的性能系数（COP）越高，整个空调系统的性能越好。因此，太阳能空调对太阳能集热器的效率和出口温度要求较高。

太阳能集热器可分为聚焦型集热器（如：槽式集热器）和非聚焦型集热器（如：平板型集热器），两种类型集热器的集热性能对比如表 6-8 所示。一般来说，使用聚焦型集热器可以获得较高的热媒温度和系统 COP，但聚焦型集热器的初投资要高于非聚焦型集热器。所以，在选用集热器时应根据实际情况进行经济性分析。

太阳能制冷空调用不同类型集热器的性能比较 表 6-8

型式	聚焦型集热器	非聚焦型集热器
集热温度（℃）	150～200	60～90
集热效率	40%～70%	30%～50%
制冷机 COP	1.1～1.5	0.7～0.8
系统 COP	0.4～0.9	0.2～0.5

（1）太阳能集热器面积计算

太阳能集热器总面积可按下式计算：

$$Q_{YR} = \frac{Q \cdot r}{COP}$$

$$A_c = \frac{Q_{YR}}{J \eta_{cd}(1 - \eta_L)} \tag{6-16}$$

式中　Q_{YR}——太阳能集热系统提供的有效热量，W；

　　　Q——太阳能光热空调系统服务区域的空调冷负荷，W；

　　COP——制冷机组性能系数；

　　　r——设计太阳能光热空调负荷率；

　　　A_c——太阳能集热系统集热器总面积，m^2；

J——空调设计集热器采光面上的最大总太阳辐射照度，W/m^2；

η_{cd}——集热器平均集热效率；

η_L——蓄能水箱及管路热损失率。

（2）太阳能集热器的安装位置

太阳能集热器的安装位置不应有任何障碍物遮挡阳光，同时应安装在背风处，减少热损失。太阳能集热器的倾角和方位对太阳辐射能量的收集会产生很大影响，宜朝向正南，或者南偏东、南偏西30°的朝向范围内设置；安装倾角宜选择在当地纬度－10°～＋20°的范围内；受实际条件限制时，也可以加大偏角，但应按相关规范进行面积补偿，合理增加集热器面积并进行经济效益分析。

2. 储能水箱设计

在太阳能光热空调系统中，储能水箱是非常有必要的，它同时连接太阳能集热系统以及制冷机组的热驱动系统，可以起到缓冲作用，使热量输出尽可能均匀。太阳能光热空调系统通常兼顾热水系统，因此，储能水箱的容积应同时考虑热水系统的要求。同时应注意，储能水箱必须做好保温措施，否则会严重影响太阳能光热空调系统的性能。

3. 辅助热源的选择

由于太阳能具有波动性，为了保证室内热环境达到预期的效果，太阳能空调系统需设置辅助热源。辅助热源宜按照太阳辐射照度为零时的最不利条件进行配置，确保在无光照时建筑室内仍能达到预期的热环境。

4. 控制系统的设计

太阳能光热空调系统的控制系统主要包括太阳能集热系统的自动启停控制、安全控制和制冷机组的启停控制及安全控制。控制系统应将制冷机组以及辅助热源装置自身所配的控制设备与系统的总控有机联合起来。太阳能集热系统应为自动控制系统，其中包括自动启停、防冻、防过热等控制措施。控制方式应简便、可靠、利于操作。制冷机宜采用自动控制，一般通过监测储能水箱的水温来控制制冷机组以及辅助热源装置的启停。

6.5 冷、热源机房辅助设备

6.5.1 冷、热源机房主要辅助设备

冷、热源机房主要辅助设备见表6-9。

冷、热源机房主要辅助设备 表6-9

	冷源		热源
	水冷冷水机组	风冷冷水机组	
冷却塔	✓		
循环水泵	✓	✓	✓
冷却水泵	✓		
补水泵	✓	✓	✓
分水器、集水器	✓	✓	✓

续表

	冷源		热源
	水冷冷水机组	风冷冷水机组	
电子水处理仪或全自动软化水处理装置	√	√	√
水过滤器	√	√	√
定压装置	√	√	√

6.5.2 冷、热源机房主要辅助设备选择

1. 冷却塔的选择

（1）冷却塔的主要形式。目前常用的冷却塔是玻璃钢冷却塔，玻璃钢冷却塔分标准型的、低噪声的；还可分圆形的、方形的，逆流的、横流的等。冷却塔的分类形式还有很多种，在这里就不一一列举了。

（2）冷却塔的结构。典型的圆形逆流冷却塔结构见图6-20。

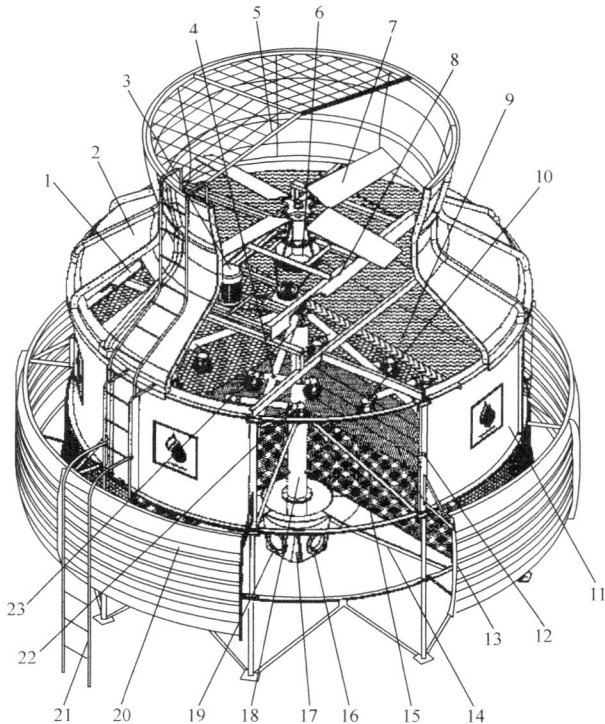

图6-20　圆形逆流冷却塔

1—检修门；2—上壳及回转式风筒；3—电机；4—固定式喷淋系统；5—风机网；6—减速器；
7—风机；8—电动机；9—TU-12C收水器；10—NS-5A喷头；11—围身；12—侧立柱；
13—淋水填料；14—底盆；15—滴水层；16—出水法兰；17—中心缸；18—中心喉；
19—进水法兰；20—隔音屏；21—扶梯；22—上框；23—分水器

（3）冷却塔设计选型。冷却塔台数与制冷主机的数量一一对应，可以不考虑备用。

$$冷却塔的水流量＝冷却水系统水量×1.2 \qquad (6\text{-}17)$$

举例：假设空调系统冷却水量为 160m³/h，那么冷却塔的冷却水量＝160×1.2＝192m³/h，根据就近原则，选择冷却塔参数表中冷却水量为 200m³/h 的冷却塔。

2. 水泵的选择

（1）水泵的主要形式

由于空调水系统属于闭式循环，循环水泵所需克服的阻力不大，所以水泵主要以单极离心泵和管道泵两种形式为主。水泵的型号通常主要分为四部分，如表 6-10 所示。

水泵的型号表示方法 表 6-10

项目	第一部分	第二部分	第三部分	第四部分
表达方式	字母	数字	数字	数字
含义	泵的类型代码	泵的入口直径	泵的出口直径	泵的叶轮名义直径

管道泵由于入口和出口尺寸相同，所以省略了第三部分。

例如：IS80—65—160

IS 表示国家标准单级单吸清水离心泵；80 表示泵的入口直径；65 表示泵的出口直径；160 表示泵的叶轮名义直径。

（2）水泵选择的步骤

1）水泵流量的确定

冷却水泵流量：一般按照制冷机组产品样本提供数值选取，并附加 5%～10% 的裕量；或按照如下公式进行计算，公式中的 Q 为制冷主机制冷量。

$$L(\mathrm{m^3/h}) = \frac{Q(\mathrm{kW})}{(4.5\sim5)℃ \times 1.163} \times (1.15\sim1.2) \tag{6-18}$$

循环水泵流量：在没有考虑同时使用率的情况下选定的机组，可根据产品样本提供的数值选用，或根据如下公式进行计算，并附加 5%～10% 的裕量。如果考虑了同时使用率，建议用如下公式进行计算。公式中的 Q 为建筑没有考虑同时使用率情况下的总冷负荷。

$$L(\mathrm{m^3/h}) = \frac{Q(\mathrm{kW})}{(4.5\sim5)℃ \times 1.163} \tag{6-19}$$

式中　L——所求管段的水流量；

　　　Q——建筑没有考虑同时使用率情况下的总冷负荷。

2）水系统水管管径的计算

在空调系统中所有水管管径一般按照下述公式进行计算：

$$D = \sqrt{\frac{L}{0.785 \times 3600 \times v}} \tag{6-20}$$

式中　D——所求管段的管径，m；

　　　v——所求管段允许的水流速，m/s。

流速的确定：一般，当管径在 DN100 到 DN250 之间时，流速推荐值为 1.5m/s 左右，当管径小于 DN100 时，推荐流速应小于 1.0m/s，管径大于 DN250 时，流速可再加大。进行计算是应该注意管径和推荐流速的对应。

目前管径的尺寸规格有：$DN15$、$DN20$、$DN25$、$DN32$、$DN40$、$DN50$、$DN70$、$DN80$、$DN100$、$DN125$、$DN150$、$DN200$、$DN250$、$DN300$、$DN350$、$DN400$、$DN450$、$DN500$、$DN600$。

注意：一般，选择水泵时，水泵的进出口管径应比水泵所在管段的管径小一个型号。例如：水泵所在管段的管径为 $DN125$，那么所选水泵的进出口管径应为 $DN100$。

3）水泵扬程的确定。以水冷螺杆机组为例，冷冻水循环泵扬程的组成包括：

① 制冷机组蒸发器水阻力：由机组制造厂提供，一般为 $5\sim7mH_2O$（具体值可参看产品样本）；② 末端设备（空气处理机组、风机盘管等）表冷器或蒸发器水阻力：由机组制造厂提供，一般为 $5\sim7mH_2O$（具体值可参看产品样本）；③ 回水过滤器阻力：一般为 $3\sim5mH_2O$；④ 分水器、集水器水阻力：一般一个为 $3mH_2O$；⑤ 制冷系统水管路沿程阻力和局部阻力损失：根据最不利环路水力计算确定，一般为 $7\sim10mH_2O$；为了保证运行参数，一般还要考虑附加 $5\%\sim10\%$ 的裕量。

故此，冷冻水循环泵的扬程为：

$$H=\beta(h_1+h_2+h_3+h_4+h_5) \tag{6-21}$$

裕量系数 β 一般为 $1.05\sim1.1$。

综上所述，冷冻水泵扬程为 $26\sim35mH_2O$，一般为 $32\sim36mH_2O$。注意：扬程的计算要根据制冷系统的具体情况而定，不可照搬经验值！

冷却水泵扬程的组成：

① 制冷机组冷凝器水阻力：由机组制造厂提供，一般为 $5\sim7mH_2O$（具体值可参看产品样本）；② 冷却塔喷头喷水压力：一般为 $2\sim3mH_2O$；③ 冷却塔（开式冷却塔）接水盘到喷嘴的高差：一般为 $2\sim3mH_2O$；④ 回水过滤器阻力：一般为 $3\sim5mH_2O$；⑤ 制冷系统水管路沿程阻力和局部阻力损失：根据冷却水管路水力计算确定，一般为 $5\sim8mH_2O$；

故此，冷冻水循环泵的扬程为：

$$H=\beta(h_1+h_2+h_3+h_4+h_5) \tag{6-22}$$

综上所述，冷冻水泵扬程为 $17\sim26mH_2O$，一般为 $21\sim25mH_2O$。

当设计流量在设备的额定流量附近时，上面所提到的阻力可以套用，更多的是往往都大过设备的额定流量很多。同样，水管的水流速计算后，建议查表取实际阻力值。

水泵总是在一个管路系统中运行的，由水泵的性能曲线（见图 6-21）可以看出，水泵的工作点取决于管路特性，如图 6-22 所示，不同的管路特性决定了不同的工作点。如果水泵的裕量比较大，根据图 6-21 水泵的特性曲线，水泵的工作点右移，效率降低，轴功率增加。设计选取的水泵扬程过大，将使得富裕的扬程换取流量的增加，流量增加还使得水泵电机负荷加大，电流加大，发热加大，加剧轴承磨损，甚至烧毁电机。同时流量增加也使得水泵噪声加大。

在开式系统中选择水泵的扬程时，还要注意水泵的自然位置所形成的位置水头。水泵进出口压差才是问题的关键。例如将开式系统的水泵放在 100m 高度，所需出口压力假定是 0.22MPa，如果将水泵放在地面，所需出口压力就是 0.32MPa 了！

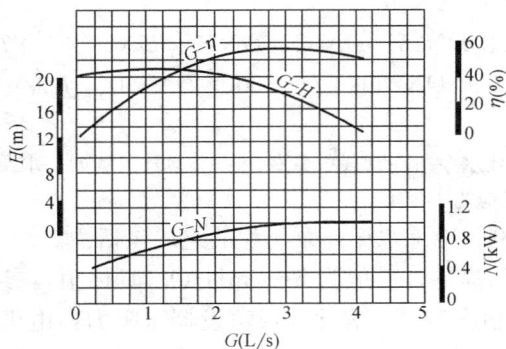

图 6-21　水泵性能曲线

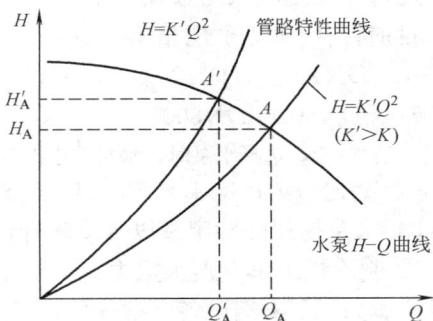

图 6-22　水泵的工作点

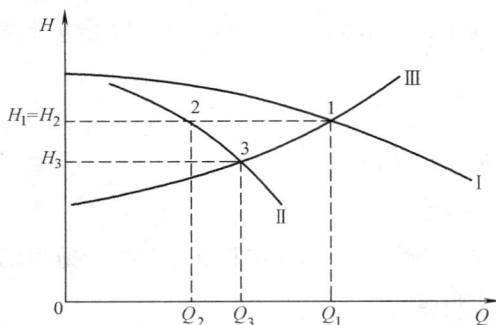

图 6-23　水泵并联运行时的特性曲线

（3）水泵并联和串联运行

当制冷机组为多台时，为了适应负荷变化，一般设计运行的水泵台数与制冷机组台数相同。制冷机组并联运行时，水泵也就并联运行。性能相同的两台水泵并联运行的特性曲线如图 6-23 中的 Ⅰ 线所示，Ⅱ 线为单独一台水泵的性能曲线，两台并联的水泵运行状态点为 1 点。需要说明的是：选择水泵并联时，要以系统运行时的管道性能曲线（图 6-23 中的曲线 Ⅲ）为基准来选择水泵。因此，单台水泵的选择参数应该是 Q_2、H_2。

并联以后，水泵的压力特性不变，由于管道阻力特性不变，因此流量并不能成倍增加。表 6-11 给出了多台水泵并联运行流量的损失情况。

多台水泵并联运行流量的损失　　　　　　　　　　　表 6-11

水泵台数	流量（m³/h）	流量的增加值（m³/h）	与单台泵运行比较流量的减少
1	100	/	/
2	190	90	5%
3	251	61	16%
4	284	33	29%
5	300	16	40%

由表 6-11 可见，水泵并联运行时，流量有所衰减；当并联台数超过 3 台时，衰减尤为厉害。故强烈建议：1）选用多台水泵时，要考虑流量的衰减，留有余量；2）空调系统中水泵并联不宜超过 3 台，即进行制冷主机选择时也不宜超过 3 台。

一般，冷冻水泵和冷却水水泵的台数应和制冷主机一一对应，并考虑一台备用。在高层建筑中设计不作分区的系统，一定要校核循环水泵的承压。

循环水泵承受的压力为水泵扬程与系统最高点至水泵入口高差之和。

冷却水泵承受的压力为水泵扬程与冷却塔溢流口至水泵入口高差之和。

3. 补水水泵选择计算

补水水泵需克服的阻力为系统最高点距补水泵接管处的垂直距离和补水管路的沿程阻力损失和局部阻力损失。选取补水泵的扬程时在此基础上附加 30～50kPa。

沿程阻力损失和局部阻力损失一般为 3～5mH₂O。闭式系统补水量取系统水容量的 2%。闭式系统补水水泵的流量为系统水容量的 2.5～5 倍。冷却塔补水量为循环水量的 2%左右。

空调水系统的单位水容量见表 6-12。

空调水系统的单位水容量表（L/m² 建筑面积）　　　　　表 6-12

空调方式		空气系统	水-空气系统
供冷时		0.40～0.55	0.70～1.30
供热时	热水锅炉	1.25～2.00	1.20～1.90
	热交换器	0.40～0.55	0.70～1.30

补水泵一般按照一用一备的原则选取。

4. 电子水处理仪、水过滤器的选择

（1）产品主要形式

电子水处理仪是一种对水质的物理处理方法，不能从根本上改变水质，而是短时间内改变了分子状态，从而使盐分不会从水中析出。但是，它只适合于常温下对水的处理，所以，在采暖系统中不能使用。

"Y"形过滤器使用纱网过滤水中的杂质，纱网的孔目与过滤效果和阻力都有关系。

这两种设备都要求按正确的方向安装。

（2）电子水处理仪和过滤器的选择

空调水系统中使用到的电子水处理仪和水过滤器一般都按照设备所在管段的管径进行选择。

冷却水系统属开式系统，必须使用电子水处理仪。

冷冻水系统属闭式系统，要求不是那么严格，可以在冷冻水系统管路中或膨胀水箱进水管路中安装电子水处理仪。

5. 全自动软化水装置的选择

水的结垢与其水质和水温有关。当水温超过 70℃时，结垢现象变得较为明显，它对换热设备的效率将产生较大的影响。

采暖系统的循环水要求采用软化水，必须经软水装置处理。

当工程所在地水质较硬或是系统较大的时候，空调系统的循环水和补水最好也是软化水，该空调系统必须配置水软化装置，一般选用全自动软化水装置。

全自动软化水装置的选用一般按照系统补水量进行选择。补水装置可以根据实际情况来选（装置小，系统补水时间长；装置大，系统补水时间短）。

6. 膨胀、定压装置的选择

膨胀水箱一般按照冷冻水系统管路总水容量的 2%～3%选择。

一般，一万平方米左右建筑空调水系统膨胀水箱的容积为 2～4m³。

6.6　冷、热源机房布置

6.6.1　机房面积

根据我国对已建成的部分建筑的统计，可得出经验公式：

制冷机房面积 $\qquad f_1 = 0.0086F$ (6-23)

锅炉房面积 $\qquad f_g = 0.01F$ (6-24)

空调机房面积 $\qquad f_k = 0.0098F$ (6-25)

式中　f_1、f_g、f_k——分别为制冷机房、锅炉房、空调机房的面积；

$\qquad F$——建筑面积。

表 6-13 是国外给出的概算指标。

空调机房建筑面积概算指标（%） 表 6-13

空调建筑面积 （m²）	分楼层单风道 （全空气系统）	风机盘管机组 加新风 （分楼层单风道）	双风道 （全空气系统）	柜式机组	平均 估算值
1000	7.5	4.5	7.0	5.0	7.0
3000	6.5	4.0	6.7	4.5	6.5
5000	6.0	4.0	6.0	4.2	5.5
10000	5.5	3.7	5.0	—	4.5
15000	5.0	3.6	4.0	—	4.0
20000	4.8	3.5	3.5	—	3.8
25000	4.7	3.4	3.2	—	3.7
30000	4.6	3.0	3.0	—	3.6

6.6.2　冷热源机房设计布置

（1）当采用燃气热水锅炉加电冷水机组作冷热源，或采用直燃机作冷热源时，冷热源机房应由值班控制室、冷源（水泵）机房和热源机房组成，或由值班控制室、直燃机房和水泵房组成；当采用电热水锅炉加电冷水机组作冷热源时，只需由值班控制室和冷热源机房组成，水泵和分、集水器均可安装在冷热源机房内。按消防要求，热源机房或直燃机房应用防爆墙与冷源（水泵）机房或水泵房分开。

（2）冷水机组和直燃机的四周均应按样本要求留足间距，特别是在机组的一端应有足够的空间能对管壳式换热器进行清洗和换管。

（3）水泵宜集中布置一处，以便管理和排水。

（4）机组和水泵的基础四周应有排水沟，将冷凝水、渗漏水排至地漏或集水坑。

（5）分、集水器的中心安装标高为 0.9m 左右。

（6）机房高度方向应有一个预先布置。在机组的顶部和梁下之间应考虑送、排风管（或排烟管）和多层水管的布置高度。

（7）值班控制室应有大玻璃窗能观察机房设备的运行。

（8）机房需设洗手盆。

（9）机房应有两个不相邻的门，其中一个门的宽度应考虑能让设备进入。

（10）机房应设电话和事故照明装置。

（11）机房主要通道的宽度不小于 1.5m。

6.6.3　锅炉房设计的特殊要求

锅炉房设计应由有设计资质的专业设计单位承担，燃油、燃气锅炉房设计时应经有关主管部门批准。锅炉房设计应符合《锅炉房设计规范》GB 50041—1992 的规定。用户有权利和义务按相关标准对所设计的锅炉房进行监察，以使锅炉房更加规范，杜绝安全隐患的存在，确保人身和财产的安全。

1. 锅炉房的选址

锅炉一般装在单独建造的锅炉房内。锅炉房不应直接设在聚集人多的房间（如公共浴池、教室、餐厅、候车室等）或在其上面、下面、贴邻或主要疏散口的两旁。新建锅炉房不应与住宅相连，锅炉房与其他建筑物相邻时，其相邻墙为防火墙。锅炉房地面应平整无台阶，且应防止积水。

锅炉房如设在多层或高层建筑的半地下室或第一层中，则必须同时符合以下条件：

（1）每台锅炉的额定蒸发量不超过 10t/h，额定蒸气压力不超过 1.6MPa。

（2）每台锅炉必须有可靠的超压联锁保护装置和低水位联锁保护装置。

（3）每台锅炉的安全附件和联锁保护装置要定期维护和试验，以确保其灵敏、可靠。

（4）锅炉间的建筑结构应有相应的抗震措施。

（5）独立操作的司炉工必须持有相应级别的司炉操作证且连续操作同类别锅炉五年以上，未发生过事故。

（6）必须有安全疏散通道。由于条件有限制，锅炉需要设在多层或高层建筑物的地下室，楼层中间或顶层间时，应事先征得市、地级及以上安全监察机构同意。

除满足以上要求外，还应满足：

（1）每台锅炉的额定蒸发量不超过 4t/h，额定蒸气压力不超过 1.6MPa。

（2）必须是用油、气体作为燃料或电加热的锅炉。

（3）燃料供应管路的连接采用氩弧焊打底。

2. 锅炉房的土建

锅炉房建筑的耐火等级和防火要求应符合《建筑设计防火规范》GB 50016—2014 及《高层民用建筑设计防火规范》GB 50045—95 的要求。

锅炉房不得以与甲、乙类及使用可燃液体的丙类火灾危险性建筑相连时，应用防火墙隔开。锅炉间不得与油箱间、油泵间、油加热器间和燃气调压间相连。

锅炉间属于丁类生产厂房小于 4t/h 的锅炉间建筑不应低于二级耐火等级，小于或等于 4t/h 的锅炉间建筑可视为三级耐火等级。

油箱间、油泵间和油加热器间均属于丙类生产厂房，其建筑不应低于二级耐火等级。油箱间、油泵间和油加热器间布置在锅炉辅助间内时，应用防火墙与其他房间隔开。

燃气调压间属于甲类生产厂房，其建筑不应低于二级耐火等级。应有每小时不小于 3 次的换气量，通风装置应防爆。其门窗应向外开启并不应直接通向锅炉房，地面应不采用不发火花地坪。

3. 锅炉房的工艺布置

锅炉操作地点和通道的净空高度不应小于 2m，并应满足起吊设备操作高度的要求。

热力管道严禁与输送易燃液体、可燃气体、有害、有腐蚀性介质的管道敷设在同一沟内。

气体和液体燃料管道应有静电接地装置,当其管道为金属材料时,可与防雷或电气系统接地保护线相连,不另设静电接地装置。

油管道宜采用地上敷设。当采用地沟敷设时,当地沟与建筑物与外墙连接处应填砂或耐火材料隔断。油泵房和贮油罐之间的管道地沟,应有防止油品流散和火灾蔓延的隔绝措施。

锅炉房内的设备及管道,其保护层或保温层的表面宜涂色或色环,并作出箭头标示内部介质的种类及其流向。当介质温度低于 120℃时,设备和管道的表面宜刷高温防锈漆。

加热油槽和有毒物质的凝结水,当有生活用气时,严禁回收;无生活用气时也不宜回收。

热水、蒸汽和凝结水管道的高点和低点,应分别装设放气阀和放水阀;热水、蒸汽和凝结水管道通向每一用户的支管上均应装设阀门,当支管的长度小于 20m 时可以不装。

4. 锅炉房的安全设施

锅炉房内燃油及燃气的丙类及甲类生产厂房,应设置泡沫、蒸气等灭火装置,并宜设置室内消防给水。锅炉房间建筑为一、二级耐火等级时,可不设置室内消防给水。灭火器配置数量一般按 50m² 配置一只,但锅炉房内不得少于两只。

对于设置在建筑物地下、底层、顶层及组合建造的燃油、燃气锅炉房,除设置灭火器外,还应设置火灾自动报警设施和自动灭火设施。

燃气调压间、燃气锅炉间和油泵间,应设置可燃气体浓度报警装置。

燃油、燃气锅炉后的烟道上应装设防爆门。防爆门的位置应有利于泄压,当防爆炸气体有可能危机操作人员的安全时,防爆门上应装设泄压导向管。

砖砌或钢筋混凝土烟囱应设置避雷针或安全带,可利用烟囱爬梯作为其下引线,但必须可靠连接。

6.6.4 锅炉安装及验收

锅炉的安装应由资质的专业安装单位承担。

锅炉安装前,无论是使用单位自行安装还是请有资质的专业安装单位安装,安装锅炉的施工单位都必须经过省、自治区、直辖市锅炉压力容器技术监督部门审查批准。所请专业安装单位应持有与锅炉级别、安装类型相符的锅炉安装许可证。

专业安装单位应由省级技术监督部门审查批准,并明确了允许安装范围(包括压力、容量、组装类型),同时发给安装单位许可证明。专业安装单位经本省、自治区、直辖市技术监督部门批准后跨省安装时,不需要再办理审批手续,但应接受当地锅炉压力容器技术监督部门对其安装质量的监督。

专业安装单位在锅炉安装前需将安装单位资质证明、锅炉全套资料、锅炉房审查意见等报请当地锅炉压力容器技术监督部门审查同意,否则不准施工。

锅炉的安装应符合《蒸气锅炉安全技术监督规程》,还应符合《工业锅炉安装工程施工及验收规范》GB 50273—1998 的有关规定。

锅炉水压试验及总体验收时,除锅炉安装单位和使用单位外,一般还应有技术监督部门派人参加。锅炉安装验收合格后,安装单位应将安装锅炉的技术文件和施工质量证明资料等，移交使用单位存入锅炉技术档案。

6.6.5 锅炉房的防火

1. 锅炉房的火灾危险性

（1）锅炉房发生火灾的原因主要是烟囱靠近建筑物的可燃结构，炽热炉渣处理不当，引燃周围的可燃物、烟囱飞火、锅炉房操作间和附属房间可燃物起火等。

（2）锅炉爆炸的主要原因：汽、水系统的物理爆炸主要原因是设计、制造、安装上存在的缺陷，质量不符合安全要求，安全装置失灵，不能正确反映水位、压力和温度等，丧失了保护作用，操作人员违规操作造成缺水、汽化过猛、压力猛升引起爆炸。燃烧系统化学性爆炸的主要原因是用油、可燃气、煤粉做燃料的锅炉在点燃前未将存留在燃烧室或烟道内的爆炸性混合物排除，燃油锅炉的燃油雾化不良，炉膛温度过低，致使燃油未能完全燃烧，未燃尽的油滴进入烟道和尾部沉积，煤粉锅炉的煤粉和风量调整不当，造成未燃尽的煤粉被带出并堆积在烟道内部等，这些情况下如果遇到起火条件，就会发生起火或爆炸。

2. 锅炉房的土建防火设计

（1）锅炉房的火灾危险性分类和耐火等级。虽然根据《建筑设计防火规范》GB 50016—2014（以下简称《建规》）第3.1.1条，锅炉房属于丁类生产厂房，但是鉴于锅炉的燃料不同，对锅炉房建筑的耐火等级应有不同的要求。锅炉房应为一、二级耐火等级的建筑，如果蒸汽锅炉额定蒸发量小于或等于4t/h，热水锅炉额定出力小于或等于2.8MW时，锅炉房建筑不应低于三级耐火等级。对于油箱间、油泵间和油加热间均属于丙类生产厂房，其建筑不应低于二级耐火等级，上述房间布置在锅炉辅助间内时，应设置防火墙与其他部位隔开。燃气调压属于甲类生产厂房，与锅炉房贴邻的调压间应设置防火墙与锅炉房隔开，其门窗应向外开启并不应直接通向锅炉房。

（2）建筑内部锅炉房的设置要求。锅炉房一般应单独设置，在人员密集的场所内及其毗邻和主要疏散出口两旁，不得设置锅炉房。随着城市的发展、众多建筑的兴起，建筑功能也日趋复杂，用于建筑附属设施的场地越来越少，有很多工程已经将锅炉房设在建筑物内部，这无疑给建筑防火设计也带来了新问题。虽然在《高层民用建筑 设计防火规范》GB 50045—95（以下简称《高规》）第4.1.2条中对高层建筑内部燃油、燃气锅炉房的设置做了严格限定，《建规》第5.4.1条对多层建筑内锅炉房的设置做了明确规定，但在实际工程中往往由于建筑体量较大，规范所限定的锅炉蒸发量无法满足工程采暖的要求，在从严加强消防设施的前提下，可予以放宽。同时，笔者认为还应当明确建筑结构应有相应的抗爆措施，可开设泄压口（如玻璃窗、轻质墙体等），或设置金属爆炸泄压板等，使爆炸释放出的瞬间能量及时排泄，以降低其破坏力。泄压比采用 $0.05 \sim 0.22 \mathrm{m}^2 / \mathrm{m}^3$，泄压面积至少应为锅炉房占地面积的10%，泄压口不得与人员聚集的房间和通道相邻。建筑物内安装的锅炉（包括空调直燃机组）在设计中应选用低压或中压型锅炉，燃油锅炉必须明确使用丙类以下可燃液体，即轻柴油、重油、重柴油等。此外，在《建规》中对于地下民用建筑内锅炉房的设置未做规定，锅炉房不宜设在地下民用建筑内，但由于条件限制需要设置时，可参照《高规》的要求，布置在半地下室、地下一层靠外墙部位，并应设置直接对外的安全出口，而且必须选用油、气体燃料或电加热的锅炉。在有些工程中锅炉房设在顶层，这也是可取的做法，但要处理好燃料输送问题，并且选择燃气锅炉、电锅炉更为有益。

锅炉房不应与住宅相连，也不得与甲、乙类及使用可燃液体的丙类火灾危险性房间相连，若与其他生产厂房相连时，应采用防火墙隔开。

（3）燃油储罐的设置。在燃油锅炉房火灾隐患中违反《建规》第 5.4.2 条规定，将燃油锅炉所使用的丙类液体储罐附设在民用建筑内，或者违反《高规》第 4.1.10.2 条规定，将燃油锅炉所使用的丙类液体中间油箱设置在燃油锅炉房内等问题是非常普遍的。因此，在燃油锅炉房的设计中燃油储罐的布置应当引起足够重视。燃油储罐与燃油锅炉房或其他厂房、民用建筑之间的防火间距，应根据储量按《建规》以及《小型石油库及汽车加油站设计防火规范》GB 501516—92 的有关规定确定。燃油罐宜直埋成地下式，严禁在建筑物内或地下室内设置，当容量较大或直埋有困难时，可设在地上。燃油罐容量应当根据运输条件确定，如采用火车或船舶运输，一般应保持 20～30 天的储量；当采用汽车运输时，则应为 10 天的储量。中间油箱的容积不应太大，以每小时最大耗油量的 3～5 倍为宜，重油一般不能超过 5m³，轻柴油不超过 1m³，中间油箱应设置溢流管，并应设置在耐火等级不低于二级的单独房间内。《高规》第 4.1.10 条对丙类液体燃料在高层建筑或裙房附近的设置位置及容量做了严格限制。对于多层民用建筑附近丙类液体储罐的设置，笔者认为亦应有相关限制规定，或者参照《高规》执行。

（4）锅炉输油（气）管道的设计。室外油罐与中间油箱之间的输油管道上设计分隔阀门，该阀门应设在专用阀门井中并应便于操作，与建筑外墙应保持 5m 以上的间距，此阀门不应设置在锅炉房内或中间油箱间以及加油间内。室外油罐与中间油箱之间宜采用自流输油方式，如必须设置油泵，应设在专用设备间内，设备间的耐火等级不得低于二级。输油管线应埋地敷设，当需要地沟敷设时，在地沟内应用细砂将输油管填实，输油管内油品设计流速一般不得超过 1m/s。输油（气）管进入建筑物处，应用不燃烧材料将空隙严密填实。输油（气）管道不应穿过锅炉房，因为如该输油（气）管线泄漏，遇正在燃烧的锅炉明火，将酿成火灾。输油（气）管到应有不少于两处良好的接地，连接法兰等处应有防静电跨接装置。

3. 锅炉房的电气、通风防火设计

（1）锅炉的供电负荷级别和供电方式，应根据工艺要求、锅炉容量、热负荷的重要性和环境特征等因素，按照现行《供配电系统设计规范》的有关规定执行。电气线路采用穿金属管布线，并不宜沿锅炉热风道、烟道、热水箱和其他载热体表面敷设。燃气调压间、油箱间、燃油泵房、油加热间、煤粉制备间、碎煤机间和运煤走廊等有爆炸和火灾危险场所的电气设计必须符合现行《爆炸和火灾危险环境电力装置设计规范》的有关规定。燃气锅炉房应当设置可燃气体浓度探测器，并与锅炉燃烧器上的燃气速断阀联动，以便在紧急情况下自动切断燃气来源。

（2）燃气调压间等有爆炸危险的房间，应有不少于 3h⁻¹ 的换气量，当自然通风不能够满足要求时，应设置机械通风装置，并应用不少于 8h⁻¹ 换气量的事故通风装置。通风装置应防爆。燃油泵房应有 10h⁻¹ 换气量的机械通风装置，油箱间应有 6h⁻¹ 换气量的机械通风装置，燃油泵房、油箱间的通风装置应防爆。设在建筑内的燃气锅炉房，应有不少于 3h⁻¹ 换气量。燃气锅炉房通风换气装置应与可气体浓度探测装置联动控制。当锅炉房设置在地下室时，应采取强制通风措施。锅炉房自身的排烟系统不得跨越水平防火分区，应直接通向室外，通向室外处不得留有任何的孔洞或缝隙。

4. 锅炉房的灭火设施设计

（1）室内消防给水设计。根据《建规》第 8.4.2 条，锅炉房可不设室内消防给水。而锅炉房内燃油及燃气的丙类及甲类生产厂房、储罐，宜设置室内消防给水，并应设置泡沫、蒸汽等灭火装置；锅炉房的运煤层、输煤栈桥宜设置室内消防给水。因此，考虑锅炉房的火灾危险性对锅炉房室内消防给水设计做更严格规定是很有必要的，建议当单台蒸发量超过 4t/h 或总蒸发量超过 12t/h 时应设置室内消防给水，对于多层建筑内部设置的锅炉房，宜设置室内消防给水。

（2）水喷雾灭火系统设计。鉴于燃油、燃气锅炉房的火灾和爆炸危险性，《高规》规定高层建筑内的燃油、燃气锅炉房应设置水喷雾灭火系统。《水喷雾灭火系统设计规范》GB 50219—95（以下简称《水雾规》）的颁布早于《高规》1997 年增订版，没有规定燃油、燃气锅炉的设计喷水强度、持续喷雾时间等，而该设计参数是系统设计的主要依据，这给设计带来了难度。燃油、燃气锅炉房与《水雾规》第 3.1.2 条所列举的保护对象相比，火灾特点差异较大，也难以比照执行，在《水雾规》中进一步明确燃油、燃气锅炉房设计喷雾强度、持续喷雾时间是非常必要的。由于水喷雾灭火系统是局部应用系统，作用面积应取被保护对象的外表面尺寸，设计中可按锅炉产品样本提供的外形尺寸取值。水喷雾灭火系统应设置自动控制、手动控制和应急操作三种控制方式。对于燃气锅炉房的水喷雾灭火系统有三种自控方式可以选择，可燃气体浓度探测器联动启动，火灾探测器联动启动，湿式先导管传动水力启动。根据燃气锅炉房的火灾特点，水喷雾灭火系统的自动启动方式宜同时设两种，其中可燃气体浓度探测器联动启动必须设置。

6.7 换 热 站

与锅炉房相比较，换热站无污染，无防爆要求，占地少，二次侧设计灵活，所以在集中供热系统中经常采用。

设计好换热站的重点是：（1）准确的热负荷，或供热总面积；（2）一次侧介质及供回水的温度、压力；（3）二次侧的供回水温度及压力；（4）换热站设备与系统最高点的高差、流量大小；（5）换热机组的配置要求：如板换的数量、循环水泵的数量等。

换热站一般由一次侧、换热器、二次侧循环水泵、二次侧供回水管道、二次侧膨胀定压补水装置等主要设备组成。与锅炉房系统不同之处就是换热器代替了锅炉系统，所以，燃料供应、消烟除尘、锅炉除污、防爆等问题均不需考虑，可以与制冷机房设在一起。

热负荷主要来自系统负荷计算，只要把负荷计算的结果直接引用就可以了；在方案设计阶段，可以参照热指标法进行估算。

一次侧主要为蒸汽或高温热水，蒸汽系统要考虑凝水问题，高温热水的一次系统更简单，只有供水、回水管道。一次侧介质的参数直接影响换热计算，所以一定要准确。

二次侧均为热水系统，设计与常规热水供热系统没有区别，参考本书关于供热系统设计部分就可以了。

6.8 蓄 冷 系 统

一般的冷源是以机组满足最大负荷需要来选择，但是负荷在一天中有很大差异，在一个空调季中差异就更大，设计中常常是考虑机组的调节性能来满足负荷变化。蓄冷系统则不同，在低负荷时段机组工作在蓄冷状态，在高负荷时段制冷机组和蓄存的冷量同时向系统供冷，这样可以大大减少制冷机的装机容量。从能耗来看，这样做不一定合算，也就是说，制冷机工作在蓄冷状态其性能系数会比较低，而蓄存冷量被提取时，还会有换热损失。但是，随着峰谷电价的推行（北京地区的峰谷电价已达 4：1），在低谷电价时段蓄冷就会是用户获得经济效益，同时有利于均衡电网峰谷负荷。

（1）空调高峰冷负荷与电网高峰用电时段在时间上可能是同步重合的，也可能在时间上是错位的。不同步重合时，首先应转移高峰用电时段的空调冷负荷，而不是转移非峰值用电时段的空调冷负荷。

（2）蓄冷系统与常规系统相比一次投资通常有所增加，必须进行技术经济比较。

常见的蓄冷方式见表 6-14。

常见的蓄冷方式

表 6-14

分类	类型	蓄冷介质	蓄冷流体	取冷流体
	水蓄冷	水	水	水
静态型	冰盘管（外融冰）	冰或其他共晶盐	制冷剂	水或载冷剂
			载冷剂	
	冰盘管（内融冰）	冰或其他共晶盐	载冷剂	载冷剂
			制冷剂	制冷剂
	封装式	冰或其他共晶盐	水	水
			载冷剂	载冷剂
动态型	片冰滑落式	冰	制冷剂	水
	冰晶式	冰	制冷剂	载冷剂
			载冷剂	

注：载冷剂一般为乙烯乙二醇水溶液。

6.8.1 蓄冷系统设计的一般原则

蓄冷空调系统一般由制冷设备、蓄冷设备（或蓄水池）、辅助设备及设备之间的连接、调节控制等部件组成，由此可见，蓄冷设备只是蓄冷空调系统的一部分，制冷机组也不过是对等的一部分，单有优良的蓄冷设备和制冷设备并不足以构成一个成功的蓄冷空调系统，蓄冷系统设计的最终目的是为建筑物提供一个舒适的环境，另外系统还应达到能源最佳使用效率，节省运行电费，为用户提供一个安全可靠耐用的蓄冷空调系统。蓄冷循环周期可分为每日、每周或其他等几种，应根据建筑物的使用特性和设计日空调负荷分布图来确定。一般的蓄冷系统循环周期为每日循环。

蓄冷空调系统应根据设计日空调负荷及所选择蓄冷设备的特性进行设计。无论哪一种系统都应满足以下四个过程，即系统四个基本运转模式：（1）制冷机组蓄冷过程（有时需同时供冷）；（2）制冷机组供冷过程；（3）蓄冷设备释冷过程；（4）制冷机组与蓄冷设备同时供冷释冷过程。

通过运行策略的控制，系统应充分利用低价的夜间电，充分发挥系统的运行效益。

蓄冷空调系统设计可按以下步骤进行：

（1）设计者需掌握的基本资料：当地电价政策、建筑物的类型及使用功能、可利用空间（设置蓄冷设备）等。

（2）确定建筑物设计日的空调逐时冷负荷。

（3）选择蓄冷设备的形式。

（4）确定蓄冷系统模式和运行控制策略。

（5）确定制冷机组和蓄冷设备的容量。

（6）选择其他配套设备。

（7）编制蓄冷周期逐时运行图。

（8）经济分析与常规空调相比只算（计算）出投资回收期。

6.8.2　确定设计日的空调冷负荷

设计日负荷是指每日 24h 的逐时冷负荷。常规空调系统是依据峰值冷负荷选择冷水机组和空调设备；而蓄冷空调系统则是需要根据建筑物设计日的总冷负荷（单位为：千瓦时 kWh 或冷吨小时 RTh）、蓄冷模式（全部蓄冷或部分蓄冷）和运行控制策略（主机优先或蓄冷优先）设计。因此，设计蓄冷空调系统时，应能比较准确地提供建筑物设计日的逐时负荷图。

6.8.3　蓄冷系统的运行及控制策略

通常蓄冷系统是采用全部蓄冷还是部分蓄冷可根据建筑物设计日空调负荷分布曲线图来确定。原则上说，对于设计日尖峰负荷远大于平均负荷，则系统宜采用全部蓄冷；反之，对于设计日尖峰负荷与平均负荷相差不大时，宜采用部分蓄冷。全部蓄冷式系统的投资较高，占地面积较大，除个别建筑物外，一般不宜采用；而部分蓄冷式系统的初期投资与常规空调系统相差不大。

与常规空调系统不同，蓄冷系统可以通过制冷机组或蓄冷设备或者同时为建筑物供冷，用以确定在某一给定时刻，多少负荷是由制冷机组提供，多少负荷是由蓄冷设备供给的方法，即为系统的运行策略。蓄冷系统的设计者在设计过程中必须制定一个合适的运行策略，并详细给出系统中的设备是应做调节还是周期性开停。对于部分蓄冷式系统的运行策略主要是解决每时段制冷设备之间的供冷负荷分配问题，以下为蓄冷系统选择几种运行策略：

1. 制冷机组优先式

蓄冷系统采用制冷机组优先式运行策略是指制冷机组首先直接供冷，超过制冷机组供冷能力的负荷由蓄冷设备释冷提供。这种策略通常用于单位蓄冷量所需的费用高于单位制冷机组产冷量所需的费用，通过降低空调尖峰负荷值可以大幅度节省系统的投资。

2. 蓄冷设备优先式

　　蓄冷设备优先式运行策略是指蓄冷设备优先释冷，超过释冷能力的负荷由制冷机组负责供冷，这种方式通常用于单位蓄冷量所需的费用低于单位制冷机组产冷量所需的费用。

　　蓄冷设备优先式在控制上要比制冷机组优先式相对要复杂些。在下一个蓄冷过程开始前，蓄冷设备应尽可能将蓄存的冷能全部释冷完，即充分利用蓄冷设备的可利用蓄冷量，降低蓄冷系统的运行费用。另外，应避免蓄冷设备在释冷过程的前段时间将蓄存的大部分冷能释放，而在以后尖峰负荷时，制冷机组和蓄冷设备无法满足空调负荷需要的现象，因此应合理地控制蓄冷设备的剩余冷量，特别是对于设计日空调尖峰负荷是出现在下午时段时是非常重要的。

　　一般情况下，蓄冷设备优先式运行策略要求蓄冷系统应预测出当日 24h 空调负荷分布图，并确定出当日制冷机组在供冷过程中最小供冷量控制分布图，以保证蓄冷设备随时有足够的释冷量配合制冷机组满足空调负荷的要求。

　　3. 负荷控制式（限制负荷式）

　　简单地说，负荷控制式就是在电力负荷不足的时段，对制冷机组的供冷量加以限制的一种控制方法，通常这种方法是受电力负荷限制时才采用，超过制冷机组供冷量的负荷可由蓄冷设备负责。例如某城市电力负荷高峰时段（上午 8：00～11：00），禁止制冷机运行。

　　4. 均衡负荷式

　　均衡负荷法是指在部分蓄冷系统中，制冷机组在设计日 24h 内基本上全部满负荷运行；在夜间满载蓄冷，白天当制冷机组产冷量大于空调冷负荷时，将满足冷负荷所剩余的冷量（用冰的形式）贮存起来；当空调冷负荷大于制冷机组的制冷量时，不足的部分由蓄冷设备（融冰）来完成。这种方式系统的初期投资最小，制冷机组的利用率最高，但设计日空调负荷高峰时段与当地电力负荷高峰时段是否相同时，即是否与当地电力电价低谷时段相重叠，如不重合，则系统的运行费用较高。

6.9　冷源系统设计实例

6.9.1　制冷机组选型

　　本节以本书第 3.9 节的建筑为设计对象，该建筑供冷季设计冷负荷为 1444kW，详细设计资料请参考第 3.9 节。根据夏季空调设计负荷来确定机组容量，制冷机组制冷量由下式确定：

$$Q_0 = A_1 A_2 Q \tag{6-26}$$

式中　Q——建筑总冷负荷，kW；

　　　A_1——建筑物的同时使用系数，一般为 0.6～1.0；

　　　A_2——冷损失系数，一般为 1.05～1.15。

　　由上式得制冷机的制冷量为：$Q_A = 1.0 \times 1.1 \times 1444 = 1588.4$kW。选用两台某厂家型号为 C1E1F1 的螺杆式制冷机组，其单台制冷量为 798.8kW，其设计工况为：冷冻水进/出口温度为 12/7℃；冷却水进/出口温度为 32/37℃，冷凝器压降为 2.53mH₂O，蒸发器

压降为 $3.5 mH_2O$。

6.9.2 冷冻水泵的选择

1. 冷冻水泵流量的确定

已知冷冻水的供、回水温差为 $5℃$，则由下式可求出相应的冷冻水流量：

$$G_{cd}=3.6\times\frac{Q_0}{c\cdot(t_{out}-t_{in})} \tag{6-27}$$

式中　G_{cd}——冷冻水流量，m^3/h；

　　　c——水的比热容，$kJ/(kg\cdot℃)$，取 4.19；

t_{in}，t_{out}——冷冻水的进、出水温度，$℃$；

经计算可得冷冻水设计流量为 $248.13m^3/h$。考虑到各种不利因素，往往需要附加 10% 的余量，所以冷冻水的流量为 $272.95m^3/h$。

2. 冷冻水泵扬程的确定

制冷机房内冷冻水泵的扬程为：

$$H_{cd}=k(h_1+h_2+h_3) \tag{6-28}$$

式中　h_1——冷水机组蒸发器阻力，由机组厂商提供，mH_2O；

　　　h_2——制冷系统水管路沿程阻力和局部阻力损失，mH_2O；

　　　h_3——分、集水器阻力，一般一个为 $3mH_2O$；

　　　k——安全系数，一般取 $1.05\sim1.1$。

实际工程设计时，冷冻水管路损失应根据冷冻水管路水力计算确定。本设计由于冷冻水管路损失未计算，取经验值 $7mH_2O$。根据上式计算水泵扬程为 $18.15mH_2O$，选用两台冷冻水泵，则单台水泵的设计流量为 $146.475m^3/h$，选用 IS150-125-315B 型水泵，流量为 $173m^3/h$，扬程为 $24mH_2O$。

6.9.3 冷却塔的选型

冷却水量的确定：

$$G_c=3.6\times\frac{k_cQ_0}{c\cdot(t_{w1}-t_{w2})} \tag{6-29}$$

式中　Q_0——制冷机冷负荷，kW；

　　　k_c——制冷机制冷时耗功的热量系数。对于压缩式制冷机，取 $1.2\sim1.3$；对于溴化锂吸收式制冷机，取 $1.8\sim2.2$；

t_{w1}，t_{w2}——冷却塔的进、出水温度，$℃$；

计算得冷却水设计流量为 $356.89m^3/h$。

选用冷却塔时，冷却水量应考虑 $1.1\sim1.2$ 的安全系数，所以冷却塔的设计冷却水量为 $392.58m^3/h$。选用两个冷却塔，单个冷却塔的设计冷却水量为 $196.29m^3/h$。根据计算结果选择两台型号为 DBNL200 的冷却塔，冷却塔的流量为 $200m^3/h$。

方案设计时，冷却水量 G'（t/h）也可按下式估算

$$G'=aQ_0 \tag{6-30}$$

式中 a——单位制冷量的冷却水量。压缩式制冷机 $a=0.22$，溴化锂是制冷机 $a=0.3$。

6.9.4 冷却水泵选型

冷却水泵的流量取冷却水流量，水泵扬程按式（6-31）得出。

$$H_c=k_p(h_f+h_m+h_c+h_s) \tag{6-31}$$

式中 h_f——冷却水管路系统总阻力损失，一般为 $5\sim8mH_2O$；

  h_m——制冷机组冷凝器阻力，由厂商提供，mH_2O；

  h_c——冷却塔（开式冷却塔）接水盘到喷嘴的高差，一般为 $2\sim3mH_2O$；

  h_s——冷却塔喷头喷水压力：一般为 $2\sim3mH_2O$；

  k_p——安全系数，一般取 $1.05\sim1.1$。

由于本设计冷却管路损失未计算，取经验值 $7mH_2O$。实际工程设计时，应进行冷却水管路水力计算确定。由式（6-31）计算得，冷却水泵的扬程为 $H=1.1\times(7+2.53+6)=17.083mH_2O$。冷却水设计流量为 $356.89m^3/h$，选用两台冷却水泵并联，单台的水泵流量为 $178.445m^3/h$，扬程为 $17.083mH_2O$。选取冷却水泵型号为 IS150-125-250，流量为 $200m^3/h$，扬程为 $20mH_2O$。

6.9.5 制冷机房设备的布置

根据《民用建筑供暖通风与空气调节设计规范》GB 50736—2012，机房内设备布置应符合下列规定：

（1）机组与墙之间的净距不小于 1m，与配电柜的距离不小于 1.5m；

（2）机组与机组或其他设备之间的净距不小于 1.2m；

（3）宜留有不小于蒸发器、冷凝器或低温发生器长度的维修距离；

（4）机组与其上方管道、烟道或电缆桥架的净距不小于 1m；

（5）机房主要通道的宽度不小于 1.5m。

设计时，机组与墙之间的距离为 2.7m，机组与机组间的距离为 2m，机组与分水器间的距离为 1.7m，皆符合规范要求。

根据建筑给水排水工程技术与设计手册，水泵的布置应符合表 6-15 的规定。

水泵外轮廓面与墙和相邻水泵间的间距   表 6-15

电动机额定功率 （kW）	水泵外轮廓面与墙面 之间的最小间距（m）	相邻水泵外轮廓面 之间的最小间距（m）
＜22	0.8	0.4
25～55	1.0	0.8
55～160	1.2	1.2

由于 6 台水泵的功率皆为 18.5kW，水泵外轮廓面与墙面之间的间距应不小于 0.8m，相邻水泵外轮廓面之间的最小间距应不小于 0.4m。

设计时，冷冻水泵外轮廓面与柱面之间的间距为 1.2m，相邻水泵外轮廓面之间的距离为 1.2m；冷却水泵外轮廓面与柱面之间的间距为 0.8m，与墙面之间的间距为 3m，相邻水泵外轮廓面之间的距离为 1.2m。具体布置详见案例图 6-24～图 6-26 所示。

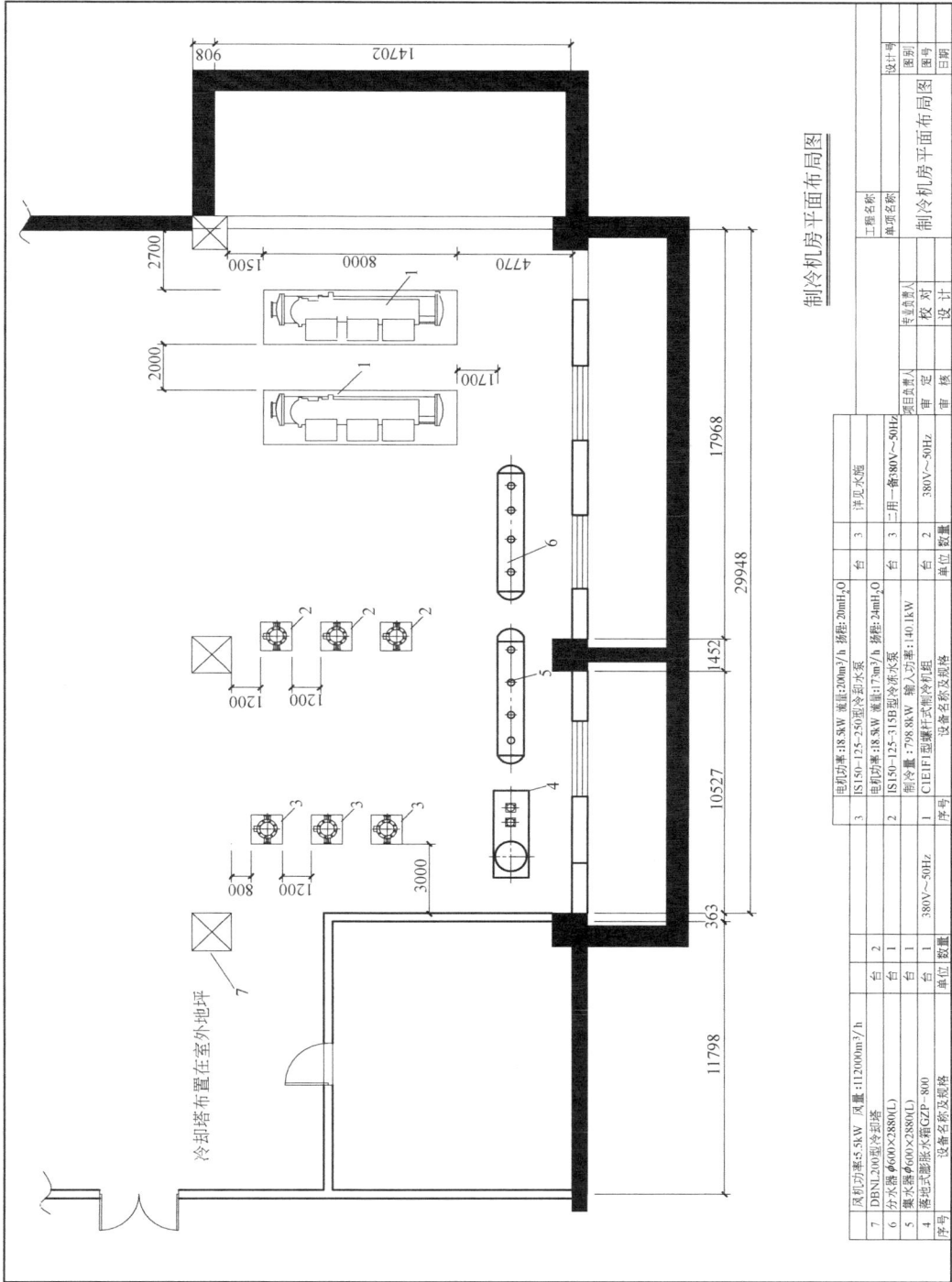

图6-24 制冷机房平面布局图

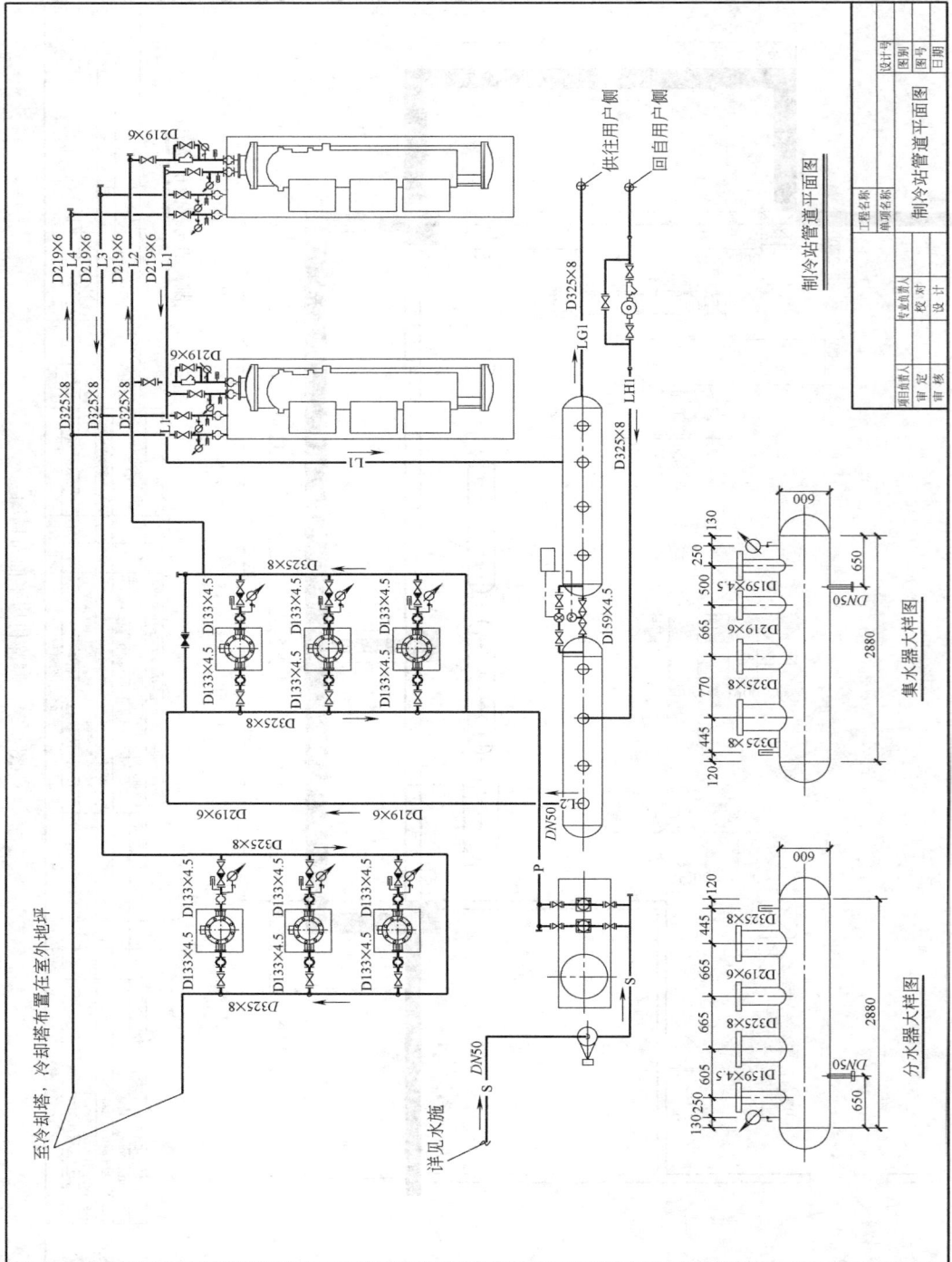

图 6-25 制冷站管道平面图

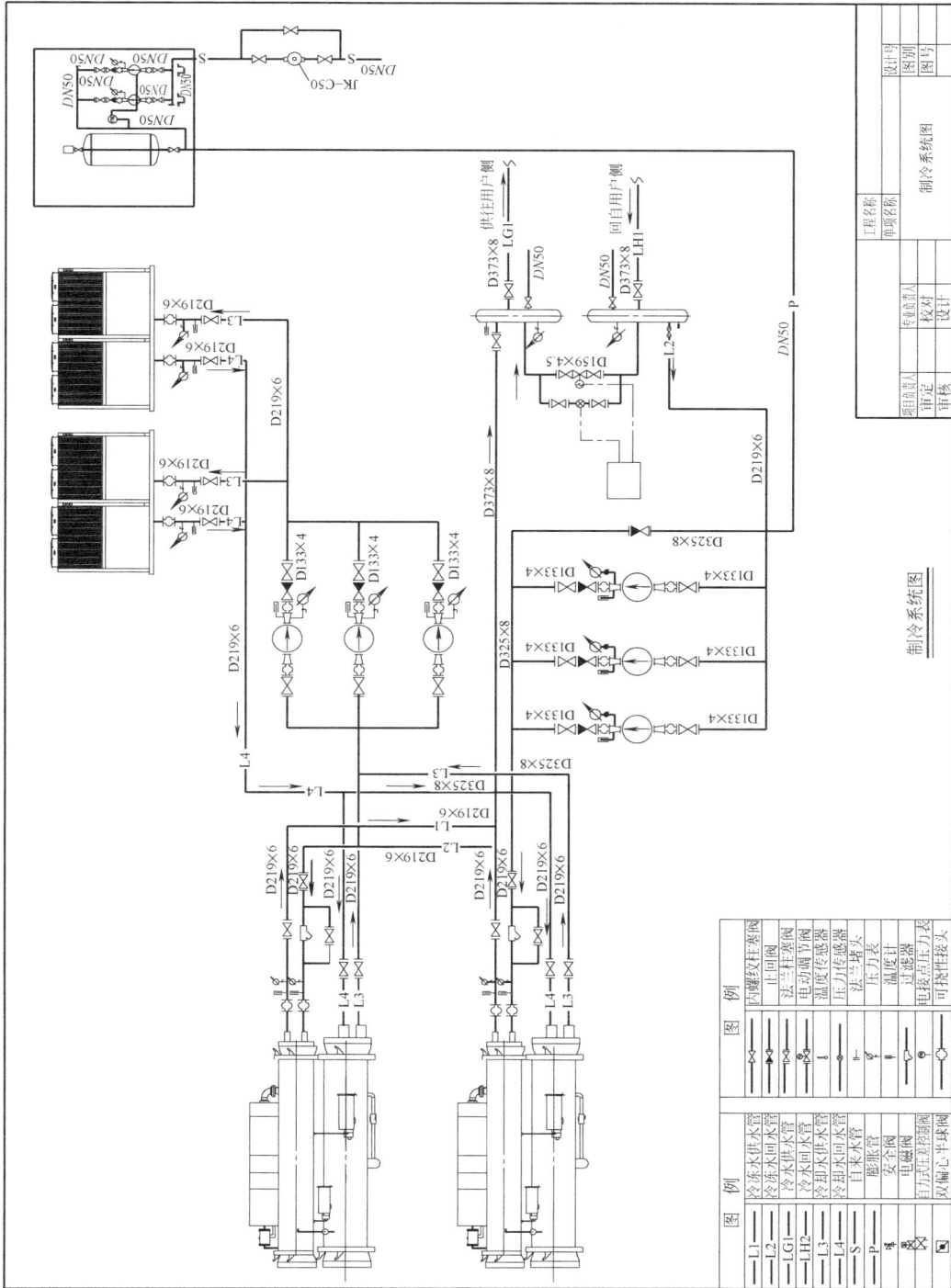

图 6-26 制冷系统图

6.10 施工图构成

锅炉房设计及施工说明

一、工程概况：
略

二、设计范围：
略

三、设计依据：
1.《锅炉房设计规范》GB50041—2008
2.《民用建筑供暖通风与空气调节设计规范》GB50019—2012
3.《公共建筑节能设计标准》GB50189—2015

四、热负荷分配
1.空调供暖热负荷3200kW，配套采暖热负荷：220 kW
2.生活热水负荷：800 kW

五、设备工艺设计部分
本锅炉房采用低温热水供热，供水温度95℃，回水温度70℃，系统采用屋面膨胀水箱补水定压。

（一）设备安装
1.锅炉等各种设备基础图，由设备厂家提供，且须与到货设备核对无误后方可施工。
2.土建施工应与安装工作密切配合，避免剔槽件及孔洞的遗漏。
3.膨胀水箱，未明确之处参见03R401-2《总说明》。
4.设备安装与安装验收应按《机械设备安装工程及验收规范》及设备厂家提供使用说明书进行安装施工及验收。

（二）管道材料：
除自来水、软化水管道采用镀锌钢管丝扣连接外，
其它管道采用成熟镀锌钢管，DN≥50采用无缝钢管。
管道连接除阀门采用法兰连接外，其余处均采用焊接，DN>50采用无缝钢管焊接。

公称直径DN	15	20	25	32	40	50	65	80	100	125	150	200
外径	21.3	26.8	33.5	42.3	48	57	73	89	108	133	159	219
壁厚	2.75	2.75	3.25	3.25	3.5	3.5	4.0	4.0	4.0	4.5	4.5	6.0
应用标准	GB3092-82						GB163-87					

注：
1.水暖管道安装参照《工业管道工程施工及验收规范》及《民用建筑工程施工及验收规范》实施。
2.水暖管道保温参照《工业设备及管道绝热工程施工规范》。硬质保温使用手辅水和淤泥，施工时应在管道内敷油层完毕后，阀门安装束再实施操作。
热水处设DN20改气气，具体位置可由现场热热实际状况酌定，阀门安装束再实施操作。

六、保温及油漆
1.管道在安装前应将管道内外铲除污垢，管道外壁刷红色防锈漆两道。
2.安装完后应对管道外壁刷红色调和漆两道。DN70~DN150，δ=60mm，DN>200，DN>200，表示出介质流向。
保温层外表刷下铝粉外表色和色环调和漆五遍，保温材料用超细玻璃棉管壳，铝箔胶带封口。
膨胀水箱除锈后 08K507。
保温管道色漆应刷在保护层表面。

管道刷漆色标规定如下：
采暖热水供水管道：铝色 采暖热水回水管道：铝色绿环
排污管道：黑色 自来水管道：绿色
给水管道：绿色白环 软化水管道：浅绿色
色环宽度：150mm，环距：1.3m

3.不锈管道金属支架刷水管等在表面除锈后，刷即行铁锈漆和色漆各两道。
4.天棵钢制烟囱(壁厚≤4)，由锅炉厂集中供货，负责安装，细微的连接处必须严密，细烟囱敷设烟道均应有隔热措施。烟囱出口向外1/3段向13段)，且烟管
出墙处加防雨帽。

七、设备及管道的试压
系统工作压力为：0.40MPa，试验压力0.8MPa，水暖管道0.8MPa，试压压压试验压力0.8MPa。试压压试较软件设备安装与说明书
中的要求及有关规范进行。

八、设备消声、隔振
吊装机房设设减震弹簧及架以减小振动，水系均要求与劳动部颁发的厂家配减机型配置。

九、其他：
1.本试工本试已按劳动部门的《热水锅炉安全技术监察规程》进行。
2.说明未尽之外，详见
《工业锅炉安装工程施工及验收规范》(GB50273-98)
《压缩机、风机、泵安装工程施工及验收规范》(GB 50275-98)
《工业金属管道工程施工及验收规范》(GB 50235-97)
《建筑设备安装工程质量检验评定标准》(GB50243-2000)
《建筑给水排水及采暖工程施工质量验收规范》(GB50242-2002)
3.本设计院同意，施工方可根据现场情况进行适当调整管道，阀门，设备等安装形式。

图例

采暖供水管	—R1—	一次热水供水管
采暖回水管	—R2—	一次热水回水管
排污管	—R3—	配套锅炉采暖供水管
	—R4—	配套锅炉采暖回水管
	—R5—	
	—R6—	
	—Pw—	电磁阀
止回阀		Y型过滤器
截止阀		压力表
安全阀		温度计
橡胶软接头		热力量计
自动排气阀		
快速排污阀		

阀门（及设备）型号选用表

DN<50mm	截止阀	J41H-1.6P
DN>50mm	双偏心半球阀	PQ340F-1.6Q
止回阀	H41/42S-16	排气阀 ZPL-20
热计量表	SONOCAL3000(流量传感器ZTY47(液体用接口处以最大管径选)	

自动排气阀等配阀……
压力表等阀门选用PN=1.6MPa

水泵耗电输热比：
EHR=7.5/4200×0.85~0.011518~0.0056α(14+0.0115×70)/25~0.00318

设备及主要材料表

编号	名称（型号）	规格参数	单位	数量	备注
1	真空燃气热水锅炉 (GT530-25)	额定热量：6.4 T, Pw=0.4 MPa 额定水温供回水：95/70℃, 热效率92% 燃烧器：德国进口, 1.4 kW	台	3	钢制锅炉
2	锅炉循环水泵 (NBG 80-65-125)	Q=50 CMH, H=25m	台	4	
3	锅炉排污过滤器 (MHL-T-CT16-1.0)	DN200, PN=1.0 MPa	台	1	
4	全自动软水器 (CM-2T 25S/440~250)	产水量：1.6~2.2 CMH V=2 m³,1800×1800×2000mm	台	2	交替使用
5	膨胀水箱	V=2 m³,1800×1800×2000mm	个	1	
6	分水器	D=530,壁厚8	台	1	屋面安装
7	集水器	D730×8,PN≈1.6 MPa,L=750 mm	台	1	

项目负责人		设计号	
审定		图别	
校对		图号	
审核			
设计		日期	

锅炉房设计及施工说明

图6-27 锅炉房设计及施工说明

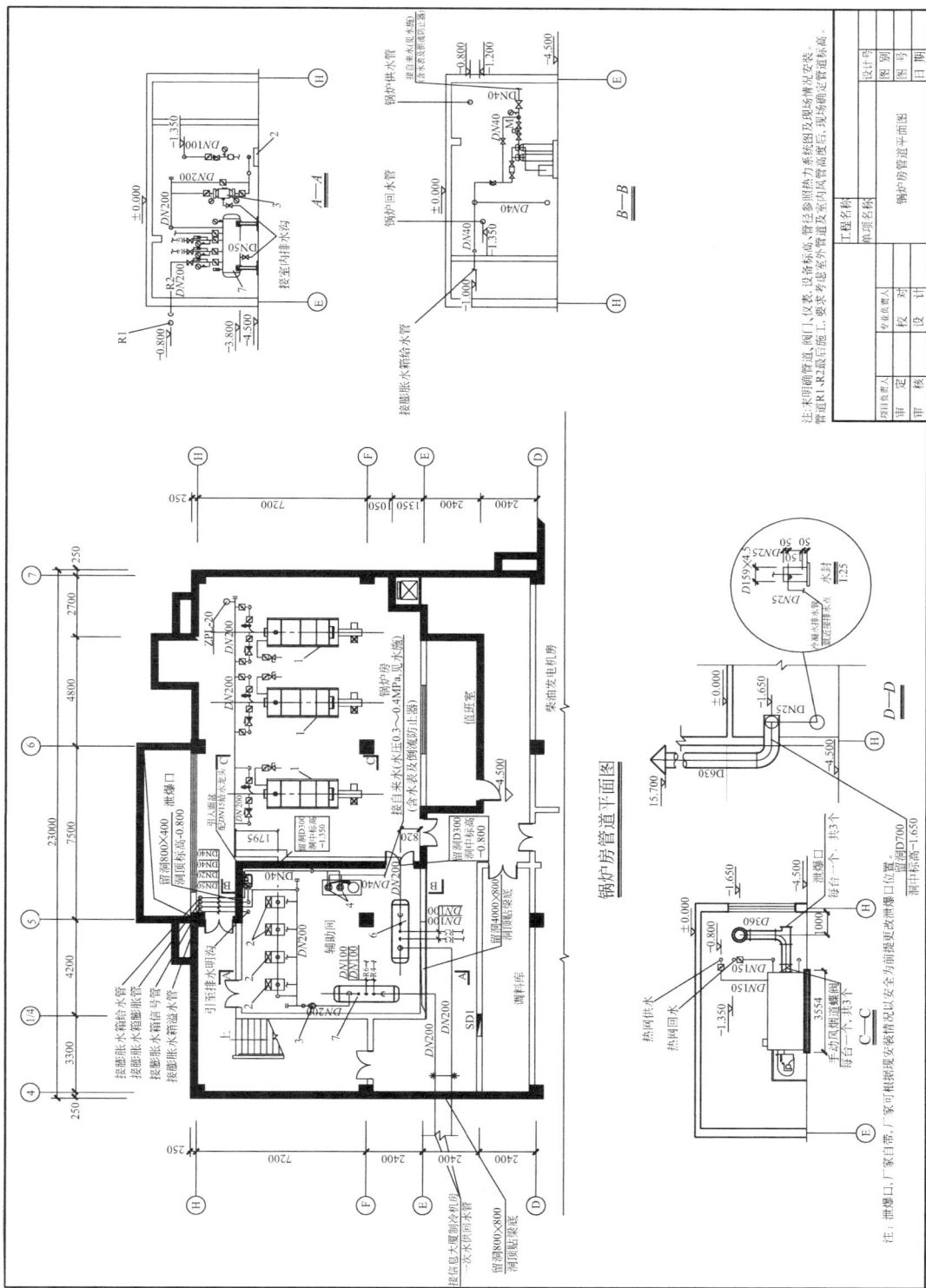

图6-28 锅炉房管道平面图

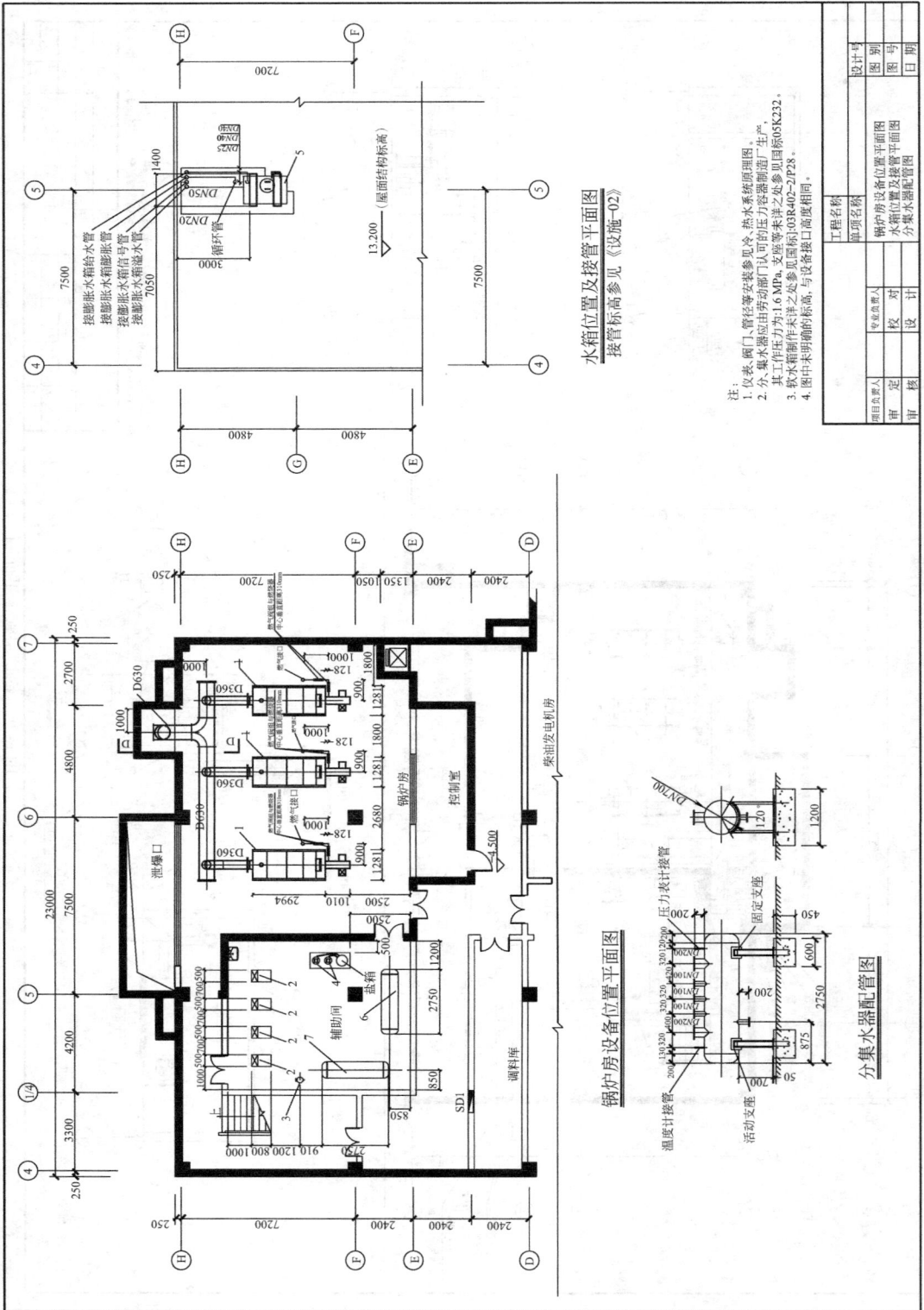

图 6-29 锅炉房设备位置平面图

水箱位置及接管平面图
接管标高参见《设施-02》

锅炉房设备位置平面图

分集水器配管图

注：
1. 仪表、阀门、管径等安装参见冷、热水系统原理图。
2. 分集水器应由劳动部门认可的压力容器制造厂生产，
   其工作压力为1.6MPa。支座等未详之处参见国标05K232。
3. 软水箱制作未详之处参见国标03R402-2/P28。
4. 图中未明确的标高，与设备接口高度相同。

282

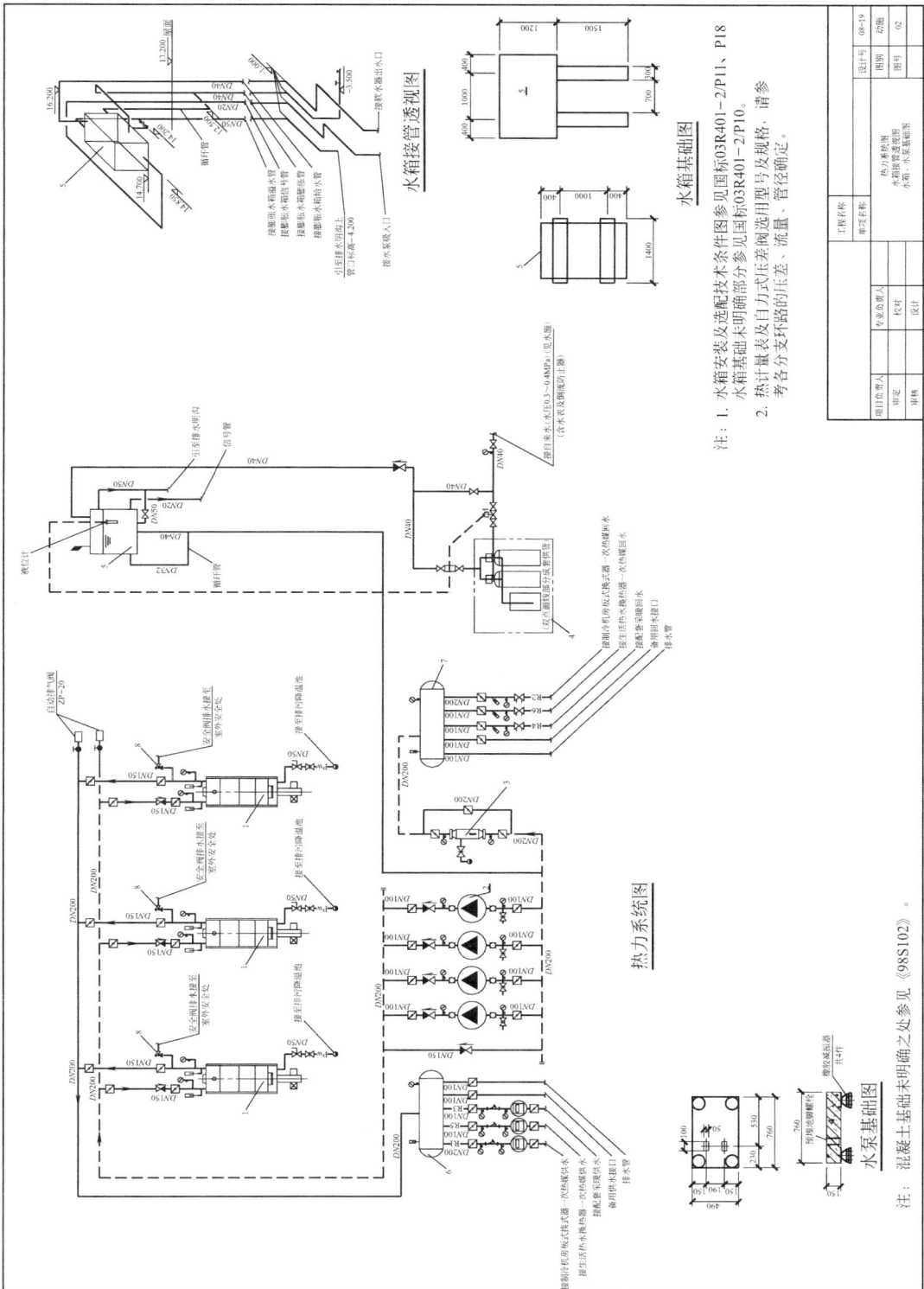

图 6-30 热力系统图

283

三、制冷机房

1. 空调冷冻(热)水采用集中供给冷冻水选用螺杆式冷水机组30HXC300A 共两台。夏季单台制冷量为1056kW，进水温度12℃，出水温度7℃。冬季采用TSK500-1.0/1.0-1型屉式换热器换热量为1279kW，进水温度55℃，出水温度65℃。

2. 冷冻站选四台冷冻(热)水循环泵并联运行，两台150RK180-32夏季使用，两台125RK120-32，冬季一用一备，夏季两台备用。

3. 空调水系统的定压为落地式膨胀水箱定压，冷水和热水的供回水箱采用公用管路。

4. 制冷机冷却水系统(冷却水泵、冷却塔及管道)由给排水专业设计，安装时详见给排水专业图纸。

5. 冷水机组的开启和关闭顺序为：

开启：压差控制阀(仅HL-KZ-1301) → 冷却塔风机 → 冷却水泵 → 制冷机

关闭：制冷机 → 冷却塔风机 → 冷却水泵 → 冷冻水泵

各设备的安装应按照制造厂提供的《安装使用说明书》进行；同时还应遵守《制冷设备安装工程施工及验收规范》GBJ66-84 和《机械设备安装工程施工及验收规范》T1231(五)-78以及其他有关规范、标准中的各项要求。

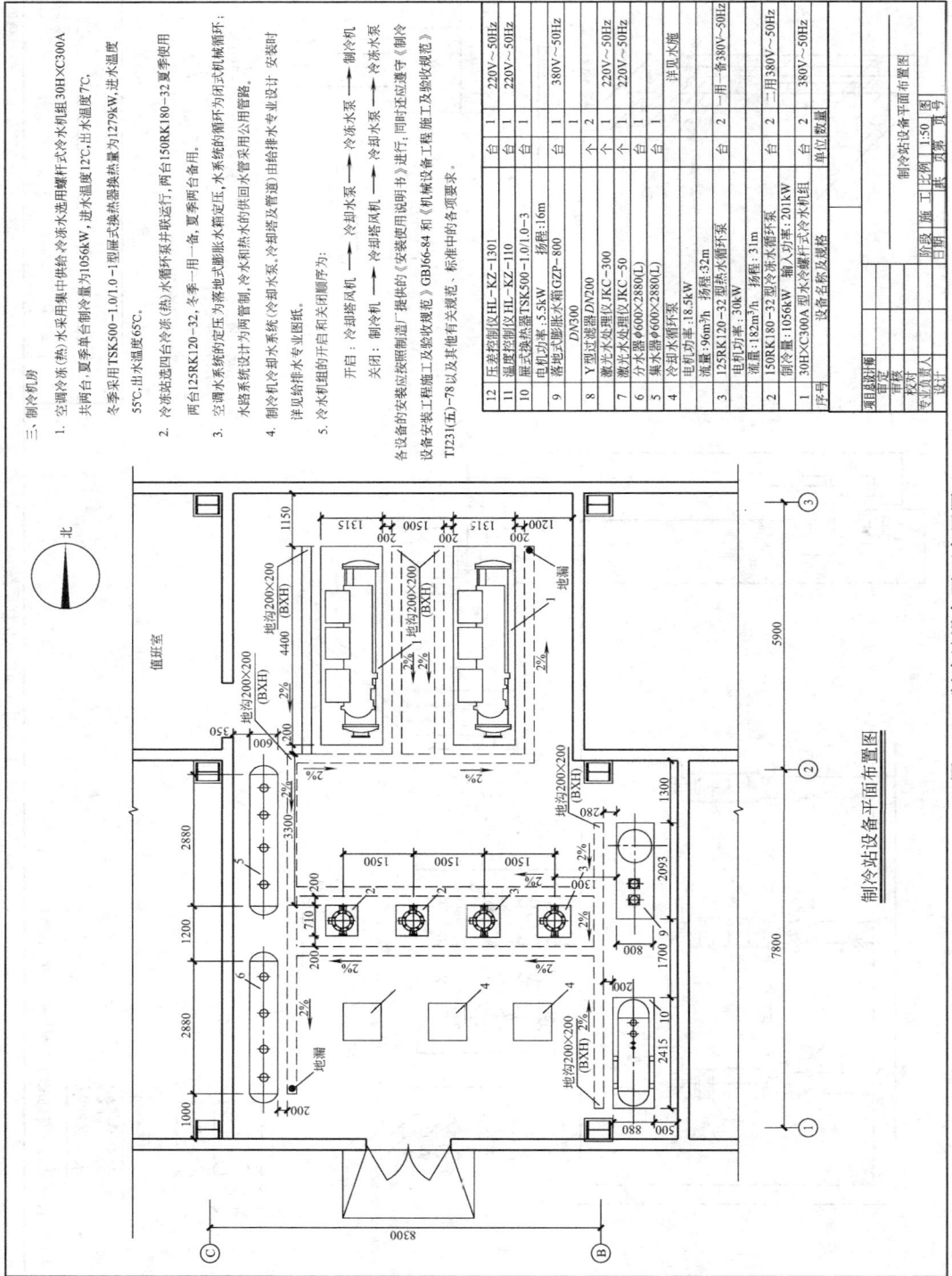

制冷站设备平面布置图

序号	设备名称及规格	单位	数量	备注
12	压差控制阀(仅HL-KZ-1301)	台	1	220V~50Hz
11	温度控制阀(仅HL-KZ-110	台	1	220V~50Hz
10	屉式换热器TSK500-1.0/1.0-3 电机功率-5.5kW	台	1	380V~50Hz
9	落地式膨胀水箱GZP-800 DN300	个	2	
8	Y型过滤器 DN200	个	1	
7	激光水处理仪JKC-300	个	1	220V~50Hz
6	分水器 φ600×2880(L)	台	1	220V~50Hz
5	集水器 φ600×2880(L)	台	1	
4	冷却水循环泵 电机功率:18.5kW 流量:96m³/h 扬程:32m	台	2	一用一备380V~50Hz
3	125RK120-32型热水循环泵 电机功率:30kW 流量:182m³/h 扬程:31m	台	2	二用380V~50Hz
2	150RK180-32型冷冻水循环泵 制冷量:1056kW 输入功率:201kW	台	2	380V~50Hz
1	30HXC300A型水冷螺杆式冷水机组	台	2	380V~50Hz

项目总设计		制冷站设备平面布置图
审核		
校对		
专业负责人		图号
设计		
阶段 施工图	比例 1:50	第 页 共 页

图 6-31 制冷站设备平面布置图

北

值班室

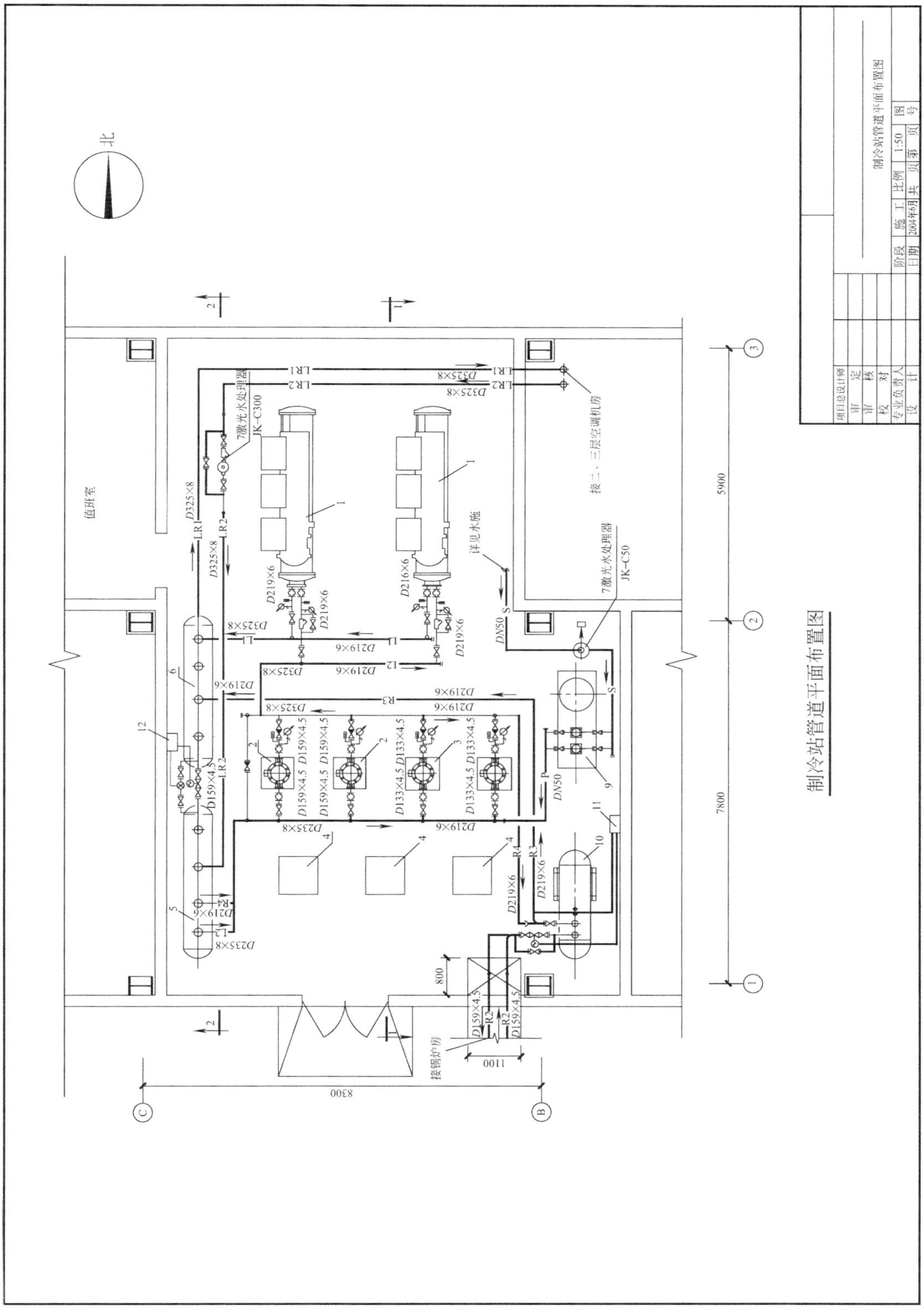

制冷站管道平面布置图

图6-32 制冷站管道平面布置图

285

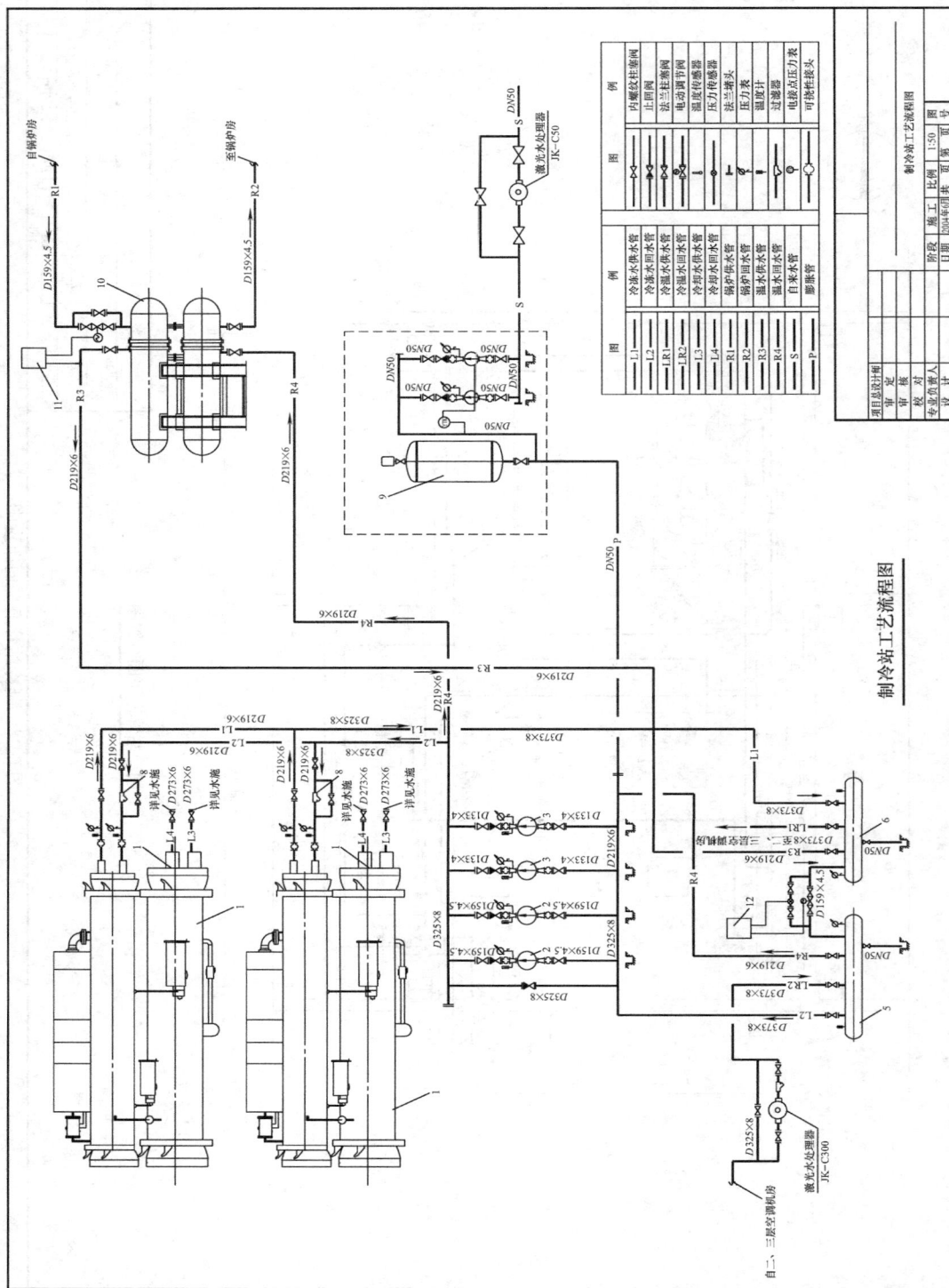

制冷站工艺流程图

图 6-33 制冷站工艺流程图

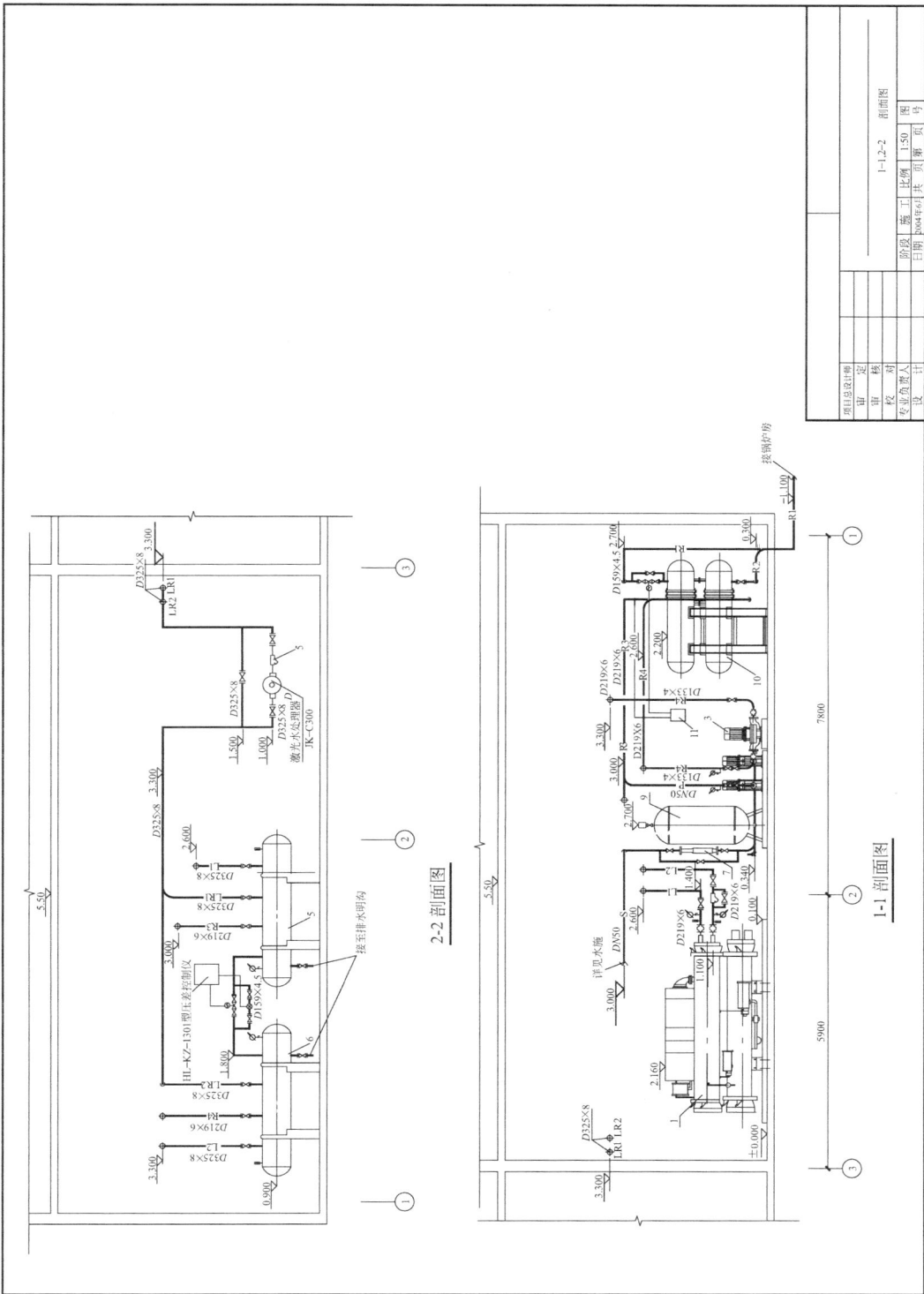

图 6-34 制冷站剖面图

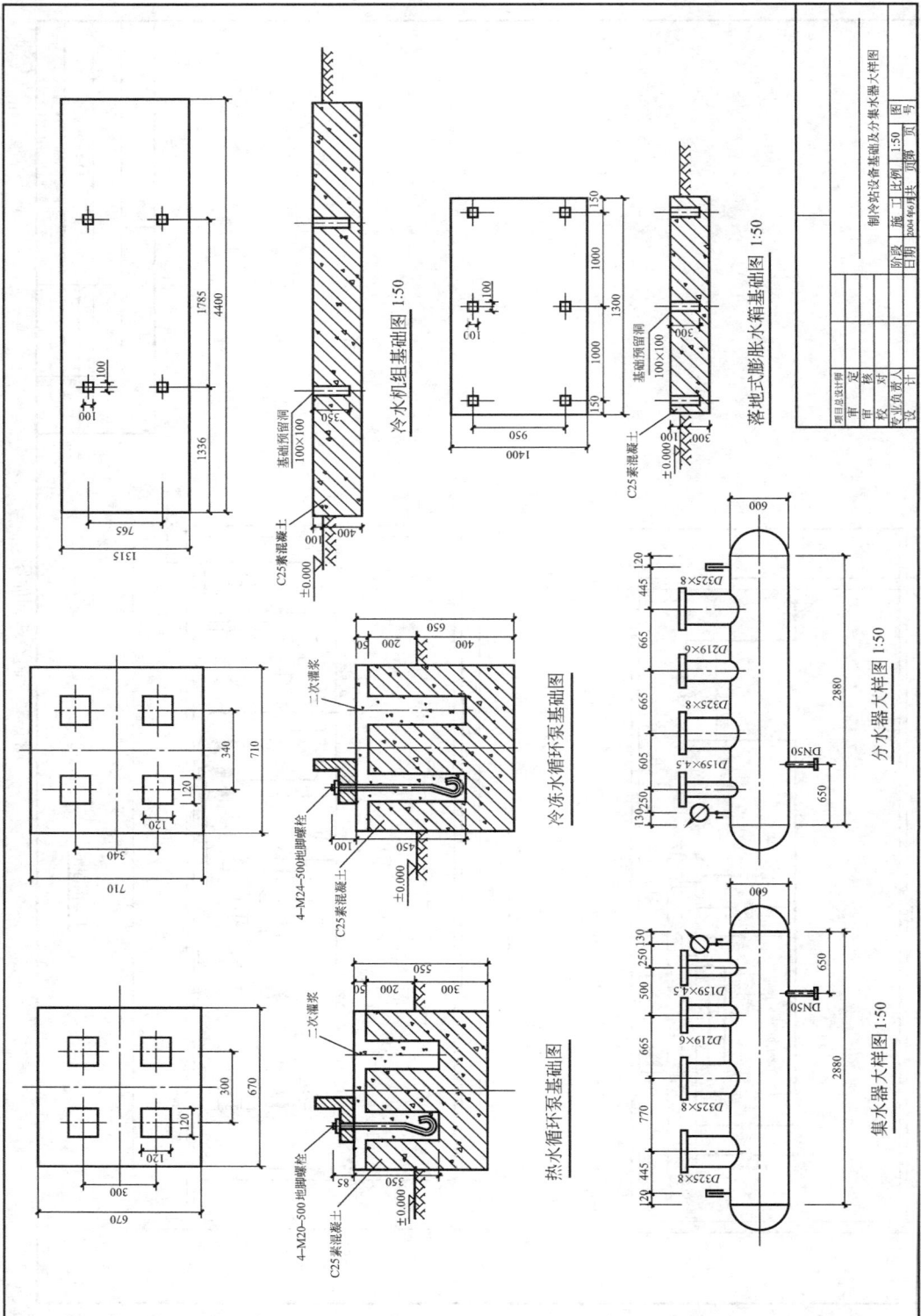

图 6-35 制冷站设备基础及分集水器大样图

本章标准规范

[1] 蒸汽和热水型溴化锂吸收式冷水机组 GB/T 18431. 北京：中国标准出版社，2001.
[2] 民用建筑供暖通风与空气调节设计规范 GB 50736. 北京：中国建筑工业出版社，2012.
[3] 锅炉房设计规范 GB 50041. 北京：中国计划出版社，2008.
[4] 建筑设计防火规范 GB 50016. 北京：中国计划出版社，2015.
[5] 公共建筑节能设计标准 GB 50189. 北京：中国建筑工业出版社，2015.

本章参考文献

[1] Kavanaugh S P. Ground source heat pumps, design of geothermal systems for commercial and institutional buildings. American Society of Heating, Refrigerating and Air-Conditioning Engineers (ASHRAE)，1997.
[2] 徐伟等. 地源热泵工程技术指南. 北京：中国建筑工业出版社，2001.
[3] 谢汝铺. 地源热泵系统的设计. 现代空调，2001. 3：33-74.
[4] 刁乃仁，方肇洪. 地源热泵—建筑节能新技术. 建筑热能通风空调，2004，23（3）：18-23.
[5] 彦启森等. 空气调节用制冷技术（第四版）. 北京：中国建筑工业出版社，2010.
[6] 陆耀庆等. 实用供热空调设计手册（第二版）. 北京：中国建筑工业出版社，2008.
[7] 黄晓家等. 建筑给水排水工程技术与设计手册. 北京：中国建筑工业出版社，2010.

第7章　暖通空调监控系统设计

暖通空调系统根据室内和室外设计参数进行设计和选型。但在实际运行中，由于室内、外参数不断变化，暖通空调系统大部分时间工作在非设计工况。由于暖通空调是由冷热源、空气处理设备、空气和水的输配系统等构成的复杂系统，当系统某一运行参数变化时，必然会影响其他设备和整个系统的工作。因此，必须对暖通空调系统进行监测和控制，使其组成设备、参数之间相互匹配，保证系统稳定、安全和节能运行。

暖通空调的监测与控制系统设计应依据相关的国家规范及措施，根据委托方要求的监控深度，暖通空调专业的工艺设计要求及相关图纸、设备技术资料等进行设计，基本设计内容如下：

第1步：熟悉暖通空调专业的原始设计资料和技术资料，了解监控工艺要求。

第2步：设计暖通空调设备与系统的监控原理，具体包括：

（1）确定控制方案，包括：温度控制、湿度控制、启停控制、连锁控制、压力或压差控制、工况转换等控制方法；

（2）绘制监控原理图，确定监控点的数量、类型和安装位置；

（3）完成监控点表，确定传感器和执行器的数量、技术要求，以及动力设备的监控点位、接口类型。

第3步：选择监控系统与设备，提出与第三方的接口要求，具体包括：

（1）确定监控系统类型，提出监控系统功能要求；

（2）选择传感器和执行器，确定安装位置，进行调节阀的计算和选型；

（3）根据监控点的数量、类型，选择控制器的型号和数量；

（4）提出对电气专业的自控配合要求。在动力设备电控柜设计中，应预留自动监控点位接口，如：设备的运行状态、故障状态、手自动状态、启停控制、频率调节和反馈等；

（5）提出对设备厂家的自控配合要求，如：制冷机通信接口要求，明确通信协议和通信点位。

第4步：深化设计还应进行监控系统的施工图设计，包括：系统图、平面图、机房大样图和DDC柜接线图等；监控软件设计，包括上位机管理软件和下位机控制逻辑，实现监控管理功能。

7.1　暖通空调的监控内容

暖通空调系统的监测与控制内容可包括：参数检测、参数与设备状态显示、自动调节与控制、工况自动转换、设备连锁与自动保护、能量计量以及中央监控与管理等。具体内容和方式应根据建筑物的功能与要求、系统类型、设备运行时间以及工艺对管理的要求等因素，通过技术经济比较确定。对有特殊要求的冷热源机房、通风和空调系统的监测与控制应符合相关规范的规定。

7.1.1 暖通空调的监测要求

（1）反映设备和管道系统在启停、运行、远程/就地控制状态及事故处理过程中的安全和经济运行的参数，应进行检测。

（2）用于设备和系统主要性能计算与经济分析所需要的参数，宜进行检测。

（3）锅炉房、换热机房和制冷机房应进行能量计量，应计量燃料的消耗量、耗电量、供热量、供冷量、补水量。其中，循环水泵耗电量宜单独计量。

（4）采用区域性冷源和热源时，在每栋公共建筑的冷源和热源入口处，应设置冷量和热量计量装置。采用集中供暖空调系统时，不同使用单位或区域宜分别设置冷量和热量计量装置。

（5）检测仪表的选择和设置应与报警、自动控制和计算机监视等内容综合考虑，不宜重复设置，就地监测仪表应设在便于观察的地点。

7.1.2 暖通空调的控制要求

（1）采用集中监控系统控制的动力设备应设就地手动控制装置，通过远程/就地转换开关实现远距离与就地手动控制之间的转换，并且应在使用就地控制时切断远程控制。远程/就地转换开关状态应作为集中监控系统的输入参数。

（2）设备设置联动、连锁等保护措施时，应符合如下规定：

1）当采用集中监控系统时，联动、连锁等保护措施应由集中监控系统实现；

2）当采用就地自动控制系统时，联动、连锁等保护措施，应为自控系统的一部分或独立设置；

3）当无集中监控或就地自动控制系统时，应设置专门联动、连锁等保护措施。

（3）间歇运行的暖通空调系统，宜设置自动启停控制装置。控制装置应具备按预定时间表、按服务区域是否有人等模式控制设备启停的功能。

（4）锅炉房和换热机房的控制设计应符合下列规定：1）应能进行水泵与阀门等设备连锁控制；2）供水温度应能根据室外温度进行调节；3）供水流量应能根据末端需求进行调节；4）宜能根据末端需求进行水泵台数和转速的控制；5）应能根据需求供热量调节锅炉的投运台数和投入燃料量。

（5）冷、热源机房的控制设计应符合下列规定：1）应能进行冷水（热泵）机组、水泵、阀门、冷却塔等设备顺序启停和连锁控制；2）应能进行冷水机组的台数控制，宜采用冷量优化控制方式；3）应能进行水泵的台数控制，宜采用流量优化控制方式；4）二级泵应能进行自动变速控制，宜根据管道压差控制转速，压差宜能优化调节；5）应能进行冷却塔风机的台数控制，宜根据室外气象参数进行变速控制；6）应能进行冷却塔的自动排污控制；7）宜能根据室外气象参数和末端需求进行供水温度的优化调节；8）宜能按累计运行时间进行设备的轮换使用；9）冷、热源主机设备在3台以上的，宜采用机组群控方式；当采用群控方式时，控制系统应与冷水机组自带控制单元建立通信连接。

（6）供暖系统的控制设计应符合下列规定：1）供暖空调系统应设置室温调控装置；2）散热器及辐射供暖系统应安装自动温度控制阀。

（7）全空气空调系统的控制设计应符合下列规定：1）应能进行风机、风阀和水阀的启停连锁控制；2）应能按使用时间进行定时启停控制，宜对启停时间进行优化调整；3）

采用变风量系统时，风机应采用变速控制方式；4）过渡季宜采用加大新风比的控制方式；5）宜根据室外气象参数优化调节室内温度设定值；6）全新风系统送风末端宜采用设置人离延时关闭控制方式。

（8）风机盘管的控制设计应符合下列规定：1）为降低监控造价，应采用风机盘管温控器进行控制；2）公共区域的风机盘管宜选用联网型温控器，以便纳入集中监控系统。应能对室内温度设定值范围进行限制；应能按使用时间进行定时启停控制，宜对启停时间进行优化调整。3）风机盘管应采用电动水阀和风速相结合的控制方式，宜设置常闭式电动通断阀。

（9）通风系统的控制设计应符合下列规定：

1）以排除房间余热为主的通风系统，宜根据房间温度控制通风机运行台数或转速。

2）地下停车库风机宜采用多台并联的方式或设置风机调速装置，并宜根据使用情况对通风机设置定时启停（台数）控制，或根据车库内的 CO 浓度进行自动运行。

3）对于风量需要经常变化且需维持房间风量平衡和压力的场合，送风机和排风机宜联锁启停。当采用双速或变速风机时，风机排风量应满足房间风量平衡的要求。

① 厨房炉灶排风机和对应送风机的联锁启停。当多台排风机对应一台补风机时，补风机风量根据排风机开启台数变速运行。

② 地下锅炉房锅炉鼓风机和为满足燃烧空气量所设对应送风机的联锁启停。当多台锅炉对应一台补风机时，补风机风量根据排风机开启台数变速运行。

③ 空调系统的空气处理机组和对应排风机的联锁启停。当新风量变化时，应进行排风机的台数调节或变速运行。

4）对于厨房、实验室等需在工作点控制风机启停且风机远离工作点时，应在工作点设置远距离控制开关；

5）事故通风的通风机应分别在室内、外便于操作的地点设置电器开关，并且通风机应与可燃气体泄漏、事故等探测器联锁开启。

7.2　监控系统的设计选型原则

7.2.1　监控系统的选择要求

1. 符合下列条件之一时，宜采用集中监控系统：

（1）系统规模大，制冷空调设备台数多，并且相关联各部分相距较远；

（2）建筑面积大于 $20000m^2$ 的公共建筑，并且使用中央空调系统；

（3）提高管理水平，防止事故，合理利用能量，实现节能运行。

2. 不具备采用集中监控系统条件，当符合下列条件之一时，宜采用就地的自动监控系统：

（1）工艺或使用条件有一定要求；

（2）需防止事故，保证安全；

（3）可合理利用能量，实现节能运行。

3. 集中监控系统的选择宜遵循的原则

（1）系统应采用集散式监控，对被控设备或系统进行集中管理和分散控制，降低故障影响面；（2）系统要有一定的前瞻性及可变性，要考虑到系统功能扩展的可能性而不影响系统的主体使用。

4. 监控管理系统的功能应符合的规定

（1）应能以与现场测量仪表相同的时间间隔和测量精度连续记录，显示各系统运行参数和设备状态，其存储介质和数据库应能保证记录连续一年以上的运行参数；（2）应能计算和定期统计系统的能量消耗、各台设备连续和累计运行时间；（3）应能改变各控制器的设定值，并能对设置为"远程"状态的设备直接进行启停控制和调节；（4）应根据预定的时间表，或依据节能控制程序自动进行系统或设备的启停；（5）应设立操作者权限控制等安全机制；（6）应有参数越限报警、事故报警及报警记录功能，并宜设有系统或设备故障诊断功能；（7）宜设置可与其他弱电系统数据共享的集成接口。

5. 监控中心宜设在主楼底层，在确保设备安全的条件下亦可设在地下层。设备监控室可以与消防控制室及保安监控室安排在相邻或同一个控制室内，以便充分发挥各系统的协调功能，提高防灾的能力和智能化物业管理的效率。

7.2.2 传感器的选择要求

1. 传感器应选择的基本原则

（1）当以安全保护和设备状态监视为目的时，宜选择以开关量形式输出的传感器，不宜使用连续量输出的传感器；当以设备性能监视和能量计量为目的时，宜选择连续量输出的传感器。

（2）传感器的测量范围宜为实际参数变化范围的 1.2～1.5 倍，使传感器工作范围涵盖参数的实际变化范围，但又不过大，从而保证测量准确度。

（3）传感器的精度应高于工艺要求的控制和测量精度，并且灵敏度高，响应速度快，静态响应与动态响应的准确度能满足要求。

（4）易燃易爆环境应采用防燃防爆型传感器。

（5）传感器应具有较强的实用性、适应性和经济性。体积小、质量轻、动作能量小，对被测对象的状态影响小；内部噪声小而又不易受外界干扰的影响；成本低、寿命长，且便于使用、维修和校准。

2. 温度传感器的设置应满足的规定

（1）温度传感器应根据测量范围、精度、灵敏度和使用环境进行类型选择。温度传感器最常用的类型是铂电阻、热敏电阻和热电偶。其中，铂电阻的测量线性度最优，稳定性最好，但价格较贵；热敏电阻的灵敏度最高，但稳定性和一致性较差；热电偶测量范围最宽，价格便宜，但稳定性和精度差。

（2）当温度传感器用于热量或冷量计量时，宜选择高精度的铂电阻温度传感器，并应选用配对温度传感器，温度偏差系数应同为正或负。

（3）壁挂式空气温度传感器应安装在空气流通、能反映被测房间空气状态的位置；室外温度传感器放置在进风口的位置或室外较阴凉的地方；风道式温度传感器应保证插入深度，不应在探测头与风道外侧形成热桥；水道式温度传感器应保证测头插入深度在水流的主流区范围内，安装位置附近不应有热源及水滴；机器露点温度传感器应安装在挡水板后有代表性的位置，应避免辐射热、振动、水滴及二次回风的影响。

3. 压力传感器的设置应满足的规定

（1）压力传感器的工作压力应大于该点可能出现的最大压力的 1.5 倍；

（2）在同一建筑层的同一水系统上安装的压力传感器宜处于同一标高；

（3）测压点和取压点的设置应根据系统需要和介质类型确定，设在管内流动稳定的地方并满足产品需要的安装条件。

4. 流量传感器的设置应满足的规定

（1）为保证流量测量精度，选择流量测量点时要求选择流体流场均匀的部分。被测管道内流体必须是满管，宜安装在垂直管段（流体由下向上）或水平管段（整个管路中最低处为好）。安装距离应选择上游大于 10 倍直管径、下游大于 5 倍直管径（注：不同仪器要求的距离会有所不同，具体距离以使用的仪器说明书为准）以内无任何阀门、弯头、变径等均匀的直管段，测量点应充分远离阀门、泵、高压电、变频器等干扰源。

（2）宜选用水流阻力低、管段式、具有瞬态值输出的流量传感器。常用流量传感器有电磁流量传感器、超声波流量传感器和涡轮流量传感器等。其中，电磁与超声波流量传感器的水流阻力小，在空调水流量测量上得到广泛应用。流量传感器又分为外敷式、插入式、管段式等，以满足用户不同现场的使用需要。其中，管段式对安装人员技术要求低，测量精度更容易得到保证。

7.2.3　执行器的选择要求

1. 执行器选择的基本原则

（1）动力设备的启停控制为开关量输出，在动力设备的电控柜中应预留自动启停控制接口。当远程/就地转换开关设置为远程时，根据开关量输出信号控制设备的启停。对于制冷机、锅炉等本身带有 PLC 控制的设备启停控制，宜采用通信接口方式。

（2）动力设备的变频控制为模拟量输出，通常为 0～10V 或 4～20mA 信号，可与变频器直接连接，或采用通信接口方式。

（3）湿膜加湿器的容量调节宜采用开关量输出，蒸汽加湿器的容量调节宜采用模拟量输出。

（4）电加热器的容量调节宜采用开关量输出。当要求调节精度很高时，可采用无触点电子开关通过控制启停比实现。

（5）阀门根据执行器动力源可采用电动式或气动式执行器，一般民用建筑宜采用电动式。

（6）仅工作于通、断两种状态的电动阀应采用开关量输出的电磁阀或电动通断阀，用于对流量连续调节的电动阀宜采用模拟量输出的电动调节阀。

（7）采用集中监控的电动阀执行器应同时配有现场手动控制，选择开关应设在现场。操作人员就地开、关阀门时，集中监控系统应能得到选择开关的状态信息。

2. 调节阀的流量特性选择应依据的规定

（1）两通调节阀的流量特性应依据压力损失比 S（也称阀权度）选择，S 为阀门全开时的压力损失与调节阀所在串联支路的总压力损失之比，可按式（7-1）计算：

$$S=\frac{\Delta P_\mathrm{v}}{\Delta P}=\frac{\Delta P_\mathrm{v}}{\Delta P_\mathrm{v}+\Delta P_\mathrm{r}} \tag{7-1}$$

式中　S——压力损失比；

ΔP_v——调节阀的设计压差，即调节阀全开时的压力损失，Pa；

ΔP_r——被控对象（换热器）及所接附件的水流阻力，Pa。当有多个对象并联时，应取并联支路中最大的 ΔP_r 值；

ΔP——调节阀所在串联支路的总压力损失，Pa。

其中，调节阀的设计压差 ΔP_v 确定方法如下：

1）用于控制换热器（包括空气处理机组和风机盘管的换热器）的水流量时：

① 采用等百分比特性调节阀时，其压力损失比 S 不应小于 0.3，宜大于 0.5，可按 $\Delta P_v \geqslant \Delta P_r$ 确定；② 采用双位控制阀时，宜取 $\Delta P_v = 0.25\Delta P_r$。

2）用于控制蒸汽流量时：

① 采用直线特性调节阀时，宜取 $\Delta P_v = 0.8(P_1 - P_2)$，且 $\Delta P_v \leqslant 0.5P_1$。其中，$P_1$ 为蒸汽进口绝对压力，P_2 为凝结水回水绝对压力；② 采用双位控制阀时，宜取 $\Delta P_v = 0.2(P_1 - P_2)$。

3）旁通调节阀工作压差 ΔP_v 应在水路水力计算完成后，按阀门两端的计算压差值确定。

（2）采用两通阀控制水（汽）流量时，若压力损失比 S 较大时，宜采用直线特性的两通调节阀。例如：比例控制的蒸汽调节阀，两侧无较大水流阻力的水路旁通调节阀；

（3）采用两通阀控制水流量时，若压力损失比 S 较小时，宜采用等百分比特性的两通调节阀。例如：用于调节换热器（包括空气处理机组的换热器）水流量的两通调节阀；

（4）采用三通阀调节换热器水流量时，换热器应接在三通阀的直流支路上，且宜采用直流支路为等百分比特性、旁流支路为直线特性的非对称型阀门。一个三通阀也可用二个两通阀代替，与换热器串联支路的两通阀宜采用等百分比特性，旁流支路的两通阀宜为直线特性。

3. 调节阀的口径选择应根据使用对象要求的流通能力确定

（1）选择水量调节阀的口径时，流通能力计算如下：

$$K_V = \frac{316G_S}{\sqrt{\Delta P_v}} \tag{7-2}$$

式中　K_V——流通能力；

G_S——通过阀门的设计水量，m^3/h。

（2）选择蒸汽调节阀的口径时，流通能力计算如下：

1）$P_2 > 0.5P_1$ 时，

$$K_V = \frac{10G_q}{\sqrt{\rho_2(P_1 - P_2)}} \tag{7-3a}$$

2）$P_2 \leqslant 0.5P_1$ 时，

$$K_V = \frac{14.14G_q}{\sqrt{\rho_{2c}P_1}} \tag{7-3b}$$

式中　G_q——通过阀门的设计蒸汽流量，kg/h；

ρ_2——在 P_2 压力下、t_1 温度时阀后的蒸汽密度，kg/m^3。t_1 为 P_1 压力下的饱和蒸汽温度；

ρ_{2c}——超临界流动状态（$P_2 \leqslant 0.5P_1$）时，阀出口截面上的蒸汽密度，

kg/m^3，取 $0.5P_1$ 压力下，t_1 温度时的蒸汽密度。

（3）根据上述公式计算得到的 K_V 值，结合阀门厂商的选型手册进行阀门口径选择。实际所选阀门的 K_V 值应大于且接近上述公式计算所得值，也可根据实际情况适当放大一档。

4. 水（汽）调节阀的选择和设置还应符合的要求

（1）蒸汽和其他要求关闭严密的系统，应采用单座阀；

（2）阀门的承压能力应符合系统压力要求；

（3）阀门最大允许开阀（或关阀）压差（即保证阀正常开启和关闭时所允许的阀两端最大压降）应符合系统的要求，以避免执行器转矩不够，阀门关闭不严或打不开；

（4）三通分流阀不应用作三通混合阀，三通混合阀不宜用作三通分流阀；

（5）阀门部件材料应适用于系统介质，并满足系统温度的要求；

（6）选择电磁阀或通断阀门时，应注明是常开还是常闭，不工作时应能自动复位；

（7）电动阀宜安装在水平管道上，且执行机构位置应高于阀体；

（8）用于控制水系统压差的旁通阀应设于总供、回水管路中压力（或压差）相对稳定的位置；

（9）使用蒸汽的调节回路，宜在调节阀前装恒压调节装置。

5. 调节风量用风阀宜选用对开多叶调节阀。风阀执行器的转矩应能在所受风压下打开风阀，常温 20℃不同风压下的风阀单位面积的转矩可参考表 7-1。

风阀转矩系数（Nm/m^2）　　　　　　　　　　　　　　　　　　　　表 7-1

风阀类型		风速或静压		
		<5m/s 或 300Pa	5～13m/s 或 500Pa	13～15m/s 或 1000Pa
气密应用	圆形叶片/边缘密封	12	18	24
	平行叶片/边缘密封	8.5	13	17
	对置叶片/边缘密封	6	9	12
一般应用	圆形叶片/金属座	6	9	12
	平行叶片/无边缘密封	5	7	10
	对置叶片/无边缘密封	3.5	5.5	7

7.3　监控设计实例

7.3.1　风机盘管的监控设计

本节以本书第 3.9.8.1 节设计实例中的风机盘管为例，介绍风机盘管的监控设计。

1. 风机盘管的工艺设计概况

风机盘管设计采用两管制，风机有高、中、低三档转速，盘管压降为 12kPa，水系统工作压力为 1.0MPa。空气处理过程如图 7-1 所示，风机盘管只承担室内热湿负荷，夏季室内设计温度 $T_N=26$℃。

2. 风机盘管的监控设计任务

（1）监测室内温度；

（2）调节风机转速，控制水阀开关，使室内温度控制在设定值；

（3）冬季有防冻保护功能；

（4）能进行集中监控管理，限制室内温度设定值范围；设定日程表，集中管理风机盘管启停；集中切换供冷/供热工况。

3. 风机盘管的控制方案

（1）风机的三速控制

为控制室内温度稳定，温度控制点应选择在室内。根据室内温度与设定温度的差值，可采用位式控制方法自动控制风机的

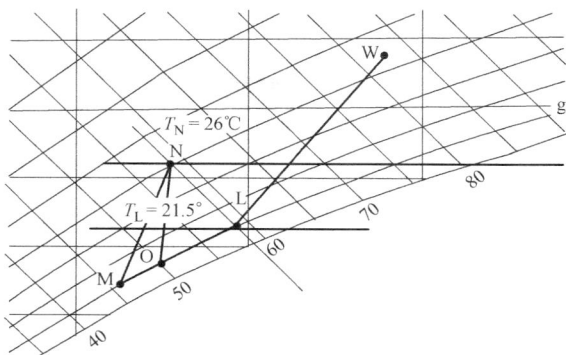

图 7-1 风机盘管空调系统夏季空气处理过程图

转速，控制原理如图 7-2 所示。图中 $T_{N,set}$ 为设定温度，ΔT 为差动范围（一般取值为 0.5～1℃）。

在供冷工况下，当室内温度超过 $T_{N,set}$ 时，开启风机低速供冷；若温度继续上升至 $T_{N,set}+\Delta T$，风机则提高到中速运行；若温度继续升高至 $T_{N,set}+2\Delta T$，风机转为高速运行；当房间温度开始降低，降低至 $T_{N,set}-\Delta T$ 时，风机转至中速运行；若继续降低至 $T_{N,set}$ 时，风机转为低速运行；若温度

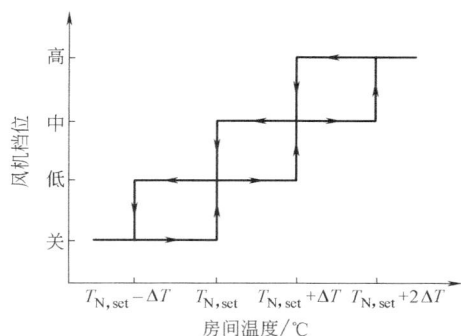

图 7-2 风机盘管供冷工况的风速控制原理

继续降低至 $T_{N,set}-\Delta T$ 时，关闭风机。供热工况的控制原理则相反。

根据风机控制原理，应设计 1 个室内温度传感器，监测室内温度，其安装位置应能代表被控区域的温度；应设计 3 个开关量控制输出，分别控制风机高、中、低速。

（2）水阀的开关控制

由于风机盘管温控器通常允许风机转速手动控制，为保证室内温度稳定，盘管水路的电动阀也同时根据室内温度控制。将室内温度与设定温度进行比较，利用位式控制方法自动控制电动水阀的通断。

在供冷工况，当室内温度超过 $T_{N,set}$ 时，开启水阀；当室内温度低于 $T_{N,set}-\Delta T$ 时，关闭水阀。

在供热工况，当室内温度低于 $T_{N,set}$ 时，开启水阀；当室内温度高于 $T_{N,set}+\Delta T$ 时，关闭水阀。为了防止冬季盘管冻裂，水阀的控制还应考虑防冻保护需求。当室内温度低于室内防冻设定温度时，水阀应打开。

根据水阀控制原理，设计 1 个通断控制的电磁阀。

4. 风机盘管的监控原理图和监控点表

根据监控方案，绘制风机盘管监控原理图，见图 7-3 所示。

根据监控原理图，写出监控点表，见表 7-2 所示。对于单个风机盘管的监控点数量为

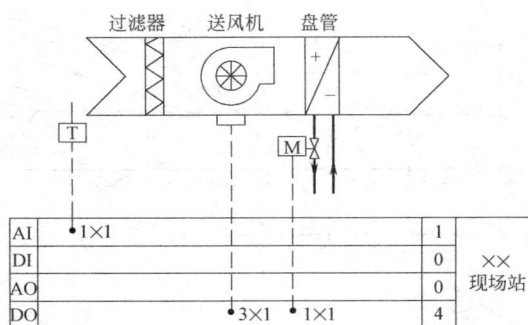

图 7-3　风机盘管监控原理图

5 个。其中，AI（模拟量输入）1 个，DO（开关量输出）4 个。

5. 风机盘管的监控设备选择

（1）选择风机盘管联网型温控器进行风机盘管的监控，便于将温控器纳入建筑设备自动化系统进行集中管理。风机盘管温控器相比 DDC 控制器的造价低很多，能大幅降低监控系统投资。并且，选用联网型温控器，通过集中管理，监测并记录室内温度、风机运行时间，采用日程表进行定时启停控制，集中切换运行工况，限制室内温度设定值范围，实现风机盘管的节能运行。

风机盘管监控点表　　　　表 7-2

序号	监控内容	AI	DI	AO	DO	末端设备
1	室内温度监测	1				室内型温度传感器
2	风机的转速控制				3	风机电控箱
3	水阀的开关控制				1	电磁阀
总计		1			4	

（2）风机盘管温控器内置有室内温度传感器，温控器应安装于室内有代表性的区域或位置，不应靠近热源、灯光并远离人员活动的地点。

（3）联网型温控器应提供通信接口，采用标准通信协议，应与集中监控系统的通信协议一致，便于系统集成。通信点位中，只读变量应至少包括室内温度、风机状态、水阀状态；读写变量应至少包括制冷制热转换、温度设定值、风机转速控制、水阀开关控制等。

（4）盘管水阀选用常开型电磁阀，口径为 DN15，与管道尺寸相同；工作压力为 1.0MPa。

7.3.2　新风机组的监控设计

本节以本书第 3.9.8.3 节设计实例中的新风机组为例，介绍新风机组的监控设计。

1. 新风机组的工艺设计概况

新风机组包括新风段、过滤段、换热段、加湿段和风机段。其中，换热段采用两管制，盘管压降为 20kPa，水系统工作压力为 1.0MPa；加湿段采用湿膜加湿方式，室内湿度控制为 40%～60%；风机段采用定频风机，风量为房间保持卫生的最小新风量。新风处理过程如图 7-1 所示，机组将新风从室外状态点 W 冷却除湿至室内空气等焓线上的机器露点 L，机器露点温度 $T_L = 21.5℃$。

2. 新风机组的监控设计任务

（1）监测风机的运行状态，远程/就地控制状态和故障状态；（2）监测送风温度；（3）监测过滤器的脏堵状态，当发生脏堵时报警；（4）监测盘管防冻保护状态，当盘管有冻裂危险时报警；（5）根据日程表自动控制机组启停，新风阀门与风机应连锁控制；（6）调节盘管水阀的开度，使送风温度控制在设定值；（7）控制加湿器的开关，使室内湿度控制在设定值；（8）能进行集中监控管理，设定送风温度，设定机组运行日程表，切换供冷/供热工况。

3. 新风机组的控制方案

（1）新风机组启停和连锁控制

根据日程表对新风机组进行启停控制，当机组要求启动时，应判断远程/就地控制状态是否为自动，机组是否有报警信息（如：机组过载故障、盘管防冻报警），上述条件满足时才能启动机组。

新风机组启停时，新风阀和风机应该以下顺序连锁控制：

启动顺序：打开新风阀→启动风机；

停机顺序：关闭风机→关闭新风阀。

风机是新风机组的动力设备，为保护设备运行安全和节能控制，应设计 3 个开关量输入信号（DI），监测风机运行状态、远程/就地控制状态和故障状态；还应设计 1 个开关量控制输出（DO），控制风机启停；

新风阀的功能是在新风机组关闭时，防止冷风渗入或小动物进入机组，不需要进行开度调节。因此，新风阀选择开关型风阀驱动器。设计 1 个开关量输出控制（DO），控制风阀开关；设计两个开关量输入信号（DI），监测风阀驱动器的限位开关状态，了解风阀实际开状态和关状态。

（2）盘管水阀的调节

为将新风机组处理到室内空气等焓线上的机器露点上，温度控制点选择在机器露点 L 上，设定温度值为 21.5℃。根据送风温度与设定温度的差值，可采用 PI 调节器自动调节水阀开度，使送风温度稳定在 21.5℃。在供冷工况时，采用正向 PI 算法；在供热工况时，应采用反向 PI 算法。

盘管水阀调节还应考虑机组的运行状态。当机组运行时，盘管水阀根据送风温度进行 PI 控制；当机组停机时，盘管水阀在夏季应关闭，在冬季应保持一定开度，防止盘管冻裂。

当盘管防冻开关报警时，为了防止盘管冻裂，水阀应全部打开。

根据盘管水阀的调节原理，应设计 1 个送风温度传感器，安装在机组送风管段上，模拟量输入信号（AI）；设计 1 个两通电动调节水阀，安装在盘管出水管路上，模拟量调节输出信号（DO）。

（3）湿膜加湿器的开关控制

由于风机盘管没有设计加湿功能，加湿器承担室内全部加湿任务。为保证室内湿度在舒适范围内，湿度控制点选择在室内状态点。根据室内湿度实测值与设定值的差值，利用位式控制方法自动控制加湿器的开关。当室内湿度低于 40% 时，开启加湿器；当室内湿度高于 60% 时，关闭水阀。

根据加湿器控制原理，设计 1 个或多个室内湿度传感器，模拟量输入信号（AI），安装在具有代表性的房间；设计 1 个开关量输出控制（DO），控制加湿器开关。

（4）过滤器状态显示及报警

室外新风进入新风机组后由过滤器进行过滤。为监视滤网的脏堵情况，在滤网两端装设风压差开关，开关量输入信号（DI）。当过滤网发生阻塞时，两端的压差增大，压差达到设定值时（设定范围为 50~100Pa），风压差开关动作发出报警，提醒工作人员进行清洗。

（5）盘管防冻保护状态显示及报警

为防止盘管冻裂，在盘管上应设计低温防冻开关，开关量输入信号（DI）。当盘管温度低于设定值（如 5℃）时，盘管有冻裂危险，低温防冻开关动作，产生报警信号。

当防冻开关报警时，为了及时排除危害，机组应立即关机，新风阀关闭，盘管水阀全部打开。

4. 新风机组的监控原理图和监控点表

根据监控方案，绘制新风机组监控原理图，见图 7-4 所示。

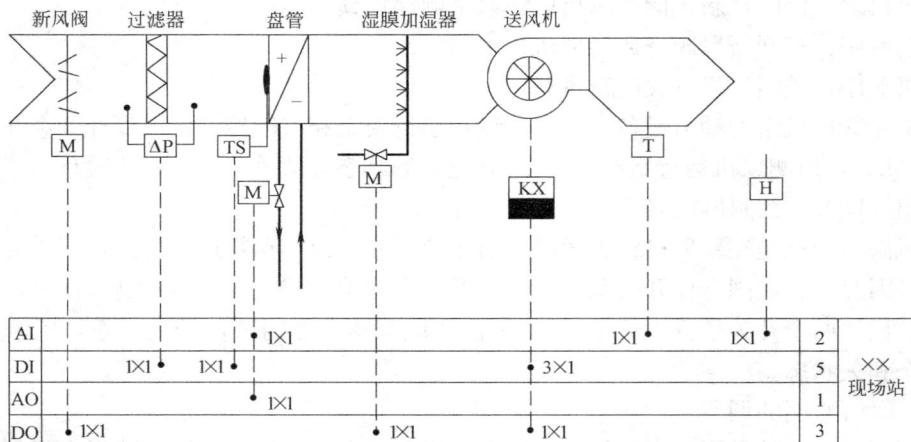

图 7-4　新风机组监控原理图

根据监控原理图，写出监控点表，见表 7-3 所示。新风机组监控点数量共 11 个。其中，AI 点 2 个、DI 点 5 个、AO 点 1 个、DO 点 3 个。

新风机组监控点表　　　　表 7-3

序号	监控内容	AI	DI	AO	DO	末端设备类型
1	送风温度监测	1				风道型温度传感器
2	室内湿度检测	2				室内型湿度传感器
3	过滤器堵塞报警		1			风压差开关
4	防冻保护状态		1			低温防冻开关
5	送风机运行状态		1			新风机组电控柜
6	送风机故障报警		1			
7	送风机手动/自动控制		1			
8	送风机启/停控制				1	
9	新风阀控制				1	开关型风阀驱动器
10	冷/热盘管水阀调节	1		1		电动两通调节型水阀及执行器
11	加湿阀控制				1	湿膜加湿器控制柜
总计		4	5	1	3	

5. 新风机组的监控设备选择

（1）选择 DDC 控制器进行新风机组的监控，DDC 应至少有 2 个 AI 点、5 个 DI 点、

1个AO点、3个DO点，并宜有一定富裕点位；

（2）送风温度传感器采用风道型，温感元件选择热敏电阻NTC3kΩ@25℃，测量灵敏度较高；

（3）湿度传感器采用室内型，壁挂安装，输出信号为0～10V；

（4）盘管水阀选用电动两通调节阀，工作压力为1.0MPa，与水系统工作压力相同；调节阀口径为DN40，根据第7.2.3节的公式计算选型；

（5）新风阀驱动器选用开关型风阀驱动器，驱动器转矩为10Nm；

（6）新风机组电控柜应预留监控接口，预留3个无源干接点信号，用于监测风机的运行状态、远程/就地控制状态和过载故障状态；预留1个无缘干接点信号，用于控制风机启停，自控系统给出的启停信号为AC24V信号；

（7）加湿器电控柜应预留控制接口，预留1个无缘干接点信号用于加湿器启停，自控系统给出的启停信号为AC24V信号。

7.3.3　空调机组的监控设计

本节以本书第3.9.8.2节设计实例中的一次回风定风量空调机组为例，介绍定风量空调机组的监控设计。

1. 空调机组的工艺设计概况

空调机组由混风段、排风段、过滤段、换热段、加湿段、送风机段和排风机段构成。其中，换热段采用两管制，盘管压降为20kPa，水系统工作压力为1.0MPa；加湿段采用蒸汽加湿方式，室内湿度控制为40%～60%；风机段采用定频风机。空气处理过程如图7-5所示，新风和回风混合后经过空调机组降温、去湿，然后送入室内。夏季室内设计温度$T_N=26℃$。

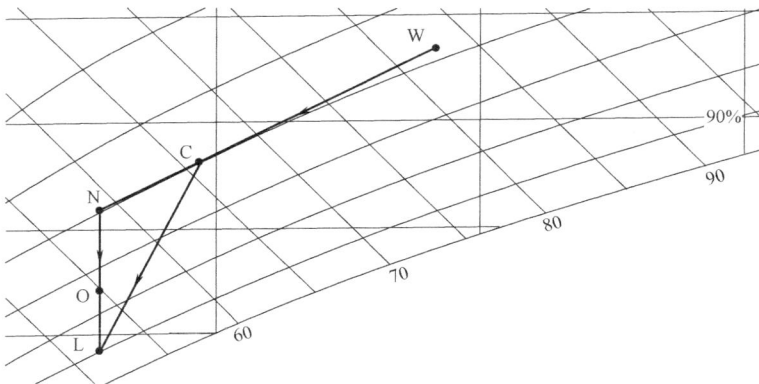

图7-5　空调机组夏季空气处理过程图

2. 空调机组的监控设计任务

（1）监测风机的运行状态、远程/就地控制状态和故障状态；（2）监测室内温度、室内湿度；（3）监测过滤器的脏堵状态，当发生脏堵时报警；（4）监测盘管防冻保护状态，当盘管有冻裂危险时报警；（5）根据日程表自动控制机组启停，新、回风阀门与风机应连锁控制；（6）调节新、回风阀门的开度，保证室内卫生要求，且过渡季节应尽量利用新风冷量，以减少运行费用；（7）调节盘管水阀的开度，使室内温度控制在设定值；（8）调节蒸汽加湿器的蒸汽量，使室内湿度控制在设定值；（9）能进行集中监控管理，设定室内温度和室内湿度，设定机组运行日程表，切换供冷/供热工况。

3. 空调机组的控制方案

(1) 空调机组启停和连锁控制

空调机组启停和连锁控制与新风机组类似，也是根据日程表进行启停控制。当机组要求启动时，应判断远程/就地控制状态是否为自动，机组是否有报警信息（如：机组过载故障、盘管防冻报警），上述条件满足时才能启动机组。

空调机组启停时，新、回风阀和风机应该以下顺序连锁控制：

启动顺序：打开新、回、排风阀→启动风机；

停机顺序：关闭风机→关闭新、回、排风阀。

对于风机的监控，应设计 3 个开关量输入信号（DI），1 个开关量控制输出（DO），监测风机运行状态、远程/就地控制状态和故障状态，控制风机启停。

(2) 新、回、排风阀门的调节

为了调节新回风比，对新风、回风、排风 3 个风阀都要进行单独的连续调节，因此，要分别安装调节型风阀驱动器，设计 3 个模拟量输出控制（AO）。

在炎热的夏季、寒冷的冬季，为了减少新风负荷带来的空调能耗，空调机组应按照最小新风量模式运行，设定新风、回风、排风 3 个风阀的开度，保证新风量为最小新风量，送风量为设计风量。

在过渡季节，当室内仍然需要供冷，而室外空气焓值低于室内空气焓值时，可以最大限度引入新风，利用新风对室内空气进行冷却，降低空调能耗。这时，需要将新风阀开到 100%，设定回风、排风阀门开度，使得送风量保持为设计风量。

(3) 盘管水阀的调节

温度控制点选择在室内状态点，设定温度值为 26℃。应设计 1 个回风温湿度传感器，安装在机组的回风管段上，代表室内平均温度，模拟量输入信号（AI）；设计 1 个两通电动调节水阀，安装在盘管出水管路上，模拟量调节输出信号（DO）。

根据室内温度与设定温度的差值，可采用 PI 调节器自动调节水阀开度，使室内温度稳定在 26℃。在供冷工况时，采用正向 PI 算法；在供热工况时，应采用反向 PI 算法。

盘管水阀调节还应考虑机组的运行状态，当机组运行时，盘管水阀根据送风温度进行 PI 控制；当机组停机时，盘管水阀在夏季应关闭，在冬季应保持一定开度，防止盘管冻裂。当盘管防冻开关报警时，为了防止盘管冻裂，水阀应全部打开。

(4) 蒸汽加湿器的开关控制

为保证室内湿度在舒适范围内，湿度控制点选择在室内状态点。根据回风管道上安装的温湿度传感器，监测室内湿度，将室内湿度与设定湿度进行比较，通过 PI 调节器自动控制蒸汽加湿器的蒸汽量。需要设计 1 个模拟量输出控制（AO），调节湿膜加湿器的蒸汽量。

(5) 过滤器状态显示及报警

室外新风进入新风机组后由过滤器进行过滤。为监视滤网的脏堵情况，在滤网两端装设风压差开关，开关量输入信号（DI）。当过滤网发生阻塞时，两端的压差增大，压差达到设定值时（设定范围为 50～100Pa），风压差开关动作发出报警，提醒工作人员进行清洗。

（6）盘管防冻保护状态显示及报警

为防止盘管冻裂，在盘管上应设计低温防冻开关，开关量输入信号（DI）。当盘管温度低于设定值（如：5℃）时，盘管有冻裂危险，低温防冻开关动作，产生报警信号。

当防冻开关报警时，为了及时排除危害，机组应立即关机，新风阀关闭，盘管水阀全部打开。

4. 空调机组的监控原理图和监控点表

根据监控方案，绘制新风机组的监控原理图，如图 7-6 所示。

根据监控原理图，写出监控点表，见表 7-4。空调机组监控点数量共 17 个。其中，AI 点 2 个、DI 点 8 个、AO 点 5 个、DO 点 2 个。

空调机组监控点表　　　　　　　　　表 7-4

序号	监控内容	AI	DI	AO	DO	末端设备类型
1	室内温度监测	1				风道型温湿度传感器
2	室内湿度检测	1				
3	过滤器堵塞报警		1			风压差开关
4	防冻保护状态		1			低温防冻开关
5	送、排风机运行状态		2			空调机组电控柜
6	送、排风机故障报警		2			
7	送、排风机手动/自动控制		2			
8	送、排风机启/停控制				2	
9	新、回、排风阀调节			3		调节型风阀驱动器
10	冷/热盘管水阀调节			1		电动两通调节型水阀及执行器
11	加湿阀调节			1		蒸汽加湿器控制柜
总计		2	8	5	2	

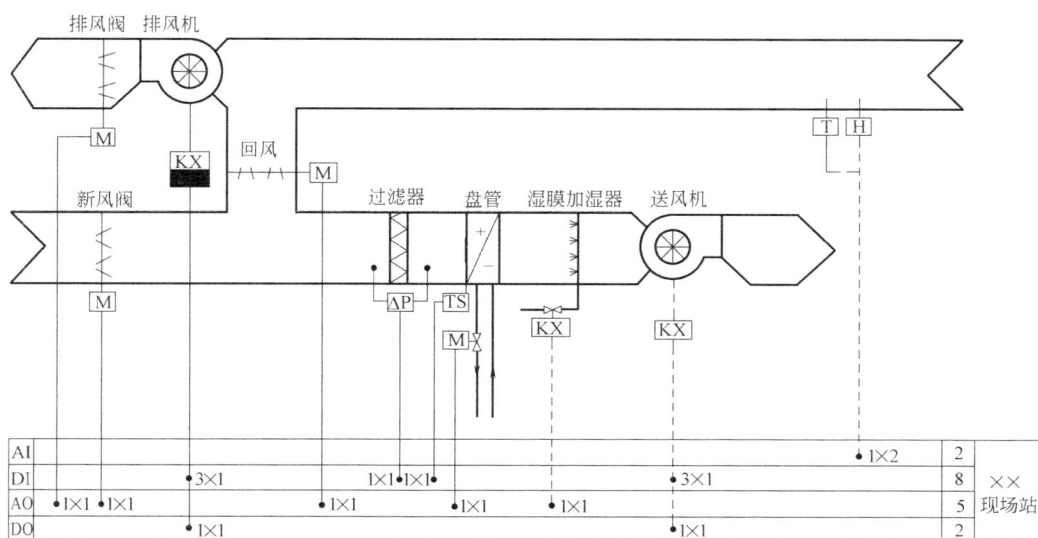

图 7-6　空调机组监控原理图

303

5. 新风机组的监控设备选择

（1）选择 DDC 控制器进行新风机组的监控，DDC 应至少有 2 个 AI 点、8 个 DI 点、5 个 AO 点、2 个 DO 点，并宜有一定富裕点位；

（2）室内温度和室内湿度采用回风温湿度代表，选择风道型温湿度一体传感器，以降低监测造价；

（3）盘管水阀选用电动两通调节阀，工作压力为 1.0MPa，与水系统工作压力相同；调节阀口径为 DN40，根据第 7.2.3 节的公式计算选型；

（4）新、排、回风阀驱动器选用调节型风阀驱动器，驱动器转矩为 10Nm；

（5）新风机组电控柜应预留监控接口，预留 6 个无源干接点信号，用于监测送风机、回风机的运行状态、远程/就地控制状态和过载故障状态；预留 2 个无缘干接点信号用于控制送风机、回风机的启停，自控系统给出的启停信号为 AC24V 信号；

（6）蒸汽加湿器电控柜应预留控制接口，预留 1 个电压（0～10V）或电流（4～20mA）接点，用于调节蒸汽量。

本章标准规范

［1］民用建筑供暖通风与空气调节设计规范，GB 50736—2012. 北京：中国建筑工业出版社，2012.

［2］公共建筑节能设计标准，GB 50189—2015. 中国建筑工业出版社，2015.

［3］智能建筑设计标准，GB 50314—2015. 中国计划出版社，2015.

［4］智能建筑工程质量验收规范，GB 50339—2013. 中国建筑工业出版社，2013.

［5］民用建筑电气设计规范，JGJ 16—2008. 中国建筑工业出版社，2008.

本章参考文献

［1］住房和城乡建设部工程质量安全监管司. 全国民用建筑工程设计技术措施 2009 暖通空调·动力［M］. 北京：中国计划出版社，2009.

［2］马最良，姚杨. 民用建筑空调设计［M］. 北京：化学工业出版社，2003.

［3］李炎锋. 建筑设备自动化系统［M］. 北京：北京工业大学出版社，2012.

［4］卿晓霞. 建筑设备自动化［M］. 重庆：重庆大学出版社，2002.

［5］李春旺. 建筑设备自动化［M］. 华中科技大学出版社，2010.

第8章 模拟技术简介

8.1 计算流体动力学（CFD）简介

8.1.1 计算流体力学（CFD）简介

任何流体的运动都遵循以下 3 个基本定律：质量守恒定律；动量守恒定律（牛顿第二定律）；能量守恒定律。通过这些基本定律以及相关的本构模型和状态方程，流体的运动一般可由偏微分方程（方程组）或积分形式的方程（方程组）来描述，这些方程为流体运动的控制方程（governing equations）。随着流体力学的发展，流体运动的数学物理模型，包括适用于各种不同性质的流体和流体的不同流动状态的控制方程已经建立并日臻完善。然而，流体的运动是自然界最为复杂的运动形态之一，主要表现为控制方程的高度非线性和流动区域几何形状的复杂性等。这种复杂性决定了科学和工程中所遇到的绝大多数流动问题无法得到其解析解。高速电子计算机的出现，使得通过数值计算的方法求解流体运动问题成为可能，并逐渐形成了一个独立的新学科：计算流体动力学（Computational Fluid Dynamics，CFD）或计算流体力学。

计算流体力学是通过数值方法求解流体力学控制方程，得到流场的离散的定量描述，并以此预测流体运动规律的学科。在计算流体力学中，把流体运动控制方程中的积分、微分项近似地表示为离散的代数形式，使得积分或微分形式的控制方程转化为代数方程组；然后，通过电子计算机求解这些代数方程组，从而得到流场在离散的时间/空间点上的数值解（numerical solution）。CFD 有时也称为流场的数值模拟、数值计算或数值仿真等。

CFD 可以应用于所有与流体运动相关的领域。无论在哪个领域中，为了获得问题的满意答案，CFD 的研究通常应该遵循以下步骤[1]：

（1）问题的界定和流动区域的几何描述。应明确要解决的问题中流场的几何形状、流动条件和对于数值模拟的要求。几何形状通常来源于对已有流动区域的测量或者新的产品和工程的设计结果。流动条件包括流动的雷诺数、马赫数、边界处的速度、压力等。对于数值模拟的要求包括：数值模拟的精度和所花费的时间、所感兴趣的流动参数等。

（2）选择控制方程和边界条件。在问题确定后，必须选择流动的控制方程和边界条件。一般认为，在牛顿流体范围内，所有的重要流动现象都可以用 Navier-Stokes（纳维-斯托克斯）方程来描述。边界条件通常有固体壁面条件，来流、出流条件，周期性条件，对称条件等。边界条件通常依赖于控制方程，如在固体壁面上，Euler 方程要求采用不可穿透条件，而 Navier-Stokes 方程则要求满足无滑移条件。在很多情况下，还需要采用一些附加的物理模型，最典型的例子就是湍流模型。虽然 Navier-Stokes 方程可以描述湍流流动，但是直接采用原始的 Navier-Stokes 方程计算工程中的湍流流动（称为直接数值模拟，Direct Numerical Simulation，DNS）要求网格点的数量非常多，因而计算量非常大，这是目前的计算机所不能承受的。所以人们通常采用经过 Reynolds（雷诺）平均的 Navier-Stokes 方程，为了封闭这个方程就必须采用某种湍流模式。其他的物理模型根据所研究问题的性质包括化学反应、燃烧、辐射、多相流模型等。

（3）确定网格划分策略和数值方法。在 CFD 中，网格划分可以有各种不同的策略，如结构网格、非结构网格、组合网格、重叠网格等。网格可以是静止的，也可以是运动的（动网格），还可以根据数值解动态调整（自适应网格）。CFD 中的数值方法有限差分法、有限体积法、有限元、谱方法等。数值方法和网格划分策略是相互关联的。例如，如果采用有限差分方法，通常要选用结构化网格；而有限体积方法和有限元方法则可以适用于结构和非结构网格。

（4）程序设计和调试。在网格划分策略和数值方法的基础上，编制、调试数值求解流体运动控制方程的计算机程序或软件。编制大型的软件要遵循软件工程的方法、原则以及相关的行业标准；即使是编制小型的专用或实验程序，也要养成良好的程序设计习惯。采用良好的程序调试工具和调试方法，可以提高程序设计的效率。

（5）程序验证和确认。在程序设计和调试完成后，还应通过一系列精心设计的典型算例对软件进行验证（verification），以确保软件实现了设计者的初衷。同时，必须看到，任何程序都是基于特定的数学物理模型、数值方法和网格划分策略。显然，程序的准确性和可靠性必然依赖于这些因素，从而具有一定的局限性。所以，在应用计算程序解决某一领域的实际问题之前，必须通过计算一系列具有实际意义的算例并和实验数据进行对比，以弄清程序的准确度、预测能力和适用范围，这一过程称为程序的确认（validation）。CFD 程序或者软件的验证和确认目前得到了高度的重视，是计算流体力学研究的重要内容之一。当前，市场上有多种商用的 CFD 软件。采用这些软件求解工程中的流体力学问题已经成为一些企业和研究单位进行工程设计和产品研发的常规手段。商业软件的出现促进了 CFD 的普及，节约了很多繁琐的程序设计工作。但到目前为止，商业 CFD 软件的发展还不够成熟，无法保证在任何情况下得到的数值解都是准确可靠的。所以，根据应用领域和所求解问题的特点对商业 CFD 软件进行确认研究也是非常必要的。

（6）数值解的显示和评价。在得到数值解后，对数值解进行显示和分析是 CFD 中非常重要的环节，一般称为后处理（post-processing）。后处理包括计算感兴趣的力、力矩；包括应用流场可视化的软件对于流场进行显示、分析；包括对于数值方法和物理模型的误差进行评估等。与之对应的，对所求解的问题的界定和网格划分等，称为前处理（pre-processing）。

CFD 求解物理问题的基本过程如图 8-1 所示。

8.1.2　计算流体力学基础

1. 描写流动与传热问题的控制方程（直角坐标系下）

流体力学的基本方程是计算流体力学的基础。流体的运动满足质量守恒、动量守恒和能量守恒的规律。

（1）连续方程：

$$\frac{\partial \rho}{\partial \tau}+\text{div}(\rho U)=0 \tag{8-1}$$

（2）动量方程：

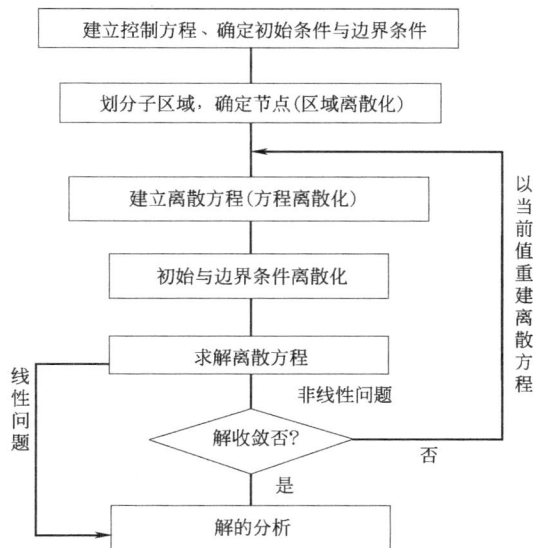

图 8-1 CFD 求解物理问题的数值求解过程[2]

$$\frac{\partial \rho(u)}{\partial \tau} + \mathrm{div}(\rho U) = \mathrm{div}(\mu \mathrm{grad}u) + S_u \frac{\partial p}{\partial x} \tag{8-2a}$$

$$\frac{\partial \rho(v)}{\partial \tau} + \mathrm{div}(\rho U) = \mathrm{div}(\mu \mathrm{grad}v) + S_v \frac{\partial p}{\partial y} \tag{8-2b}$$

$$\frac{\partial \rho(w)}{\partial \tau} + \mathrm{div}(\rho U) = \mathrm{div}(\mu \mathrm{grad}w) + S_w \frac{\partial p}{\partial z} \tag{8-2c}$$

其中，S_u、S_v、S_w 为 3 个动量方程的广义源项：

$$S_u = \frac{\partial}{\partial x}\left(\mu \frac{\partial u}{\partial x}\right) + \frac{\partial}{\partial y}\left(\mu \frac{\partial v}{\partial x}\right) + \frac{\partial}{\partial z}\left(\mu \frac{\partial w}{\partial x}\right) + \frac{\partial}{\partial x}(\lambda \mathrm{div}U)$$

$$S_v = \frac{\partial}{\partial x}\left(\mu \frac{\partial u}{\partial y}\right) + \frac{\partial}{\partial y}\left(\mu \frac{\partial}{\partial y}\right) + \frac{\partial}{\partial y}\left(\mu \frac{\partial v}{\partial x}\right) + \frac{\partial}{\partial y}(\lambda \mathrm{div}U)$$

$$S_w = \frac{\partial}{\partial x}\left(\mu \frac{\partial u}{\partial z}\right) + \frac{\partial}{\partial y}\left(\mu \frac{\partial v}{\partial z}\right) + \frac{\partial}{\partial y}\left(\mu \frac{\partial w}{\partial z}\right) + \frac{\partial}{\partial z}(\lambda \mathrm{div}U)$$

对于黏性为常数的不可压缩流体，$S_u = S_v = S_w = 0$。

式（8-2）是三维非稳态 Navier-Strokes 方程，无论对层流或湍流都适用。

（3）能量方程：

$$\frac{\partial(\rho h)}{\partial t} + \frac{\partial(\rho u h)}{\partial x} + \frac{\partial(\rho v h)}{\partial y} + \frac{\partial(\rho w h)}{\partial z} = p\,\mathrm{div}U + \mathrm{div}(\lambda \mathrm{grad}T) + \Phi + S_h \tag{8-3}$$

式中，S_h 为流体的内热源项，$p\,\mathrm{div}U$ 为表面力对流体微元所做的功，一般可以忽略。Φ 为由于黏性作用机械能转换为热能的部分，称为耗散函数，计算式如下：

$$\Phi = \mu\left\{2\left[\left(\frac{\partial u}{\partial x}\right)^2 + \left(\frac{\partial v}{\partial y}\right)^2 + \left(\frac{\partial w}{\partial z}\right)^2\right] + \left[\left(\frac{\partial u}{\partial y} + \frac{\partial v}{\partial x}\right)^2 + \left(\frac{\partial u}{\partial z} + \frac{\partial w}{\partial x}\right)^2 + \left(\frac{\partial v}{\partial z} + \frac{\partial w}{\partial y}\right)^2 + \lambda \mathrm{div}U\right]\right\}$$

对于理想气体、流体及固体可以取 $h = c_P T$，于是可得：

$$\frac{\partial(\rho T)}{\partial t} + \mathrm{div}(\rho U T) = \mathrm{div}\left(\frac{\lambda}{c_p}\mathrm{grad}T\right) + S_T \tag{8-4}$$

其中 $S_T = S_h + \Phi$

当流动与换热过程伴随有质交换时，设组分 l 的质量百分数为 m_l，引入质扩散的 Fick 定律后，得组分方程：

$$\frac{\partial(\rho m_l)}{\partial t} + \mathrm{div}(\rho m_l U) = \mathrm{div}(\Gamma_l\,\mathrm{grad}m_l) + R_l \tag{8-5}$$

式中　R_l——单位容积内组分 l 的产生率；

　　　Γ_l——组分 l 的扩散系数。

上述控制方程可用如下的通用形式的控制方程来表示：

$$\frac{\partial(\rho\phi)}{\partial t} + \mathrm{div}(\rho U\phi) = \mathrm{div}(\Gamma_\phi\,\mathrm{grad}\phi) + S_\phi \tag{8-6}$$

式中　ϕ——通用变量，可以代表 u，v，w，T 等求解变量；

　　　Γ_ϕ——广义扩散系数；

　　　S_ϕ——广义源项。

不同求解变量之间的区别除了边界条件和初始条件外，就在于 Γ_ϕ 和 S_ϕ 的表达式的不同。

2. 初始条件与边界条件

控制方程及相应的初始条件与边界条件的组合构成了对一个物理过程完整的数学描写。

初始条件是所研究现象在过程开始时刻各个求解变量的空间分布，必须予以给定。对于稳态问题，不需要初始条件。

边界条件是在求解区域的边界上所求解的变量或其一阶导数随时间及空间的变化规律。一般速度与温度边界条件设置方法如下：

在固体边界上对速度取无滑移边界条件，即在固体边界上流体的速度等于固体表面的速度。当固体表面静止时，有：

$$u=v=w=0$$

对于温度在固体表面上可能有三种类型的边界条件。

在对流动及传热问题进行数值计算时，常常会遇到计算边界，即因计算而划定但实际并不存在的边界。如何给定这些边界上的条件，需进行仔细研究确定。

3. 湍流流动与换热的数值模拟

关于湍流流动与换热的数值计算，目前常用的方法可以分为 3 类，即直接模拟（Direct Numerical Simulation，DNS）、大涡模拟（Large Eddy Simulation，LES）和 Reynolds 时均方程（Reynolds Averaging Equations）模拟。

（1）直接模拟（DNS）

直接模拟是对三维非稳态 Navier-Strokes 方程进行直接求解，要对高度复杂的湍流流动进行数值计算，必须采用很小的时间和空间步长才能分辨出湍流中详细的空间结构及变化剧烈的时间特性。湍流的直接模拟对计算机的内存与速度要求很高，目前无法用于工程计算。

（2）大涡模拟（LES）

根据湍流的涡旋学说，湍流的脉动与混合主要是由大尺度的涡造成的。大尺度的涡从主流中获得能量，它们是高度的非各向同性。大尺度的涡通过相互作用把能量传递给小尺度的涡。小尺度的涡的主要作用是耗散能量，它们几乎是各向同性的，而且不同流动中的小尺度涡有许多共性。大涡模拟主要是用非稳态的 Navier-Strokes 方程来直接模拟大尺度的涡，但不直接计算小尺度的涡，小涡对大涡的影响通过近似的模型来考虑，这种影响称为亚格子 Reynolds 应力（subgrid Reynolds stress）。大多数亚格子模型是在涡黏性的基础上，即把湍流脉动所造成的影响用一个湍流黏性系数来描述。最早出现的涡黏亚格子模型是 Smagorinsky 模型。

（3）Reynolds 时均方程模拟

Reynolds 时均方程模拟方法是将非稳态的控制方程对时间作平均，所得的关于时均物理量的控制方程中包含了脉动量乘积的时均值等未知量，使得所得方程的个数小于未知量的个数，需要补充相应的模型使方程组封闭。根据对未知脉动量乘积时均值的处理方法的不同，Reynolds 时均方程法又包括 Reynolds 应力方程法以及湍流黏性系数法（涡黏法）。

在 Reynolds 应力方程法中，对于时均过程中引入的两个脉动值乘积的时均项再建立偏微分方程。在建立两个脉动值乘积的方程过程中，又会引入三个脉动值时均的平均值。为了使方程组封闭，又须对三个脉动值的时均值建立微分方程，在这一过程中又会出现四个脉动速度乘积的时均值，这在理论上是一个不封闭性的难题。我国著名科学家周培源教授在 20 世纪 40 年代提出了在四个脉动速度乘积这一层次上，加一个涡量脉动平方平均值的方程式，从而使 Reynolds 应力方程封闭，这就是 17 方程模型，其中包括两个速度脉动时均值（二阶矩）的方程和三个速度脉动值乘积时均值的方程。随着计算机技术的快速发展，Reynolds 应力方程模型（Reynolds stress model）在湍流数值计算中的应用日益广泛。

湍流黏性系数法是目前工程流动与数值计算中应用最广的方法。在湍流黏性系数法中，把湍流脉动所造成的附加应力表示成湍流黏性系数的函数，整个计算的关键在于确定湍流黏性系数。依据确定湍流黏性系数的微分方程数目的多少，湍流模型包括零方程模型、一方程模型及两方程模型等。

在湍流相关的工程计算中，$k\text{-}\varepsilon$ 两方程模型是湍流黏性系数模型中应用最广泛和最成功的一种模型。k 和 ε 的变化遵守下列方程：

$$\frac{\mathrm{D}k}{\mathrm{d}\tau}=\frac{\partial}{\partial x}\Big[\Big(\upsilon+\frac{\upsilon_\mathrm{t}}{\sigma_\mathrm{k}}\Big)\frac{\partial k}{\partial x}\Big]+\frac{\partial}{\partial y}\Big[\Big(\upsilon+\frac{\upsilon_\mathrm{t}}{\sigma_\mathrm{k}}\Big)\frac{\partial k}{\partial y}\Big]+\frac{\partial}{\partial z}\Big[\Big(\upsilon+\frac{\upsilon_\mathrm{t}}{\sigma_\mathrm{k}}\Big)\frac{\partial k}{\partial z}\Big]+G_\mathrm{k}-\rho\varepsilon \quad (8\text{-}7)$$

$$\frac{\mathrm{D}\varepsilon}{\mathrm{d}\tau}=\frac{\partial}{\partial x}\Big[\Big(\upsilon+\frac{\upsilon_\mathrm{t}}{\sigma_\varepsilon}\Big)\frac{\partial\varepsilon}{\partial x}\Big]+\frac{\partial}{\partial y}\Big[\Big(\upsilon+\frac{\upsilon_\mathrm{t}}{\sigma_\varepsilon}\Big)\frac{\partial\varepsilon}{\partial y}\Big]+\frac{\partial}{\partial z}\Big[\Big(\upsilon+\frac{\upsilon_\mathrm{t}}{\sigma_\varepsilon}\Big)\frac{\partial\varepsilon}{\partial z}\Big]+\varepsilon\Big(c_1\frac{P}{k}-c_2\frac{\varepsilon}{k}\Big) \quad (8\text{-}8)$$

式中 G_k——湍流动能生成项，反映了湍流应力在时均流场中所做的变形功，其表达式为：

$$G_\mathrm{k}=\frac{\mu_\mathrm{t}}{\rho}\Big[2\Big(\frac{\partial u}{\partial x}\Big)^2+2\Big(\frac{\partial u}{\partial y}\Big)^2+2\Big(\frac{\partial w}{\partial z}\Big)^2+2\Big(\frac{\partial u}{\partial y}+\frac{\partial v}{\partial x}\Big)^2+\Big(\frac{\partial u}{\partial z}+\frac{\partial w}{\partial x}\Big)^2+\Big(\frac{\partial v}{\partial z}+\frac{\partial w}{\partial y}\Big)^2\Big]$$

两方程模型中各系数的值如表 8-1 所示。

$k\text{-}\varepsilon$ 两方程模型中各系数的值 　　表 8-1

c_μ	c_1	c_2	σ_k	σ_ε
0.09	1.44	1.92	1.0	1.3

值得指出的是，上述两方程模型为高雷诺数模型，也称为标准 $k\varepsilon$ 方程模型，适用于离开壁面一定距离的湍流区。在高雷诺数湍流区域，分子黏性对于湍流黏性的影响可忽略不计。但对于紧贴壁面的黏性底层，由于湍流雷诺数很低，必须考虑分子黏性的影响，可对 $k\varepsilon$ 方程必须进行一定的修正。采用高雷诺数的 $k\varepsilon$ 模型计算流体与固体表面之间的换热时，对于壁面附近的区域，可采用壁面函数法进行处理。对于湍流自然对流，可采用低雷诺数模型并考虑浮力对 $k\varepsilon$ 方程的影响。表 8-2 给出了通风房间内不同流动形式下各种湍流模型的适应性比较。

不同湍流模型的性能比较[8]　　　　　　　　　　　　　　　表 8-2

应用场合		标准 $k\varepsilon$ 方程	低雷诺数 $k\varepsilon$ 方程	重整化群模型 RNG	代数应力模型 ASM	LES
流线变形小的内部流动（如管内流动）		1	1	1	1	1
流线变形大的流动（如外部流动，流动分离等）		3, 4	3, 4		1	1
射流	普通射流	1	1	1	1	1
	旋转流	3, 4	3, 4		1	1
	冲击射流	2, 3	2, 3	1, 2	1	1
空腔流动（非等温）	弱分层	1	1	1	1	1
	强分层（负浮力）	3, 4	3, 4	3, 4	1, 2	1
强制对流		2, 3	1, 2	2, 3	2, 3	1, 2
混合对流		2, 3	1, 2	1	2, 3	2, 3
低雷诺数流动		3, 4	2	2	3, 4	1
非定常流动（如涡旋脱落）		4	2		2	1

注：表中 1 表示极好，2 表示好的，3 表示一般，4 表示差的或不可接受的。

4. CFD 中常用的数值方法[1-3]

在流体力学控制方程的微分和积分项中包括时间/空间变量（自变量）以及物理变量（因变量），这些变量分别对应着时间/空间求解域和定义在求解域上的流动问题的解。要把这些积分或者微分项用离散的代数形式代替，必须首先把求解域表示为离散形式。在不同的离散方法中，求解域或者被近似为一系列网格点的集合，或者被划分为一系列控制体或单元体。因变量定义在网格点上或者控制体的中心、顶点或其他特征点上。在每一个网格点或者控制体上，流体运动方程中的积分或者微分项被近似地表示为离散分布的因变量和自变量的代数函数，并由此得到作为微分或积分型控制方程近似的一组代数方程，这个过程称为控制方程的离散化，其中所采用的离散化方法称为数值方法或者数值格式。这组代数方程的解（即数值解）给出了离散点上流场的定量描述。显然，为了得到流场结构的比较精细的描述，网格点或者单元体的数量必须足够多。CFD 中常用的数值方法有多种，应用比较广泛的有有限差分法、有限容积法、有限元法等。

（1）有限差分法（FDM，Finite Difference Method）

有限差分法是最早采用的数值方法，它将求解区域用与坐标轴平行的一系列网格线的交点所组成的集合来代替，在每个节点上，将控制方程中每个导数用相应的差分表达式来代替，在每个节点上形成一个代数方程，每个方程中包括了本节点及其附近一些节点上的未知值，求解这些代数方程就获得了所需的数值。由于各阶导数的差分表达式可以从 Taylor 展开式来导出，这种方法又称为建立离散方程的 Taylor 展开法。有限差分法的优点是它建立在经典的数学逼近理论的基础上，容易被理解和接受，其主要缺点是对复杂区域的适应性较差及数值解的守恒性难以保证。

（2）有限容积法（FVM，Finite Volume Method）

在有限容积法中将所计算的区域划分成一系列控制容积，每个控制容积都有一个节点作为代表。通过将守恒型的控制方程对控制容积做积分来导出离散方程。在导出过程中，需要对界面上的被求函数本身及其一阶导数作出假定，这种构成的方式就是有限容积法中的离散格式。用有限容积法导出的离散方程可以保证具有守恒特性，而且离散方程系数的物理意义明确，是目前流体流动与传热问题的数值计算中应用最广的一种数值方法。

（3）有限元法（FEM，Finite Element Method）

有限元法的基本原理是把计算区域划分成一系列元体（在二维情况下，元体多为三角形或四边形），在每个元体上取数个点作为节点，然后通过元体对控制方程做积分来获得离散方程。它与有限容积法区别主要在于：①要选定一个形状函数，并通过元体中节点上的被求变量之值来表示该形状函数。②控制方程在积分之前要乘上一个权函数，要求在整个计算区域上控制方程余量（即代入形状函数后使控制方程等号两端不相等的差值）的加权平均值等于零，从而得出一组关于节点上的被求变量的代数方程。

有限元法的最大优点是对不规则区域的适应性好。但计算工作量一般比有限容积法大，而且在求解流体流动与传热问题时，对流项的离散处理方法及在不可压流体原始变量法求解方面没有有限容积法成熟。

8.1.3 计算流体力学在暖通空调领域中的应用

随着计算机技术及计算流体力学技术的发展，CFD 越来越多地应用于通风空调系统的研究和方案的优化设计中。与一般的区域模型和模型实验以及全尺寸实验不同，CFD 模拟具有数据完整、结果直观、考察范围广、无实际实验误差且具有经济上的优势，正因为 CFD 数值模拟具有上述这些优点，所以它在工程上得到了广泛应用。

CFD 主要可用于解决以下几类暖通空调工程问题：

1. 通风空调空间气流组织设计

通风空调空间的气流组织设计是通风空调系统的关键，合理的气流组织可以达到满意的空调效果，并且节省能源。

常规空调系统气流组织的设计方法是以送风射流运动为基础，通过反复迭代对温度和速度进行校核，最后找到合理的送回风方案和参数。由于空调房间的送风射流运动大多属于多股非等温受限湍流射流运动，因此一般的设计方法是在单股等温湍流送风射流运动规律的基础上，引入射流受限、射流重合和非等温射流修正系数。室内空气的分布和许多因素有关：送风口的形状和位置、回风口的位置、送风射流参数、房间几何形状以及热源位置等。常规的气流组织是以简单送风射流运动规律为基础的经验设计方法，这种方法忽略了很多其他因素，必然会有一定的误差，在某些情况下甚至会导致较大的误差。

而借助于 CFD 技术可以预测空调房间空气分布的详细情况，在气流组织设计中可以帮助确定送回风口的布置，了解气流分布情况，判断特定区域是否达到期望效果，从而筛选出最为合理的设计方案，以得到满意的速度场、温度场、湿度场，保证舒适度以及室内环境质量。应用 CFD 技术进行气流组织设计，改变了传统的设计过程，形成了更加科学合理的设计流程，促使设计方案更加科学化，提高了设计质量和效率。

CFD 在气流组织设计中主要用于高大空间，如体育馆、大型展馆、火车站候车厅、机场候机楼、影剧院等。此外，CFD 在特殊场合的气流组织设计中也发挥了传统设计方法难以比拟的作用，如地铁、汽车、洁净室、动物房等。对于一些设计理论尚不成熟的气流组织方式，如置换通风、地板送风，诱导送风，采用 CFD 技术可以有效地在设计阶段对气流组织效果进行分析。

2. 建筑外环境分析设计

建筑外环境对建筑内居住者的生活有着重要的影响。所谓的建筑小区二次风、小区热环境等问题日益受到关注。采用 CFD 方法对建筑外来风绕流作用下的风环境进行模拟，可以了解建筑室外环境的优劣，指导自然通风设计，从而设计出合理的建筑风环境。而且，通过模拟建筑外环境的风流动情况，还可进一步指导建筑内的自然通风设计。

3. 建筑设备性能的研究改进

暖通空调工程的许多设备内的流动和传热也是 HVAC 领域中常见的问题。借助 CFD 可以对风机、蓄冰槽、空调器、冷藏柜、换热器等建筑设备内的流体流动和传热问题进行数值分析，模拟计算设备内部的流体流动和换热情况，为这些设备的优化设计和优化运行提供指导，在此基础上降低 HVAC 系统的总能耗，节省运行费用。

8.1.4　CFD 模拟的局限性

尽管 CFD 模拟理论上可以解决一切流动和换热问题，但由于当前对流动换热问题的认识及计算技术的局限、计算机条件限制等因素的影响，数值模拟也有一定的局限性，并且面临不少问题。了解这些局限性既有助于适当地评估数值模拟的结果，又有助于我们在陷入困境时找到解决问题的对策。

1. 数值模拟要有准确的数学模型

流动现象的机理尚未完全清楚之前，其数学模型很难准确化。流体力学曾极大地推动了偏微分方程理论、复变函数、向量和张量分析以及非线性方法的发展。但是，计算流体力学不是纯理论分析，非线性偏微分方程数值解的现有理论尚不充分，还没有严格的稳定性分析、误差估计或收敛性证明。尽管唯一性和存在性问题的研究已有一些进展，但还不足以对很多有实际意义的问题给出明确的回答。

2. 数值试验不能代替物理试验或理论分析

完成一次特定的计算就像进行了一次物理实验。从这个意义上说，计算流体力学的数值模拟更接近实验流体力学。在数值试验中可以完全控制试验参数。但是，数值试验与物理试验有相同的限制，它不能给出任何函数关系，因而不能代替哪怕最简单的理论。计算流体力学中有限的数值模型只能在网格尺度为零的极限情况下才能精确地模拟连续介质，而这种极限是无法达到的。离散化的结果不仅在数量上可能影响计算的精度，而且在性质上还可能会改变流动的特征。即使有了可靠的理论模型方程，数值模型的可靠性仍需得到实践的验证。

3. 计算方法的稳定性和收敛性问题

在数值模拟中，对数学方程进行离散化时需要对计算中所遇到的稳定性和收敛性等进行分析。这些分析方法大部分对线性方程是有效的，对非线性方程来说只有启发性，没有完整的理论。对于边界条件影响的分析，困难就更大些。所以计算方法本身的正确与可靠也要通过实际计算加以确定。在计算过程中有时还需要一定的技巧。

4. 数值模拟受到计算机条件的限制

计算流体力学必须给出实现数值模拟的快速算法，但是计算机的运行速度和容量限制了模拟的实现，数值模拟还不能完全达到工程实用的要求。计算一般的湍流还不可能，目前只能就几个最简单的情形进行湍流的数值模拟。因为网格的最小尺度难以达到湍流的最小尺度，但是湍流的最小尺度却可能影响大范围的流动性质。

基于此，CFD 模拟虽然能够得到人们所需要的结果，但必须对模拟结果的准确度持有正确的认识。由于大多数流动难以得到精确解，而数值结果都是近似解，因此很难对数值结果进行评价。数值计算的误差在每一个环节都可能产生：（1）差分方程的近似和理想化；（2）离散误差；（3）方程求解过程中的迭代误差；（4）机器的舍入误差。

尽管计算结果的可视化非常重要，但漂亮的图形可能并不能反映真实的流动和换热，这在应用商用软件进行数值模拟时更应引起重视。

8.1.5 常用 CFD 软件简介

CFD 商业软件最早出现于 20 世纪 80 年代初，目前全球范围内至少有数十种 CFD 商业软件，各种软件的应用范围各不相同，它们又有通用软件和专用软件之分，而且各种软件都在不断地发展变化中。应用较广的通用软件包括 CFX、FLUENT、PHOENICS、STAR-CD 等，针对某领域的专用软件包括从 FLUENT 中派生出来的专门用于模拟室内气流流动的 Airpak，专门用于火灾模拟的软件 FDS、SMART-FIRE 等。

1. 通用 CFD 软件简介

（1）CFX

CFX 采用的数值方法是有限容积法，可以进行结构化正交网格、不规则分块网格和非正交曲线坐标网格划分。对流项的离散包括一阶迎风、混合格式、QUICK、CONDIF、MUSCL 及高阶迎风格式。压力与速度的耦合关系采用 SIMPLE 系列算法（SIMPLEC），代数方程求解的方法包括线迭代代数多重网格、ICCG、Stone 强隐方法及块隐式方法等。湍流模型中纳入了 $k\text{-}\varepsilon$ 模型，低 Reynolds $k\text{-}\varepsilon$ 模型，RNG $k\text{-}\varepsilon$ 模型，代数应力模型及微分 Reynolds 应力模型等。可计算的物理问题包括不可压缩及可压缩流动、耦合传热问题多相流、粒子输运过程、化学反应、气体燃烧、热辐射等。同时，CFX 还能处理滑移网格，有很强的网格生成和图像后处理功能，使得问题的定义、求解直到最后的结果输出都非常直观方便。

（2）PHOENICS

PHOENICS 软件是英国 CHAM 公司的主要产品，是世界上第一个投放市场的 CFD 商用软件。软件中采用的一些基本算法和处理过程对此后开发的商用软件有较大的影响。PHOENICS 采用的数值方法是有限容积法，对流项的差分格式可选择一阶迎风混合格式、QUICK 格式等，压力与速度耦合采用 SIMPLEST 算法，代数方程组可以采用整场求解或点迭代、块迭代方法，同时纳入了块修正以加速收敛。湍流模型方面，除了标准的 $k\text{-}\varepsilon$ 模型外，还开发了通用的零方程模型、低 Reynolds $k\text{-}\varepsilon$ 模型、RNG $k\text{-}\varepsilon$ 模型等。它可以模拟单相流和多相流的流体流动、传热传质、化学反应、燃烧等现象，广泛用于能源动力、航空航天、化工、船舶水利、建筑、暖通空调、流体机械、冶金等领域。该软件自带1000 多个例题，附有完整的可读可改的原始输入文件。

（3）FLUENT

FLUENT 是美国 FLUENT Inc. 在 1983 年推出的通用的 CFD 商业软件，是继PHOENICS 软件之后第二个投放市场的基于有限容积法的软件。FLUENT 软件采用非结构网格与适应性网格相结合的方式进行网格划分。与结构化网格和分块结构网格相比，非结构网格划分便于处理复杂外形的网格划分，而适应性网格则便于计算流场参数变化剧烈、梯度很大的流动，同时这种划分方式也便于网格的细化或粗化，使得网格划分更加灵活、简便。FLUENT 划分网格的途径有两种：一种是用 FLUENT 提供的专用网格软件GAMBIT 进行网格划分，另一种则是由其他的 CAD 软件完成造型工作，再导入 GAM-BIT 中生成网格。除了 GAMBIT 外，可以生成 FLUENT 网格的网格软件还有 ICEM-CFD、GridGen 等。FLUENT 中速度与压力的耦合采用同位网格上的 SIMPLEC 算法。对流项差分格式纳入了一阶迎风、中心差分及 QUICK 格式等，代数方程的求解采用多重网格及最小残差法。湍流模型有标准的 $k\varepsilon$ 模型，RNG $k\varepsilon$ 模型及 Reynolds 应力模型等。可计算的物理问题包括定常与非定常流动、不可压缩与压缩流动、含有粒子、液滴的蒸发燃烧的过程、多组分介质的化学反应过程等。

（4）STAR-CD

STAR 是 Simulation of Turbulent flow in Arbitrary Region 的缩写，CD 是开发商 Computational Dynamics Ltd 的简称。这是一个基于有限容积法的通用软件。在网格生成方面，采用非结构化网格，单元的形状可以有六面体、四面体、三角形截面的棱柱体、金字塔形的椎体等，因此在适应复杂计算区域的能力方面具有特别的优势。同时，STAR-CD 还可以处理滑移网格的问题，可用于多级透平机械内流场的计算。在对流项差分格式方面，纳入了一阶迎风、二阶迎风、中心差分、QUICK 格式以及将一阶迎风与中心差分或 QUICK 等掺混而成的混合格式。在压力与速度耦合关系的处理方面，可选择 SIMPLE、PISO 以及称之为 SIMPISO 的算法。在湍流模型方面纳入了标准的 $k\varepsilon$ 模型、RNG $k\varepsilon$ 模型及两层 $k\varepsilon$ 模型等。可计算的物理问题包括稳态与非稳态流动、牛顿流体及非牛顿流体流动、多孔介质中的流动、亚音速及超音速流动、涉及导热、对流与辐射换热的流动问题、涉及化学反应的流动与传热问题及多相流的数值分析。该软件在汽车工业中的应用尤为广泛。

2. HVAC 专用的 CFD 软件 Airpak 简介

Airpak 软件是美国 FLUENT 公司开发的主要面向 HVAC 领域的专业人工环境系统分析软件，其数值计算方法基于有限容积法，湍流模型包括室内零方程模型、零方程模型、标准 $k\varepsilon$ 模型、RNG $k\varepsilon$ 模型等。所求解的物理问题包括层流与湍流、瞬态与稳态、强迫对流、自然对流和混合对流等，它可以精确地模拟所研究对象内的空气流动、传热和污染物扩散等物理现象，可以准确地模拟通风系统的空气流动、空气品质、传热、污染和舒适度等问题，并依照 ISO 7730 标准提供舒适度、PMV、PPD 等衡量室内空气质量（IAQ）的技术指标。该软件的应用领域包括建筑、汽车、化学、环境、采矿、造纸、制药、通信、运输等行业。

Airpak 软件的主要特点包括：

（1）快速建模：Airpak 是基于"object"的建模方式，这些"object"包括房间、人体、块、风扇、通风孔、墙壁、隔板、热负荷源、排烟罩等模型。另外，Airpak 还提供了各式各样的 diffuser 模型，以及用于计算大气边界层的模型。Airpak 同时还提供了与 CAD 软件的接口，可以通过 IGES 和 DXF 格式导入 CAD 图形。

（2）网格的自动划分功能

Airpak 具有自动化的非结构化、结构化网格生成能力。支持四面体、六面体以及混合网格，因而可以在模型上生成高质量的网格。Airpak 还提供了强大的网格检查功能，可以检查出质量较差（长细比、扭曲率、体积）的网格。另外，网格疏密可以由用户自行控制，如果需要对某个特征实体加密网格，局部加密不会影响到其他对象。

非结构化的网格技术——可以逼近各种形状复杂的几何，大大减少网格数目，提高模型精度。

四面体网格——用来模拟形状极其复杂的形状，从而保证求解精度。

（3）详细的数值报告及可视化后处理能力

Airpak 可提供强大的数值结果报告，如不同空调系统送风气流组织形式下室内的温度场、湿度场、速度场、空气龄场、污染物浓度场、PMV 场 、PPD 场等，以对房间的气流组织、热舒适性和室内空气品质（IAQ）进行全面综合评价。可提供可视化的速度矢量图、温度（湿度、压力、浓度）等值面云图、粒子轨迹图、切面云图、点示踪图以及可以实时显示气流运动情况及整个流场状况，并可对产品设计性能进行专业评估。

8.1.6 CFD 软件 Airpak 模拟室内通风案例分析

某办公室长 5.0m、宽 4m、高 3m，左侧墙上有一个尺寸为 3.65m× 1.16m 的窗户。房间中部有一个隔断，隔断的尺寸为 2m×3m。办公室内有两张电脑桌，位置如图 8-2 所示，电脑桌长 2m、宽 1.5m、高 0.4m。每个电脑桌上有一台电脑，电脑的尺寸为 0.4m×0.4m×0.4m，一台电脑的功率为 108W，另一台电脑的功率为 173W。有两人在电脑桌前工作，假定坐着的人的尺寸为 0.4m×0.35m×1.1m，每个人的散热量均为 75W。房间左侧墙下方中部有一个散热器，尺寸 0.4m× 0.35m×1.1m，功率 1500W。办公室内顶部有 6 盏灯，灯的尺寸为 0.2m× 1.2m×0.15m，每盏等的功率为 34W。

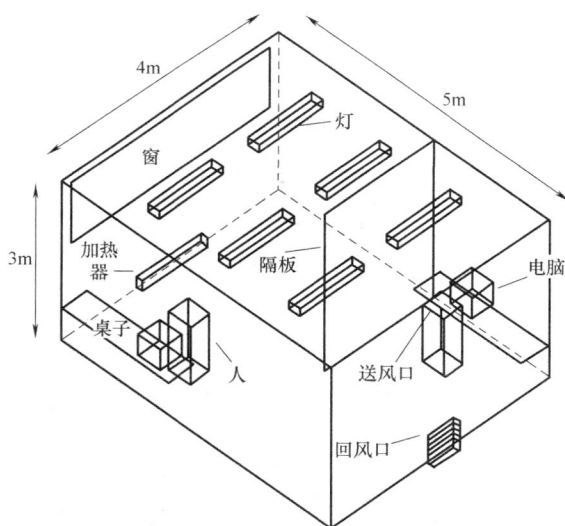

图 8-2 某办公室结构图

夏季，室外温度为 35℃，房间右侧墙上部中间位置设置一大小为 0.2m×0.2m 的送风散流器，送风温度为 13.5℃，送风风速分别设为 0.5m/s 和 2.0m/s；右侧墙下部有一个回风口，尺寸为 0.3m×0.2m。试分析该房间内的温度场和速度场。

（1）打开 Airpak，进行基本参数设定。设定需求解的过程状态以及需求解的参数，如：速度、温度、是否考虑辐射、太阳辐射、IAQ、组分等；选择使用的紊流模型，设置重力方向等，如图 8-3 所示。

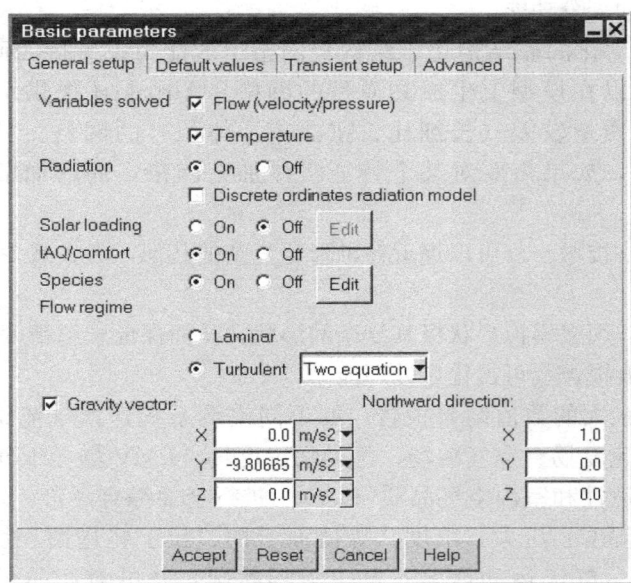

图 8-3　基本参数设定

（2）建立房间模型

依据给定的条件，在 Airpak 中建立要模拟的房间模型，并设置相应的边界条件。房间模型如图 8-4 所示。

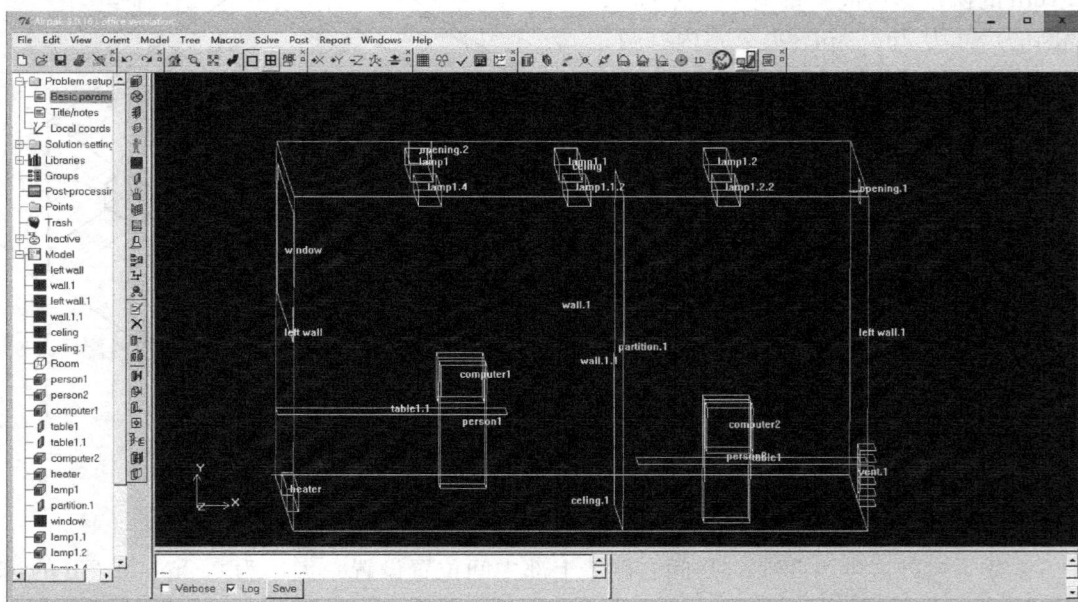

图 8-4　Airpak 中的房间模型

（3）划分网格

在计算及能力允许的前提下进行划分较小的网格，送风散流器、热源等部分可进行网格的局部加密，网格划分如图 8-5 所示。

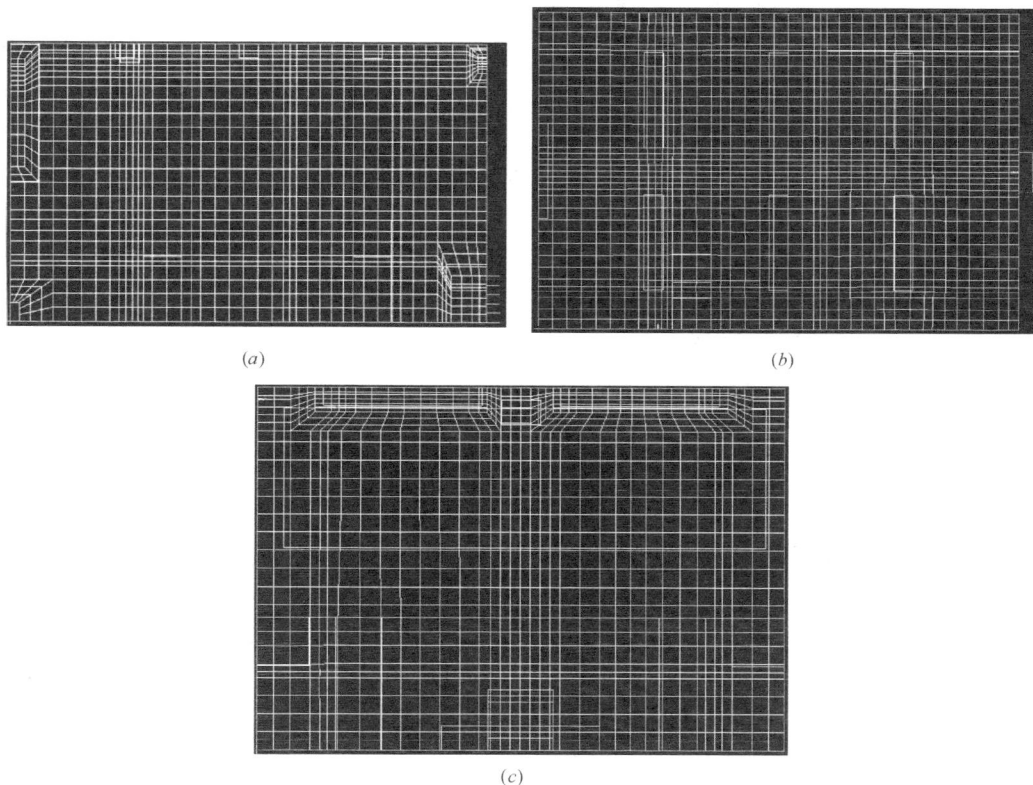

(a)

(b)

(c)

图 8-5 网格分布

(a) $x-y$ 平面；(b) $x-z$ 平面；(c) $y-z$ 平面

（4）设置各参数的收敛准则以及迭代次数，开始模拟计算。

（5）计算结果分析

图 8-6 给出了送风速度为 0.5m/s 时不同断面上速度和温度的分布。从该图中可以看出，送风速度为 0.5m/s 时，送风量不能满足房间的降温要求，房间的温度远高于舒适性空调标准要求的最高的 26℃，需进一步加大送风风速。当送风风速加大为 2m/s 时，室内不同断面的速度、温度、PMV、PPD 以及空气龄的分布如图 8-7 到图 8-8 所示。从图中可以看出，加大送风风速后，房间的温度明显降低，除散热器附近以及隔断遮挡的部分温度稍高外，其他人员活动区的温度基本在舒适温度范围内。从 PMV 和 PPD 的分布也可看出，隔断背风区由于温度稍高，人们普遍感到暖，回风口附近由于风速较大，PPD 稍高。从图 8-8（e）可以看出，由于中间隔断的遮挡，使得该区域内空气流通差，空气龄较高。建议降低隔断的高度，或在隔断背风侧加装送风口，来满足舒适性及新鲜空气的要求。

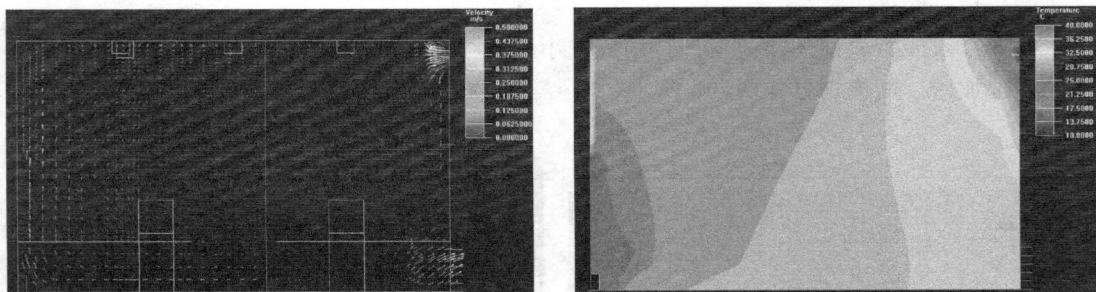

图 8-6　送风速度为 0.5m/s 时房间内不同断面上的速度、温度分布

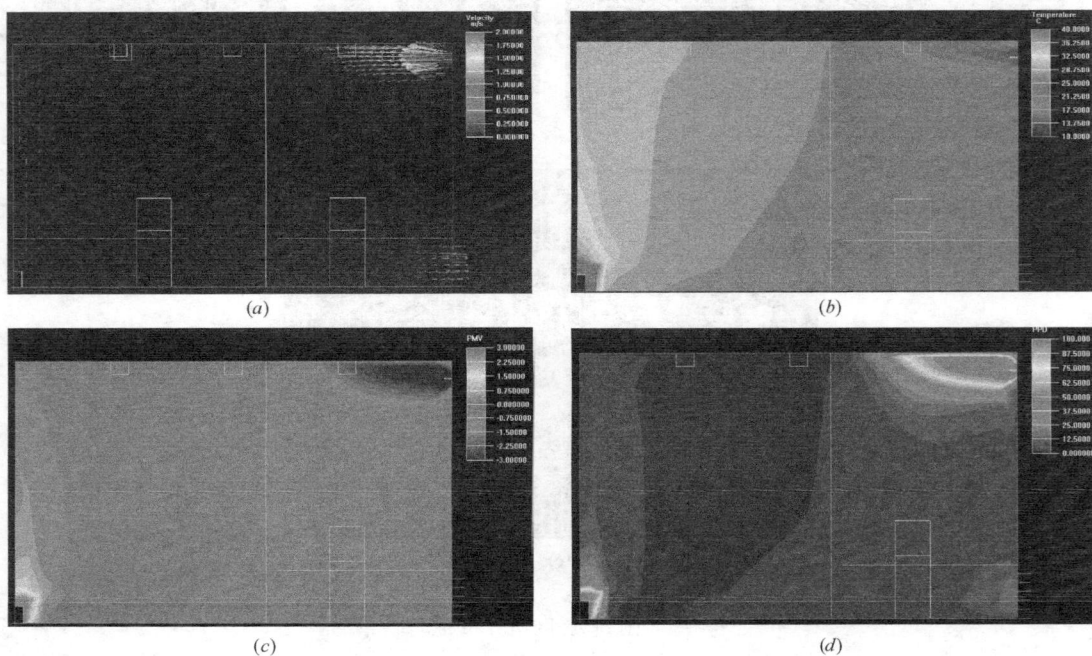

图 8-7　送风速度为 2m/s 时，$z=2$m 平面上速度、温度、PMV 及 PPD 分布
(a) $z=2$m 截面速度分布；(b) $z=2$m 截面温度分布；(c) PMV；(d) PPD

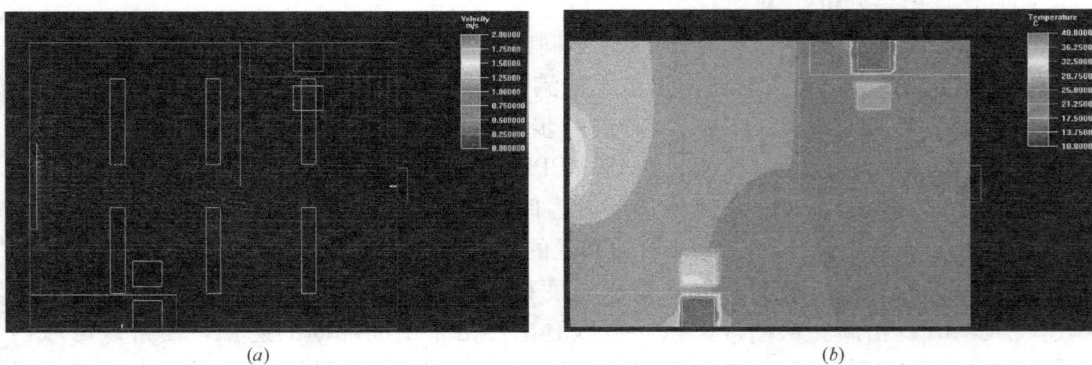

图 8-8　送风速度为 2m/s 时，$y=1.1$m 平面上速度、温度、PMV、PPD 及空气龄的分布（一）
(a) 速度；(b) 温度

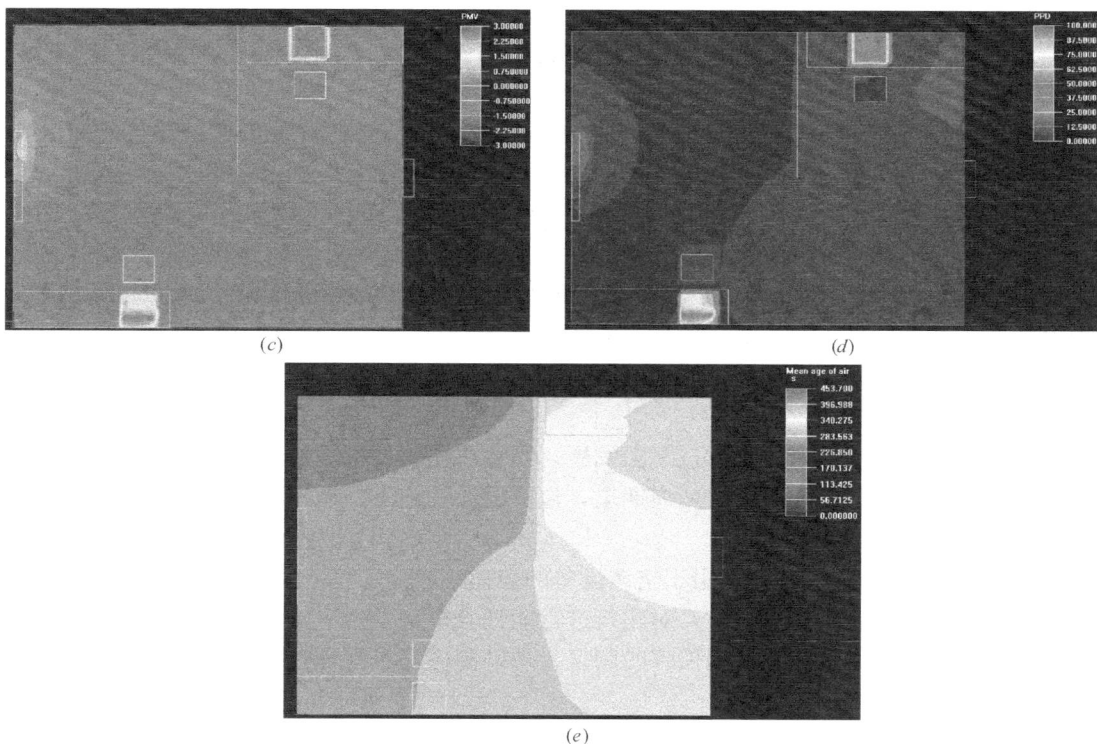

图 8-8 送风速度为 2m/s 时，$y=1.1$m 平面上速度、温度、PMV、PPD 及空气龄的分布（二）
(c) PMV；(d) PPD；(e) 空气龄

8.2 建筑能耗模拟简介

8.2.1 建筑能耗模拟产生的背景

建筑热环境是由室外气候条件、室内各种热源的发热状况以及室内外通风状况所决定的。于是，为满足室内热环境控制需求的建筑采暖、空调能耗也相应随室外气象条件、室内热源以及室内外通风状况的变化而变化。因而，为满足建筑节能的需求，对建筑采暖空调能耗的分析预测不能局限于极端冷或极端热的设计工况，而应进行全年的逐时动态计算分析。

建筑热环境变化是由诸多因素相互影响、共同作用的一个复杂过程，要想有效地预测室内温湿度随时间的变化以及为满足环境控制所需的采暖空调逐时能耗，只有通过计算机模拟的方法才能实现。

得益于计算机技术的发展，在建筑环境控制领域，20 世纪 60 年代中期就开始了对建筑环境及控制系统动态模拟的研究。初期的研究内容主要是传热的基础理论和负荷的计算方法，例如一些简化的动态传热算法，如度日法、bin 法等。在经历了 20 世纪 70 年代的全球石油危机之后，建筑模拟技术受到了越来越多的重视；同时计算机技术的飞速发展和普及，也促进了建筑模拟技术的发展，使得大量复杂的计算变为可行。之后，美国、英国以及中国等各个国家和地区先后投入大量力量进行建筑能耗模拟软件的研究开发，逐渐形成了几个各有特色的建筑热环境及能耗模拟程序，如：Energyplus，ESP-r，HASP，DeST 等。[9]

随着人们对建筑环境质量要求的不断提高和对建筑节能的日益重视，建筑模拟也越来越成为建筑与建筑环境控制系统的设计、评价、分析工作中必不可少的重要工具之一。

8.2.2　建筑能耗模拟在暖通空调领域中的应用

20 世纪 90 年代，模拟技术的研究重点逐渐从模拟建模（Simulation Modeling）向应用模拟方法（Simulation Method）转移，即研究如何充分利用现有的各种模型和模拟软件，使模拟技术能够更广泛更有效地应用于实际工程的方法和步骤，这使其不仅仅是停留在单纯学术研究的层面。

时至今日，建筑模拟技术通过不断发展，已经在建筑环境等相关领域得到了较广泛的应用，贯穿于建筑设计的整个生命周期里，包括设计、施工、运行、维护和管理等。具体表现在以下几个方面：

（1）建筑冷/热负荷计算，用于空调设备的选择；

（2）在设计或者改造建筑时，对建筑进行能耗分析；

（3）建筑能耗的管理和控制模式的制订，帮助制订建筑管理控制模式，以挖掘建筑的最大节能潜力；

（4）与各种标准规范结合，帮助设计人员设计出符合国家及当地节能标准的建筑；

（5）对建筑进行经济性分析，使设计者对所设计方案在经济上的费用有清楚的了解，有助于设计者从费用和能耗两方面对设计方案进行评估。

8.2.3　模拟软件 DeST 简介

由清华大学研发的 DeST 软件是具有我国自主知识产权的建筑热环境及建筑能耗模拟分析工具包，该软件汇聚了我国暖通界在建筑环境系统设计模拟分析领域的研究成果，目前已成为比较完善的设计分析软件。DeST 在国内外已得到了广泛的应用，包括国家大剧院、国家游泳中心等大型建筑都采用 DeST 进行了辅助分析，DeST 还应用于中央电视台空调系统改造、北京发展大厦、军事博物馆空调系统改造等多项改造工程中。据统计，已有超过 $10\times10^6\,\mathrm{m}^2$ 的住宅建筑和公共建筑应用 DeST 进行过相关模拟计算分析。

DeST 不是一个单一软件，而是基于同一软件平台、针对各种建筑能耗与建筑环境设计与分析问题的系列应用软件。针对不同类型建筑物、不同模拟分析目的，DeST 目前已经开发了 DeST-c、DeST-r、DeST-d、DeST-h、DeST-e、DeST-i 和 DeST-s 共 7 个软件版本，它们的特点、功能和应用如表 8-3 所示。

DeST 不同版本的特点、功能和应用　　　　　　　　　表 8-3

版本名称	特　点	功　能	应　用
DeST-c 商业建筑热环境模拟工具包	专用于采用中央空调的商业建筑空调系统方案辅助设计与分析	建筑设计方案模拟分析； 空调系统方案模拟分析； 空气处理设备方案模拟分析； 冷热源模拟分析； 输配系统模拟分析； 经济性分析	公共建筑空调系统辅助设计； 公共建筑空调系统改造设计

版本名称	特　　点	功　　能	应　　用
DeST-r 公共建筑节能评估版	针对公共建筑节能评估标准开发 专用于公共建筑节能评估	(1)建筑本身的节能及用能需求的合理性,包含: 围护结构热工性能; 空气处理合理用能; 自然采光性能 (2)机电设备系统的节能,包含: 空调冷热源; 生活热水热源; 风机水泵; 照明及其他 (3)可再生能源利用	公共建筑 节能评审
DeST-d 建筑能耗分析软件	建筑耗电模拟和分析	预测建筑物运行用电; 辅助建筑物用电分析; 辅助建筑物用电诊断	公共建筑 用能分析
DeST-h 住宅建筑热环境模拟工具包	住宅类建筑性能优化的辅助设计与分析	住宅建筑热特性的影响因素分析; 住宅建筑热特性指标的计算; 住宅建筑全年的动态负荷计算; 住宅室温计算; 末端设备系统经济性分析	
DeST-e 住宅建筑节能评估版	专用于住宅类建筑节能评估	住宅建筑采暖空调能耗模拟; 根据地方节能设计标准计算采暖空调能耗指标	
DeST-i 住宅建筑能耗标识版	专用于住宅类建筑的能耗标识	根据建筑实际使用状况进行住宅建筑能耗预测,标识建筑能耗水平	
DeST-s 太阳能建筑能耗分析软件	用于太阳能建筑热环境模拟分析	太阳能建筑主体节能分析; 太阳能建筑热环境评价; 太阳能建筑常规能源体系的优化利用分析	

8.2.4　DeST 的软件结构

为实现 DeST 上述的各项分析计算功能，DeST 采用"分阶段模拟"的理念，其软件结构是由多个单独的模块相互连接构成，图 8-9 为 DeST 的整体框架结构示意图。

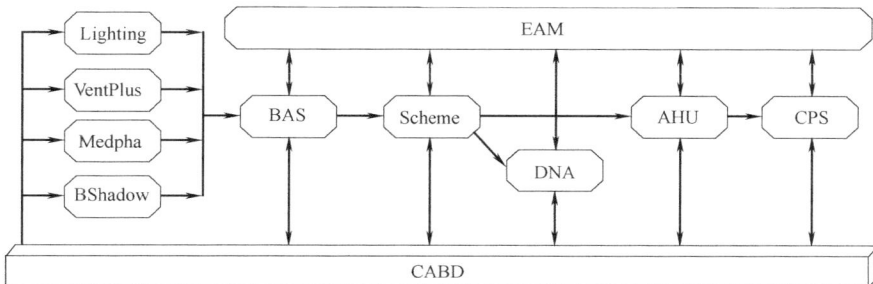

图 8-9　DeST 软件结构示意图

DeST 软件中各个模块的功能及特点如表 8-4 所示。

DeST 软件模块的功能及特点

表 8-4

名　称	功　能	特　点
Medpha	典型气象年的分析建立	逐时的外温、相对湿度、太阳辐射、风速风向、地表温度以及天空背景辐射温度等气象参数； 全国 270 个气象台站； 典型气象年类型包括温度极高年、温度极低年、太阳辐射极大年、太阳辐射极小年和焓值极高年
CABD	DeST 的图形化用户界面	基于 AutoCAD 开发的用户界面； 建筑物的描述、修改可直接通过界面完成； 简化描述、方便建模
VentPlus	房间自然通风的模拟计算	热压与风压作用的同时考虑； 自然通风计算风量将作为热环境模拟的输入
BShadow	建筑阴影分析计算	建筑之间相互遮挡导致逐时的建筑日影分布； 建筑自身自遮挡导致逐时的建筑日影分布
Lighting	室内自然采光的模拟计算	房间采光系数计算； 自然采光条件下逐时室内照度的计算； 照明灯具开启情况及照明散热的分析计算
BAS	建筑物热特性计算分析	室温和房间负荷的逐时模拟； 考虑建筑物为多房间的整体热平衡
Scheme	空调系统方案模拟分析	空调系统分区的模拟与评价； 空调系统类型的模拟与评价； 空调系统运行形势的模拟与评价； 冷量(热量)和风量大小的计算分析
AHU	空气处理设备校核模拟	两管制及四管制风机盘管校核； 一次回风系统/二次回风系统校核； 空气处理设备单元不同组合校核(表冷段,加湿段,喷淋室,再热段等)； 新风控制方案校核(定新风系统/变新风系统)； 新风热回收方案校核(显热回收/全热回收)； 表冷器的容量及热湿特性的计算分析
CPS	冷热源与水系统方案模拟	冷热源设备类型校核； 冷冻水系统形式校核(一次泵/二次泵)； 水泵控制方式校核(变频控制/台数控制)； 冷却塔控制方案校核
DNA	机械通风管网校核计算	风管网能否满足非设计工况的校核计算； 根据全工况点选择合适风机设备的分析计算
EAM	空调系统方案的经济性评价	不同设计阶段,系统方案的经济性预测

8.2.5　DeST 的工程应用

1. 建筑及空调系统辅助设计

（1）围护结构优化设计

围护结构设计包括建筑几何结构设计、建筑材料选择、遮阳部件设计等。围护结构的热性能是影响建筑环境状况和能耗状况的一个重要因素，因此围护结构的优化设计有着十分重要的意义。

DeST 可以根据设计者提出的不同方案，对建筑进行全年逐时的温度模拟和采暖空调能耗计算，并进行初步的经济性分析，对不同的围护结构设计方案进行比较，从而帮助设计人员做出最优的选择。

DeST 支持各种复杂建筑形式（如多建筑、多外界、天窗、斜墙、地下层、回形分隔等）的计算，可对建筑物朝向、窗墙比、建筑平面布局等进行模拟分析；支持各种围护构件的计算，可对围护结构的选材、组合以及保温、隔热等围护措施进行模拟分析；支持灵活的内扰和通风定义，可以对建筑通风设计进行模拟分析。上述各方面，均可以通过建筑方案设计阶段的模拟，进行不同方案之间的对比，对建筑主体设计本身提出有利于建筑节能的意见，供建筑师参考。

（2）空调系统形式及分区方案设计

空调系统形式及分区方案的设计是空调系统设计里至关重要的一环，该设计的优劣在极大程度上影响建筑使用时的冷热状况，及空调系统能否满足人员热舒适的要求。目前的空调系统形式及分区方案设计还大多停留在依赖经验和简单手工计算的基础上，而建筑的复杂性使得这种设计往往不能满足舒适性和经济性的要求。

在对建筑热状况进行全年逐时模拟的基础上，根据设计人员提出的不同设计方案，DeST 可以模拟出各房间全年的温度状况、不满意率及要求的空调设备出力，并作进一步的经济性分析，使设计人员可从可行性和经济性两个方面对不同的设计方案进行比较。

（3）空气处理设备校核

确定空调系统形式及分区方案后，设计者可以从 DeST 的设备数据库中选取一种设备组合，如热回收器＋表冷器＋加湿器。DeST 在方案设计模拟结果的基础上，对选取的设备类型及容量进行全年逐时的校核计算，给出不能够满足系统要求的时刻，同时根据选取的空气处理设备，DeST 还可以做出更为准确的经济性预测，对不同的空气处理方案能耗的比较，可以为用户选择节能的空气处理方案提供依据。

设计者利用 DeST 进行模拟分析，可以在设计阶段就能清楚地了解到各种空气处理设备的工作情况，大大避免因设备类型或容量选择不当造成的不满足要求或能源浪费。

（4）冷冻站及泵站设计

冷冻站设计是空调系统设计的重要内容，冷机的容量和搭配台数对初投资和运行费的影响均很大。DeST 根据空调处理设备提出的全年逐时冷量要求，计算出指定的冷机组合下全年逐时最优的运行组合，给设计者设计冷冻站提供依据。

（5）输配系统设计

根据空调系统方案模拟及空气处理设备模拟结果得到的各个房间及末端的风量水量需求，进行空调风系统、水系统设计计算，确定风机水泵等设备型号，校核设计方案在全工况下是否能满足逐时的要求，并模拟计算全年的风机、水泵系统运行能耗。

2. 建筑节能评估

环境问题、能源危机的严峻形势使得建筑节能问题越来越引起各方面的重视，指导建筑节能设计的标准和规范相继出台。2001 年的《夏热冬冷地区居住建筑节能设计标准》和 2003 年的《夏热冬暖地区居住建筑节能设计标准》，均提出采用动态模拟的方法计算能耗指标，并设定了相关的能耗标准。上述两个标准都指出：如果实际建筑的围护结构性能不能完全满足标准中的规定，那么可以通过辅助模拟工具进行动态模拟计算建筑全年负荷，判断其全年的冷热量消耗是否满足当地相应的能耗指标进行建筑是否节能的评估。2008 年北京奥运会的口号之一是"绿色奥运"，我国学者编制了绿色奥运建筑评估体系，其中对奥运建筑的节能评估部分，包括居住类建筑的运动员村的指标评价和商业建筑的"参考建筑法"［ASHRAE，1999］评价，也均要求采用模拟工具进行全年动态模拟计算建筑物全年的冷热量消耗。

　　DeST 是可以进行各类建筑冷热量消耗评估计算的软件，其计算模型准确，界面简单，操作方便，后处理功能强大，能自动生成评估所需要的实用数据。DeST 住宅采暖空调能耗评估版（简称"DeST-e"）正是针对住房和城乡建设部发布的住宅节能设计行业标准开发的应用于住宅类建筑节能评估的专用版本。此外根据《中国生态住宅技术评估手册》中"能源与环境"部分的评分标准及办法，DeST 为住宅评估提供了极为全面的模拟数据，是生态住宅评估的重要工具。在《北京市大型公共建筑节能评审标准》中，DeST-r作为标准的配备评审用模拟分析计算软件，可以对大型公共建筑在能源需求、转换和消耗过程中建筑本身的节能和能源需求的合理性、机电设备系统、可再生能源利用三个环节给出定量定性相结合的详细模拟计算结果，从而能够从设计阶段就能够对设计方案的节能性给出全面评价，提出合理的建议与意见，并及时地改善设计方案，避免大型公共建筑在设计方案中的"先天不足"，为大型公共建筑的节能工作提供有力的支持。

本章参考文献

[1]　苏铭德，黄素逸．计算流体力学基础．北京：清华大学出版社，1997.
[2]　陶文铨编著．数值传热学（第二版）．西安：西安交通大学出版社，2001.
[3]　李万平．计算流体力学．武汉：华中科技大学出版社，2004.
[4]　龚光彩．CFD技术在暖通空调制冷工程中的应用．暖通空调，1999，29（6）：25-27.
[5]　赵彬，李先庭，彦启森．用CFD方法指导通风空调设计．制冷与空调，2001，1（5）：11-15.
[6]　http://baike.baidu.com/view/1155489.htm.
[7]　叶欣，蒋修英，沈国民．Airpak软件在气流组织领域的应用．应用能源技术，2006，10：45-47.
[8]　Hazim B. Awbi 著．李先庭，赵彬等译．建筑通风．北京：机械工业出版社，2011.
[9]　陆耀庆．实用供热空调设计手册（第二版）．北京：中国建筑工业出版社，2008.
[10]　清华大学 DeST 开发组．建筑环境系统模拟分析方法—DeST．北京：中国建筑工业出版社，2006.

附　　录

附录1　相关节能设计标准限值

夏热冬暖地区甲类公共建筑围护结构热工性能限值 附表 1-1

围护结构部位		传热系数 K $[\text{W}/(\text{m}^2 \cdot \text{K})]$	太阳得热系数 SHGC（东、南、西向/北向）
屋面	围护结构热惰性指标 D≤2.5	≤0.50	—
	围护结构热惰性指标 D>2.5	≤0.80	
外墙（包括非透光幕墙）	围护结构热惰性指标 D≤2.5	≤0.80	—
	围护结构热惰性指标 D>2.5	≤1.5	
底面接触室外空气的架空或外挑楼板		≤1.5	—
单一立面外窗（包括透光幕墙）	窗墙面积比≤0.20	≤5.2	≤0.52/—
	0.20<窗墙面积比≤0.30	≤4.0	≤0.44/0.52
	0.30<窗墙面积比≤0.40	≤3.0	≤0.35/0.44
	0.40<窗墙面积比≤0.50	≤2.7	≤0.35/0.40
	0.50<窗墙面积比≤0.60	≤2.5	≤0.26/0.35
	0.60<窗墙面积比≤0.70	≤2.5	≤0.24/0.30
	0.70<窗墙面积比≤0.80	≤2.5	≤0.22/0.26
	窗墙面积比>0.80	≤2.0	≤0.18/0.26
屋顶透明部分(屋顶透明部分面积≤20%)		≤3.0	≤0.30

注：源自《公共建筑节能设计标准》GB 50189—2015。

夏热冬冷地区甲类公共建筑围护结构热工性能限值 附表 1-2

围护结构部位		传热系数 K $[\text{W}/(\text{m}^2 \cdot \text{K})]$	太阳得热系数 SHGC（东、南、西向/北向）
屋面	围护结构热惰性指标 D≤2.5	≤0.40	—
	围护结构热惰性指标 D>2.5	≤0.50	
外墙（包括非透光幕墙）	围护结构热惰性指标 D≤2.5	≤0.60	—
	围护结构热惰性指标 D>2.5	≤0.80	
底面接触室外空气的架空或外挑楼板		≤0.70	
单一立面外窗（包括透光幕墙）	窗墙面积比≤0.20	≤3.5	—
	0.20<窗墙面积比≤0.30	≤3.0	≤0.44/0.48
	0.30<窗墙面积比≤0.40	≤2.6	≤0.40/0.44
	0.40<窗墙面积比≤0.50	≤2.4	≤0.35/0.40
	0.50<窗墙面积比≤0.60	≤2.2	≤0.35/0.40
	0.60<窗墙面积比≤0.70	≤2.2	≤0.30/0.35
	0.70<窗墙面积比≤0.80	≤2.0	≤0.26/0.35
	窗墙面积比>0.80	≤1.8	≤0.24/0.30
屋顶透明部分(屋顶透明部分面积≤20%)		≤2.6	≤0.30

注：源自《公共建筑节能设计标准》GB 50189—2015。

寒冷地区甲类公共建筑围护结构热工性能限值　　　　附表 1-3

围护结构部位		体形系数≤0.30		0.30<体形系数≤0.50	
		传热系数 K [W/(m²·K)]	太阳得热系数 SHGC(东、南、西向/北向)	传热系数 K [W/(m²·K)]	太阳得热系数 SHGC(东、南、西向/北向)
屋面		≤0.45	—	≤0.40	—
外墙(包括非透光幕墙)		≤0.50	—	≤0.45	—
底面接触室外空气的架空或外挑楼板		≤0.50	—	≤0.45	—
地下车库与供暖房间之间的楼板		≤1.0	—	≤1.0	—
非供暖楼梯间与供暖房间之间的隔墙		≤1.5	—	≤1.5	—
单一立面外窗(包括透光幕墙)	窗墙面积比≤0.20	≤3.0	—	≤2.8	—
	0.20<窗墙面积比≤0.30	≤2.7	≤0.52/—	≤2.5	≤0.52/—
	0.30<窗墙面积比≤0.40	≤2.4	≤0.48/—	≤2.2	≤0.48/—
	0.40<窗墙面积比≤0.50	≤2.2	≤0.43/—	≤1.9	≤0.43/—
	0.50<窗墙面积比≤0.60	≤2.0	≤0.40/—	≤1.7	≤0.40/—
	0.60<窗墙面积比≤0.70	≤1.9	≤0.35/0.60	≤1.7	≤0.35/0.60
	0.70<窗墙面积比≤0.80	≤1.6	≤0.35/0.52	≤1.5	≤0.35/0.52
	窗墙面积比>0.80	≤1.5	≤0.30/0.52	≤1.4	≤0.30/0.52
屋顶透光部分(屋顶透光部分面积≤20%)		≤2.4	≤0.44	≤2.4	≤0.35
围护结构部位		保温材料层热阻 R[(m²·K)/W]			
周边地面		≥0.60			
供暖、空调地下室外墙(与土壤接触的墙)		≥0.60			
变形缝(两侧墙内保温时)		≥0.90			

注：源自《公共建筑节能设计标准》GB 50189—2015。

严寒 A、B 区甲类公共建筑围护结构热工性能限值*　　　　附表 1-4

围护结构部位		体形系数≤0.30	0.30 <体形系数≤0.50
		传热系数 K[W/(m²·K)]	
屋面		≤0.28	≤0.25
外墙(包括非透光幕墙)		≤0.38	≤0.35
底面接触室外空气的架空或外挑楼板		≤0.38	≤0.35
地下车库与供暖房间之间的楼板		≤0.50	≤0.50
非供暖楼梯间与供暖房间之间的隔墙		≤1.2	≤1.2
单一立面外窗(包括透光幕墙)	窗墙面积比≤0.20	≤2.7	≤2.5
	0.20<窗墙面积比≤0.30	≤2.5	≤2.3
	0.30<窗墙面积比≤0.40	≤2.2	≤2.0
	0.40<窗墙面积比≤0.50	≤1.9	≤1.7
	0.50<窗墙面积比≤0.60	≤1.6	≤1.4
	0.60<窗墙面积比≤0.70	≤1.5	≤1.4
	0.70<窗墙面积比≤0.80	≤1.4	≤1.3
	窗墙面积比>0.80	≤1.3	≤1.2

续表

围护结构部位	体形系数≤0.30	0.30＜体形系数≤0.50
	传热系数 $K[\mathrm{W}/(\mathrm{m}^2 \cdot \mathrm{K})]$	
屋顶透光部分(屋顶透光部分面积≤20%)	≤2.2	
围护结构部位	保温材料层热阻 $R[(\mathrm{m}^2 \cdot \mathrm{K})/\mathrm{W}]$	
周边地面	≥1.1	
供暖地下室与土壤接触的外墙	≥1.1	
变形缝(两侧墙内保温时)	≥1.2	

注：源自《公共建筑节能设计标准》GB 50189—2015。

严寒 C 区甲类公共建筑围护结构热工性能限值* 　　　　附表 1-5

围护结构部位	体形系数≤0.30	0.30＜体形系数≤0.50
	传热系数 $K[\mathrm{W}/(\mathrm{m}^2 \cdot \mathrm{K})]$	
屋面	≤0.35	≤0.28
外墙(包括非透光幕墙)	≤0.43	≤0.38
底面接触室外空气的架空或外挑楼板	≤0.43	≤0.38
地下车库与供暖房间之间的楼板	≤0.70	≤0.70
非供暖楼梯间与供暖房间之间的隔墙	≤1.5	≤1.5
单一立面外窗 (包括透光幕墙) ・ 窗墙面积比≤0.20	≤2.9	≤2.7
・ 0.20＜窗墙面积比≤0.30	≤2.6	≤2.4
・ 0.30＜窗墙面积比≤0.40	≤2.3	≤2.1
・ 0.40＜窗墙面积比≤0.50	≤2.0	≤1.7
・ 0.50＜窗墙面积比≤0.60	≤1.7	≤1.5
・ 0.60＜窗墙面积比≤0.70	≤1.7	≤1.5
・ 0.70＜窗墙面积比≤0.80	≤1.5	≤1.4
・ 窗墙面积比＞0.80	≤1.4	≤1.3
屋顶透光部分(屋顶透光部分面积≤20%)	≤2.3	
围护结构部位	保温材料层热阻 $R[(\mathrm{m}^2 \cdot \mathrm{K})/\mathrm{W}]$	
周边地面	≥1.1	
供暖地下室与土壤接触的外墙	≥1.1	
变形缝(两侧墙内保温时)	≥1.2	

注：源自《公共建筑节能设计标准》GB 50189—2015。

屋面的传热系数基本要求 　　　　附表 1-6

屋面传热系数 K $[\mathrm{W}/(\mathrm{m}^2 \cdot \mathrm{K})]$	严寒 A、B 区	严寒 C 区	寒冷地区	夏热冬冷地区	夏热冬暖地区
	≤0.35	≤0.45	≤0.55	≤0.70	≤0.90

注：源自《公共建筑节能设计标准》GB 50189—2015。

外窗（包括透光幕墙）的传热系数和太阳得热系数基本要求　　附表 1-7

气候分区	窗墙面积比	传热系数 K［W/(m²·K)］	太阳得热系数 $SHGC$
严寒 A、B 区	0.40＜窗墙面积比≤0.60	≤2.5	—
	窗墙面积比＞0.60	≤2.2	
严寒 C 区	0.40＜窗墙面积比≤0.60	≤2.6	—
	窗墙面积比＞0.60	≤2.3	
寒冷地区	0.40＜窗墙面积比≤0.70	≤2.7	—
	窗墙面积比＞0.70	≤2.4	
夏热冬冷地区	0.40＜窗墙面积比≤0.70	≤3.0	≤0.44
	窗墙面积比＞0.70	≤2.6	
夏热冬暖地区	0.40＜窗墙面积比≤0.70	≤4.0	≤0.44
	窗墙面积比＞0.70	≤3.0	

注：源自《公共建筑节能设计标准》GB 50189—2015。

说明：

1. **体形系数**：建筑物与室外大气接触的外表面积与其所包围的体积的比值。

$$S=\frac{S_总}{V}$$

式中　S——建筑物体形系数，m²/m³；

　　$S_总$——建筑物与室外大气接触的外表面积。其中，外表面积不包括地面和不采暖楼梯间隔墙与户门的面积，m²；

　　V——建筑物外表面积包围的体积，m³。

2. **窗墙比**：某一朝向的外窗总面积与同朝向墙面总面积的比值。

$$C_M=\frac{S_窗}{S_墙}$$

式中　C_M——建筑物某一朝向的窗墙比；

　　$S_窗$——某一朝向的外窗总面积，m²；

　　$S_墙$——同朝向墙面总面积，即建筑层高与开间定位线围成的面积（包含同朝向外窗总面积），m²。

3. **传热系数**：围护结构两侧空气温差为 1℃时，单位时间内通过单位面积围护结构的传热量。

$$K=\frac{1}{\frac{1}{\alpha_n}+\sum\frac{\delta}{\alpha_\lambda\lambda}+R_k+\frac{1}{\alpha_w}}$$

式中　K——围护结构的传热系数，W/(m²·℃)；

　　α_n——围护结构内表面热交换系数，W/(m²·℃)；

　　α_w——围护结构外表面热交换系数，W/(m²·℃)；

　　δ——围护结构各层材料的厚度，m；

　　λ——围护结构各层材料的导热系数，W/(m·℃)；

　　α_λ——材料导热系数的修正系数；

R_k——封闭空气层间的热阻，$(m^2 \cdot ℃)/W$。

附录 2　设计实例基本设计资料

1. 建筑概况

设计实例建筑为一幢办公建筑，位于北京地区，正南北朝向。该建筑总建筑面积为 $30785m^2$，其中，地上 $22465m^2$，地下 $8320m^2$；建筑地上高度为 62.1m，地上 11 层、地下 1 层。其中，地下一层为车库；一～二层为接待大厅和办公层，层高为 6.3m；三～十一层为标准层，层高 4.5m。

2. 围护结构主要构造及其热工性能参数

（1）外墙和内墙的主墙体结构

200mm 钢筋混凝土墙 [导热系数 $\lambda = 1.74W/(m \cdot K)$，密度 $\rho = 2500kg/m^3$，比热 $C_P = 837J/(kg \cdot K)$]，内墙 100mm 钢筋混凝土墙，内抹灰。外墙保温采用聚苯乙烯材料 [导热系数 $\lambda = 0.047W/(m \cdot K)$，密度 $\rho = 30kg/m^3$，比热 $C_P = 1465J/(kg \cdot K)$]，保温材料的厚度依据国家或当地建筑节能标准计算确定（见附图 2-1）。

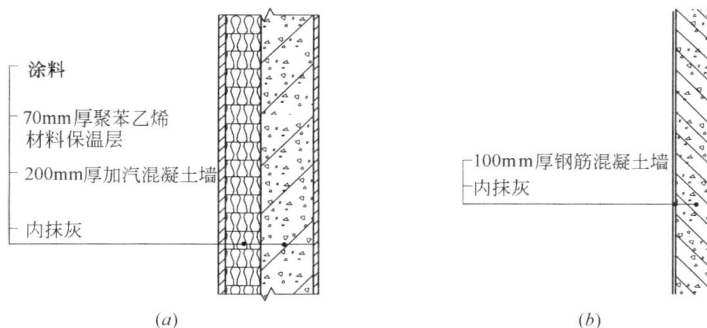

附图 2-1　主墙体建筑构造示意图
（a）外墙构造图；（b）内墙构造图

（2）外窗结构形式

塑钢中空（中空 12mm）双层 6mm 厚普通玻璃保温窗，传热系数为 $2.8W/(m^2 \cdot K)$，窗高 1800mm。

（3）屋面

采用 150mm 厚的钢筋混凝土楼板，导热系数 $\lambda = 1.74W/(m \cdot K)$，密度 $\rho = 2500kg/m^3$，比热 $C_P = 837J/(kg \cdot K)$。上加加气混凝土保温层，导热系数 $\lambda = 0.22W/(m \cdot K)$，密度 $\rho = 700kg/m^3$，比热 $C_P = 1340J/(kg \cdot K)$，保温材料的厚度依据国家或当地建筑节能标准计算确定（见附图 2-2）。

（4）内楼板采用钢筋混凝土楼板，厚度为 130mm。

（5）地下一层地面为保温地面。

3. 建筑其他工艺条件

（1）办公建筑采暖空调的运行时间为 8：00～21：00（夜间及节假日为非空调时间）。

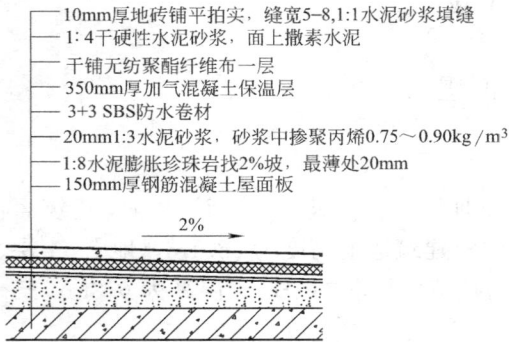

附图 2-2　屋面构造图

（2）办公建筑人员密度：办公室为 8m²/人，会议室为 2.5m²/人。

（3）主要建筑照明功率密度：办公室为 8W/m²，会议室为 6W/m²，走廊为 4W/m²。

（4）室内电器设备功率密度：办公室为 20W/m²，会议室为 5W/m²。

（5）走廊不设空调，卫生间、复印室和机房就地通风。

4. 建筑图纸（见附图 2-3～附图 2-11）

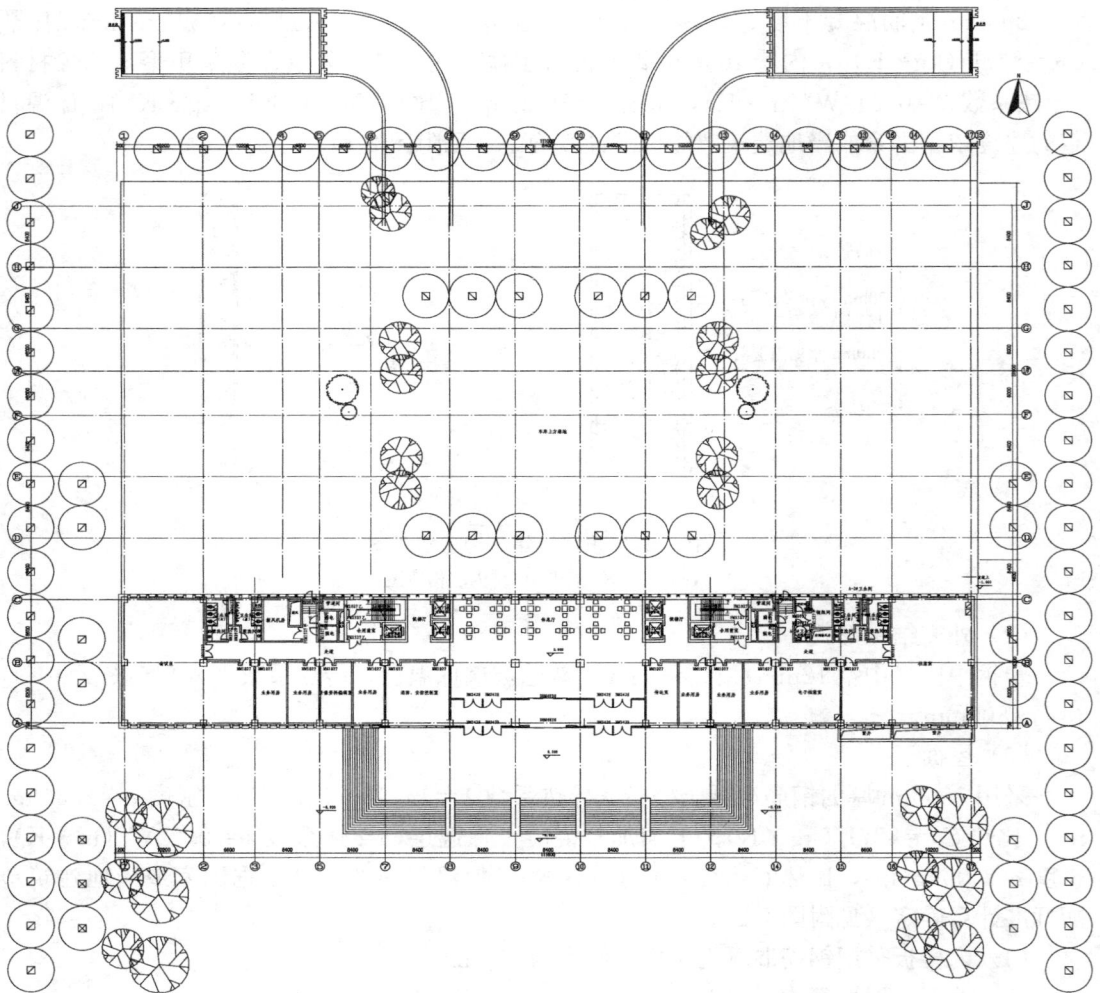

附图 2-3　建筑总平面图

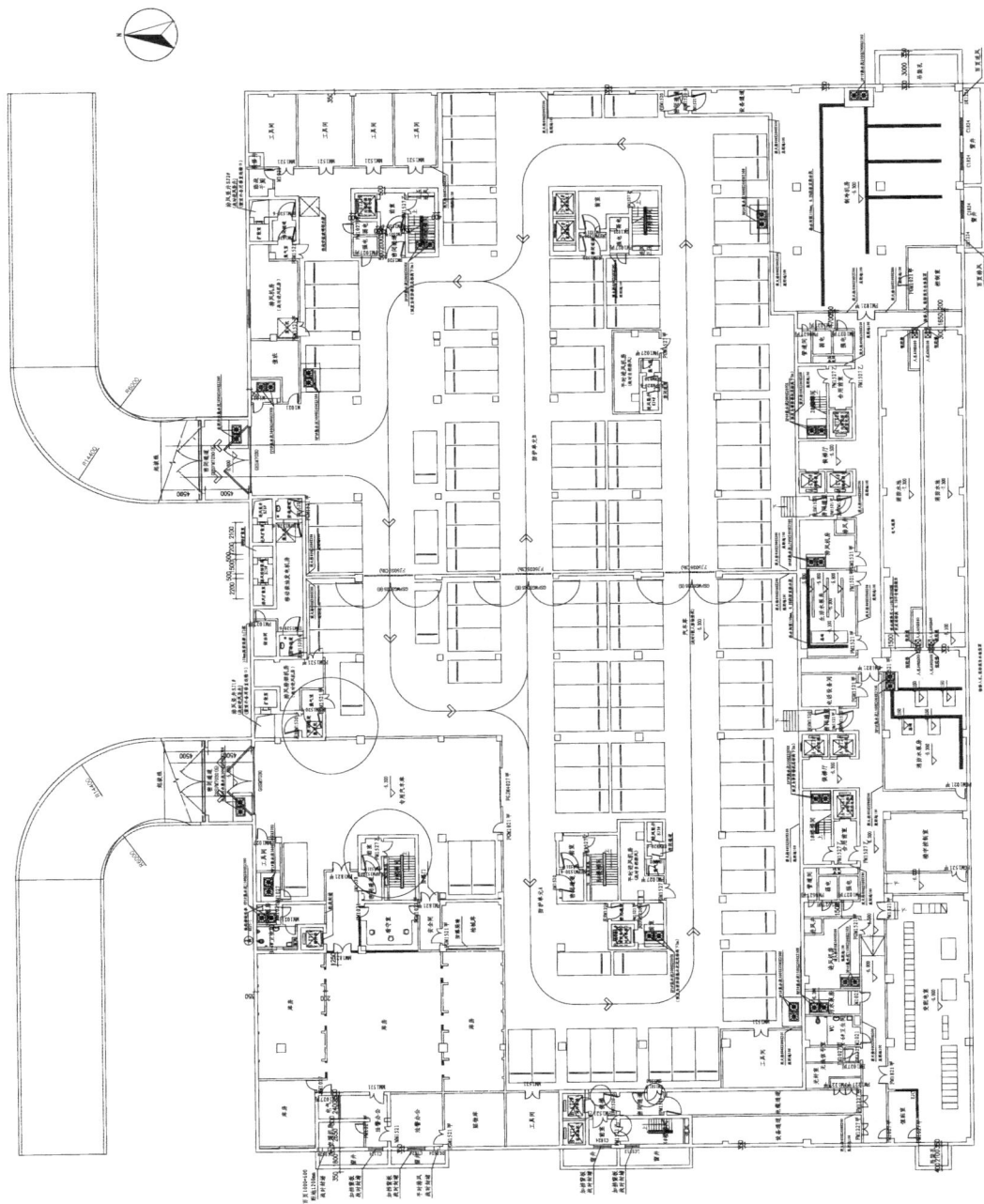

附图 2-4　地下一层建筑平面图

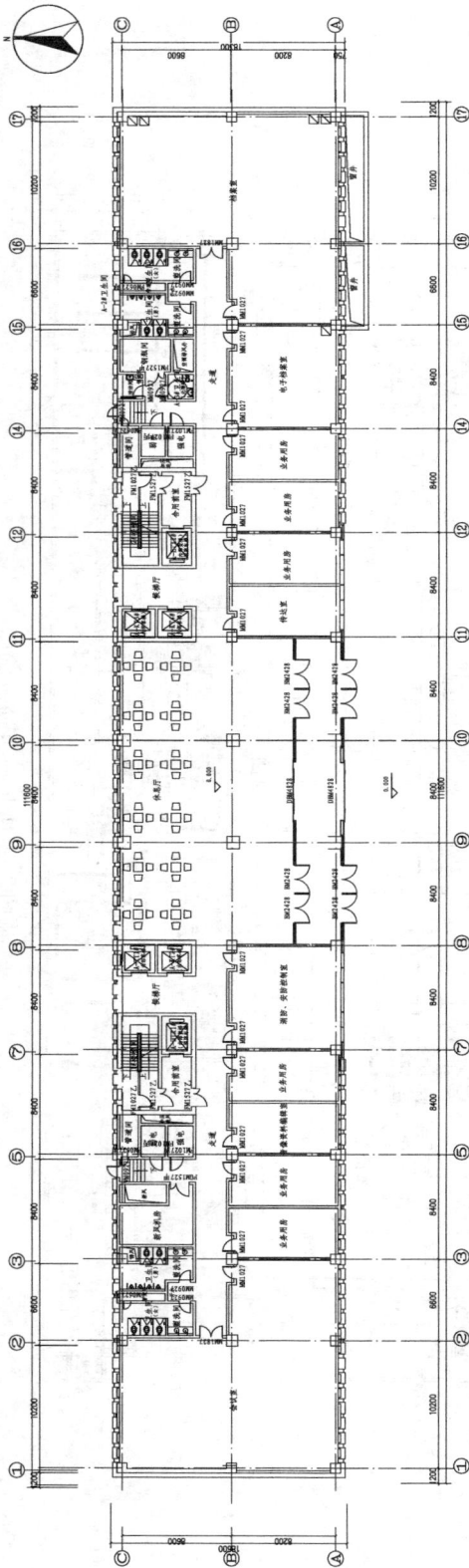

附图 2-5　一层建筑平面图

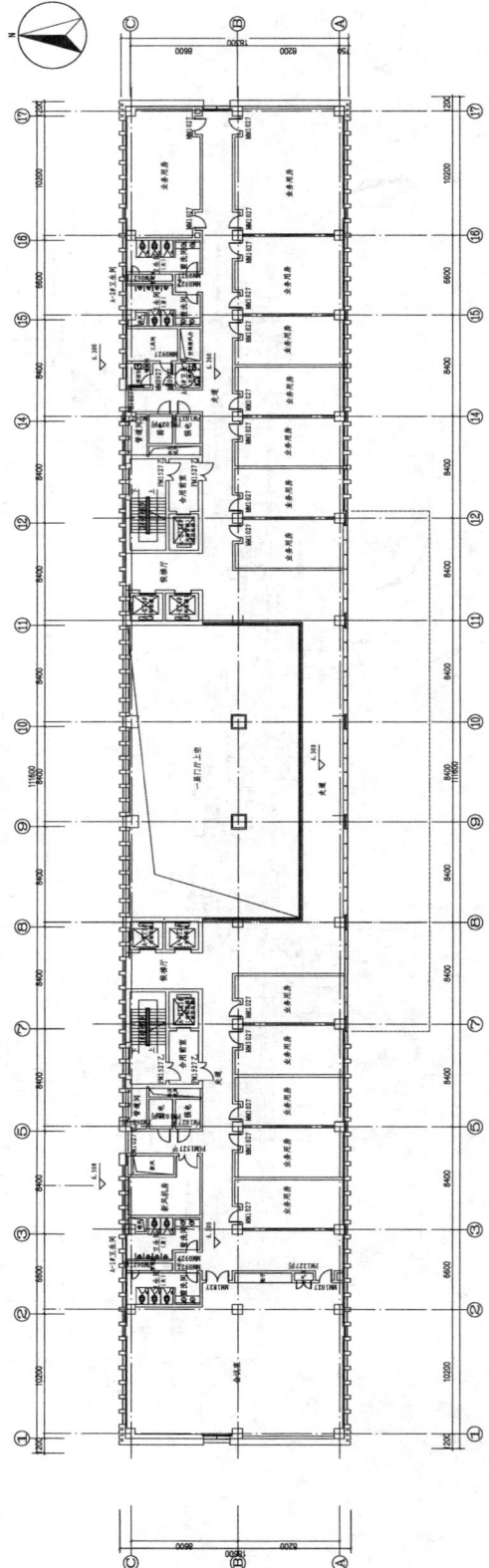

附图 2-6　二层建筑平面图

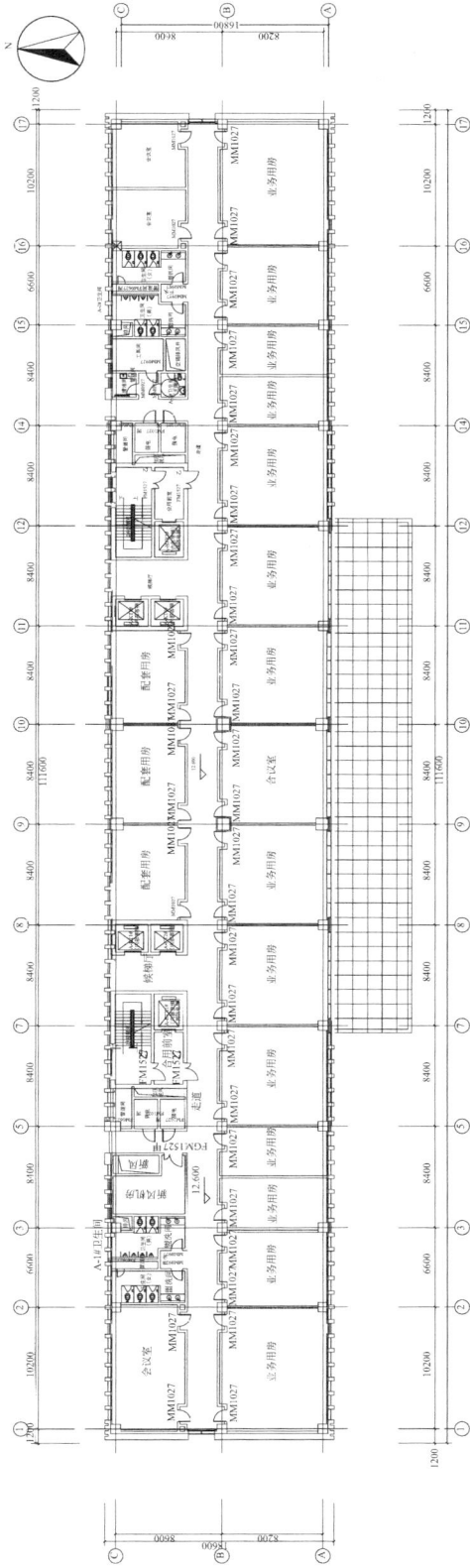

附图 2-7　三层建筑平面图

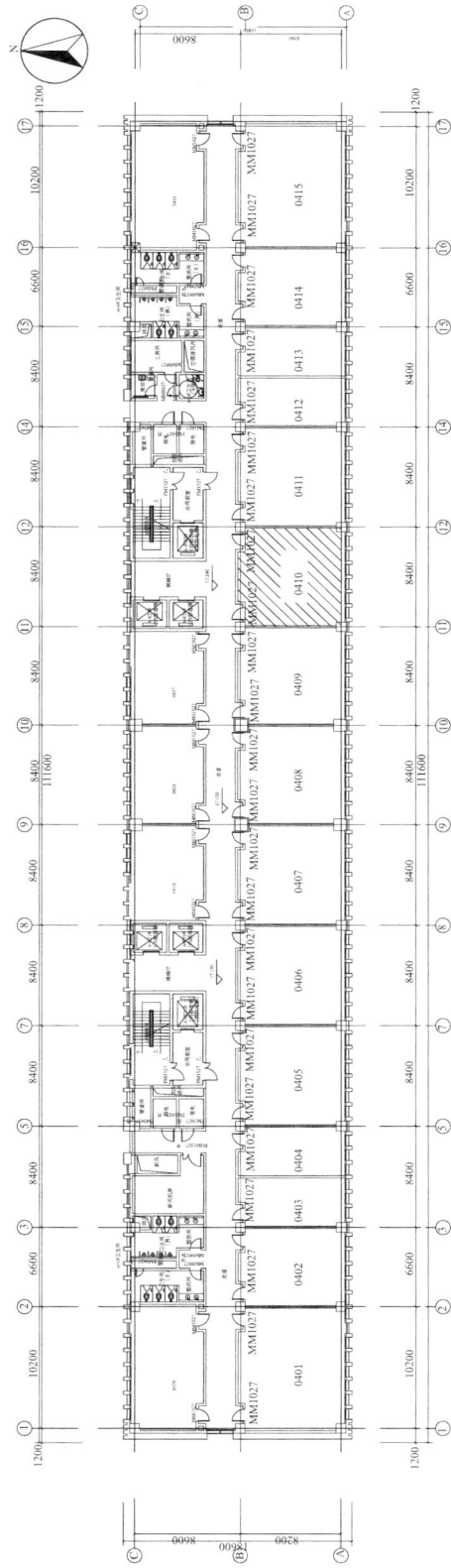

附图 2-8　标准层建筑平面图（四～十一层）

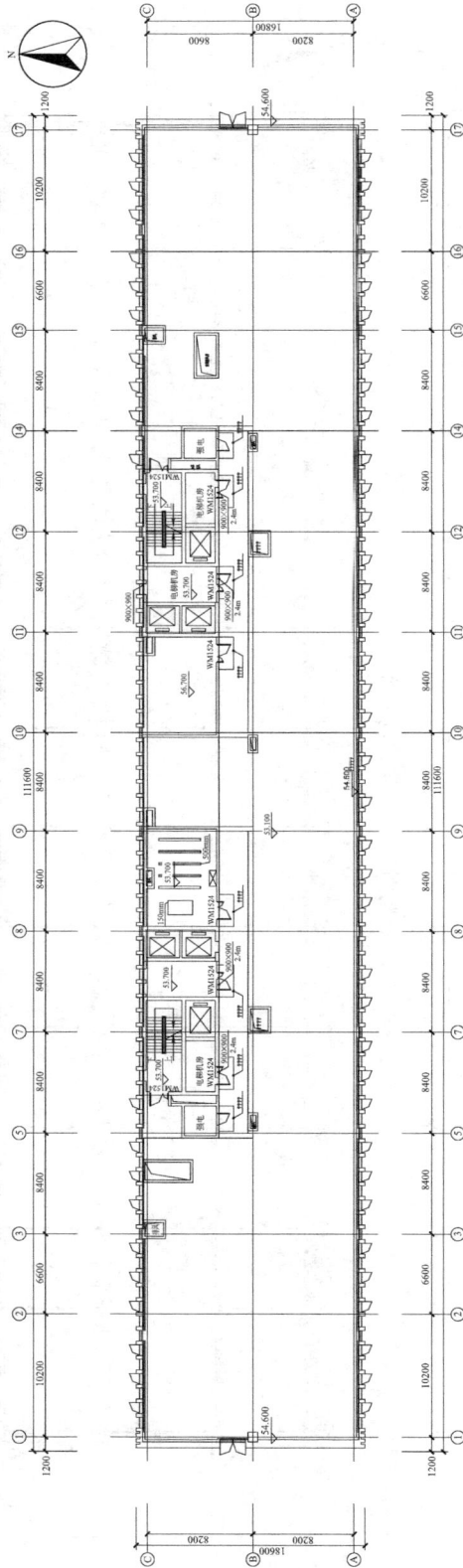

附图 2-9　屋顶层建筑平面图

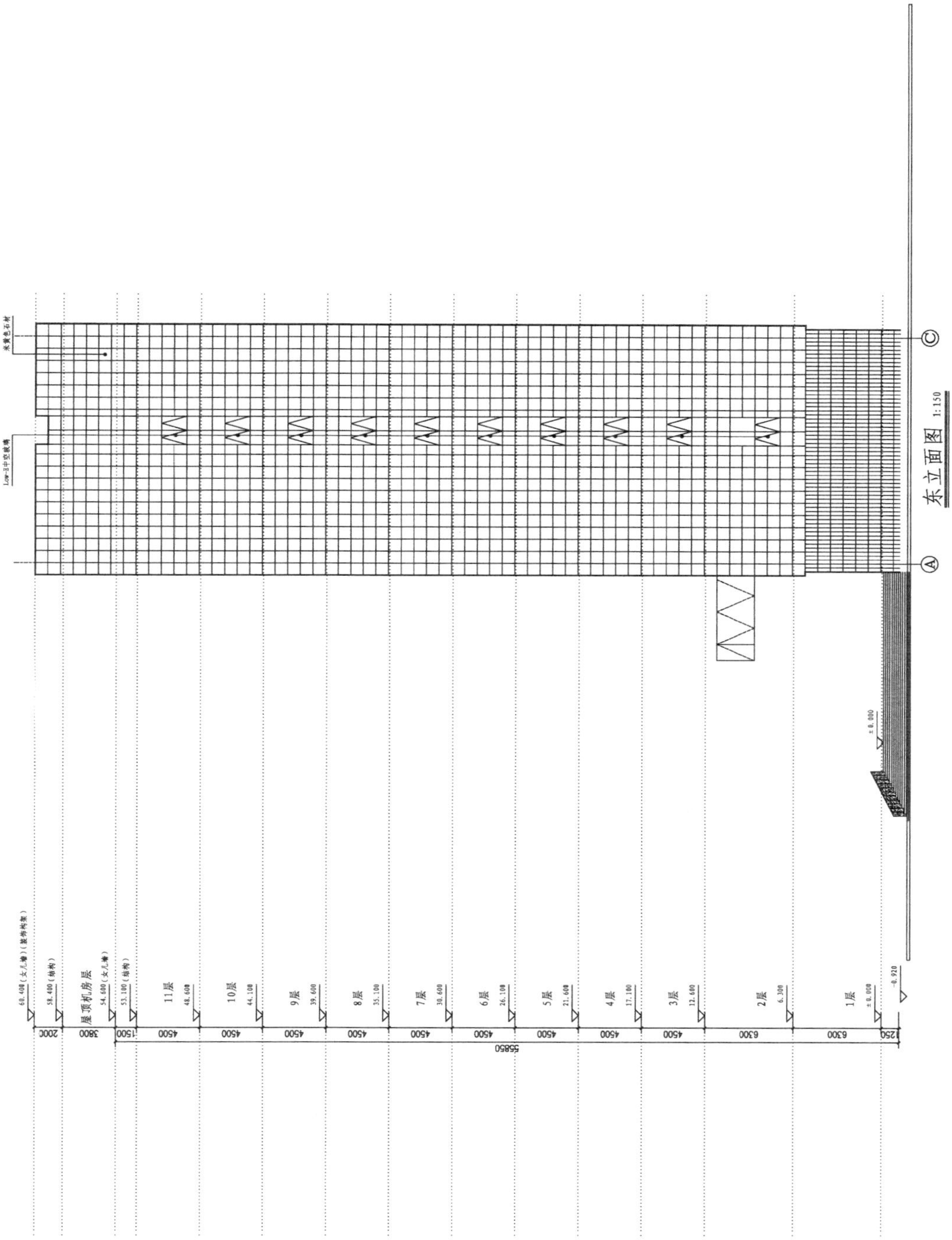

（a）东立面图

附图 2-10　建筑东、西立面图（一）

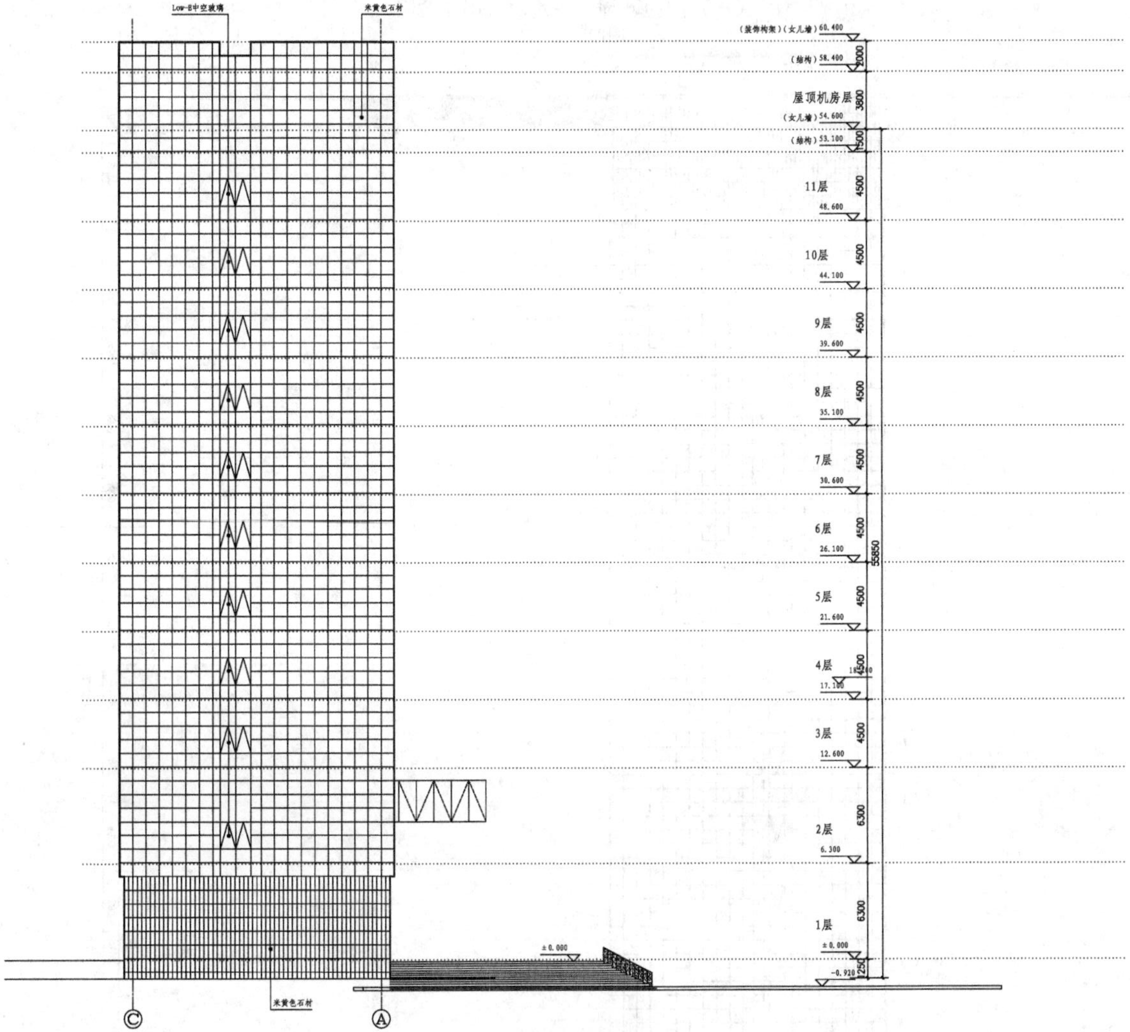

(b) 西立面图

附图 2-10 建筑东、西立面图 (二)

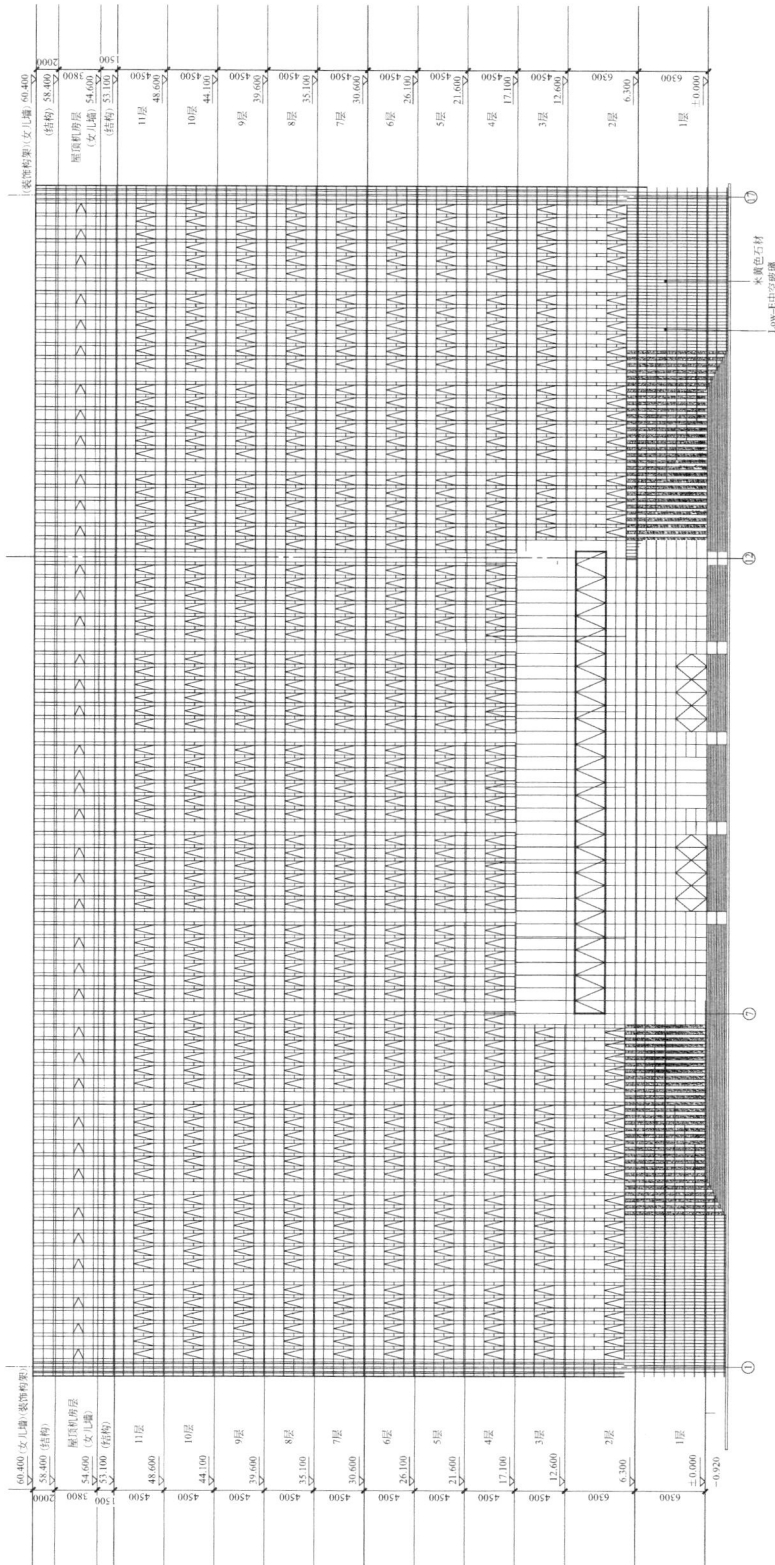

附图 2-11　建筑南立面

附录3　设计说明范本

1. 工程概述

（1）建设单位

北京未来科技城××置业有限公司。

（2）项目位置

未来科技城××地块北临城市主干道定泗路（正在建），东临城市主干道鲁疃西路（已建成），西临城市次干路南区四路（已建成），南临城市次干路南区二路（已建成），中间穿插城市次干路南区一路（在建）。

（3）工程内容

未来科技城××地块项目建设主要内容包括：商业办公楼、商品房、人才公租房、商业楼以及停车库等。

（4）项目子项说明

整个项目分为14个子项：14-1号商业办公楼、14-2号住宅楼、14-3号商业楼、14-4号商业办公楼、14-5号住宅楼、14号地下车库、30-1号商业办公楼、30-2号商业办公楼、30-3号住宅楼、30-4号商业楼、30-5号住宅楼、30-6号人才公租房、30-7号商业办公楼、30号地下车库。

2. 设计依据及设计基础资料

（1）国家现行的有关规范规定

《民用建筑供暖通风与空气调节设计规范》GB 50736—2012；

《办公建筑设计规范》JGJ 67—2006；

《公共建筑节能设计标准》DB 11/687—2015；

《绿色建筑评价标准》GB/T 50378—2014；

《绿色建筑评价标准》DB11/T 825—2011；

《建筑设计防火规范》GB 50016—2014；

《高层民用建筑设计防火规范》GB 50045—95（2005年版）；

《汽车库、修车库、停车场设计防火规范》GB 50067—2014；

《汽车库建筑设计规范》JGJ 100—2015；

《地面辐射供暖技术规范》DB 11/806—2011；

《供热计量设计技术规程》DB 11/1066—2014；

《城镇燃气设计规范》GB 50028—2006；

《大气污染物综合排放标准》GB 16297—1996；

《建筑机电工程抗震设计规范》GB 50981—2014；

《建筑设备监控系统工程技术规范》JGJ/T 334—2014；

《平战结合人民防空工程设计规范》DB 11/994—2013；

《人民防空地下室设计规范》GB 50038—2005；

《人民防空工程设计防火规范》GB 50098—2009。

（2）相关资料

业主的初步设计确认书、市政条件资料、建筑专业所提作业图及相关专业所提设计资料。

3. 设计范围

建筑物内的空调冷、热源系统，夏季降温除湿、冬季供暖的集中空调系统，机械通风系统，防排烟系统，人防通风系统等。燃气系统设计由甲方另行委托专业设计公司进行，室内精装部分的空调末端由精装修设计公司深化设计；厨房等工艺区由相关专业设计公司进行深化设计，本设计预留与本专业相关的土建条件和电量。

4. 室内、外设计参数

（1）北京市的室外计算参数

1）夏季

空调计算干球温度：33.5℃

空调计算湿球温度：26.4℃

空调计算日均温度：29.6℃

通风计算干球温度：29.7℃

平均风速：2.1m/s

风向：SW

大气压力：100.02kPa

2）冬季

空调计算干球温度：－9.9℃

空调计算相对湿度：44%

通风计算干球温度：－3.6℃

供暖计算干球温度：－7.6℃

平均风速：2.6m/s

风向：N

大气压力：102.17kPa

（2）室内主要设计参数及暖通空调系统形式

房间名称	夏季			冬季			新风 [m³/ (p.h)]	人员密度 (m²/人)	噪声 dB(A)	备注
	温度 (℃)	湿度 (%)	风速 (m/s)	温度 (℃)	湿度 (%)	风速 (m/s)				
商业	26	≤60	≤0.3	20	≥30	≤0.2	20	2.5	50	风机盘管＋新风换气
办公室	26	≤55	≤0.3	20	≥35	≤0.2	30	8	40	风机盘管＋新风
会议室	26	≤60	≤0.3	20	≥35	≤0.2	20	2.5	45	风机盘管＋新风
员工餐厅	26	≤65	≤0.3	18	≥30	≤0.2	25	2	50	风机盘管＋新风
电梯厅	26	≤60	≤0.3	18	≥35	≤0.2	30	3	45	风机盘管＋新风
公共卫生间	26	—	≤0.3	18	—	≤0.2	排10次/h	—	45	—
厨房	28	—	≤0.3	14	—	≤0.2				
消防水泵房	—	—		≥5						

（3）设备用房及辅助用房通风换气

房间名称	换气次数（次/h）	系统形式
变配电室	排 8 次/h，补 80% 排风	机械通风
地下汽车库	排 6 次/h，补 80% 排风	机械通风＋排烟
公共卫生间	排 10 次/h	负压自然补风
消防泵房、生活泵房	排 6 次/h，补 80% 排风	机械通风
热水机房	排 10 次/h，补 80% 排风	机械通风
换冷换热机房	排 10 次/h，补 80% 排风	机械通风
厨房	排油烟：预留 60 次/h；全面排风 3 次/h；事故排风 12 次/h	排油烟补风量按工艺要求
中水泵房	排 8 次/h，补 80% 排风	机械通风
库房	排 4 次/h，补 80% 排风	窗井自然通风或走道机械通风

5. 暖通技术指标

序号	建筑类别	建筑面积	空调热负荷	空调热指标	空调冷负荷	空调冷指标
		m²	kW	W/m²	kW	W/m²
1	A14-2 号	5388	242.13	44.9	330.4	61.3
2	A14-5 号	5432	207.96	38.3	324.8	59.8
3	A30-3 号	11929	450.27	37.7	706.0	59.2
4	A30-5 号	11879	441.38	37.2	704.5	59.3
	住宅合计	34628	1341.74	38.7	2065.7	59.7
5	A30-6 号	13400	548.9	41.0		
6	A14-1 号	6014	516.18	85.8	550.2	91.5
7	A14-3 号	430	38.29	89.0	41.0	95.4
8	A14-4 号	18196	1709.79	94.0	1827.1	100.4
9	A30-1 号	11577	1157.49	100.0	1122.0	96.9
10	A30-2 号	46837	3740	79.9	4107.3	87.7
11	A30-4 号	720	82.54	114.6	97.4	135.3
12	A30-7 号	25268	2209.23	87.4	2291.4	90.7
13	A30-D 号	7282	651.05	89.4	692.5	95.1
	公建合计	116324	10653.47	91.6	10728.9	92.2

6. 冷、热源设计

（1）区域冷、热源

本工程接入区域冷、热源，14 号及 30 号地块在 30 号地块地下一层居中位置设置集中换冷、换热站。换热、换冷站内分别设置换热、换冷板式换热系统。其中，换热板式换热器共设置 2 台，总换热负荷为 11277kW，每台换热器负担总负荷的 80% 以上。一次热水供、回水温度为 130/70℃，工作压力为 1.0MPa；二次热水供、回水温度为 60/45℃，工作压力为 1.6MPa。换冷板式换热器共设置 4 台，总换冷负荷为 13625kW，每台换热器负担总负荷的 1/3。一次冷水供水最低温度为 3℃，工作压力为 1.0MPa；二次冷水供、回水温度为 6/13℃，工作压力为 1.6MPa。

（2）独立冷、热源

通信机房、弱电机房设机房专用空调，电梯机房、消防安防控制室及高压分界室等设分体空调。本设计预留机房专用空调和分体空调用电条件。

（3）集中冷热源

14 号及 30 号地块住宅部分冷、热源采用地源热泵机组，冷、热源说明详见住宅总说明。

7. 空调冷、热水系统设计

（1）空调水系统为两管制、单级泵、变流量（变频）系统。

（2）冷冻水、热水共用管道在地下一层换热、换冷机房，分、集水器设冬夏手动转换阀，通过手动转换实现夏季送冷水、冬季送热水。空调冷、热水管按区域分别从分、集水器出管，且空调机组与风机盘管独立设置水管环路，所有水管均为异程布置。分、集水器出管分为：14 号地块和 30 号地块风机盘管、空调机组出管。

（3）分、集水器所有环路回水管均设置静态平衡阀，空调及新风机组回水管均设电动动态平衡调节阀，接风机盘管的大分支空调水管在其回水管上设静态平衡阀。

（4）定压补水采用闭式定压机组（含囊式气压罐），空调冷、热水系统定压值为 0.845MPa，系统补水为软化水。

（5）空调冷、热水回路设置综合水处理装置。

（6）空调冷、热计量为三级计量，空调冷、热水集水器各分支管均设冷、热总计量装置，楼栋热力入口设冷、热分栋计量装置，楼栋内分层设冷、热分计量装置。冷、热计量表具有数据远程功能并检定。

8. 空调风系统设计

（1）空调及新风系统设置原则：根据使用功能及防火分区等划分系统。

（2）地下一层员工食堂、办公、会议采用风盘＋新风系统（X-B1-2，3），气流组织方式为散流器顶送顶回。

（3）地下一层厨房预留 1 台新风机组（X-B1-1）为排油烟补风。

（4）地下一层商业采用风盘＋新风换气系统（XE-B1-n），气流组织方式为散流器顶送顶回。

（5）地上一层、二层商业采用风盘＋新风换气系统（XE-F1～F2-n），气流组织方式为散流器顶送顶回。新风换气机不单设电动阀，机组可自带。

（6）地上门厅、休息活动等通高部分采用风盘＋新风热回收系统（XH-Fn-n），采用立式风盘，新风气流组织方式为散流器顶送顶回。

（7）一层主要出入口、沿街商业外门设电热风幕（RFM-n），阻止室外空气渗透入室内。

（8）地上办公、会议采用风盘＋新风热回收系统，分层设置新风或多层竖向设置新风（XH-Fn-n），气流组织方式为散流器顶送顶回。

（9）风机盘管采用两管制风盘，设置三速开关及温控器。设置冷凝水盘和凝结水系统，凝结水就近接至卫生间、新风机房地漏，或接至竖向凝结水管。

（10）为缓解室外粒径 PM2.5 以下颗粒物对室内空气品质的影响，新风机组均配设两级平板式电子除尘净化杀菌装置，臭氧发生浓度应满足《空气过滤器》要求。

（11）新风机组加湿采用管式温升双次气化湿膜加湿，可极大提高加湿效率。

（12）本工程共设新风换气系统（XE-）40套，新风系统（X-、X（B）-）3套，热回收新风系统（XH-）52套，详见设备表。

9. 供暖设计

首层大堂通高区域设置地板辐射采暖系统，采暖面积为610m²，采暖热负荷为38kW。热水接入空调机组热水系统，设置两台智能混水装置。二次热水供、回水温度为50/40℃，工作压力为0.8MPa。

10. 通风系统设计

（1）水泵房、变配电室等设备用房采用机械进、排风系统进行通风降温。变配电室等采用气体灭火的房间，设灾后清空气体通风设施，排风量按8次/h换气次数计算，并设下排风口；地下厨房燃气表间设12次/h换气次数的独立事故机械通风系统。

（2）公共卫生间排风量按10次/h换气次数计算，排风机均设在屋面，从高位排出。

（3）地下库房无窗井自然通风条件时，设置机械通风，排风量按4次/h换气次数计算，补风量为80%的排风量。

（4）所有弱电井竖向设排风系统，排风机均设在屋面。

（5）汽车库平时设机械排风（兼排烟）系统及对应的补风系统，排风量按6次/h换气计算，补风量按5次/h计算；排风机及补风机平时由车库CO浓度限值控制启停，火灾时由消防控制运行。

（6）厨房通风：设计阶段仅预留厨房进、排风系统条件，待厨房专业设计公司进行深化设计调整。预留系统如下：

1）为厨房预留排油烟及净化系统、对应的补风系统，油烟在厨房内经净化处理后才可接入排油烟竖井。设计只预留到公共区域竖井外，其他由厨房设计深化公司完成，达到环保要求后从裙房屋顶排出；

2）为厨房单设一套全面排风系统，排风量按4次/h换气次数计算；厨房预留一套排烟和补风系统；

3）整个厨房风平衡及通风系统运行策略如下：供菜时，排油烟系统运行，补风来自排油烟补风系统及邻室渗透；平时（厨房无热加工时），全面排风系统运行，补风来自邻室渗透；热加工间设有燃气探测系统及事故排风系统，当燃气浓度超限时，关闭燃气紧急切断阀，启动事故排风系统；厨房通风应保证厨房维持负压，确保厨房的气味不流入餐厅及其他区域。

（7）所有事故通风电气开关分别在房间内、外方便操作处设置。

（8）本工程共设置机械进风系统（J-）17套，机械排风系统（P-）15套，详见设备表。

11. 防排烟系统设计

（1）根据现行的《建筑设计防火规范》、《高层民用建筑设计防火规范》设置防烟及排烟系统。

（2）正压送风系统设置：防烟楼梯间设常开式正压送风系统，在楼梯间隔层（地下层为每层）设百叶风口，火灾时由消防控制中心启动加压风机送风。合用前室设常闭式正压送风系统，每层设电动加压风口，火灾时可由消防控制中心远控开启并可就地手动开启加压风阀，联动加压风机启动送风。本工程共设置28套正压送风系统。

（3）地下汽车库设机械排烟系统及对应的补风系统，按 6 次/h 换气设计排烟量，单个防烟分区排烟量不小于 30000m³/h。

（4）地下室面积超过 50m² 的无窗房间、地上面积超过 100m² 的无窗房间均设机械排烟。长度超过 20m 的内走道，或虽有外窗但不满足自然排烟条件的走廊设置机械排烟，并为设排烟系统的地下室设排烟补风系统，补风量按不低于相应区域排烟量的 50% 的原则确定。排烟系统按防火分区设置，均为常闭系统。担负多个防烟分区的排烟系统的排烟量，按最大防烟分区面积×120m³/h 计算。

（5）排烟口（阀）为常闭口，火灾时由消防控制中心自动打开着火区域的排烟防火阀（同时可就地手动开启），并联动排烟风机开启进行排烟；当排烟温度达到 280℃ 时，排烟风机前的防火阀自行关闭，并联动排烟风机关停。

（6）空调通风管道在穿越机房处设置 70℃ 熔断并输出电信号的防火阀，防火阀动作应连锁停止相应的风机运行；在穿越防火分区处均设 70℃ 熔断并有电信号输出的防火阀。

（7）排烟系统在进、出机房及防火墙处均设置 280℃ 熔断并输出电信号的排烟防火阀。

（8）设置气体灭火房间的所有进、出风管穿墙处均设置电动防火阀（70℃），灭火前远程控制关闭，灭火后开启并启动排风机进行气体排出。

（9）水平风管与垂直风井连接处设相应温度的防火调节阀。

（10）风管保温材料为不燃材料，水管保温采用不燃或难燃 B1 级材料。

（11）空调水管穿防火墙处加固定卡，并设防火封堵措施。

12. 人防通风系统设计

本工程人防在 30 号地块地下三层，平时用途为汽车库，战时用途为专业队员掩蔽、二等人员掩蔽、装备掩蔽和物资库。专业队员掩蔽、人员掩蔽抗力等级为甲 6 级，人员掩蔽防化级别为甲 6 级，装备物资库防化级别为丁级。通风设计平战结合，人员掩蔽所通风设清洁式通风、滤毒式通风和隔绝式通风，战时物资库及装备掩蔽部设清洁式和隔绝式通风系统。详见设防施—1～6。

13. 自动控制系统

（1）纳入楼宇自控系统（BMS）的设备/系统有：新风机组、通风设备。

（2）设置集散式 DDC 控制系统，换热、换冷机房自动运行，无人值守。

（3）设置中央空调能源管理系统，集中监控中央空调末端系统并实现计量收费。同时，设时间网络型温控器就地控制，能够实现温度设定、风速调节、定时等功能。

（4）负担同一区域的送、排风机应连锁控制启停。

（5）所有空调、通风设备均能通过空调中控室远距离启停和就地启停。选择就地启停时，中控室对于该设备的启停信号失效。送、排风机与其管路上的电动风阀连锁启停，开启顺序为：电动风阀、风机；停机顺序相反。

14. 抗震设计

（1）依据《建筑机电工程抗震设计规范》GB 50981—2014，抗震设防烈度为 6 度及 6 度以上地区的建筑机电工程，必须进行抗震设计。

（2）依据《建筑机电工程抗震设计规范》GB 50981—2014，防排烟风道、事故通风风道及相关设备应采用抗震支吊架。

（3）换热机房内的管道应有可靠的侧向和纵向抗震支撑。多根管道共用支吊架或管径大于 300mm 的单根管道支吊架，宜采用门型抗震支吊架。

（4）运行时产生振动的风机、水泵、压缩式制冷机组、空调机组等设备，应设防震基础，且应在基础四周设置限位器固定。限位器应经计算确定，与设备连接的管道应采用柔性连接。

（5）风管不应穿越抗震缝。当必须穿越时，应在抗震缝两侧各装一个柔性软连接。

（6）风管穿过内墙和楼板时，应设置套管，套管与管道间的缝隙，应填充柔性防火材料。

（7）所有截面积大于 $0.38m^2$ 的矩形风管和大于 $DN65$ 的所有空调水管都应采用抗震支吊架，且抗震支吊架产品需通过 FM 认证，与混凝土、钢结构、木结构等须采取可靠的锚固形式。

（8）刚性管道侧向抗震支撑最大设计间距不得超过 9m；柔性管道侧向抗震支撑最大设计间距不得超过 4.5m。

（9）机电系统的抗震设计由业主选择专业公司进行设计，深化方案报设计院审核，确保满足《建筑机电工程抗震设计规范》的要求。抗震支撑最终间距应根据具体深化设计及现场实际情况综合确定。

15. 节能环保

（1）节能设计

1）围护结构热工性能满足《公共建筑节能设计标准》DB 11/687—2015 的要求。建筑体形系数≤0.3；围护结构传热系数：外墙 K（平均）≤0.33W/(m²·K)；底部接触室外空气的架空或外挑楼板 K≤1.5W/(m²·K)；外窗及玻璃幕墙 K≤2W/(m²·K)；SC≤0.55W/(m²·K)；非采暖空调房间与采暖空调房间的隔墙或楼板 K≤0.45W/(m²·K)；屋顶非透明部分 K≤0.44W/(m²·K)。

2）根据业主绿色建筑三星设计要求，空调、通风系统风机的单位风量耗功率满足规范要求，空调水系统的输送能效比满足规范要求。

3）设置新风热回收系统，热回收率达 65%；合理采用变频控制技术，以节省能源。

4）采用自动控制系统对空调、通风系统进行监控，根据室外环境和室内人员对建筑物的不同使用状态进行控制，在保障舒适环境的前提下达到节能、经济运行的目的。

5）分区域设置冷、热计量装置，选用符合国家要求的节能设备及材料。

6）合理地设置水路系统及平衡措施，避免水力失调。

7）对空调负荷进行逐项、逐时的详细计算，作为选择设备的依据。

8）进、排风风口设置避开主要通道，进、排风不影响行人。

9）分体空调选用满足能效限定值及能源效率等级要求，能效比 EER≥3.3。

（2）环保设计

1）采用符合国家要求的环保设备及材料。

2）对平时使用的所有运转设备均做减振和消声处理。空调机组、新风机组、送风机、排风机的进、出风管设双层阻抗复合式消声器或消声弯头。制冷机组、空调机组、新风机组、通风机、水泵均作减振或隔振处理。

3）机房的周围墙面及板顶均做吸音，机房采用防火隔声门。

4）对厨房仅做预留，由厨房专业设计公司进行深化设计。排风采取净化处理，净化效率≥85％，油烟最高允许排放浓度≤1.0mg/m³，净化设备应具有除味功效，满足相应的卫生标准后高位排出室外。

5）为空调及新风机组配设过滤及净化杀菌装置，保证室内空气品质和卫生安全。

附录4　施工说明范本

1. 施工规范及标准
（1）《建筑给水排水及采暖工程施工质量验收规范》GB 50242—2002
（2）《通风与空调工程施工质量验收规范》GB 50243—2002
（3）《通风与空调工程施工规范》GB 50738—2011
（4）《风机、压缩机、泵安装工程施工及验收规范》GB 50275—2010
（5）《建筑节能工程施工质量验收规范》GB 50411—2007
2. 施工安装标准图、国家建筑标准图
《常用小型仪表及特种阀门选用安装》01SS105
《低温热水地板辐射供暖系统施工安装》03K404
《管道和设备保温、防结露及电伴热》03S401
《室内管道支架及吊架》03S402
《风管支吊架》03K132
《防水套管》02S404
说明：国标图集列出部分，采用国标图集施工。
3. 管材及作法
（1）各种管道的材料及连接方式如下表所示：

管道名称	管道材料	连接方式
空调供、回水管，一次冷、热水管	＜DN100 热镀锌钢管 ≥DN100 内防腐处理无缝钢管	＜DN100 丝扣连接 ≥DN100 焊接，与设备或阀门连接处用法兰连接
空调凝结水管	热镀锌钢管	丝扣连接
风机盘管与空调管道连接短管	金属软管	卡箍式连接
风机盘管与冷凝水管道连接短管	塑料软管	卡箍式连接
冷媒管	磷酸脱氧无缝紫铜管	钎焊连接

说明：塑料管材料需符合国家各项标准；各管道需按管道技术规程及国家标准图安装。
（2）无缝钢管规格

公称外径	外径×壁厚	公称外径	外径×壁厚	公称外径	外径×壁厚
mm	mm×mm	mm	mm×mm	mm	mm×mm
DN70	73×4.0	DN150	159×6.0	DN350	377×10.0
DN80	89×4.0	DN200	219×8.0	DN400	426×10.0
DN100	108×4.0	DN250	273×9.0	DN450	478×12.0
DN125	133×4.5	DN300	325×9.0	DN500	529×12.0

（3）风管的材料及连接方式如下表所示：

系统类别	管道材料及厚度(mm)	连接方式
空调送、回风管，新风管，排风管	镀锌钢板，厚度按《通风与空调工程施工质量验收规范》GB 50243—2002 表 4.2.1-1 要求做	法兰连接，垫料采用阻燃 8501 密封胶带 $\delta=3\text{mm}$，咬口处采用密封胶嵌缝密闭
过防火墙风管	$\delta=2.0\text{mm}$ 镀锌钢板	法兰连接
消防使用风道软接头	防火专用软接头	
消防排烟及排风兼排烟风道（矩形长边或圆形直径）	$\leqslant630$　$\delta=0.75\text{mm}$ 镀锌钢板 $630\sim1250$　$\delta=1.0\text{mm}$ 镀锌钢板 >1250　$\delta=1.2\text{mm}$ 镀锌钢板	—
厨房排油烟风管	不锈钢 $\delta=2.0\text{mm}$	焊接

4. 保温作法

（1）本工程所用保温材料为不燃或难燃（B1 级）材料，绝热材料的导热系数为 $0.033\sim0.03375\text{W}/(\text{m}\cdot\text{K})$。离心玻璃棉板的密度为 $48\text{kg}/\text{m}^3$，离心玻璃棉管壳的密度为 $64\text{kg}/\text{m}^3$，均采用不燃型 W38-Ⅱ耐腐蚀防火贴面，复合贴面后防火等级按 GB 8624—2006 须整体达到 A2 级；闭孔发泡橡塑保温材料的密度为 $65\sim85\text{kg}/\text{m}^3$。

（2）各种管道的保温或隔热材料及厚度如下表所示：

系统类别	材料功能	材料名称	厚度
空调送、回风管	保温	闭孔发泡橡塑	30mm
吊顶内的排烟及排油烟管道	隔热	离心玻璃棉板	50mm
空调冷热水管道	保温	闭孔发泡橡塑	$\leqslant DN40$ 厚 30mm $DN50\sim DN100$ 厚 32mm $\geqslant DN125$ 厚 36mm
空调冷凝水管道	防结露	闭孔发泡橡塑	10mm
冷媒汽、液管路	保温	闭孔发泡橡塑	$<DN25$ 厚 15mm $\geqslant DN25$ 厚 20mm

（3）凡管道穿防火墙处保温材料均为不燃材料，且防火阀前、后 2.0m 内亦采用不燃材料，不燃材料选用 30mm 厚离心玻璃棉保温板，外复合不燃型 W38-Ⅱ耐腐蚀防火贴面。

（4）保温、隔热板材采用难燃胶与风管粘接。

（5）保温应在管道试压及涂漆合格后进行，阀门法兰等部位应用可拆卸式保温结构。

（6）保温材料及其制品应有产品合格证书，由监理、施工单位对产品质量进行确认。

5. 阀门

（1）设备及管道上配用的阀门应根据系统介质性质、温度、工作压力及系统所选用的管材分别确定材质及压力等级。

（2）应严格保证阀门质量标准，阀门不应出现跑、滴、漏等现象。所选用的阀门生产厂家必须有质量合格证书，其阀门材质、加工工艺必须执行国家标准。

（3）阀门附件等应按照产品说明安装，并应注意保护成品。

（4）阀门型号表

系统类别	阀门型号	备注
空调水系统	≤DN50 截止阀 ＞DN50 冷水系统采用防结露蝶阀,热水系统采用硬密封式蝶阀,蝶阀建议采用法兰连接式以便于拆装 工作压力:1.2MPa　热媒最高温度:90℃	阀体:碳钢 内件:青铜
风机盘管接管	供水:一次性锻造的铜球阀 回水:电动两通阀(双位)	铜阀
空调、新风机组	供水:硬密封式闸阀 回水:电动动态平衡调节阀	铜阀
	自动排气阀型号为 DN20	铜阀

6. 系统工作压力

系统类别	工作压力(MPa)
一次冷热水系统	1.0
空调冷热水系统	1.2
地板辐射水系统	0.8

7. 安装

（1）空调通风系统

1）风机盘管送、回风管道尺寸同设备接口尺寸,空调机组及新风机组送、回风管中未标注的尺寸同机组接口尺寸,通风设备的逆止阀、软连接、防火连接、方圆变径的起点尺寸均同设备接口尺寸。

2）安装调节阀、蝶阀等调节配件时,必须注意将操作手柄配置在便于操作的部位；安装防火阀和排烟阀时,应先对其外观质量和动作灵活性与可靠性进行检验,确认合格后再行安装。防火阀的安装位置必须与设计相符,气流方向务必与阀体上标志的箭头相一致,严禁反向。防火阀必须单独配置支、吊架。

3）矩形风管弯头的宽度（或厚度）≥500mm 时,应设导流叶片。

4）外墙上设置的百叶进风口需内衬铝板网,安装在墙上具有防火功能的立式排气扇应做防火封堵。

5）除特殊说明外,电控防火阀、排烟口、电动加压送风口在图中所标尺寸均为风口的有效面积,不含其执行机构的尺寸。手动远控装置为嵌入式安装时,应能够提前做好预留、预埋工作。

6）土建风道应内壁光滑,严密不漏风,在穿越楼板、顶棚、隔墙处应连续,风道内抹水泥砂浆,最薄处 10 毫米。无法进入的风道要随砌随抹,落地灰要清除干净。凡穿防火墙上的洞和非风道楼板洞安装完毕后,用不燃材料封堵。

7）金属与土建风道相接处,采用带法兰金属风管插入,并用膨胀水泥砂浆或豆石混凝土固定封严。

8）风管上需做风量、风温测孔时,测孔位置由调试人员确定。凡有阀门、风管检查门处,吊顶均应留有吊顶人孔。

9）风管上设置检查门尺寸为 400mm×400mm,安装在土建风道的尺寸为 500mm×1200mm（宽×高）并应预埋门框。风管穿过伸缩缝、沉降缝处均设软接头。

10）空调、通风系统试运行前，应对系统进行全面清理，系统内不得有杂物灰尘。各系统交付使用前必须进行调试，各种参数应有记录、存档。

11）风管的支、吊、托架应设置于保温层的外部，并在支、吊、托架与风管间镶以垫木；同时，应避免在法兰、测量孔、调节阀等零部件处设置支、吊、托架。

12）图中未标测量孔位置时，安装单位应根据调试要求在适当的部位配置测量孔，测量孔的做法详见国标 T615。

（2）空调冷、热水系统

1）空调冷、热水管道穿过墙壁与楼板时，应设钢制套管，套管的直径比管道直径大2 号。套管顶部高出建筑完成面 20mm（高出卫生间地面 50mm），套管底部与楼板底面相平，安装在墙壁上的套管端头应与饰面相平。套管与管道之间填实油麻，其他管道与套管间填实密封膏。

2）水平管道必须穿越防火墙时，应预留套管。在穿墙处设置固定支架，并将管道与套管之间的余隙用防火材料严密封堵。

3）管道安装坡度按图纸注明要求施工，无注明处坡度应为：空调冷、热水管道干管不设坡度，支管坡度为 0.003，供水管抬头走，回水管坡向总管；空调水管道的坡度应易于系统排气和泄水，最高点处设放风口，最低点处设泄水阀。如图中未示出，施工时要根据实际情况装设。

4）空气凝结水干管坡度为 0.003，支管坡度不小于 0.01，坡向立管或地漏，在接地漏处设水封；空调、新风机组凝结水管应设高度不小于 80mm 的水封，管径同机组的接管口径；

5）管道的变径应顶平偏心连接。

6）管道穿过建筑物变形缝处采用金属软管。管道穿地下层防水墙体、承重墙、水池等应做柔性防水套管。

7）管井内两排布置的管道，应在内侧一排管道防腐、试压、保温等完成后再施工外侧一排。管井内垂直竖管固定在每层楼板上，做支吊架所需的预埋件应在土建施工时做好。

8）机房内管道与设备连接一般采用法兰连接。

9）管道的支、吊、托架应尽量设置在梁、柱、剪力墙等承重结构之上，并应尽量做好施工预埋工作。设置在楼板上的管道支、吊、托架一般以膨胀螺栓紧固，对于荷载较大的位置应采用在板面预埋钢板、拉杆螺栓焊接的方式。

10）供水管道的分流三通及回水管道的合流三通应采用下图连接方式：

11）明装管道应在管道明显处注明介质流动方向的箭头及管道名称，暗装管道不涂识别色，但与阀门连接的两边管道部位标注色环以利识别。管道色环识别色为：

空调冷热水供水管	蓝色单环
空调冷热水回水管	蓝色双环
空调凝结水管	绿色单环

（3）设备设施

1）所有设备基础应按照到货设备尺寸施工，并根据设备厂商要求设置预留、预埋件。尺寸较大的设备或部件，应在施工现场的非承重墙施工之前就位，或者预留足够的尺寸作为安装孔。

2）由于机房、管道井空间狭小，设备外形尺寸应尽可能遵循限制尺寸。如超过限制尺寸，应及时与设计沟通，协商解决。

3）除预留运输通道的设备机房外，其余机房及管道井的二次墙体应待设备、管道安装完毕后再砌。

4）动力设备（水泵、空调器、风机等）基础用 C20 素混凝土浇筑；为减小设备振动对使用空间的影响，屋面上的设备基础为反梁上双层板形式，详见结施图。基础螺栓孔的位置，应以到货的实际尺寸为准。

5）动力设备（水泵、空调器、风机等）均应设置减振设施。设备选型确定后，设备供应商应提供隔振基础图纸及减振方法。

6）水泵进、出口均相应配备可曲挠橡胶接头或金属软接头；空调器下垫厚度为 20mm、硬度为 40 的减振橡胶隔振垫；悬吊设备（空调器、风机）配备减振吊架。

7）空调机组、新风机组、通风机等的进、出口连接处，应设置长度为 150～200mm 的防火软接，软接的接口应牢固、严密，且在软接处禁止变径。

8）风管上的消声器，其规格尺寸均详见图纸。未说明时，接口尺寸同接管管径，单节有效长度为 900mm，由业主选定的生产厂家选型设计。

9）防火阀、防火调节阀等均应选用具有消防部门准销证的专业厂家生产的产品。

10）风道、管道穿防火墙及管井处采用固定支架固定，并用不燃材料将预留洞缝隙封严。

11）所有水管、风管穿越土建墙体时，四周缝隙须用防火材料封堵。

12）在管井、吊顶内设有暖通空调系统的阀件、泄水、放气等部件时，应在其附近设置检修口或检修门。暖通空调管井按照防火规范要求进行封堵。

13）有风阀或水阀处的吊顶设检查口。对于不可拆卸的吊顶区域及封闭管道间，应按照需求设置必要的检修门及检修口，便于将来使用。

14）在不影响房间气流组织的前提下，送、回风口的位置可根据装修要求稍作调整。所有风口需待装修确定后方可订货。除装修特殊要求外，风口均为铝合金风口，其颜色按装修要求选用。

8. 低温热水地面辐射供暖系统

（1）低温热水地面辐射供暖系统的深化设计应出具设计文件，由设计院配合确认后，方可实施。

（2）分水器、集水器的直径应不小于总供、回水管的直径，且最大断面水流速不宜大于 0.8m/s。每个分水器、集水器分支环路不宜多于 8 路。

（3）连接在同一分、集水器上的同一管径的各环路，其加热管的长度宜接近，并不超过 120m。加热管的安装曲率半径不小于 6 倍的管外径，埋设于填充层内的加热管不应有接头。在铺设过程中，管材出现损坏、渗漏等现象时，应整根更换，不应拼接使用。

（4）环境温度低于 5℃时，不宜进行地面供暖施工；低于 0℃施工时，现场应采取升温措施。

（5）施工过程中，应防止油漆、沥青或其他化学溶剂接触加热管的表面。

（6）施工时不得与其他工种交叉施工作业，所有地面预留洞应在填充层或保温板施工前完成。

（7）施工过程中，严禁人员踩踏加热管。安装间断或完毕的敞口处，应随时封口保护。

（8）在分水器、集水器附近以及局部加热管排列比较密集处，当管间距小于 100mm 时，加热管外部应设柔性套管。

（9）加热管出地面接分、集水器下部阀门接口之间的明装管段，外部应加装塑料套管或波纹管套管，套管应高出面层 150～200mm。

（10）当地面面积超过 30m² 或长边超过 6m 时，应按不大于 6m 间距设置伸缩缝，伸缩缝宽度不应小于 8mm。伸缩缝采用高发泡聚乙烯泡沫塑料板。

（11）系统冲洗：应先对分水器、集水器以外的主供、回水管道进行冲洗，冲洗合格后在进行室内供暖系统的冲洗。

（12）地暖管道水压试验：地面辐射供暖系统水压试验应进行两次，分别在浇筑混凝土填充层之前和填充层养护期满之后进行。水压试验压力为工作压力的 1.5 倍。

（13）地板辐射供暖系统未经调试，严禁运行使用。

9. 试压

（1）各系统管道施工完毕，必须进行水压试验。不合格的应返修或加固，重做试验直至合格。水压试验用水等应引至排水系统，不得任意排放。

（2）冷媒管路的试压采用干燥氮气，试验压力为 2.8MPa，保压 24 小时，压力变化在环境温度变化范围内为合格。

（3）空调水系统的试验压力为 1.7MPa。分区分层试压时，在试验压力下，稳压 10min，压力不得下降，再将系统压力降至工作压力，60min 内压力不得下降、外观检查无渗漏为合格；系统试压时，在试验压力下，稳压 10min，压力下降不大于 0.02MPa，降至工作压力后，外观检查无渗漏为合格。

10. 防腐

（1）安装前，管道、管件、支架、容器等涂底漆前必须清除表面灰尘污垢、锈斑及焊渣等物，必须清除内部污垢和杂物，此道工序合格后方可进行刷漆作业。

（2）无缝钢管的管件、支架、容器等除锈后均涂防锈漆（樟丹防锈漆）二道，第一道防锈漆应在安装时涂好，试压合格后再涂第二道防锈底漆。明设热镀锌钢管不刷防锈底漆，镀锌层破坏部分及管螺纹露出部分刷防锈底漆（红丹酚醛防锈漆）二道。上述管道和明装不保温管道及其管件、支架等再涂白色醇酸漆二道。设于管井内、管道间的管道可不再刷面漆。

（3）镀锌风道法兰连接均选用镀锌螺栓。

11. 冲洗

（1）系统投入使用前，必须对系统进行冲洗并清扫过滤器及除污器，冲洗以排水至无杂质、水色不浑浊为合格。

（2）冲洗前应将管道上安装的流量孔板、滤网、温度计、调节阀等拆除，待冲洗合格后再装上，冲洗水不允许进入设备。

（3）空调系统供、回水管用清水冲洗。冲洗时，以系统能达到的最大压力和流量进行，直到出水口污浊度、色度与入水口目测一致为合格。

（4）冲洗时应将冲洗水排入雨水或排水管，防止对建筑物造成水害。

12. 其他

（1）图纸所标尺寸单位：管径、风管断面和建筑物内部定位尺寸为 mm，标高为 m。

（2）标高：除特别说明外，图中所注标高为：矩形风管为管顶，水管及圆形风管（管道风机）为管中心；所注标高（＋××）者为相对于所在层地面的高度，（××）者为相对于 0.000 的标高。

（3）设备安装应与土建施工密切配合。土建施工期间，水暖、空调各工种应有专人负责留洞与预埋。埋设隐蔽管道，应预先做好质量检查和验收工作。

（4）结构梁、楼板及承重墙预留洞及预埋套管尺寸除图纸注明者外，按以下原则预留：管道留大两号套管，并应大于保温后外径；风道留洞尺寸为长、宽各加 100mm。

（5）承重墙、楼板上小于等于 300mm×300mm 的孔洞未在结构专业图纸中表示，要求本专业施工单位在土建施工时积极配合土建专业做好预留、预埋工作。

（6）在本专业范围内，管道敷设及排列标高均依据先无压后有压、先风管后水管的原则。合理进行施工组织，各种管道应由施工单位统一协调，有序安排。

（7）如发现本专业管道与水专业给水、消防、压力排水管道敷设矛盾时，一般为水专业避让本专业；与雨水、污水管道敷设矛盾时，本专业酌情避让。

（8）竣工前应对系统进行调试，逐立管、逐环路进行，并做好记录工作。

（9）有关设备、材料的订货均须经监理和使用单位的确认，设计院进行技术交底，以确保产品质量和使用要求。

（10）凡以上未说明之处，应按国家标准《通风与空调工程施工质量验收规范》GBJ 50243—2002、《建筑给水排水及采暖工程施工质量验收规范》GB 50242—2002、《地面辐射供暖技术规范》DB 11/806—2011 等进行施工验收。

13. 施工安全

施工单位应仔细阅读设计文件，按照《建设工程安全生产管理条例》的要求，在工程施工中对所有涉及施工安全的部位进行全面、严格的防护，并严格按安全操作规程施工，以保证现场人员的安全。